这样养

肉羊

才赚钱

肖冠华 编著

化学工业出版社
·北京·

图书在版编目（CIP）数据

这样养肉羊才赚钱/肖冠华编著. —北京：化学工
业出版社，2018.1

ISBN 978-7-122-31340-9

Ⅰ. ①这… Ⅱ. ①肖… Ⅲ. ①肉用羊-饲养管理
Ⅳ. ①S826.9

中国版本图书馆 CIP 数据核字（2018）第 008828 号

责任编辑：邵桂林　　　　　　　　　文字编辑：陈　雨
责任校对：宋　夏　　　　　　　　　装帧设计：王晓宇

出版发行：化学工业出版社（北京市东城区青年湖南街 13 号　邮政编码 100011）
印　　装：三河市延风印装有限公司
850mm×1168mm　1/32　印张 11½　字数 342 千字
2018 年 3 月北京第 1 版第 1 次印刷

购书咨询：010-64518888（传真：010-64519686）　售后服务：010-64518899
网　　址：http://www.cip.com.cn
凡购买本书，如有缺损质量问题，本社销售中心负责调换。

定　　价：45.00 元　　　　　　　　　　　　版权所有　违者必究

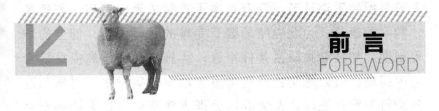

为什么同样是搞养殖，有的人赚钱，有的人却总是赔钱。而赔钱的这部分人里面，有很多为了做好养殖可谓勤勤恳恳、兢兢业业，付出的辛苦很多，但到头来收入与付出却不成正比。问题出在哪里？

我们知道，养殖涉及品种选择、场舍建设、饲养管理、饲料营养、疾病防控、产品销售等各方面的问题。养殖要选择优良品种，因为优良品种普遍具有生长速度快、适应性强、抗病力强、饲料转化率高、受市场欢迎等特点，优良品种是实现高产高效的基础。养殖场应因地制宜，选用高产、优质、高效的畜禽良种，品种来源清楚、检疫合格，实现畜禽品种良种化。养殖场选址布局要科学合理，符合防疫要求，畜禽圈舍、饲养和环境控制等生产设施设备满足规模化生产的需要，实现养殖设施化，既能为所养殖的品种提供舒适的生产环境，又能提高养殖场的生产效率。饲养管理是养殖场日常的主要工作，贯穿于畜禽养殖的整个过程，规范化管理的养殖场应制定并实施科学规范的畜禽饲养管理规程，配备与饲养规模相适应的畜牧兽医技术人员，配制和使用安全高效饲料，严格遵守饲料、饲料添加剂和兽药使用有关规定，生产过程实行信息化动态管理。疾病的防控也是养殖场不可忽视的重要环节，只有畜禽不得病或者少得病，养殖场才能平稳运行，为此养殖场要有完善的防疫设施，健全的防疫制度，加强动物防疫条件审查，实施科学的畜禽疫病综合防控措施，有效地防止养殖场重大动物疫病发生，对病死畜禽实行无害化处理。畜禽粪污处理方法要得当，设施齐全且运转正常，达到相关排放标准，实现粪污处理无害化或资源化利用。

养殖场既要掌握和熟练运用养殖技术，在实现养得好的前提下，还要想办法拓宽销售渠道，实现卖得好。做到生产上水平、产品有出路、效益有保障。规模养殖场要创建自己的品牌，建立自己的销售渠道。养殖场加入专业合作社或与畜产品加工龙头企业、大型批发市场、超市、特色饭店和大型宾馆、饭店等签订长期稳定的畜产品购销协议，建立长期稳定的产销合作关系，可有效解决养殖场的销售难题。同时，还要充分利用各种营销手段，如区别于传统的网络营销，网络媒介具有传播范围广、速度快、无时间和地域限制、无时间约束、内容详尽、多媒体传送、形象生动、双向交流、反馈迅速等特点，可以有效降低企业营销信息传播的成本。利用大数据分析市场需求量与供应量的关系，通过政府引导生产，合理增减砝码，使畜禽供给量与需求量趋于平衡，避免畜禽产品因供求变化过大而导致价格剧烈波动。常见的网上专卖店、网站推广、QQ群营销、微博营销、微信朋友圈营销等电商平台均可取得良好的效果。以观光旅游畜牧业发展为载体，促使城市居民走进养殖场区，开展动物认领和认购活动，实现生产与销售直接挂钩，也是一个很好的销售方式。实体店的专卖店、品鉴店体验等体验式营销也是拓宽营销渠道的方式之一。在体验经济的今天，养殖场如果善于运用体验式营销，定将能够取得消费者的认可，俘获消费者的心，赢得消费者的忠诚度，并最终为企业带来源源不断的利润。以上这些方面工作都做好了，实现养殖赚钱不难。

经济新常态下和供给侧改革对规模化养殖场来说，机遇与挑战并存。如何在经济新常态下规避风险，做好规模养殖场的经营管理，取得好的养殖效益，是每个养殖场经营管理者都需要思考的问题。笔者认为要想实现经济新常态下养殖效益最大化，养殖场的经营管理者要主动去适应，而不是固守旧的观念，不能"只管低头拉车，不管抬头看路"。必须不断地总结经验教训，更重要的是养殖场的经营管理者必须不断地学习新知识、新技术，特别是新常态和"互联网＋"下养殖场的经营管理方法，这样才能使养殖场的经营管理始终站在行业的排头。

本书共分为了解肉羊、选择优良的肉羊品种、建设科学合理的肉羊场、掌握规模化养肉羊关键技术、满足肉羊的营养需要、精细化饲养管理、科学防治肉羊疾病和科学经营管理八章及附录。

本书紧紧围绕养肉羊成功所必须做到的各个生产要素进行重点阐述，使读者能够学到养肉羊赚钱的必备知识和符合当下实际的经营管理方法，本书结构新颖，内容全面充实，紧贴肉羊生产实践，可操作性强，无论对于新建场还是老场，均具有极强的指导作用和实用性。

本书在编写过程中，参考借鉴了国内外一些肉羊养殖专家和养殖实践者实用的观点和做法，在此对他们表示诚挚的感谢！由于笔者水平有限，书中难免有不妥之处，敬请广大读者批评指正。

　　畜禽养殖是一门实践科学，很多一线的养殖实践者更有发言权，也有很多好的做法，希望读者朋友在阅读本书的同时，就有关肉羊养殖管理方面的知识和经验与笔者进行交流和探讨，我的微信公众号"肖冠华谈畜牧养殖"，期待大家的到来！

肖冠华

2018 年 1 月

目 录
CONTENTS

第一章

了解肉羊

　　肉羊是草食性家畜，属于反刍动物，具有食性广、耐粗饲、抗逆性强、易饲养、多胎性等特点，是适应外界环境最强的家畜之一。肉羊的主要产品羊肉，具有瘦肉多、脂肪少、营养价值高等优点。眼下，它已成为人们日常肉食品中的佳品，备受人们的青睐，市场需求量非常大。

　　随着全国禁牧、休牧制度的实施，肉羊舍饲取代了传统放牧或半放牧养殖方式，对肉羊的饲养管理有更高的要求，因此，肉羊饲养管理者只有全面、充分地了解和掌握肉羊的生物学特性、消化特点、正常生理数据、异常行为等知识，才能养好肉羊。

一、肉羊的生物学特性

　　羊属于反刍动物，具有相似的生物学特性。但绵羊和山羊之间，以及不同品种和年龄的羊之间，生物学特性都存在一定的差异。

1. 合群性强

　　羊的合群性很强，是长期进化过程中为了适应生存和繁殖而形成的一种生物学特性。羊只都是成群采食，从不离群远走失散，放牧时虽很分散但不离群，一有惊吓或驱赶会马上集中。这种合群特性为大群放牧提供了有利条件。放牧时为了较好地采食可以尽量散开，需集中时可用声音、牧羊犬或投掷东西来集中。行走时有一只羊前进，其他羊会跟随，放牧时羊群的管理关键是头羊。

　　健康的羊都有合群性。如出现经常掉队的羊，往往不是因病跟不上，就是因老弱跟不上群。但长期圈养的羊，合群性较差。

2. 适应性强

羊的适应性比其他家畜强，适应性与品种类型及分布区的条件有关。羊一般耐粗饲、耐渴、耐寒、抗病、易抓膘等。羊在极端恶劣条件下，具有令人难以置信的生存能力，能依靠粗劣的秸秆、树叶维持生活。与绵羊相比，山羊更能耐粗，除能采食各种杂草外，还能啃食一定数量的草根树皮，比绵羊对粗纤维的消化率要高出3.7%；羊的耐渴性较强，尤其是当夏秋季缺水时，它能在黎明时分，沿牧场快速移动，用唇和舌接触牧草，以便搜集更多叶上凝结的露珠。在野葱、野韭、野百合、大叶棘豆等牧草分布较多的牧场放牧，可几天乃至十几天不饮水。但两者比较，山羊更能耐渴，山羊每千克体重代谢需水188毫升，绵羊则需水197毫升；由于羊毛有隔热作用，能阻止太阳辐射热迅速传到皮肤，所以较能耐热。绵羊的汗腺不发达，蒸发散热主要靠喘气，其耐热性较山羊差。当夏季中午炎热时，常有停食、喘气和"扎窝子"等表现。而山羊却从不参与"扎窝子"，照常东游西窜，气温37.8℃时仍能继续采食；绵羊由于有厚密的被毛和较多的皮下脂肪，以减少体热散发，故其耐寒性高于山羊。细毛羊及其杂种的被毛虽厚，但皮板较薄，故其耐寒能力不如粗毛羊；放牧条件下的各种羊，只要能吃饱饮足，一般全年发病较少，在夏秋膘肥时期，更是体壮少病。膘好时，对疾病的耐受能力较强，一般不表现症状，有的临死还勉强吃草跟群。山羊的抗病能力强于绵羊，感染内寄生虫病和腐蹄病的也较少。粗毛羊的抗病能力，又较细毛羊及其杂种为强。

3. 喜干燥卫生、厌潮湿环境

绵羊、山羊均喜在干燥、卫生、凉爽的环境中生活，厌湿潮环境。羊群的放牧场和圈舍，都以高燥为宜，长期在潮湿的环境下，羊容易发生腐蹄病、感染寄生虫和传染病，同时羊毛品质下降，脱毛加重，影响羊的经济价值。不同的绵羊、山羊品种对气候的适应性不同，如细毛羊喜欢温暖、干旱、半干旱的气候，而肉用羊和肉毛兼用羊则喜欢温暖、湿润、全年温差较小的气候。

根据羊对于湿度的适应性，一般相对湿度高于85%时为高湿环境，低于 50％时为低湿环境。我国北方很多地区相对湿度平均在40％～60％（仅冬、春两季有时可高达 75％，其他时间都在 40％～60％），故适于养羊特别是养细毛羊；而在南方的高湿高热地区，则较适于养山羊和肉用羊。

4. 采食习性

羊属反刍家畜，具有很强的觅食能力，可采食的牧草种类很多，能采食大家畜不能利用的牧草，对粗纤维含碳高的作物秸秆利用率可达 70％，山羊的食性较绵羊更广。绵羊和山羊的采食特点有明显不同，山羊后肢能站立，除能采食各种杂草外，还能采食高处的灌木或乔木的枝叶以及野果和啃食树皮，而绵羊只能采食地面上或低处的杂草与枝叶。

羊具有灵活的嘴唇和锋利的牙齿，上唇中央有一纵沟，下门齿向外有一定的倾斜度，故对采食地面低草、小草、花蕾和灌木枝叶很有利。羊最喜欢吃的是那些多汁、柔嫩、低短、略带咸味或苦味的植物，可利用多种植物、牧草、灌木、农副产品、谷物种子、茎叶、杂草及树叶等多种粗饲料。

5. 喜爱清洁

山羊嗅觉灵敏，一般在采食前，总要先用鼻子嗅一嗅。往往宁可忍饥挨饿也不愿吃被污染、践踏、霉烂变质、有异味或怪味的草料和饮水。因此，饲喂山羊的草料、饮水一定要清洁新鲜。对于放牧羊群的草场要根据面积、羊群数量，按照一定顺序轮流放牧。对于舍饲的羊群要在羊舍内设置水槽、食槽和草料架。

6. 嗅觉灵敏

羊的嗅觉比视觉和听觉灵敏，这与其发达的腺体有关。其具体表现在以下三方面。

靠嗅觉识别羔羊。羔羊出生后与母羊接触几分钟，母羊就能通过嗅觉鉴别出自己的羔羊。羔羊吮乳时，母羊总要先嗅一嗅其臀尾部，以辨别是不是自己的羔羊，利用这一点可在生产中寄养羔羊，即在被寄养的孤羔和多胎羔身上涂抹保姆羊的羊水或尿液，寄养多会成功。

靠嗅觉辨别植物种类或枝叶。羊在采食时，能依据植物的气味和

外表细致地区别出各种植物或同一植物的不同品种（系），选择含蛋白质多、粗纤维少、没有异味的牧草采食。

靠嗅觉辨别饮水的清洁度。羊喜欢饮用清洁的流水、泉水或井水，而对污水、脏水等拒绝饮用。

7. 等级位次分明

羊群中存在着明显的等级位次，主要取决于羊只的年龄，年龄较大的母羊等级较为靠前，公羊统治着整个母羊群，山羊的等级制更加明显。等级位次往往通过控制采食区域体现，占优势地位的母羊常把次等母羊挤开。山羊比绵羊好斗，而争斗中这种位次关系表现并不明显，争斗时，先前肢刨地，头抵肩推，然后，后腿前冲（绵羊）或后肢起立（山羊），用头顶撞。

8. 警惕性强

羊的警惕性很强，一旦有异常声响，即表现为抬头查看，对着声音或动作方向竖耳、定睛，嗅闻物体或外来羊。

9. 繁殖特性

羊为季节性多周期发情动物。绵羊多在秋季发情，春季产羔。在人工培育和干预下，有些品种可以全年发情，山羊发情的季节性没有绵羊明显。羊的妊娠期为5个月左右，多产单羔或双羔。绵羊的发情周期为15～18天。羊的生长期短，5～8月龄即可达到性成熟，利用年限可长达7～9年。

绵羊有黎明或早晨交配的习性。研究表明，繁殖季节绵羊在中午、傍晚和夜间很少活动，6：30～7：30期间交配比例最高，下午和黄昏时次之。因此，为获得较好的受胎率，人工授精的输精时间最好选择早晨进行。

10. 善于游走

游走有助于增加放牧羊只的采食空间，特别是牧区的羊终年以放牧为主，需长途跋涉才能吃饱喝好，故常常一天往返里程达到6～10千米。山羊生性活泼好动，除卧息反刍和采食外，大部分时间处于运动中，反应灵敏，行动灵活，有很强的登高能力。在绵羊不能攀登的山区和悬崖上，山羊具有平衡步伐的良好机制，可行动自如，如山羊可直上直下 60 度的陡坡，而绵羊则需斜向做"之"字形游走。绵羊性情温顺，是家畜中最胆小的动物，自卫能力差，反应较为迟钝，行动缓慢。在绵、山羊混群放牧情况下，山羊总是走在羊群前面或两侧，极少有走在群后的。

二、羊的异常行为

要了解异常行为，首先要知道什么是正常行为。正常行为是指动物在环境条件能够满足其各种需要的条件下（无应激、无剥夺、无疾病）的行为表现。而异常行为是动物偏离正常范围的行为，但构成异常行为至少应满足：一是明显偏离一个物种或品种的行为规范；二是不能满足自身的生存或生活需要；三是导致自身或其他个体的损伤。

异常行为的特点是无目的性或是对自身或是对其他个体有害，如争斗增多，个体间相互伤残现象加剧（如咬尾、咬耳），笼养鸡的啄肛、啄羽等，对动物不利。

羊的异常行为有食毛和咬尾、咬蹄。食毛包括成年羊食毛和羔羊食毛两种情况。咬尾、咬蹄这种现象主要发生在产后母羊身上。开始时母羊常常轻咬自己的或其他新生羔羊的尾巴或蹄子，如果咬力过猛，会将尾或蹄咬断。异常行为的矫正不是通过药物，而是找出异常的行为学原因，以便采取有效的对策。

舍饲成年羊食毛有可能是一种恶癖，或突然改换饲料造成应激所致。日粮中含硫氨基酸（胱氨酸、半胱氨酸和蛋氨酸）缺乏，即发生食毛症；钴和铜缺乏以及钙磷缺乏或比例失调发生的佝偻症亦能引发此病。放牧羊只发病可能与所处环境土壤缺硫，导致牧草含硫量不足有关。寄生虫病也可引发此病。羔羊食毛症是羔羊发生的一种代谢紊乱疾病，表现为喜欢舔食羊毛。由于食毛过多，影响消化，甚至并发肠梗阻造成死亡。一般认为可能与缺乏维生素和无机盐矿物质，特别是铜、钴、硫等元素有关。

对舍饲羊要加强饲养管理，给予全价饲料，精粗搭配合理并给予足量青绿饲料，适量增加运动；放牧羊只要经常改换放牧地，合理补饲富含维生素和矿物质添加剂精料。另外在羊舍中长期悬挂羊专用优质营养舔砖可有效防止此病的发生。还要坚持每天仔细观察羊只情况，羔羊发生食毛后，应及时隔离并清理胃肠，维持心肌机

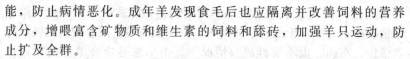

能，防止病情恶化。成年羊发现食毛后也应隔离并改善饲料的营养成分，增喂富含矿物质和维生素的饲料和舔砖，加强羊只运动，防止扩及全群。

生产实践中，有时发生母羊不认亲生羔羊的现象，例如初产母羊不嗅闻羔羊，当羔羊走到跟前，会表现躲闪或顶撞等异常行为。这些异常行为的出现，主要是因为母羊缺乏产羔护羔本性，或产前营养不良、分娩困难、乳房疼痛等抑制了母性行为，造成母子不相认。

生双羔的母羊有时只认后产出的羔羊，而不认先产羔羊，这是因为母子建立相认反应时，母羊的注意力只集中在后一个羔羊上所造成的异常行为。一般而言，多羔母羊只要分娩顺利，各个胎儿娩出的间隔时间短，同时又产在相同的产羔地点，这类多羔的母子关系不难建立，各羔羊相互之间的关系也比较正常，哺乳期间可以同行同卧，互不排挤。在生产实践中，常可看到细毛羊群中生双羔的母羊只认一羔、不认另一羔的异常行为要多于非细毛羊品种。

"拐带"他羔是母羊另一种异常母性行为。这种现象常见于羊只密集的母羊群内，临产前几天或几小时。开始有母性行为的母羊或生死胎或产后羔羊死亡的母羊，舔闻其他母羊的新生羔羊。允许羔羊吮奶，并将羔羊带走。这种母子结合的时间不长，在生下自己的羔羊后，往往对异母羔羊表示冷漠。在种羊场和科学试验中，这种异常母子关系是增大育种记载错误率的直接原因，而错填误记常又不为人所察觉。

防止拐走羔羊，一般只能采用间接办法，例如增设栏栅，限制一般母羊在产羔区内的走动。查出一再犯有拐走羔羊的母羊，特别是在这些母羊即将产羔的前1～4天，将其调开或限制其自由走动。也可以将产羔母羊散放在开阔地段，减少接触。还可以增加供母羊舔食的盐块或其他矿物质舔块。

三、掌握肉羊的生理数据

1. 肉羊的正常体温范围

羊正常体温为38～40.5℃，性别、品种、营养及生产性能等特点对体温的生理性变动也有一定的影响。超出正常范围0.5～1.0℃

并伴有流清涕、打喷嚏、呕吐等症状为发热。

体温的测定方法：测温前先将体温计水银柱甩至 35℃ 以下，消毒涂油，缓缓插入肛门，待 3～5 分钟后，取出体温计观察水银柱的刻度。

2. 肉羊的正常心率（脉搏数）

肉羊的正常心率为每分钟 70～80 次。

脉搏数的测定方法：羊的脉搏数可在股内侧触摸股内动脉跳动次数来测定。但一般常用听诊器在心脏区听取心跳次数。

3. 肉羊的正常呼吸频率

肉羊的正常呼吸频率为每分钟呼吸 12～30 次。

呼吸次数的测定方法：测定呼吸次数应在羊安静情况下进行。一般可以观察胸腹壁的起伏动作，一起一伏为一次呼吸，在北方冬季也可看呼出的气流来计数。

4. 羊的正常反刍次数

羊每日反刍时间大概 8 小时，分 4～8 次，每次 40～70 分钟。

反刍次数的测定方法：健康羊采食后经 30～60 分钟后开始反刍。注意羊在安静处卧息时最易反刍，任何外来刺激均可使反刍停止，反刍一旦停止，内容物滞留于瘤胃中，会造成疫病。

四、羊的消化系统机能特点

1. 消化系统

（1）口腔　羊的嘴窄扁，上唇有一纵沟，唇薄而灵活，门齿锐利而稍向外倾斜，吃草时口唇和地面接近，有利于啃吃短草和拣吃草屑。舌前端尖，舌头表面有短而钝的乳头，舌尖光滑，可协助咀嚼和吞咽。

羊无上切齿和上犬齿，下犬齿进化变成 4 对下切齿，因此羊等反刍家畜不同于其他家畜，具有 4 对共 8 枚下切齿。绵羊、山羊采食时是利用其裸露的上齿龈和下颚门齿切割牧草的。大多数品种的绵羊羔羊一般在 2～3 周龄时位于下颚的 8 枚乳门齿全部长齐，山羊羔羊则在生后 20～25 日龄长齐。乳齿共 20 枚，除 8 枚乳门齿

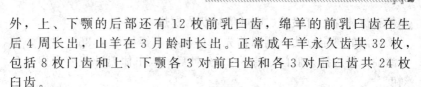

外，上、下颚的后部还有 12 枚前乳臼齿，绵羊的前乳臼齿在生后 4 周长出，山羊在 3 月龄时长出。正常成年羊永久齿共 32 枚，包括 8 枚门齿和上、下颚各 3 对前白齿和各 3 对后白齿共 24 枚白齿。

　　绵羊、山羊嘴不同于牛等反刍动物的最大解剖特点是其具有分裂的上唇，这使得绵羊、山羊能够更加灵巧地利用上下唇控制食物，选择牧草，并具有较强的采食低草、贴近地面放牧的能力。

　　(2) 胃　羊属反刍动物，以草食为主，具有发达的采食和消化系统。羊有 4 个胃室。前三室的黏膜无腺体组织，合称前胃，皱胃黏膜内分布有消化腺，所以称真胃。羊胃的 4 个室在运动形式、消化、吸收机能上具有不同的特点。

　　① 瘤胃　羊的瘤胃具有储藏、浸泡、软化、微生物酵化粗饲料的作用。瘤胃中独特的微生物生态环境为微生物的生长和繁殖创造了适宜条件，而微生物又与羊有良好的协调关系。

　　② 网胃　网胃与瘤胃共同参与饲料的发酵。网胃运动可将食糜由网胃移送至瓣胃，网胃的收缩对于维持羊的反刍和逆呕具有重要作用。同时，网胃也是挥发性脂肪酸、氨等消化代谢产物的重要吸收部位。

　　③ 瓣胃　瓣胃内分布有许多叶片，对网胃食糜具有进一步研磨、过滤和压榨作用，将食糜中水分吸收而使食糜浓缩，同时，食糜中的无机盐、挥发性脂肪酸也可在此被吸收一部分。

　　④ 皱胃　皱胃可分泌各种消化酶及盐酸，主要参与蛋白质、脂肪和碳水化合物的消化作用，并有较强的吸收功能。

　　(3) 肠道　肠道是羊的主要消化吸收器官，包括小肠和大肠。

　　① 小肠　小肠是食物消化和吸收的主要场所，小肠的主要作用是吸收营养物质。小肠液的分泌与其他大部分消化作用在小肠上部进行，而消化产物的吸收在小肠下部进行。蛋白质消化后的多肽和氨基酸，以及碳水化合物消化产物葡糖糖通过肠壁进入血液，运送至全身各组织。各种家畜中山羊和绵羊的小肠最长，山羊小肠为其体长的 27 倍之多。

　　② 大肠　大肠无分泌消化液的功能，但可吸收水分、盐类和低级脂肪酸。大肠主要功能是吸收水分和形成粪便。凡小肠内未被消化

吸收的营养物质，也可在大肠微生物和小肠液带入大肠内的各种消化酶的作用下分解、消化和吸收，剩余渣滓随粪便排出。

在羊的消化道内有一条食管沟，由两片肌肉组成。当肌肉褶关闭时，形成一个管沟，可使饲料直接由食管沟进入真胃，避开瘤网胃。对于犊牛、羔羊等初生反刍动物来说，食管沟可使其吮吸的乳汁避开瘤胃发酵，直接进入真胃和小肠，保持乳汁原有的营养，而成年反刍动物则食管沟退化，闭合不全。

对于哺乳羔羊来说，发挥消化作用的主要是第四胃，而前三胃的容积较小，瘤胃微生物的区系尚未形成，没有消化粗纤维的能力。因此，初生羔羊只能依靠哺乳来满足营养需要，在哺乳期间，羔羊吮吸的母乳不通过瘤胃，而经瘤胃食管沟直接进入皱胃。随着日龄的增长和采食量的增加，前三胃的容积逐渐增大，大约40天后开始有反刍活动。这时，真胃凝乳酶的分泌逐渐减少，其他消化酶的分泌逐渐增多，能对采食的粗饲料进行部分消化。

根据这些特点，在羔羊出生后7～10天的哺乳早期，人工补饲易消化的植物性饲料，可以促进前胃的发育，增强对植物性饲料的消化能力，可促进瘤胃的发育和提前出现反刍行为。随着日龄的增长，前胃迅速发育，在前胃逐渐建立起比较完善的微生物区系。

新生羔羊的肠道重量占整个消化道的比例为70%～80%，大大高于成年羊的30%～50%。随着日龄的增长和日粮的改变，小肠所占比例逐渐下降，大肠比例基本保持不变，而胃的比例却大大提高。

2. 消化生理特点

(1) 反刍 反刍是指进入瘤胃中的饲料变成食糜，以食团形式沿食管上行至口腔，经细致咀嚼后再吞咽回到瘤胃的整个过程。一般情况下，羊每天反刍的次数为4～8次，逆呕食团约500个（每个食团在口中反复咀嚼70～80次），每次反刍持续40～70分钟，昼夜反刍的时间为6～9小时。羊反刍姿势多为侧卧式，少数为站立。

绵羊和山羊的采食和反刍特点有一定的差异。当自由采食苜蓿干草时，山羊和绵羊每天的采食时间分别为6.8小时和3.7小时，反刍时间分别为6.1小时和8.3小时，山羊的采食时间显著长于绵

羊的采食时间，而绵羊的反刍时间显著长于山羊。将山羊和绵羊的采食和反刍时间相加，分别为12.9小时和12.0小时，两种动物之间差异不显著。由此可见，绵羊和山羊每天有一半的时间用于采食和反刍活动。

反刍时间的长短与采食饲料的质量密切相关，饲料中粗纤维含量愈高，反刍时间愈长；牧草含水量大，反刍的时间短；干草粉碎后饲喂的反刍活动快于长草。同量的饲草料多次分批投喂时，反刍时逆呕食团的速率快于一次全量投喂。

反刍是羊的重要消化生理特点。对于成年反刍动物来说，粗糙的食物不经过反刍，直接由瘤胃到瓣胃是绝对不可能的。不仅如此，有些饲料需要反复咀嚼好几次。反刍后的食物又回到瘤胃，在瘤胃内分解后，逐渐向瓣胃移动，然后再到真胃、小肠。只有通过反刍，将采食的粗糙食物（如干草类）经精细咀嚼后，达到一定的细度，才能使其在再次进入瘤胃时，能漂浮在瘤胃内容物的上层，并能较快地通过瘤胃，到达网胃和瓣胃，最后到达皱胃进行消化液的消化过程。也正是因为反刍，反刍动物对粗纤维的消化能力很强，一般消化率可达50%～90%，为反刍动物提供了3/4的能量。若反刍不充分，未消化的食物就会停留在瘤胃内发酵和腐败，就会引起反刍动物瘤胃臌胀和停食。

反刍的生理功能，一是可以进一步磨碎食糜，增加其与瘤胃微生物的接触面积，促进食糜的发酵和分解；二是将食糜与大量的碱性唾液（每天5～24升）混合，利用唾液中含有的钾、钠、钙、镁等各种矿物质及碱性特征，中和瘤胃发酵产生的酸性物质，维持瘤胃微生物正常生长和繁殖所需的pH值恒定（5.5～7.5）的特定环境，有利于瘤胃微生物生长、繁殖和消化作用。

羊的反刍具有节律性。一般在羊采食后1小时即出现第一个反刍周期。据观察，山羊反刍时每分钟咀嚼的次数为80～90次，每个食团咀嚼70～80次；每个反刍周期持续时间很不一致，为1～120分钟。反刍的节律性常受到许多因素的影响，主要表现在：一是当羊在安静卧息状态时，反刍规律性强，而在有外来刺激（如噪声、惊吓等）时，反刍时间减少，节律紊乱甚至停止；二是当羊只疲倦时，上行两食团之间间隔时间延长，但每个食团咀嚼次数变化很小；三是采食切短的干草比不切短的干草反刍次数增多，但采食磨碎的饲料反刍次数和时间均比前两种少；四是羔羊在哺乳期，早期补饲容易消化的植物性饲料，能刺激前胃的发育，可提早出现反刍行为。

患病或受外界强烈刺激会造成反刍紊乱，甚至反刍停止。反刍迟缓或反刍停止是羊发生疾病的一个重要症状。

（2）嗳气 羊采食饲料以后，经瘤胃微生物的发酵和分解，可形成大量的低级脂肪酸和微生物蛋白供羊体吸收利用。但在这个过程中会不断地产生大量的气体，其中，主要是二氧化碳和甲烷。瘤胃发酵产生的气体，一昼夜可达 600～700 升，除了一部分被微生物利用外，大部分通过食管经口腔排出，即嗳气。

嗳气是羊的一种正常的生理活动。如果瘤胃内发酵产生的大量气体不能通过嗳气及时地排出，就会造成气体在瘤胃内积聚而发生瘤胀病，严重时可造成窒息死亡。

（3）瘤胃微生物及其作用 在反刍动物的瘤胃内栖息着复杂、多样、非致病的各种微生物，包括瘤胃原虫、瘤胃细菌和厌氧真菌，还有少数噬菌体。在幼畜出生前，其消化道内并无微生物，出生后从母体和环境中接触各种微生物，但是经过适应和选择，只有少数微生物能在消化道定植、存活和繁殖，并随着幼畜的生长和发育，形成特定的微生物区系。因此，反刍动物瘤胃选择了其特定的微生物区系，这些微生物选择了瘤胃的环境，这种选择最典型的例子是只有反刍动物和单胃草食动物消化道才有厌氧真菌。经过长期的适应和选择，微生物和宿主之间、微生物与微生物之间处于一种相互依赖、相互制约的动态平衡系统中。一方面，宿主动物为微生物提供生长环境，瘤胃中植物性饲料以及代谢物为微生物提供生长所需各种养分；另一方面，瘤胃微生物帮助消化宿主自身不能消化的植物物质，如纤维素、半纤维素等，为宿主提供能量和养分。

瘤胃微生物对羊的消化和营养具有重要意义。瘤胃微生物与羊是一种共生关系。瘤胃微生物主要是细菌和原生虫，还有少量的真菌，每毫升瘤胃内容物含有 10^{10}～10^{11} 个细菌、10^5～10^6 个原虫。而且这些瘤胃微生物在正常的情况下保持稳定的区系活性，并随饲料种类和品质而变化，因此在生产实践中，变更饲料种类时要有 1～2 周的适应期，才能保证瘤胃微生物顺利过渡，如突然变更饲料（例如突然采

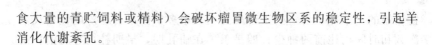

食大量的青贮饲料或精料）会破坏瘤胃微生物区系的稳定性，引起羊消化代谢紊乱。

五、肉羊的生长发育规律

肉羊肥育的目的，就是利用羊自身的生长发育规律，通过相应的饲养管理措施，使羊体内肌肉和脂肪的总量增加，并使羊肉的品质得到改善，从而获取较好的经济效益。因此，只有了解羊的生长发育规律，才能利用它，合理地组织肉羊生产。

一般，把羊的整个生命期可划分为胚胎时期和生后时期两大阶段。胚胎时期又可划分为胚期、胎前期和胎儿期。生后时期又可划分为哺乳期、幼年期、青年期、成年期和老年期。

胚期指从受精卵开始逐渐发育到与母体建立联系时为止。羊的卵子和精子结合是在输卵管的上 1/3 处发生。之后，受精卵依靠自身营养储备进行卵裂的同时，向母羊子宫角移行，最终附植在子宫角 1/3 处，与母体建立营养联系。绵羊胚期的发育在第 28 天完成，此期特点是细胞强烈分化，出现三个细胞层，形成尿囊。单个胚胎总重量不足 2 克。

胎前期的主要特征是各种器官迅速形成，逐渐出现品种特征，此期内完全形成胎盘，并通过绒毛膜与母体子宫建立牢固的联系，绵羊的胎前期从受精后的第 29 天持续到第 45 天。单个胚胎的总重量约 15 克。

胎儿期的主要特征是体躯及各组织器官迅速生长，同时，也形成了被毛与汗腺。胎儿体重增加较快，如绵羊单个胎儿第 58 天时重 64 克，第 74 天时重 240 克，第 94 天时重 760 克，第 104 天时重 1245 克，第 140 天时达 3400 克。可见，胎儿出生时的重量主要是在胎儿期生长的，且主要是在胎儿期后期即妊娠的后 2 个月内完成的。

哺乳期指羔羊出生到断奶的这段时期，一般 3～4 个月，是羔羊对外界环境逐渐适应的时期。羔羊由出生前依靠母体供应营养物质和氧气到出生后依靠自身的呼吸机能和消化机能获得氧气和营养物质是一个巨大变化。但是，羔羊的主要营养物质来源仍依靠母羊（乳汁）。出生后最初 1～2 周内，羔羊的体温调节机能、消化机能、呼吸机能都发育不全，适应环境的能力很差，加之这一时期羔羊的生长发育又非常迅速，如小尾寒羊公、母羔初生重分别为 3.00 千克、2.87 千克，3 月龄时体重分别达 20.80 千克和 17.20 千克。公、母羔日增重分别达 198 克和 161 克。3 月龄与初生时相比，公、母羊体重分别增加约 6 倍和 5 倍。因此，哺乳期若对羔羊饲养管理不精细很容易造成死亡。

幼年期指羔羊由断奶到性成熟这段时期。幼年期羔羊由依赖母乳过渡到食用饲料，采食量不断增加，消化能力大大加强，骨骼和肌肉迅速增长，各组织器官也相应增大，绝对增重逐渐上升。幼年期是生产肥羔的最有利时期。

青年期指由性成熟到生理成熟（发育成熟或体成熟）的这段时期。这时羊的各组织器官的结构和机能逐渐完善，绝对增重达最高峰，以后则下降。对于肉羊而言，这一时期往往也是有效的经济利用时期。

成年期羊只体形已定型，生理机能已完全成熟，生产性能已达最高峰，能量代谢水平稳定，在饲料丰富条件下，能迅速沉积脂肪。

老年期羊只整个机体代谢水平开始下降，各种器官的机能逐渐衰退，饲料利用率和生产性能也随之下降，呈现各种衰老现象。

因此，羊的生长发育具有明显的阶段性。各阶段的长短因品种而异，且可通过一定的饲养管理条件加快或延迟。另外，大量的研究表明，羊的肌肉、脂肪、骨骼等组织器官以及外形在各生理阶段的生长发育不是等比例的，即生长发育的各生理阶段具有不平衡性。如，胚胎期羊的外周骨（四肢骨）生长强度大，主轴骨生长缓慢，羊出生后则相反。因此，羔羊出生时体形表现为头大，四肢高，体躯相对短、浅而狭窄，出生后则迅速长主轴骨和体躯长度，胸腔深度，身体比例趋于协调，达到品种特征。羊只出生后肌肉的增多主要是肌肉纤维体积的增大，因而，老羊肉肌纤维粗糙，而羔羊肉肌纤维细嫩。脂肪沉积的部位也随羊只不同而有区别。一般首先储存于内脏器官附近，其次在肌肉之间，继而在皮下，最后积储于肌肉纤维中，所以越早熟的品种，其肉质越细嫩。年老的羊经过肥育，达到脂肪沉积于肌纤维间，肉质也可变嫩些。生产实践中，利用羊只这些生长发育规律合理组织生产，将会收到良好的效果。

六、羊的年龄估算方法

年龄鉴定是其他鉴定的基础。肉羊不同年龄生产性能、体形体态、鉴定标准都有所不同。现在比较可靠的年龄鉴定法仍然是牙齿鉴定。牙齿的生长发育、形状、脱换、磨损、松动有一定的规律。因此，人们可以利用这些规律，比较准确地进行年龄鉴定。

成年羊共有32枚牙齿，上颌有12枚，每边各6枚，上颌无门齿，下颌有20枚牙齿，其中12枚是臼齿，每边6枚，8枚是门齿，也叫切齿。

利用牙齿鉴定年龄主要是根据下颌门齿的发生、更换、磨损、脱落情况来判断。羔羊一出生就长有6枚乳齿；约在1月龄，8枚乳齿长齐；1.5岁左右，乳齿齿冠有一定程度的磨损，钳齿脱落，随之在原脱落部位长出第一对永久齿；2岁时中间齿更换，长出第二对永久齿；约在3岁时，第四对乳齿更换为永久齿；4岁时，8枚门齿的咀嚼面磨得较为平直，俗称齐口；5岁时，可以见到个别牙齿有明显的齿星，说明齿冠部已基本磨完，暴露了齿髓；6岁时已磨到齿颈部，门齿间出现了明显的缝隙；7岁时缝隙更大，出现露孔现象。

牙齿的颜色也能看出羊的大小。幼年羊的牙齿叫乳齿，颜色雪白，较小；成年羊的牙齿叫永久齿，颜色发黄，较大。

羊的牙齿更换时间及磨损程度，受多种因素的影响，一般早熟品种羊，换牙比其他品种早6～9个月完成。个体不同对换牙时间也有影响。此外与羊采食的饲料亦有关系，如采食粗硬的秸秆，常使牙磨损得较快。这些情况在鉴定羊的年龄时应加以考虑。

另外，还可以根据羊角轮判断年龄。角是角质增生而形成的，冬、春季营养不足时，角长得慢或不生长；青草期营养好，角长得快，因而会生出凹沟和角轮。每一个深角轮就是一岁的标志。

羊的年龄还可以从毛皮观察，一般青壮年羊，毛的油汗多，光泽度好；而老龄羊，皮松无弹性，毛焦燥。

七、羊的体重估算方法

羊的重量可参照下列公式估算。

羊的重量（千克）＝［羊身体的斜长（厘米）×胸围（厘米）×胸围（厘米）］÷10800

例如：一只羊身体的斜长是 58 厘米，胸围是 62 厘米。

羊的重量＝58 厘米×62 厘米×62 厘米÷10800≈20.6（千克），即这头羊的体重约为 20.6 千克。

八、羊的生殖器官及生殖生理

1. 母羊的生殖器官及生殖生理

母羊的生殖器官包括性腺、生殖道和外生殖器。性腺即卵巢，生殖道即输卵管、子宫和阴道，以上称为内生殖器官；外生殖器官包括尿生殖前庭、阴唇和阴蒂，也叫做外阴部。

（1）卵巢 母羊的卵巢是母羊生殖器官中最重要的生殖腺体，位于腹腔肾脏的下后方，由卵巢系膜悬在腹腔靠近体壁处，左右各一个，呈卵圆形，长 1.0～1.5 厘米，宽和高 0.8～1.0 厘米。卵巢组织结构分内外两层，外层叫皮质层，可产生滤泡、生产卵子和形成黄体，内层是髓质层，分布有血管、淋巴管和神经。卵巢的功能是产生卵子和分泌雌激素。

（2）输卵管 输卵管位于卵巢和子宫之间，为一弯曲的小管，管壁较薄。输卵管的前口呈漏斗状，开口于腹腔，称输卵管伞，接纳由卵巢排出的卵子。输卵管靠近子宫角的一端较细的部分称为峡部。输卵管是使精子和卵子受精结合和受精卵开始卵裂的地方，并将受精卵输送到子宫。

（3）子宫 羊的子宫属于双角子宫。一个中隔将两个像羊角状的子宫角分开。子宫位于骨盆腔前部，直肠下方，膀胱上方。子宫由两个子宫角、一个子宫体和一个子宫颈构成。子宫口伸缩性极强，妊娠子宫由于其面积和厚度增加，其重量比未妊娠子宫能增大 10 倍。子宫角和子宫体的内壁有许多盘状组织，称子宫小叶，是胎盘附着母体取得营养的地方。

子宫颈为连接子宫和阴道的通道。不发情和怀孕时，子宫颈收缩得很紧，发情时稍微张开，便于精子进入。子宫的生理功能：一是发情时，子宫借助于肌纤维有节律地、强而有力地收缩作用而运送精液，分娩时，子宫以其强有力的阵缩而排出胎儿；二是胎儿发育生长的地方，子宫内膜形成的母体胎盘与胎儿胎盘结合，成为胎儿与母体交换营养和排泄物的器官；三是在发情期前，内膜分泌物的前列腺素对卵巢黄体有溶解作用，以致黄体机能减退，在促卵泡素的作用下引起母羊发情。

（4）阴道　阴道是羊的交配器官和产道。前接子宫颈口，后接阴唇，靠外部1/3处的下方为尿道口。其生理功能是排尿、发情时接受交配、分娩时胎儿产出通道。母羊发情时，阴道上皮细胞角化状况变化显著，依此可对母羊的发情排卵及配种时机做出较准确的判断。

2. 公羊的生殖器官及生殖生理

公羊的生殖器官包括腺体、输送管道、副性腺和外生殖器。腺体即睾丸；输送管道，即附睾、生殖管和泌尿生殖道；副性腺，即精囊腺、前列腺、尿道球腺及输精管壶腺；外生殖器，即阴茎。公羊的生殖器官具有产生精子、分泌雄性激素，以及将精液送入母羊生殖道内的作用。

（1）睾丸　睾丸的主要功能是产生精子和分泌雄性激素。雄性激素可刺激公羊生长发育，激发性欲，维持第二性征，决定雄性器官的生长和机能完整。睾丸分左右两个，呈椭圆形，位于前腹股沟区的阴囊腔内。睾丸在胎儿期的中期，由腹腔下降至阴囊内。生后的公羊睾丸若未下降至阴囊，即会成为"隐睾"，两侧隐睾的公羊完全丧失繁殖能力，单侧隐睾的公羊具有繁殖力，但隐睾具有遗传性，一般不做种用，应予淘汰。精子是由睾丸曲细精管上皮的生精细胞形成的，精子由睾丸输出管送至附睾储存。雄激素由睾丸小叶间质组织中的间质细胞产生。成年绵羊双侧睾丸重400～500克，山羊120～150克。

（2）附睾　附睾是储存精子和精子最后成熟的地方，也是排出精子的管道。此外，附睾管的上皮细胞分泌物可供给精子营养和运动所需的物质。附睾贴附于睾丸的背后缘，分头、体、尾3部分，附睾头部和尾部较大，体部较窄。在精子从附睾头到附睾尾的行程中，精子的原生质体由颈部移向中段的后端，从而使精子成熟，具有受精能力。附睾内温度比体温低4～7℃，呈弱酸性和高渗透压环境，对精子的活动有抑制作用，从而使精子在附睾中保持有受精能力的时间达

60 天。

（3）输精管 输精管是精子由附睾排出的通道。它为一厚壁坚实的束状管，分左右两条，从附睾尾部开始由腹股沟进入腹腔，再向后进入骨盆腔部尿生殖道起始部背侧，开口于尿生殖道黏膜形成的精阜上。

（4）副性腺 射精时副性腺分泌物与输精管内的分泌物混合形成精清。精清与精子共同组成精液。精清不但可稀释精子，扩大精液量，而且有助于精液输出体外和精子在母羊生殖道内的运行，供给精子营养，激发精子活力，刺激精子运动。

① 精囊腺 位于膀胱背侧，输精管壶腹部外侧。与输精管共同开口于精阜上。分泌物为淡乳白色黏稠状液体，含有高浓度的蛋白质、果糖、柠檬酸盐等成分，供给精子营养和刺激精子运动。

② 前列腺 位于膀胱与尿道连接处的上方。公羊的前列腺不发达，由扩散部构成。其分泌物是不透明稍黏稠的蛋白样液体，呈弱碱性，能刺激精子，使其活动力增强，并能吸收精子排出的二氧化碳，有利于精子生存。

③ 尿道球腺 位于骨盆腔出口处上方，分泌黏液性和蛋白样液体，在射精以前排出，有清洗和润滑尿道的作用。

（5）阴茎 阴茎是公羊的交配器官，具有排尿和射精的双重作用。它主要由海绵体构成，包括阴茎海绵体、尿道阴茎部和外部皮肤。成年公羊阴茎全长为 30～35 厘米，阴茎较细，在阴囊之后有 S 状弯曲。

九、母羊发情规律

1. 发情的周期、季节与初配时间

发情周期即母羊从上一次发情开始到下次发情的间隔时间。在一个发情期内，未经配种或虽经配种而未受孕的母羊，其生殖器官和机体发生一系列周期性变化，会再次发情。绵羊发情周期平均为 16 天（14～21 天），山羊平均为 21 天（18～24 天）。

绵羊属于季节性繁殖配种的家畜。绵羊发情始于秋分，结束于春分。其繁殖季节一般是 7 月至翌年的 1 月，而发情最多集中在 8～10 月。繁殖季节还因是否有利于配种受胎，及产羔季节是否有利于羔羊

生长发育等自然选择演化而不同。同时，地区、品种不同，繁殖季节也不同，如我国的湖羊和小尾寒羊可以常年发情配种。

光照、温度和相对湿度与母羊的发情、排卵、胚胎成活以及胎儿的发育有较大的关系，这三个因素是相互作用的，必须同时考虑。

光照时间对发情有影响，每日光照时间在 10～12 小时的春秋两季发情较多。山羊的发情表现对光照的影响反应没有绵羊明显，所以山羊的繁殖季节多为常年性的，一般没有限定的发情配种季节。但生长在热带、亚热带地区的山羊，5～6 月因为高温的影响也表现发情较少。生活在高寒山区未经人工选育的原始品种藏山羊的发情配种也多集中在秋季，呈明显的季节性。

高的气温对羊的繁殖影响很大。在 32℃ 以上的环境条件下，羊的繁殖力大大下降，高温对胎儿的发育也不利，导致初生重减少，严重时胚胎不能成活。因此在夏季应考虑这一因素，以减少热的影响。但过低的气温也是影响繁殖力的因素之一，当日平均温度下降到零下15℃时羊开始掉膘，严重时造成营养不足而降低繁殖力。

为了减少气温对繁殖力的影响，可以采取避开严冬和炎热的季节产羔和配种的办法提高繁殖力。

公羊的繁殖，不管是山羊还是绵羊，公羊都没有明显的繁殖季节，常年都能配种。但公羊的性欲表现，特别是精液品质，受季节变化影响较大。据测定，种公羊在一年中，春秋两季射精量高，精液品质也好，以秋季最好；冬季射精量减少，在炎热的时候精子可能出现畸形，公羊的繁殖力下降。

羊的繁殖与纬度的关系，不同的纬度地带，在同一季节里光照条件却不相同。在纬度较高的地区，光照变化较明显，因此，母羊发情季节较短，而在纬度较低的地区，光照变化不明显，母羊可以全年发情配种。

母羊到了一定年龄，生殖器官已经发育完全，具备了繁殖能力，叫作性成熟。性成熟以后，就能配种繁殖，但此时身体的生长发育尚未成熟，故性成熟并非最适宜的配种年龄。实践证明，幼畜过早配种，不仅严重阻碍本身的生长发育，也严重影响后代的体质和生产性能。但是，母羊的初配年龄过迟，不仅影响其繁殖进程，延长繁殖周期，也会造成经济上的损失，因此，应提倡适时配种。绵羊早熟品种一般为 9～15 个月龄，晚熟品种为 1.5～2.5 岁，山羊早熟品种为 6～12 个月龄，晚熟品种为 1.5 岁。

实际生产中，初配时间主要依据个体生长发育及体重来确定。在良好的饲养管理条件下，体重达成年羊的 70％ 时即可配种。在发育良好，并能保证较好的营养条件时，2～3 月产的母羔，可在当年秋后配种。公羊一般在 1.5～2.5 岁配种，但若生长发育好，1 岁左右即可参加配种。

2. 发情周期的生理参数

（1）发情周期　绵羊多为 16～17 天（大范围 14～22 天），山羊多为 19～21 天（大范围 18～24 天）。

（2）发情持续期　绵羊 30～36 小时（大范围 27～50 小时），山羊 39～40 小时。

（3）排卵时间　发情开始后 12～30 小时。

（4）卵子排出后保持受精能力时间　15～24 小时。

（5）精子到达母羊输卵管时间　5～6 小时。

（6）精子在母羊生殖道存活时间　多为 24～48 小时，最长 72 小时。

（7）最适宜配种时间　排卵前 5 小时左右（即发情开始半天内）。

（8）妊娠（怀孕）期　平均 150 天（范围 145～154 天）。

（9）哺乳期　一般 3.5～4 个月，可依生产需要和羔羊生长发育快慢而定。

（10）多胎性　山羊一般多于绵羊。我国中、南部地区绵、山羊多于北方。

（11）产羔季节　以产冬羔（12 月至翌年 1 月）最好，次为春羔（2～5 月，2～3 月为早春羔，4～5 月为晚春羔）和秋羔（8～10 月）。

（12）产后第一次发情时间　绵羊多在产后 25～46 天，最早者在 12 天左右；山羊多在产后 10～14 天，而奶山羊较迟（第 30～45 天）。

（13）繁殖利用年限　多为 6～8 年，以 2.5～5 岁繁殖利用性能最好。个别优良种公羊可利用到 10 岁左右。

十、羊初乳的重要性

初乳又叫血乳，因其具有加热后易凝固的特性，又被称为胶奶，

是所有雌性哺乳动物产后 7 天内所分泌乳汁的统称。初乳所含营养物质极为丰富，有大量的蛋白质、维生素和矿物质，其干物质含量较常乳高 1.5～2 倍。此外，初乳中还含有大量的免疫球蛋白（IgG），免疫球蛋白是一种受动物体外来大分子抗原刺激而产生的抗体，在动物体内具有重要的免疫和生理调节作用，是动物体内免疫系统最为关键的组成物质之一。研究表明，免疫球蛋白对许多病原微生物和毒素有抑制作用，如可抑制贺菌、沙门氏菌、大肠杆菌、脆壁类菌体、肺炎双球菌、白喉毒素、破伤风毒素、链球菌溶血素、脑病毒、流感病毒等的生长。因此，初乳在新生仔畜的营养及免疫等方面发挥着重要的生物学功能。

羊初乳浓度大，养分含量高，可增加羔羊的抗病力，促使羔羊健康生长，是新生羔羊非常理想的天然食物。羔羊出生后，一定要早吃初乳，以获得较高的母源抗体。

十一、肉羊的主要经济性状

肉羊性能测定所涉及的性状应该具有一定的价值或与经济效益紧密相关，一般分为生长发育性状、繁殖性状、肥育性状、胴体及肉质性状 5 类。

1. 生长发育性状

生长发育性状指初生重、断奶重、6 月龄重、12 月龄重、18 月龄体重及外貌评分，各年龄阶段的体尺性状，这类性状为中等遗传力。

生长发育性状测定：用校正标准的称重器空腹称肉羊各生长发育阶段的体重，单位千克，精确到小数点后 1 位。

① 初生重，羔羊生后吃初乳前的活重。

② 断奶重，羔羊断奶时的空腹活重，要记录准确的断奶日龄。

③ 6 月龄重，青年羊 6 月龄空腹重。

④ 周岁重，青年羊 12 月龄空腹重。

⑤ 18 月龄重，18 月龄重羊体重。

⑥ 成年重，成年羊（24 月龄）空腹重。

体尺测定：受测羊只在坚实平坦地面端正站立，羊体尺测定项目主要有 4 个，即体高、体斜长、胸围和管围，其他可根据情况选择。

① 体高，是指鬐甲最高点到地面的垂直距离，用杖尺或软尺测定。

② 体斜长，是指由肩胛前端至坐骨结节后端的直线距离，用杖尺或软尺测定。

③ 胸围，是指在肩胛骨后端，围绕胸部一周的长度，用软尺测定。

④ 管围，是指管骨上 1/3 处的周围长度（一般在左腿管骨上 1/3 处测量，用软尺测定）。

⑤ 十字部高，十字部到地面的垂直高度，用直尺或杖尺测定。

⑥ 腰角宽（十字部宽），两髋骨突之间的直线距离。

体形外貌评定：体形外貌鉴定的目的是确定肉羊的品种特征、种用价值和生产力水平，体形评定往往要通过体尺测定，并计算体尺指数加以评定。肉羊体形外貌主要有以下特点：头短而宽，颈短而粗，鬐甲低平，胸部宽圆，肋骨开张良好，背腰平直，肌肉丰满，后躯发育良好，四肢较短，整个体形呈长方形。

头骨：头短而宽，鼻梁稍向内弯曲或呈拱形，眼圈大，而眼和两耳间的距离较远。

皮肤：皮下结缔组织及内脏器官发达，脂肪沉积量高，皮肤薄。

骨骼：一般因营养丰富，饲料中矿物质充足，管状骨迅速钙化，骨骼的生长早期即停止，因此，骨骼的形状也比较短。

颈部：颈较短，由于颈部肌肉和脂肪发达，颈部显得宽而呈圆形。

鬐甲：鬐甲的部位是由前 5~7 个脊椎骨连同其棘突及横突构成的，鬐甲两侧止于肩胛骨的上缘。肉用羊的鬐甲宽，肌肉发达。背线和鬐甲构成一直线。

背部：腰部平、直、宽，故显得肉多。

臀部：臀部应与背部、腰部一致，肌肉丰满。后视，两后腿间距离大。

胸部：胸腔圆而宽，长有大量的肌肉。肋骨开张良好，显得宽而深。肉用羊胸腔内的容量较小，心脏不发达。

四肢：四肢短而细，前后肢开张良好而宽，并端正，显得坚实而有力。

体形评定往往要通过体尺测定，并计算体尺指数加以评定。肉用羊的外貌评定通过对各部位打分，求出总评分，最后评定等级。表 1-1 为外貌评分。

这样养肉羊 **才赚钱**

表1-1　外貌评分

等级	公羊	母羊
特级	≥95	≥95
一级	≥90	≥85
二级	≥80	≥75
三级	≥75	≥65

2. 繁殖性状

　　肉羊的繁殖性状包括初配年龄、性成熟年龄、产羔率、受胎率、情期受胎率、睾丸围、精液产量以及各项精液品质指标等。

　　① 初配年龄，依据品种和个体发育不同而异，一般情况下体重达到成年体重的70%时即可配种。

　　② 产羔率，指产活羔羊数占参加配种母羊数的百分比，产羔率＝产羔数÷参配母羊数×100%。

　　③ 繁殖率，是指本年度出生羔羊数占上年度终适繁母羊数的百分比，繁殖率＝本年度出生的羔羊数÷上年度终适繁母羊数×100%。

　　④ 繁殖成活率，是指本年度内成活羔羊数占上年度终适繁母羊数的百分比，繁殖成活率＝断奶时成活羔羊数÷适繁母羊数×100%。

　　⑤ 羔羊成活率，是指断奶时成活羔羊数占全部出生羔羊数的百分比，羔羊成活率＝断奶时羔羊成活数÷全部出生的羔羊数×100%。

　　⑥ 受胎率和情期受胎率，受胎率是指妊娠母羊数占参加配种母羊数的百分比，情期受胎率是指妊娠母羊数占情期配种母羊数百分比，受胎率＝妊娠母羊数÷参加配种母羊数×100%，情期受胎率＝情期妊娠母羊数÷参加配种母羊数×100%。

　　⑦ 精液产量与精子密度，健康公羊一次射出精液的容量（毫升）及1毫升精液中所含有的精子数目（常用血细胞计数器计算）。

　　⑧ 精子活力，将精液样制成压片，在显微镜下一个视野内观察，其中直线前进运动的精子在整个视野中所占的比率，100%直线前进运动者为1.0分。

　　⑨ 阴囊周长，即指阴囊最大围度的周长，与生精能力和初情期年龄成正相关，以厘米为单位，用软尺或专用工具在8月龄、12月

龄、18 月龄时分别测量。

3. 肥育性状

　　肥育性状是指育肥开始、育肥结束及屠宰时的体重、日增重、饲料转化率等。

　　① 育肥始重，育肥羊结束预饲期，开始正式育肥期之日的空腹重。

　　② 育肥终重，肉羊育肥结束时的空腹重。

　　③ 育肥期平均日增重（ADG），肉羊正式育肥期（不包括预饲期）的总增重除以育肥天数，平均日增重 $ADG = (W - X) \div Y$，式中，W 为肥育结束时的体重；X 为肥育开始时的体重；Y 为测定天数。

　　④ 饲料转化率，每单位增重所消耗的饲料，通常以料重比表示，在粗料自由采食的情况下，也可用精饲料消耗量来表示；饲喂装置最好用电子自动饲喂系统，这样得到的数据既准确又节省了测量的劳动量。

　　料重比 $= (a \div b) \times 100\%$。式中，$a$ 为肥育期饲料消耗量；b 为肥育期增重量。或饲料转化率 $= (d \div e) \times 100\%$。式中，$d$ 为采食量；e 为测定期增重。

4. 胴体性状

　　胴体品质是衡量一只肉用羊经济价值的最重要指标，因而也是肉用羊性能测定的最重要组成部分，主要包括胴体重、屠宰率、净肉率、背膘厚、眼肌面积、部位肉产量等屠宰性状。如果应用超声波技术，一般测定背膘厚、眼肌面积等性状。

　　胴体性状测定：肉羊宰前 24 小时停食，保持安静的环境和充足的饮水，宰前 8 小时停水称重，单位千克，精确到小数点后 1 位。

　　① 胴体重，将待测羊只屠宰后，去皮毛、头（由环枕关节处分割）、前肢腕关节和后肢飞节以下部位，以及内脏（保留肾脏及肾脂），剩余部分静置 30 分钟后称重。

　　② 屠宰率，胴体重加上内脏脂肪重（包括大网膜和肠系膜的脂肪）与宰前活重的百分比，屠宰率 $= (K + L) \div M \times 100\%$，式中，$K$ 为胴体重；L 为肉脏脂肪重；M 为宰前活重。

③ 胴体净肉率，将胴体中骨头精细剔除后余下的净肉重量，要求在剔肉后的骨头上附着的肉量及耗损的肉屑量不能超过 1％，胴体净肉率＝$(O-P)\div O\times 100\%$，式中，O 为胴体重；P 为骨重。

④ 背膘厚，指第 12 对肋骨与第 13 对肋骨之间眼肌中部正上方脂肪的厚度，单位毫米，用游标卡尺测量，结果精确到小数点后 1 位，背膘厚评定分 5 级，1 级＜5 毫米、2 级 5～10 毫米、3 级 10～15 毫米、4 级 15～20 毫米、5 级＞20 毫米。

⑤ 眼肌面积，从右半片胴体的第 12 根肋骨后缘横切断，将硫酸纸贴在眼肌横断面上，用软质铅笔沿眼肌横断面的边缘描下轮廓，用求积仪或者坐标方格纸计算眼肌面积。若无求积仪，可采用不锈钢直尺，准确测量眼肌的高度和宽度，并计算眼肌面积，单位为平方厘米。眼肌面积＝$R\times S\times 0.7$，式中，R 为眼肌的高度；S 为眼肌的宽度。

超声波活体测定：应用超声波测定的活体性状通常有眼肌面积、背膘厚、肌间脂肪含量、胚胎发育等。

① 眼肌面积，测定第 12～13 肋骨间的眼肌面积，用平方厘米来衡量。

② 背膘厚，测定第 12～13 肋骨间的背膘厚，用厘米来衡量。

③ 肌间脂肪含量，超声波探头与测定背膘厚的位置和方向相同，可自动显示批数。

5. 肉质性状

肉质是一个综合性状，其优劣是通过许多肉质指标来判定等级，常见的有肉色、大理石纹、嫩度、肌内脂肪含量、脂肪颜色、胴体等级、pH、系水力或滴水损失、风味等指标。

肉质性状测定：这里只介绍肉色、大理石花纹评分和脂肪色泽。

肉质取样：第 12 根肋骨后取背最长肌 15 厘米左右（约 300 克），臂三头肌和后肢的股二头肌各 300 克，8～12 肋骨（从倒数第 2 根肋骨后缘及倒数第 7 根肋骨后缘用锯将脊椎锯开）肌肉样块约 100 克。将所得肉样块分别装入尼龙袋中并封口包装好，贴上标签，置于 0～4℃储存，用于测定肉品质各项指标。

① 肉色，宰后 1～2 小时进行，在最后一个胸椎处取背最长肌肉样，将肉样一式两份，平置于白色瓷盘中，将肉样和肉色比色板在自

然光下进行对照。目测评分，采用 5 分制比色板评分。目测评定时，避免在阳光直射下或在室内阴暗处评定。浅粉色评 1 分，微红色评 2 分，鲜红色评 3 分，微暗红色评 4 分，暗红色评 5 分。两级间允许评定 0.5 分。凡评为 3 分或 4 分均属于正常颜色。

②　大理石花纹评分，宰后 2 小时内，取第 12、第 13 胸肋眼肌横断面，于 4℃冰箱中存放 24 小时进行评定。将羊肉一分为二，平置于白色瓷盘中，在自然光下进行目测评分，参照日式大理石纹评分图以 12 分制进行评定。

③　脂肪色泽，宰后 2 小时内，取胸腰结合处背部脂肪断面，目测脂肪色，对照标准脂肪色图评分，1 分—洁白色，2 分—白色，3 分—暗白色，4 分—黄白色，5 分—浅黄色，6 分—黄色，7 分—暗黄色。

第二章
选择优良的肉羊品种

"畜牧发展，良种先行"。畜禽良种是畜牧业发展的基础和关键。畜禽良种对畜牧业发展的贡献率超过 40%，畜牧业的核心竞争力很大程度上体现在畜禽良种上。

优良品种具有适应当前生产方式、生长速度快、饲料报酬高等优点，可以有效地节约养殖成本，增产增效明显。优质、高效离不开良种，良种是产业发展的核心因素和持续动力。

优良品种是现代畜牧业的标志，良种化程度的高低，决定着畜牧业的产业效益，是畜牧业实现产业化、标准化、国际化和现代化的基础。

一、目前我国饲养的优良肉羊品种

我国现有的肉羊良种较多。我国共有羊品种 127 个，产肉性能较好的品种有阿勒泰羊、小尾寒羊、湖羊、陕南山羊、马头山羊等。另外还从国外引进了萨福克羊、美利奴羊、波尔山羊等世界著名的肉用羊品种，形成了一定数量的肉用羊群体。

1. 引进肉用绵羊品种

图 2-1　无角道赛特羊

（1）无角道赛特羊　无角道赛特羊（图 2-1）原产于大洋洲的澳大利亚和新西兰。该品种是以雷兰羊和有角道赛特羊为母本、考力代羊为父本进行杂交，杂种再与有角道赛特公羊回交，然后选择所生的无角后代培育而成。

【外貌特征】无角道赛特羊体格中等，头短而宽，光脸，羊毛覆盖至两眼连线，耳中等大，公、母羊均无角，颈短、粗，胸宽深，背腰平直，后躯丰满，四肢粗、短，整个躯体呈圆桶状，面部、四肢及被毛为白色。

【生产性能】无角道赛特羊生长发育快，早熟，全年发情配种产羔，耐热及适应干燥气候条件。该品种成年公羊体重 90～120 千克，成年母羊为 65～75 千克，剪毛量 2～4 千克，净毛率 60% 左右，毛长 7.5～10 厘米，羊毛细度 46～58 支，产羔率 137%～175%。经过肥育的 4 月龄羔羊的平均胴体重，公羔为 22 千克，母羔为 19.7 千克。该品种遗传力强，是理想的肉羊生产的终端父本之一。

【利用情况】20 世纪 80 年代以来，新疆、内蒙古、甘肃、北京、河北等地和中国农业科学院畜牧研究所等单位，先后从澳大利亚和新西兰引入无角道赛特羊。1989 年，新疆维吾尔自治区从澳大利亚引进纯种公羊 4 只，母羊 136 只，在玛纳斯南山牧场的生态经济条件下，采取了春、夏、秋季全放牧，冬季 5 个月全舍饲的饲养管理方式，收到了良好的效果，基本上能较好地适应当地的草场条件，不挑食，采食量大，上膘快，但由于肉用体形好，腿较短，不宜放牧在坡度较大、牧草较稀的草场，转场时亦不可驱赶太快，每天不宜走较长距离。饲养在新疆的无角道赛特羊，对某些疾病的抵抗力较差，尤其是羔羊，易患羔羊脓疱性口膜炎、羔羊痢疾、网尾线虫病、营养代谢病等，发病率和死亡率较高。因此，在管理和防疫上应予加强。地处甘肃省河西走廊荒漠绿洲的甘肃省永昌肉用种羊场，2000 年初，从新西兰引入无角道赛特品种 1 岁公羊 7 只，母羊 38 只，羊场以舍饲为主的饲养管理方法，适应性良好。3.5 岁公羊体重（125.6±11.8）千克，母羊（82.46±7.24）千克，产羔率 157.14%，繁殖成活率为 121.2%。若与澳大利亚的无角道赛特羊相比，新西兰的无角道赛特羊腿略长，放牧游走性能较好。

图 2-2　夏洛来羊

（2）夏洛来羊　夏洛来羊（图 2-2）

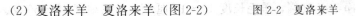

产于法国中部的夏洛来丘陵和谷地。以英国莱斯特羊、南丘羊为父本，当地的细毛羊摩尔万戴勒羊为母本杂交育成。夏洛来羊是短毛型肉用细毛羊品种，欧洲各国都有分布。

【外貌特征】公、母羊均无角，头部无毛，脸部呈粉红色或灰色，被毛同质，白色。额宽、耳大、颈短粗、肩宽平、胸宽而深、肋部拱圆，背部肌肉发达，体躯呈圆桶状，后躯宽大。两后肢距离大，肌肉发达，呈"U"字形，四肢较短，瘦肉多，肉质好。

【生产性能】夏洛来羊早熟、耐粗饲、采食能力强，对寒冷潮湿或干热气候表现较好的适应性，是生产肥羔的优良草地型肉用羊。公羊体重110～150千克，母羊体重80～100千克，剪毛量3～4千克。羔羊初生重较大，6月龄公、母羔羊体重分别在48～53千克、38～43千克，羊毛细度56～60支，产羔率高，经产母羊为190%，初产母羊为135%。属季节性发情，发情时间集中在9～10月，是生产肥羔的优良品种。

【利用情况】我国在20世纪80年代末和90年代初引入夏洛来羊，主要饲养在河北、河南、辽宁、内蒙古等地，除用于纯种繁殖外，还用作羔羊肉生产的杂交父本。

(3) 特克塞尔羊　特克塞尔羊（图2-3）原产于荷兰特克塞尔岛。20世纪初用林肯羊、莱斯特羊与当地马尔盛夫羊杂交，经过长期的选择和培育而成。该羊一般用作肥羔生产的父系品种，并有取代萨福克羊地位的趋势。

图2-3　特克塞尔羊

【外貌特征】特克塞尔羊头大小适中，公、母羊均无角，耳短，鼻部黑色，颈中等长、粗，体格大，胸圆，背腰平直、宽，肌肉丰满，后躯发育良好，头部和四肢无毛，蹄呈黑色。

【生产性能】特克塞尔羊寿命长，产羔率高，母性好，饲料转化率高，对寒冷气候有良好的适应性。成年公羊体重90～130千克，成年母羊65～90千克。成年公羊剪毛量平均5千克，成年母羊4.5千克，净毛率60%，羊毛长度10～15厘米，羊毛细度48～50支。特克塞尔羊初生羔羊重可达 5.1 千克，早熟，羔羊 70 日龄前平均日增重为 300 克，在最适宜的草场条件下 120 日龄的羔羊体重 40 千克，6~7 月龄达 50~60 千克，屠宰率 54%~60%。可常年发情，两年三产，产羔率 150%~190%。

羔羊肉品质好，肌肉发达，瘦肉率和胴体分割率高，市场竞争力强。因此，该品种已广泛分布到欧洲各国，是这些国家推荐饲养的优良品种和用作经济杂交生产肉羔的父本。

【利用情况】自 1995 年以来，我国黑龙江、宁夏、北京、河北和甘肃等地先后引进。黑龙江省大山种羊场 1995 年引进特克塞尔品种绵羊 60 只，其中公羊 10 只，母羊 50 只。14 月龄公羊平均体重 100.2 千克，母羊 73.3 千克，母羊产羔率 200%。30~70 日龄羔羊的日增重为 330~425 克，母羊平均剪毛量 5.5 千克。

江苏省用特克塞尔羊与湖羊杂交，探索提高湖羊产肉性能的试验。黑龙江省用特克塞尔羊与东北细毛羊杂交，宁夏畜牧兽医研究所用特克塞尔羊作父本，与小尾寒羊杂交，均取得比较好的效果。

（4）萨福克羊 萨福克羊（图 2-4）原产于英国英格兰东南部的萨福克、诺福克、剑桥和艾塞克斯等地。该品种羊是以南丘羊为父本，以当地体形较大、瘦肉率高的旧型黑头有角诺福克羊为母本进行杂交培育而成，以萨福克郡命名，是世界公认的用于终端杂交的优良父本品种，广布世界各地。白萨福克是在原有基础上导入白头和多产基因新培育而成的优秀肉用品种。

图 2-4 萨福克羊

【外貌特征】萨福克羊无角，体格大，鼻梁隆起，头、耳较长，颈粗长，胸宽而深，背腰和臀部长宽平，四肢粗壮，后躯发育丰满，呈桶形。体躯被毛白色，但偶尔可发现有少量的有色纤维，头和四肢黑色或深棕色，并且无羊毛覆盖。萨福克羊是目前世界上体格、体重最大的肉用品种。

【生产性能】萨福克羊的特点是早熟，体形外貌整齐，肉用体形突出，繁殖率、产肉率、日增重高，生长发育快，肉质好，成年公羊体重100～136千克，成年母羊70～96千克。剪毛量成年公羊5～6千克，成年母羊2.5～3.6千克，毛长7～8厘米，细度50～58支，净毛率60%左右，产羔率141.7%～157.7%。产肉性能好，经肥育的4月龄公羔胴体重24.2千克，4月龄母羔为19.7千克，并且瘦肉率高，是生产大胴体和优质羔羊肉的理想品种。美国、英国、澳大利亚等国都将该品种作为生产肉羔的终端父本品种。

在北美洲，饲养的萨福克公羊体重113～159千克，母羊81～110千克，但由于该品种羊的头和四肢为黑色，被毛中有黑色纤维，杂交后代杂色被毛个体多。因此，在细毛羊产区，在群众不习惯饲养杂色羊的地区使用时要慎重。

【利用情况】我国从20世纪70年代起先后从澳大利亚、新西兰等国引进，主要分布在新疆、内蒙古、北京、宁夏、吉林、河北和山西等地。

根据李颖康等（2003）的资料，引入宁夏畜牧所的萨福克羊，周岁公羊体重（114.2±6.0）千克，周岁母羊（74.8±5.6）千克；2岁公羊体重（129.2±6.7）千克，2岁母羊（91.2±10.9）千克；3岁公羊体重（138.5±4.4）千克，3岁母羊（95.8±7.2）千克。头胎母羊产羔率173%，第二胎产羔率204.8%。

根据唐道廉（1988）的报道，内蒙古自治区用萨福克品种公羊与蒙古羊、细毛低代杂种羊进行杂交试验，在全年以放牧为主，冬、春季节稍加补饲的条件下，与母本蒙古羊和细毛低代杂种羊比较，萨福克杂种一代羔羊，生长发育快，产肉多，而且适合于牧区放牧肥育，经宰杀115只190日龄的萨福克一代杂种羯羔测定，宰前活重为37.25千克，胴体重为18.33千克，屠宰率为49.21%，净肉重为13.49千克，脂肪重为1.14千克，胴体净肉率为73.6%。同时，试验研究还指出，用萨福克公羊与蒙古羊或与乌珠穆沁羊杂交，可以提高后代的产毛量，减少被毛中干死毛的数量和改进有髓毛的细度。但是，杂种羊花羔率高，毛色也较杂，有黑色、褐色、灰色、浅黄色等。然而，随着杂种羔羊日龄的增长，特别是经过一次剪毛后，从被毛外表看，大部分都变为白色，但被毛中还有一部分有色纤维。据统计，萨杂一代被毛中有81.4%的个体、二代中有41.8%的个体含有程度不等的有色纤维。

钱建共等（2002）引入萨福克品种公羊与湖羊进行杂交试验。试验采用人工授精配种，参试母羊在配种期至配种后1个月、产前1个月至哺乳期补饲精料，每羊每天补饲250克，青粗饲料足量供应。初生羔羊视产羔数进行寄养，随母羊自由采食鲜绿青草和精料至2月龄断奶。断奶羔羊饲养采用木板高床，公、母羔分开，每栏4～6只，每只占地约1.5米^2；每天饲喂4次青料，晚上增加投料量，计量不限量，并补饲精料，用鸭嘴式饮水器自由饮水。2～4月龄补饲的精料每1千克含粗蛋白质18%，消化能13.38兆焦，每天每羊补饲350克；4～6月龄补饲的精料每1千克含粗蛋白质17%，消化能12.96兆焦，每羊每天补饲300克；补饲精料均为自配料，另加肉用羊饲料添加剂。羔羊60日龄肌注阿福丁驱虫，70日龄接种羊快疫、黑疫、肠毒血症、羔羊痢疾疫苗，3月龄接种牛用5号病苗，4月和9月分别进行药浴。试验结果指出，萨×湖一代杂种羊6月龄体重（38.02±4.65）千克，日增重从初生至2月龄为（285±53）克，初生至6月龄为（183±21）克，比同龄对照组湖羊分别提高26.61%、46.15%和24.49%。7月龄羔羊屠宰结果，宰前活重为（37.33±1.20）千克，胴体重（18.45±0.64）千克，屠宰率（48.92±2.00）%，胴体净肉率（74.55±2.76）%，骨肉比1∶3.99，眼肌面积（14.51±3.23)厘米^2，GR值（1.03±0.17）厘米，各项指标都优于对照组湖羊，其中宰前活重提高33.75%，胴体重提高43.8%，眼肌面积提高42.25%。

张秀陶等（2001）用萨福克羊与宁夏土种绵羊杂交，试验结果表明，在放牧加补饲的饲养方式下，萨杂一代羊表现出良好的杂种优势和对贺兰山东麓半干旱荒漠草场的适应性，生长快，耐粗饲，体躯丰满，结实，很适宜农户饲养，特别是在11～12月枯草期，利用农副产品进行短期舍饲育肥，适时屠宰，即可实现年内出栏，缩短饲养周期，提高商品率，是农户养羊致富的一条可行途径。

在山西省，毛杨毅等（2002）用萨福克公羊与引入山西的小尾寒羊杂交。试验羊群基本按当地羊的饲养方式进行饲养，即在夏、秋季完全采用全天放牧，夏季放牧不补饲，冬季和春秋采用放牧加补饲方法饲养，主要补饲玉米秸秆，以及玉米、麸皮、棉籽饼、豆腐渣等混合饲料。秋季配种，春季产羔，年产羔1次，羔羊4月龄断奶。通过对比试验，试验者认为，在山西省，萨福克羊杂交改良当地羊的效果比用无角道赛特羊、夏洛来羊和边区莱斯特羊改良当地羊的效果好。

在甘肃省河西走廊农区，袁得光用萨福克羊与引入当地的小尾寒羊进行"肉羊杂交改良及配套技术"试验，并用小尾寒羊作对照。羔羊出生30天开始补饲精料，使其逐步适应全精饲料饲喂。2月龄羔羊断奶，称重，进入试验期。日粮组成：玉米（粉碎）65%，麸皮20%，黑豆（粉碎）8%，菜籽饼5%，石粉1%，食盐0.5%，生长素0.5%。试验期50天，在试验期内全天供应饲料和饮水，严格注意圈舍卫生，羔羊每天出圈活动1~2小时。试验结果，萨寒杂种4月龄体重为（37.62±4.13）千克，日增重（375.6±5.25）克，50天育肥期总增重（18.78±3.61）千克，与小尾寒羊相比，分别提高13.21%、18.86%和18.86%，胴体重（19.46±1.53）千克，净肉重（16.16±1.42）千克，屠宰率（51.88±1.64）%，胴体净肉率（83.04±1.73）%，胴体重比小尾寒羊提高13.4%，净肉重提高14.94%。

（5）杜泊羊　杜泊羊（图2-5、图2-6）原产于南非，是该国在1942~1950年间，用从英国引入的有角道赛特公羊与当地的波斯黑头母羊杂交，经选择和培育而成的肉用羊品种，是世界著名的肉用羊品种。杜泊羊分长毛型和短毛型，大多数南非人喜欢饲养短毛型杜泊羊，因而，现在该品种的选育方向主要是短毛型。

图2-5　杜泊羊

图2-6　黑头杜泊羊

【外貌特征】杜泊羊根据其头颈的颜色，分为白头杜泊和黑头杜泊两种。这两种羊躯体和四肢皆为白色，但有的羊腿部有时也出现色斑。杜泊羊个体高度中等，体躯丰满，体重较大，一般无角，头顶部平直、长度适中，额宽，鼻梁隆起，耳大稍垂，既不短也不过宽，颈粗短，肩宽厚，背平直，肋骨拱圆，前胸丰满，后躯肌肉发达，长瘦尾，四肢强健而长度适中，姿势端正。

【生产性能】杜泊绵羊分长毛型和短毛型两个品系。长毛型羊生产地毯毛，较适应寒冷的气候条件；短毛型羊被毛较短（由发毛或绒毛组成），能较好地抗炎热和雨淋。杜泊羊一年四季不用剪毛，因为它的毛可以自由脱落。杜泊羊早熟，生长发育快，成年公羊体重100～110千克，成年母羊75～90千克；杜泊羔羊生长迅速，断奶体重大。3.5～4月龄的杜泊羊体重可达36千克，屠宰胴体约为16千克，品质优良，羔羊日增重81～91克。100日龄公羔体重34.72千克，母羔31.29千克。杜泊羊不受季节限制，可常年繁殖，母羊产羔率在150%以上，母性好、产奶量大，母羊泌乳力强，能很好地哺乳多胎后代。

杜泊羊体质结实，对炎热、干旱、潮湿、寒冷多种气候条件有良好的适应性，杜泊羊具有早期放牧能力。同时其抗病力较强，但在潮湿条件下，易感染肝片吸虫病，羔羊易感球虫病。

【利用情况】我国山东、河南、辽宁、北京等地近年来已有引进。

（6）德国肉用美利奴羊　德国肉用美利奴羊（图2-7）原产于德国，用泊力考斯（Precoce）和英国莱斯特公羊同德国原产地的美利奴母羊杂交培育而成。德国肉用美利奴羊适于舍饲、半舍饲和放牧等各种饲养方式，是世界著名的羊品种。

【外貌特征】德国肉用美利奴羊体格大，体质结实，结构匀称，头颈结合良好，胸宽而深，背腰平直，臀部宽广，

图2-7　德国肉用美利奴羊

肥肉丰满，四肢坚实，体躯长而深呈良好肉用型。该品种早熟、羔羊生长发育快，产肉多，繁殖力高，被毛品质好。公、母羊均无角，颈部及体躯皆无皱褶。体格大，胸深宽，背腰平直，肌肉丰满，后躯发

育良好。被毛白色，密而长，弯曲明显。

【生产性能】肉用美利奴羊在世界优秀肉羊品种中，唯一具有除个体大、产肉多、肉质好优点外，还具有毛产量高、毛质好的特性，是肉毛兼用最优秀的父本。成年公羊体重为 100～140 千克，母羊为 70～80 千克，羔羊生长发育快，日增重 300～350 克，130 天可屠宰，活重可达 38～45 千克，胴体重 8～22 千克，屠宰率 47％～50％。它具有高的繁殖能力，性早熟，12 个月龄前就可第一次配种，繁殖没有季节性，常年发情，可两年三产，产羔率为 135％～150％。母羊母性好，泌乳性能好，羔羊死亡率低。

【利用情况】近年来我国由德国引入该品种羊，饲养在内蒙古自治区和黑龙江省，除进行纯种繁殖外，与细毛杂种羊和本地羊杂交，杂交改良效果良好，后代生长发育快，产肉性能好。该品种对干燥气候、降水量少的地区有良好的适应能力且耐粗饲。除进行纯种繁殖外，曾与蒙古羊、西藏羊、小尾寒羊和同羊杂交，后代被毛品质明显改善，生长发育快，产肉性能良好，是育成内蒙古细毛羊的父系品种之一。这一品种资源要充分利用，可用于改良农区、半农半牧区的粗毛羊或细杂母羊，增加羊肉产量。

(7) 澳洲美利奴羊　澳洲美利奴羊（图 2-8）原产于澳大利亚和新西兰。

图 2-8　澳洲美利奴羊

【外貌特征】澳洲美利奴羊分细毛型、中毛型和强壮型，每个类型中又分有角和无角两种。体形近似长方形，体宽，背平直，后躯肌肉丰满，腿短。公羊颈部有 1～3 个横皱褶，母羊有纵皱褶，腹毛好。

细毛型：体格结实，有中等大的身躯，毛密柔软，有光泽。

中毛型：体格大，毛多，前身宽阔，体形好，毛被长而柔软，油汗充足，光泽好。

强壮型：体格大而结实，体形好。

【生产性能】澳洲美利奴成年公羊，剪毛后体重平均为 90.8 千克，剪毛量平均为 16.3 千克，毛长平均为 11.7 厘米，细度均匀，羊毛细度为 58～64 支，有明显的大弯曲，光泽好，净毛率为 48.0%～56.0%。油汗呈白色，分布均匀，油汗率平均为 21.0%。澳洲美利奴羊具有毛被毛丛结构好、羊毛长、油汗洁白、弯曲呈明显大中弯、光泽好、剪毛量和净毛率高等优点，主要为毛用型羊。

【利用情况】在我国，澳洲美利奴羊主要分布于新疆、吉林、内蒙古、黑龙江等地。

（8）考力代绵羊 考力代绵羊（图 2-9）为著名毛肉兼用品种，原产于大洋洲的新西兰考力代地方（Corriedale），是 1880～1910 年间，以英国长毛型林肯羊、莱斯特羊为父本，美利奴羊为母本杂交培育而成。

图 2-9 考力代绵羊

【外貌特征】头宽而大，额上覆盖着羊毛，公母羊大多数无角，个别公羊有小角。头、耳、四肢带黑斑，嘴唇及蹄为黑色。颈短而粗，皮肤无皱褶，胸深宽，背腰平直，体躯呈圆桶状。肌肉丰满，后躯发育较好，四肢结实。腹毛着生良好，被毛白色，闭合紧密。

【生产性能】具有早熟、产肉和产毛性能好的特点。成年公羊体重 100～105 千克，母羊 45～65 千克；4 月龄羔羊可达 35～40 千克。剪毛量公羊 10～12 千克，母羊 5～6 千克，净毛率 60%～65%。产羔率 110%～130%。屠宰率成年羊可达 52%。

【利用情况】我国在 20 世纪 40 年代中期首次从新西兰引入近千只考力代绵羊，分别饲养在江苏、浙江、山东、河北、甘肃等地。60 年代中期及 80 年代后期又从澳大利亚和新西兰引入，饲养在黑龙江、吉林、辽宁、内蒙古、山西、安徽、山东、贵州、云南等地。除进行纯种繁育外，还用来改良蒙古羊、西藏羊等，使本地羊质量的改善和新品种类群羊的培育均获得明显效果。作为父系参与培育了东北半细毛羊、陵川半细毛羊、贵州半细毛羊、云南半细毛羊品种群。作为母系与林肯公羊杂交，后代被毛品质和肉用体形明显改进。

（9）南非肉用美利奴羊 南非肉用美利奴羊（图 2-10）原产于

图2-10 南非肉用美利奴羊

德国，后由南非引入并重新进行了选育，该品种早熟，羔羊生长发育快，产肉多，繁殖力高，被毛品质好。它是在世界优秀肉羊品种中，唯一除具有除个体大、产肉多、肉质好优点之外，还具有毛产量高、毛质好的特性，是肉毛兼用最优秀的父本。

【外貌特征】公、母羊均无角，全身被毛白色，体格大，颈部无皱褶，胸宽深，背腰平直，肌肉丰满，后躯发育良好。

【生产性能】南非肉用美利奴羊是一个肉毛兼用型品种。羊毛平均细度64支，成年公羊剪毛量4.5～6千克，成年母羊剪毛量4～4.5千克，净毛率65%～70%。成年公羊体重120～130千克，成年母羊体重75～80千克。在放牧条件下，平均产羔率150%，营养充足的条件下，产羔率可达250%。放牧条件下，100日龄羔羊活重平均35千克，舍饲条件下，100日龄公羔羊活重可达56千克。南非肉用美利奴羊饲料转化率高，在羔羊舍饲育肥阶段，饲料转化率为3.91∶1。南非肉用美利奴羊泌乳量高，母羊性情温顺，母性好，最高日泌乳量达到4.8升，正常情况下可以哺乳2～3只羔羊，是理想的肉用羊母系品种。

【利用情况】南非肉用美利奴羊作为父本，对巴美肉羊提高各项生产性能指标起到了至关重要的作用，与东北细毛羊母本杂交也取得了非常好的效果。2010年6月内蒙古自治区从澳大利亚引进145只。

2．我国绵羊品种

（1）小尾寒羊 小尾寒羊（图2-11）起源于古代北方蒙古羊，随着历代人们的迁移，把蒙古羊引入自然生态环境和社会经济条件较好的中原地区以后，经过长期地选择和精心地培育，逐渐形成具有多胎高产的裘（皮）肉兼用型优良绵羊品种。现分布于河北省南部、东部和东北部，山东省西南及皖北、苏北一带。在世界羊业品种中，

图2-11 小尾寒羊

小尾寒羊产量高、个头大、效益佳，被国家定为名畜良种，被人们誉为我国"国宝"、世界"超级羊"及"高腿羊"品种。

【外貌特征】小尾寒羊体形结构匀称，侧视略呈正方形；鼻梁隆起，耳大下垂；短脂尾呈圆形，尾尖上翻，尾长不超过飞节；胸部宽深、肋骨开张，背腰平直。体躯长呈圆筒状，四肢高，健壮端正。公羊头大颈粗，有发达的螺旋形大角，角根粗硬，前躯发达，四肢粗壮，有悍威、善抵斗。母羊头小颈长，大都有角，形状不一，有镰刀状、鹿角状、姜芽状等，极少数无角。全身被毛白色、异质、有少量干死毛，少数个体头部有色斑。按照被毛类型可分为裘毛型、细毛型和粗毛型三类，裘毛型毛股清晰、花弯适中美观。

【生产性能】小尾寒羊具有早熟、多胎、多羔、生长快、体格大、产肉多、裘皮好、遗传性稳定和适应性强等优点。成年公羊平均体重为 94 千克，母羊平均体重为 49 千克，周岁公羊体重可达到成年公羊的 64.6%，母羊相应为 84.9%。4 月龄即可育肥出栏，年出栏率 400% 以上，体重 6 月龄可达 50 千克，周岁时可达 100 千克，成年羊可达 130～190 千克。剪毛量公羊平均为 3.5 千克，母羊平均为 2.1 千克。屠宰率，周岁为 55.6%，3 月龄为 50.6%。全年四季均可发情，性早熟，母羊 5～6 月龄即可发情，公羊 7～8 月龄用于配种，年产 2 胎，胎产 2～6 只，有时高达 8 只，平均产羔率每胎达 266% 以上。

（2）湖羊　湖羊（图 2-12）原产于我国太湖流域，主要分布于浙江省嘉兴市、湖州市、杭州市余杭区，以及江苏省苏州市和上海市部分地区。

【外貌特征】属短脂尾绵羊，为白色羔皮羊品种。湖羊体格中等，被毛全白色，公、母羊均无角，头狭长，鼻梁稍隆起，多数耳大下垂，颈细长，体躯偏狭长，背腰平直，腹微下垂，尾扁圆，尾尖上翘，四肢偏细而高。公羊体形大，前躯发达，胸宽深，胸毛粗长。

图 2-12　湖羊

【生产性能】湖羊为我国特有的羔皮用绵羊品种，湖羊羔皮毛色洁白，具有扑而不散的波浪花和片花及其他花纹，光泽好，皮板软薄而致密。湖羊早期生长发育较快，初生重 2.0 千克以上，45 日龄断奶重 10 千克以上。成年公羊平均体重为 52.0 千克，母羊平均体重为 39.0 千克。公羊剪毛量平均为 1.65 千克，母羊剪毛量平均为 1.17 千克。羔羊生长发育快，3 月龄断奶体重公羔 25 千克以上，母羔 22 千克以上，6 月龄羔羊平均体重为 34 千克。成年羊屠宰率为 40%～50%，净肉率 38%左右。湖羊性成熟早、四季发情、排卵，终年配种产羔，3～4 月龄羔羊就有性行为表现，5～6 月龄达性成熟，初配年龄为 8～10 月龄，可一年两产或两年三胎，每胎一般两羔，经产母羊平均产羔率在 229%以上。

（3）多浪羊　多浪羊（图 2-13）是新疆的一个优良肉脂兼用型绵羊品种，因其中心产区在麦盖提县，故又称麦盖提羊。多浪羊体大、产肉多、肉质鲜嫩，被毛含绒毛多，毛质较好。繁殖率高，具有早熟性，是组织羔羊肉生产的理想品种。

图 2-13　多浪羊

【外貌特征】多浪羊体质结实、结构匀称、体大躯长而深，肋骨拱圆，胸深而宽，前后躯较丰满，肌肉发育良好，头中等大小，鼻梁隆起，耳特别长且宽。公羊绝大多数无角，母羊一般无角，尾形有 W 状和 U（砍土曼）状。母羊乳房发育良好，体躯被毛为灰白色或浅褐色（头和四肢的颜色较深，为浅褐色或褐色）。

【生产性能】属肉脂兼用型绵羊品种。初生重公羊为 6.8 千克，母羊为 5.1 千克，1 岁体重，公羊为 59.2 千克，母羊为 43.6 千克。成年体重公羊为 98.4 千克，母羊为 68.3 千克。成年屠宰率公羊为 59.8%，母羊为 55.2%。成年剪毛量公羊为 2.6 千克，母羊为 1.6 千克。绒毛约占总产毛量的 60%～70%。性成熟早，公羔为 6～7 月龄，母羔为 6～8 月龄。四季发情，以 4～5 月和 9～11 月为发情旺季。产羔率为 118%～130%，在良好饲养条件下，产羔率可达

250％，双羔率较高，可达 33％，也有产三羔、四羔的。

（4）洼地绵羊　洼地绵羊（图 2-14）主要分布在山东省滨州市的惠民、滨州、无棣、沾化和阳信等县市，洼地绵羊是生长在鲁北平原黄河三角洲地域的地方绵羊品种，是长期适应在低湿地带放牧、肉用性能好、耐粗饲抗病的肉毛兼用地方优良品种，畜牧专家眼中难得的"法宝"。

图 2-14　洼地绵羊

【外貌特征】洼地绵羊是国内外罕见的四乳头母羊，洼羊鼻梁微隆起，耳稍下垂，公、母羊均无角，胸较深，背腰平直，肋骨开张良好，后躯发达，四肢较矮、低身广躯，呈长方形，中等脂尾，不过飞节。尾底向内上方卷曲，尾沟明显，尾尖上翻，紧贴在尾沟中，尾部呈方圆形。公羊前躯发达，睾丸下垂，母羊臀部宽大，乳房发育好。全身被毛白色，少数羊头部有褐色或黑色斑点。

【生产性能】羊皮有一定的制裘价值，属短脂尾羊。性情温顺不抵斗，适宜密集型饲养。成年公羊体重为 60 千克，成年母羊体重为 40 千克。3 月龄公羊体重不低于 17 千克，母羊体重不低于 15 千克。6 月龄公羊体重为 26 千克，母羊体重为 24 千克。被毛由细毛（51％），两型毛（16％），有髓毛（30％），干死毛（3％）组成。产毛量为 1.5～2.0 千克，春毛长 7～9 厘米，净毛率为 51％～55％，屠宰率为 50％左右，一年四季发情，发情没有明显季节性，初配月龄公羊为 8 月龄，母羊为 6 月龄，年均产羔五只，产羔率为 215％。核心群母羊繁殖率 280％。

3. 引进肉用山羊品种

（1）波尔山羊　波尔山羊（Boer Goat）（图 2-15）是一个优秀的肉用山羊品种。该品种原产于南非，作为种用，已被非洲许多国家以及新西兰、澳大利亚、德国、美国、加拿大等国引进，是世界上公认的肉用山羊品种，有"肉羊之父"的美称。

【外貌特征】

① 头部　头部粗壮，眼大、棕色；口颚结构良好；额部突出，

图 2-15　波尔山羊

曲线与鼻和角的弯曲相应，鼻呈鹰钩状；角坚实，长度中等，公羊角基粗大，向后、向外弯曲，母羊角细而直立；有髯；耳长而大，宽阔下垂。

②颈部　颈粗壮，长度适中，且与体长相称；肩宽肉厚，体躯甲相称，甲宽阔不尖突，胸深而宽，颈胸结合良好。

③体躯与腹部　前躯发达，肌肉丰满；体躯深而宽阔，呈圆筒形；肋骨开张与腰部相称，背部宽阔而平直；腹部紧凑；尻部宽而长，臀部和腿部肌肉丰满；尾平直，尾根粗、上翘。

④四肢　四肢端正，短而粗壮，系部关节坚韧，蹄壳坚实，呈黑色；前肢长度适中、匀称。

⑤皮肤与被毛　全身皮肤松软，颈部和胸部有明显的皱褶，尤以公羊为甚。眼睑和无毛部分有色斑。全身毛细而短，有光泽，有少量绒毛。头颈部和耳为棕红色，头、颈和前躯为棕红色，允许有棕色，额端到唇端有一条白带。体躯、胸部、腹部与前肤为白色，允许有棕红色斑，尾部为棕红色，允许延伸到臀部。

⑥性器官　母羊有一对结构良好的乳房。公羊有一个下垂的阴囊，有两个大小均匀、结构良好而较大的睾丸。

【品种标准】

①头部　头部坚实，有大而温顺的棕色双眼，有一坚挺稍带弯曲的鼻子和宽的鼻孔，有结构良好的口与颚，至 4 牙时应完全相称，6 牙以后有 6 毫米突出，恒齿应在适宜的解剖学位置。额部突出的曲线与鼻和角的弯曲相应。角坚实，中等长度，渐向后适度弯曲，暗色，圆而坚硬。耳宽阔平滑，由头部下垂，长度中等，耳太短者不理想。应排除的特征性缺陷：前额凹陷，角太直或太扁平；颚尖，长且位低，短基颚；耳褶叠，突出且短；蓝眼。

②颈部和前躯　适当长度的颈部且与体长相称。肌肉丰满的前躯。宽阔的胸骨且有深而宽的胸肌，肌肉肥厚的肩部与体部和鬐甲相称，鬐甲宽阔不尖突。前肢长度适中与体部的深度相称。四肢强健，

系部关节坚韧，蹄黑。应排除的特征性缺陷：太长或太短且瘦弱的颈部和松弛的肩部。

③ 体躯　理想型应有一长、深且宽阔的体躯。多肉的开张肋骨与腰部相称，背部宽阔平直，肩后不显狭窄。应排除的特征性缺陷：背部凹陷，肋骨开张不良，肩后呈圆柱状或狭窄。

④ 后躯　波尔山羊应有一宽而长的尻部，不宜过于倾斜。多肉的臀部不宜太平直。有丰满多肉的腿部。尾平直，由尾根长出，可向两边摆动。应排除的特征性缺陷：尻部太悬垂或太短，胫部太长，可向两边摆动。

⑤ 四肢　四肢强健结构好，肌肉太多者属非理想型。所谓强壮的四肢是指结实，适应性强，这是波尔山羊重要的基本特征。应排除的特征缺陷：X状肢和外弯肢，太纤细或肉太多的四肢；系部弱，蹄尖向外或向内。

⑥ 皮肤和被毛　松软的皮肤，有充足的颈部和胸部褶皱，尤以公羊为甚，这是一个基本特征。体躯白色，头、耳和颈部为浅红色至深红色，但不超过肩部，并有完全色素沉着，广流量（前额及鼻梁部有一条较宽的白色）明显；除耳部以外，种用个体的头部两侧至少要有直径为 10 厘米的色块，两耳至少要有 75% 的部位为红色，并要有相同的色素沉着。毛短有光泽。少量绒毛有利于耐受冬季的寒冷。应排除的特征性缺陷：被毛太长且粗，绒毛太多。

⑦ 性器官　母羊有结构良好的乳房，每边有不多于两个的乳头。公羊的阴囊中有两个较大、正常、结构良好和同等大小的睾丸。阴囊的圆周不少于 25 厘米。应排除的特征性缺陷：乳头为串状、葫芦状或双乳头；小睾丸，阴囊有大于 5 厘米的裂口。

⑧ 体色　理想型应为头、耳红色的白山羊。有丰富的色素沉着，具明显光泽，允许淡红至深红。种羊头部两边除耳部外至少有 10 厘米直径的红色斑块两耳至少有 75% 红色区和同样比例的色素沉着区。

【生产性能】波尔山羊适应性极强，几乎适合于各种气候条件饲养，在热带、亚热带、内陆甚至半沙漠地区均有分布，耐粗饲，抗病力强，性情温顺、活泼好动，群居性强，易管理。成年波尔山羊公羊、母羊的体高分别达 75～90 厘米和 65～75 厘米，体重分别为 95～120 千克和 70～95 千克。羔羊初生重 3～4 千克，周岁平均日增重 200 克以上，6 月龄公羊体重可达 42 千克，母羊 37 千克，波尔山羊繁殖性能优良，一般常年发情，7 月龄即可配种，一年二胎或二年三胎，产羔率 180%～200%。波尔山羊可维持生产价值至 7 岁，是世界上著名的生产高品质瘦肉的山羊。屠宰率较高，屠宰率 52% 以上，肉厚而不肥，肉质细、肌肉内脂肪少、色泽纯正、多汁鲜嫩。板皮质地致密、坚牢，可与牛皮相媲美。此外，波尔山羊的板皮品质极佳，属上乘皮革原料。

【利用情况】用其改良本地山羊，杂交一代生长速度快、产肉多、肉质好，体重比本地山羊提高 50% 以上，显示出很强的杂交优势，故被推荐为杂交肉羊生产的终端父系品种。这是提高我国山羊生产性能，加速山羊生产产业化的重要举措。

(2) 莎能奶山羊　莎能奶羊即莎能奶山羊（图 2-16），世界公认的最优秀的奶山羊品种，原产于气候凉爽、干燥的瑞士伯龙县莎能山谷，是世界著名的奶用羊品种之一。它以遗传性能稳定、体形高大、泌乳性能好、乳汁质量高、繁殖能力强、适应性广、抗病力强而遍布世界各地，20 世纪 30 年代引进我国。

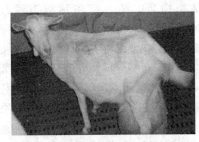

图 2-16　莎能奶山羊

【外貌特征】莎能奶山羊具有奶畜特有的楔形体形，被毛粗短，全身白毛，皮肤薄，呈粉红色，体格高大，结构匀称，结实紧凑。具有头长、颈长、体长、腿长的特点。额宽，鼻直，耳薄长，眼大凸出，眼球微黄，多数无角，有的有肉垂。母羊胸部丰满，背腰平直，腹大而不下垂。后躯发达，乳房基部宽广，形状方圆，质地柔软，乳头 1 对，大小适中。公羊颈部粗壮，前胸开阔，体质结实，外形雄伟，尻部发育好，四肢端正，部分羊肩、背及股部生有长毛。

【生产性能】羊只体质强健，适应性强，瘤胃发达，消化能力强，能充分利用各种青绿饲料、农作物秸秆。嘴唇灵活，门齿发达，能够啃食矮草，喜欢吃细枝嫩叶；活泼好动，善于攀登，喜干燥，爱清洁，合群性强，适于舍饲或放牧。

成年公羊体高 80～90 厘米，体重 75～95 千克；成年母羊体高 70～78 厘米，体重 55～70 千克。年泌乳期为 300 天，以 3～4 胎泌乳量最高。产奶量为 600～1200 千克，个体最高产奶量达 3080 千克，乳脂率为 3.8%。莎能奶山羊性成熟时间在 2～4 月龄，9 月龄就可配种，利用年限可达 10 年以上，繁殖率高，产羔率为 200%。

【利用情况】莎能奶山羊以其突出的产奶性能和广泛的适应性被输出到世界各地，成为世界上分布最广的奶用山羊。它抗病力强，在平原、丘陵、山区、北方、南方均可饲养，用于改良品种效果也十分显著，许多国家都用它来改良地方品种，选育成了不少地方奶山羊新品种，如英国莎能奶山羊、以色列莎能奶山羊、德国莎能奶山羊和我国的关中奶山羊及西农莎能奶山羊新品种等。

陕西是我国莎能奶羊生产发源地，是全国最大的莎能奶山羊良种繁育基地。其奶羊存栏数占全国奶羊总数的 45%，羊奶产量占全国羊奶总产量的 34%。

（3）安哥拉山羊　安哥拉山羊（图 2-17）原产于土耳其首都安卡拉（旧称安哥拉）周围，主要分布于气候干燥、土层瘠薄、牧草稀疏的安纳托利亚高原。产毛量高，毛长而有光泽，弹性大，且结实，国际市场上称马海毛。"马海"为阿拉伯语 mohair 的音译，是非常漂亮的意思。土耳其语称"狄福的克"（tiftic），意谓柔软如丝。用于高级精梳纺，是羊毛中价格最昂贵的一种。

图 2-17　安哥拉山羊

【外貌特征】安哥拉山羊体格中等，公、母羊均有角，耳大下垂，鼻梁平直或微凹，胸狭窄，尻倾斜，骨骼细，体质较弱。全身被毛白色，具绢丝光泽，毛被由波浪形或螺旋形的毛辫组成，毛辫长可垂地。该品种公、母羊均有角，颜面平直，耳大下垂，嘴唇端或耳缘有深色斑点，颈短，体躯窄。

【生产性能】成年公羊体重 40～45 千克，母羊 30～35 千克。安哥拉山羊性成熟较晚，一般母羊 18 月龄开始配种，多产单羔，繁殖率及泌乳量均低。羔羊在大群粗放条件下放牧，成活率为 75％～80％。安哥拉山羊被毛主要由无髓同型毛纤维组成，部分羊只的被毛中含有 3％左右的有髓毛。剪毛量公羊 3.5～6.0 千克，母羊 2.5～3.5 千克。毛股自然长度 18～25 厘米，最长可达 35 厘米，毛纤维直径 35～52 微米，羊毛细度随年龄增大而变粗。羊毛含脂率 6％～9％，净毛率 65％～85％。土耳其的安哥拉山羊每年剪毛 1 次，美国和南非的年剪 2 次。与土种羊的杂交，其后代产毛量和羊毛品质一般随杂交代数的增加而提高，但体重则降低。

【利用情况】自 1984 年起，我国从澳大利亚引进该品种，目前主要饲养在内蒙古、山西、陕西、甘肃等地。国内用安哥拉山羊分别与陕北土种山羊、太行山土山羊、中卫山羊、内蒙古白绒山羊、凉山山羊、海门山羊、藏山羊等进行了杂交，以提高我国地方山羊的生产性能。试验表明，杂交一代羊生长发育快、体质健壮、被毛密度增加、无髓毛比例大幅度提高。

国内引进安哥拉山羊的大多数地区在杂交改良提高当地山羊生产性能的基础上，以培育本地区的毛用山羊新品种为最终目的。陕西省制定了陕北马海毛山羊选育方案，并在国家科学技术委员会和省科学技术委员会的支持下开展了大规模的杂交育种工作，采用的育种方案为级进杂交。到 1996 年，各类杂种羊的数量达到 7.58 万只，级进代数最高到 4 代。杂交试验结果为随着级进代数的增加，被毛中无髓毛比例逐代提高、长度增加、直径变粗、产量提高，有髓毛则相反，比例下降、长度变长、直径变细、产量下降。到第 3 代，周岁母羊的无髓毛比例达到 96.96％，有髓毛为 3.04％，有髓毛中的死毛比例为 2.34％，毛辫长度为 21.63 厘米，产毛量 1520 克，净毛率 80.46％，被毛品质达到了马海毛的质量要求。到 1998 年已经完成了杂交试验研究工作，确立了培育陕北马海毛山羊的育种模式。同时还完成了陕北马海毛山羊选育中饲养、繁殖、疫病防治等配套技术的研究。甘肃省从 1991 年开始，用安哥拉山羊和中卫山羊采用复杂育成杂交的方法培育甘肃毛用山羊新品种，5 年杂交中卫山羊近 5 万只，与中卫山羊级进杂交的 F2 代群体被毛同质或基本同质，羊的外形特征、被毛性状和品质已接近安哥拉山羊。尤其是 F2 代的被毛中没有发现干死毛现象，为培育我国毛用山羊提供了良好育种素材。国内的宁夏、山西等地也制定了毛用山羊的培育方案，在杂交育种方面进行了大量的研究工作，为国内毛用山羊的发展作出了积极的贡献。

（4）努比山羊　努比山羊又名纽宾山羊（图 2-18），因原产于埃及尼罗河上游的努比地区而得名，现在分布于非洲北部和东部的埃及、苏丹、利比亚、埃塞俄比亚、阿尔及利亚，以及美国、英国、印度等地。努比奶山羊因原产于干旱炎热的地区，所以耐热性好，对寒冷潮湿的气候适应性差。用它来改良地方山羊，在提高肉用性能和繁殖性能方面效果较好。

图 2-18　努比山羊

【外貌特征】两耳宽长，下垂至下颌部。公、母羊有角或无角，角呈螺旋状，头颈相连处肌肉丰满呈圆形，颈较长而躯干较短，乳房发育良好，四肢细长。

【生产性能】属肉乳兼用型。成年公羊平均体重 80 千克，母羊 55 千克。母羊平均产羔率 192.5%，双羔占 72.9%。

努比山羊体形高大，四肢细长，两耳宽长下垂至下颌部，鼻梁明显隆起，乳房发育良好，毛色较杂，以黑、棕、黄、灰色为多，毛细短、富有光泽，头较小，有的有角有的无角。成年公羊平均体重 86 千克，体高 84 厘米，体长 86 厘米。成年母羊平均体重 62 千克，体高 76 厘米，体长 78.5 厘米。公羔初生重 3.5 千克、1 月龄重 8.6 千克、2 月龄重 11.9 千克、6 月龄重 32.8 千克；母羔初生重 3.1 千克、1 月龄重 8.5 千克、2 月龄重 11.8 千克、6 月龄重 25.2 千克。母羊 6～7 月龄性成熟，繁殖力强，胎均产羔 1.92 只，6 月龄育成率达 92% 以上。努比山羊性情温顺，采食范围广，适应性强，故在全国各地只要不是极冷的地方均能很好地生长繁育。

努比山羊肉产量比萨能奶山羊高，但奶产量比萨能奶山羊低。泌乳期为 150～180 天，产奶量为 300～800 千克，个体最高产奶量为 2009 千克。乳脂率为 4%～7%，1 年可产 2 胎，每胎产羔率为 190%。

【利用情况】我国广西、四川等地都曾引入过该品种，努比山羊具有生长快、体格大、泌乳性能好等优点。利用努比公羊和马头羊母羊杂交，其杂交优势十分明显，所产杂交山羊的初生重、日增重、成年体重、日产奶量及屠宰率均在马头山羊的基础上分别提高 1.6 千克、65 克、32 千克、1.2 千克、4% 以上。很多地方将其作为第一父本，进行杂交改良利用。

4. 我国山羊品种

（1）南江黄羊　南江黄羊（图 2-19）原产于四川南江县，是经我国畜牧科技人员应用现代家畜遗传育种学原理，采用多品种复杂杂交方法人工选择培育而成的我国第一个肉用山羊新品种。1995 年和 1996 年先后通过农业部和国家畜禽遗传资源管理委员会现场鉴定、复审、认定。南江黄羊是我国目前肉用性能最好的山羊新品种，并于 1998 年 4 月 17 日被农业

图 2-19　南江黄羊

部批准正式命名，并颁发了"畜禽新品种证书"。

【外貌特征】南江黄羊被毛黄色，沿背脊有一条明显的黑色背线，毛短紧贴皮肤，富有光泽，被毛内侧有少许绒毛，有角或无角，耳大微垂，体格高大，前胸深广，颈肩结合良好，背腰平直，四肢粗长，结构匀称。公羊颜色毛色较黑，前胸、颈肩、腹部及大腿被毛黑而长，头略显粗重，母羊颜面洁秀。

【生产性能】体格高大，生长发育快；南江黄羊成年最高体重公羊、母羊分别可达 80 千克和 65 千克，成年羯羊可达 100 千克以上。

繁殖力高，性成熟早。南江黄羊 2 月龄即有性行为表现，3 月龄可出现初情，4 月龄可配种受孕，最佳初配年龄母羊 8～12 月龄，公羊 12～18 月龄，经产母羊群年产 1.82 胎，胎平均产羔率 205.42%，群体繁殖成活率达 90.18%。

产肉性能好，胆固醇含量低，蛋白质含量高，口感好。南江黄羊羯羊 6 月龄、8 月龄、10 月龄、12 月龄胴体重分别为 8.83 千克、10.78 千克、11.38 千克、15.55 千克；屠宰率 43.98%、47.63%、47.70%、52.71%；成年羯羊为 55.65%，而且具有早期（哺乳阶

段）屠宰利用的特点，最佳适宜屠宰期8～10月龄，肉质鲜嫩，营养丰富，含有人体必需的17种氨基酸，无膻味，是南江黄羊特有的产肉特征，更是美容、长寿的绿色食品，特别是老人、孕妇的最佳食品。

板皮品质优，质地良好。南江黄羊板皮细致结实、厚薄均匀、抗张力强、延伸率大、弹性好，主要成革性能指标均达到工业部颁发的《山羊板皮正面服革标准》。

适应性强，杂交利用效果明显。南江黄羊具有较强的适应性，现已推广到21个地区。经推广验证，南江黄羊在北纬20～42度，东经93～122度，海拔10～4359米的自然生态区域内能保持正常的繁殖和生长，不仅适宜我国南方气候，也适宜于北方部分地区，如秦巴山区、太行山区、沿海一带的生态环境，无论是放牧还是圈养都能表现出优良特性，特别是利用南江黄羊公羊改良各地的本地山羊效果十分显著。周岁F1代羊体重的杂交优势率为18.48%～38.49%，与同龄本地羊比较，体重提高范围为66.32%～111.32%。

（2）黄淮山羊　黄淮山羊（图2-20、图2-21）主要分布在河南周口地区的沈丘、淮阳、项城、郸城和驻马店、许昌、信阳、商丘、开封等地，安徽的阜阳、宿州、滁州、六安以及合肥、蚌埠、淮北、淮南等市郊，江苏的徐州、淮阴两地区沿黄河故道及丘陵地区各县，是黄淮平原区优良山羊品种。

图2-20　黄淮山羊（一）

图2-21　黄淮山羊（二）

黄淮山羊因广泛分布在黄淮流域而得名，饲养历史悠久，五百多年前就有历史记载，明弘治（1488～1506年）年间的《安徽宿州志》、正德（1506～1522年）年间的《颍州志》均有记载。

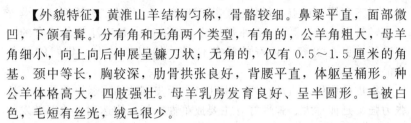

【外貌特征】黄淮山羊结构匀称，骨骼较细。鼻梁平直，面部微凹，下颌有髯。分有角和无角两个类型，有角的，公羊角粗大，母羊角细小，向上向后伸展呈镰刀状；无角的，仅有 0.5～1.5 厘米的角基。颈中等长，胸较深，肋骨拱张良好，背腰平直，体躯呈桶形。种公羊体格高大，四肢强壮。母羊乳房发育良好、呈半圆形。毛被白色，毛短有丝光，绒毛很少。

【生产性能】黄淮山羊成年公羊体高、体长、胸围和体重分别为（65.98±8.16）厘米、（67.37±8.74）厘米、（77.66±9.99）厘米、33.9 千克，成年母羊分别为（54.32±4.55）厘米、（58.09±6.08）厘米、（71.17±5.99）厘米、25.7 千克。7～10 月龄的羯羊宰前重平均为 21.9 千克，胴体重平均为 10.9 千克，屠宰率平均为 49.29%；母羊宰前重平均为 16.0 千克，胴体重平均为 7.5 千克，屠宰率平均为 47.13%。

黄淮山羊具有性成熟早，生成发育快，四季发情，繁殖率高特性，公羊性成熟期为 10～12 月龄，适时配种期在 1.5 岁左右。配种方式以自然交配为主，配种比例为 1∶25，种羊场辅助以人工授精。配种期种公羊 1 次射精量一般为 1.5 毫升，精子密度 30 亿～50 亿/毫升，精子活力在 0.7 以上，一般利用年限为 6～8 年。繁殖母羊初情期在 5～7 月龄，可全年发情，但发情多集中在秋、春季节，以秋季最多，发情周期平均 21 天，妊娠期 150～154 天，成年羊一般一年两胎或两年三胎，平均产羔率 250% 以上，断奶羔羊成活率在 95% 以上，种母羊一般利用年限为 6～7 年。

黄淮山羊皮板呈蜡黄色，细致柔软，油润光亮，弹性好，是优良的制革原料。黄淮山羊对不同生态环境有较强的适应性，皮板质量好。

（3）马头山羊　马头山羊（图 2-22、图 2-23）是湖北省、湖南省肉皮兼用的地方优良品种之一，主产于湖北省十堰、恩施等地区和湖南省常德等地区。马头山羊体形、体重、初生重等指标在国内地方品种中荣居前列，是国内山羊地方品种中生长速度较快、体形较大、肉用性能最好的品种之一。1992 年被国际小母牛基金会推荐为亚洲首选肉用山羊品种。国家农业部将其作为"九五"星火开发项目并加以重点推广。

图 2-22 马头山羊（一）

图 2-23 马头山羊（二）

【外貌特征】马头山羊公、母羊均无角，头形似马，性情迟钝，群众俗称"懒羊"。头较长，大小中等，公羊 4 月龄后额顶部长出长毛（雄性特征），并渐伸长，可遮至眼眶上缘，长久不脱，去势 1 月后就全部脱光，不再复生。

马头羊体形呈长方形，结构匀称，骨骼坚实，背腰平直，肋骨开张良好，臀部宽大，稍倾斜，尾短而上翘，乳房发育尚可，四肢坚强有力，行走时步态如马，频频点头。马头山羊皮厚而松软，毛稀无绒，毛被白色为主，有少量黑色和麻色。按毛长短可分为长毛型和短毛型两种类型。按背脊可分为"双脊"和"单脊"两类。以"双脊"和"长毛"型品质较好。

【生产性能】体重，成年公羊为 43.8 千克，母羊为 33.7 千克，羯羊为 47.4 千克。幼龄羊生长发育快，1 岁龄羯羊体重可达成年羯羊的 73%。肥育性能好，在放牧情况下成年羯羊屠宰率为 62.6%，7 月龄羊为 52%。板皮幅面大，洁白，弹性好。另外，一张皮可烫退毛 0.3～0.5 千克，是制毛笔、毛刷的好原料。产羔母羊日产奶为 1～1.5 千克。

马头山羊性成熟早，四季可发情，在南方以春秋冬季配种较多。母羔 3～5 月龄，公羔 4～6 月龄性成熟，一般在 8～10 月龄配种，妊娠期 140～154 天，哺乳期 2～3 个月，当地群众习惯一年两产或两年三产。由于各地生态环境的差异和饲养水平的不同，产羔率差异较大。根据湖南省调查资料，在正常年景胎产羔率为 182% 左右，每胎产羔 1～4 只。据调查 1196 胎统计，单羔率 26%，双羔率 46%，三羔率 16%，四羔率 8.5%，五羔率 2.17%，六羔率 0.17%。初产母羊多产单羔，经产母羊多产双羔或多羔。

（4）成都麻羊　成都麻羊（图 2-24）分布于四川成都平原及其

附近丘陵地区，成都市的双流、金堂两县和龙泉区，温江地区的彭县、灌县、崇庆、大邑、邛崃等县，目前引入河南、湖南等地，是南方亚热带湿润山地丘陵补饲山羊，为肉乳兼用型。

【外貌特征】公、母羊大多数有角，少数无角，公羊角粗大，向后方弯曲并略向两侧扭转，母羊角较短小，多呈镰刀状。公羊及大多数母羊下颌

图 2-24　成都麻羊

有髯，部分羊颈下有肉垂。公羊前躯发达，体形呈长方形，体态雄壮；母羊后躯深广，背腰平直，尻部略斜，四肢粗壮，蹄黑色、坚实，乳房呈球形，体形较清秀，略呈楔形。成都麻羊全身毛被呈棕黄色，色泽光亮，为短毛型。单根纤维颜色可分成三段，毛尖为黑色，中段为棕黄色，下段为黑灰色，各段毛色所占比例和颜色深浅在个体之间和体躯不同部位略有差异。整个毛被有棕黄而带黑麻的感觉，故称麻羊。毛色一般腹部比体躯浅。在体躯上还有两处异色毛带，一处从角基部中点至颈背，背线延伸至尾根有一条纯黑毛带；沿两侧肩胛经前肢至蹄冠节又有一条纯黑色毛带，两条黑色毛带在鬐甲部交叉，构成明显的十字形，十字形的宽窄和完整程度因性别和个体而异。黑色毛带，公羊较宽，母羊较窄。从角基部前缘，经内眼角沿鼻梁两侧，至口角各有一条纺锤形浅黄色毛带，形似画眉鸟。

【生产性能】成都麻羊具有生长发育快、早熟、繁殖力高、适应性强、耐湿热、耐粗放饲养、遗传性能稳定等特性，尤以肉质细嫩、味道鲜美、无膻味及板皮面积大、质地优为显著特点。成年个体体高 59～68 厘米，体长 63～65 厘米，胸围 70～81 厘米，体重 29～39 千克。屠宰率为 46.9%～51.4%。4～5 月龄性成熟，12～14 月龄初配，常年发情，每年产两胎，妊娠期 142～145 天，一产的产羔率为 215%。母羊泌乳期为 5～8 个月，共产乳 70 千克左右。麻羊的板皮致密、张幅大、弹性好、板皮薄、深受国际市场欢迎。

二、品种选择适应性是关键

适应性是指生物体与环境表现相适合的现象。适应性是通过长期的自然选择，需要很长时间形成的。虽然生物对环境的适应是多种多样的，但究其根本，都是由遗传物质决定的，而遗传物质具有稳定性，它是不能随着环境条件的变化而迅速改变的。所以一个生物体有它最适合的生长环境的要求，而且这个最佳生长环境要变化最小，在它的承受范围之内，该生物体就能正常地生长发育、生存繁衍。否则，如果由于生存的环境变化过大，超出该生物体的承受范围，该生物体就表现出各种的不适应，严重的不适应甚至可以致死。

肉羊的适应性是指肉羊适应饲养地的水土、气候、饲养管理方式、羊舍环境、饲草料等条件。养殖者要对自己所在地区的自然条件、饲草资源、气候以及适合于自己的饲养管理方式等因素有较深入的了解。否则，因为适应性问题容易造成养殖失败。

总体上看，绵羊的主要分布地区属于温带、暖温带和寒温带的干旱、半干旱和半湿润地带，西部多于东部，北方多余南方；而山羊则较多分布在干旱贫瘠的山区、荒漠地区和一些高温高湿地区。就品种适应性来说，山羊几乎可适应一切环境，其适应性是所有家畜中最好的。相对而言，绵羊较山羊的生态适应幅度狭窄，但同样存在品种间的差异。

我国目前养殖的肉羊品种主要有引进的国外良种肉羊品种和我国地方品种。这些品种总体适应性都很好，绝大多数能适应我国大部分地区的饲养环境条件。如我国地方品种的小尾寒羊、蒙古羊、黄淮山羊，国外引进的波尔山羊、杜泊羊、特克赛尔羊等，这几个品种适应性能普遍好。小尾寒羊适应性强，虽是蒙古羊系，但由于千百年来在鲁西南地区已养成"舍饲圈养"的习惯，因此日晒、雨淋、严寒等自然条件均可由圈舍调节，很少受地区气候因素的影响。小尾寒羊在全国各地都能饲养，北至黑龙江及内蒙古，南至贵州和云南，均能正常生长、发育、繁衍，凡是不违背小尾寒特殊的生活习性的地区，饲养均获得成功。蒙古羊是我国三大粗毛羊品种之一，它具有生活力强，能耐极粗放的饲养管理条件，适于游牧，具有耐寒，耐旱等特点，有突出的抓膘能力，冬季可扒雪吃草，和其他羊品种相比抗病力强，饲养成本低,并有较好的产肉、脂性能。黄淮山羊对不同生态环境有较强的适应性。南江黄羊不仅具有性成熟早、生长发育快、繁殖力高、产肉性能好、适应性强、耐粗饲、遗传性稳定的特点,而且肉质细嫩、适口性好、板皮品质优。南江黄羊适宜于在农区、山区饲养。波尔山羊是最耐粗和适应性最强的家畜品种之一,能适应南非各种气候地带,内陆气候、热带和亚热带灌木丛、半荒漠和沙漠地区都表现生长良好。在干旱情况下,不供水和饲料,与其他动物相比存活时间最长。有放牧习性,可采食小树和灌木以及其他动物不吃的植物。采食范围大,可采食高至 160 厘米的树叶和树皮,低至 10 厘米的牧草。因而适于与牛混牧提高每公顷牧地的产肉量。波尔山羊有罕见的抗病能力,如抗蓝舌病、氢氰酸中毒症和肠毒素血症等,但极容易患腹泻及感冒、肺炎、羊痘等疾病。杜泊羊具有良好的抗逆性,适应性强,耐粗饲,抗寒耐热,抗病力强,容易饲养管理。在多种不同草地草原和饲养条件下它都有良好表现,在精养条件下表现更佳。在较差的放牧条件下,许多品种羊不能生存时,它却能存活。即使在相当恶劣的条件下,母羊也能产出并带好一头质量较好的羊羔。由于当初培育杜泊羊的目的在于适应较差的环境,加之这种羊具备内在的强健性和非选择的食草性,使得该品种在肉绵羊中有较高的地位。在大多数羊场中,可以进行放养,也可饲喂其他品种家畜较难利用或不能利用的各种草料,羊场中既可单养杜泊羊,也可混养少量的其他品种,使较难利用的饲草资源得到利用。这一优势很有利于饲养管理。杜泊母羊产乳量高,护羔性好,不管是带单羔或者双羔,都能培育得很好。

　　还有一些品种适应性也非常好。如巴美肉羊,其抗逆性强、适应性好,适合舍饲圈养、耐粗饲、采食能力强,适合农牧区舍饲半舍饲饲养,羔羊育肥快,是生产高档羊肉产品的优质羔羊,近年来以其肉质鲜嫩、无膻味、口感好而深受加工企业和消费者青睐。苏尼特羊(也称戈壁羊),是蒙古羊的优良类群,形成的历史悠久。在放牧条件下,经过长期的自然选择和人工选育,成为具有耐寒、抗旱、生长发育快、生命力强、最能适应荒漠半荒漠草原的一个肉用地方良种。简阳大耳羊具有耐粗食、抗病能力强和适应性好等特点。乌骨羊适应性广,耐粗饲。马头山羊耐受性高、抗病力强、适应性广、合群性强、易于管理,丘陵山地、河滩湖坡、农家庭院、草地均可放牧饲养,也适于圈养，在我国南方各省都能养殖。乌珠穆沁羊在终年放牧条件下，增膘及脂肪蓄积力强。分布于新疆，以哈密地区及准噶尔盆地边缘，以及新疆、甘肃和青海交界处的哈萨克羊，饲养管理极为粗放，四季轮换放牧在季节草场上，转移草场的距离最长者达数百千米甚至近1000千米，冬季很少进行补饲，一般没有羊舍。草场积雪后羊只必须扒雪采食牧草。由于长期在本生态地区艰苦条件下繁育，所以形成了哈萨克羊适应性强，体格结实，四肢高，善于行走爬山的特点，在夏、秋季有迅速积聚脂肪的能力。成都麻羊产于四川省成都平原及其附近丘陵地区，是南方亚热带湿润山地丘陵补饲山羊，适应性强、耐湿热、耐粗放饲养。大足黑山羊主要分布在川中丘陵与川东平行岭谷交接地带，介于东经105度28分～106度02分、北纬29度23分～29度52分之间的区域自然培育而成的，具有耐寒耐旱、抗逆性强、耐粗放饲养管理和采食能力强等特点，适宜于广大山区（牧区）放牧和农区、半农半牧区圈养。南非肉用美利奴羊耐粗饲、耐干旱和炎热环境。卡考山羊具有放牧性能好、采食能力强、适应性好的特点。

也有很多品种在适应性上各有优缺点，表现为某一方面适应性好，而在另一方面却很差，或者只在某一方面适应性特别好，而其他方面适应性一般。如有对低温适应性好，对高温适应能力差的。或者相反，耐高温不耐低温。有适应山地放牧的、有抗病力强的、有耐潮湿的、有不耐潮湿的、对环境要求高的等等。如湖羊喜欢安静，尤其是妊娠或哺乳母羊，如遇突然噪声则易引起流产和影响健康，喜欢干燥清洁的生活环境，怕湿、怕蚊蝇、怕光，尤其是怕强烈的阳光；无角道赛特羊有耐热及适应干燥气候等特点。20世纪80年代以来，新疆、内蒙古、甘肃、北京、河北等地，在新疆玛纳斯南山牧场的生态经济条件下，采取了春、夏、秋季全放牧，冬季5个月全舍饲的饲养管理方式，收到了良好的效果，基本上能较好地适应当地的草场条件，不挑食，采食量大，上膘快，但由于肉用体形好，腿较短，不宜放牧在坡度较大、牧草较稀的草场，转场时亦不可驱赶太快，每天不宜走较长距离。饲养在新疆的无角道赛特羊，对某些疾病的抵抗力较差，尤其是羔羊，易患羔羊脓疱性口膜炎、羔羊痢疾、网尾线虫病、营养代谢病等，发病率和死亡率较高。新西兰的无角道赛特羊腿略长，放牧游走性能较好。杜泊羊在潮湿条件下，易感染肝片吸虫病，羔羊易感染球虫病。陕南白山羊具有耐高温和耐高湿的特点。洼地绵羊耐粗饲、耐潮湿。多浪羊耐粗饲，可终年放牧饲养。特克塞尔羊耐粗饲、适应各种气候条件，特别对寒冷气候有良好的适应性。夏洛来羊在东北地区适应性和杂交改良效果良好。林肯羊对饲养管理条件要求比较高，早熟性也比较差。德国肉用美利奴羊对干旱气候条件及各种饲养管理条件都能很好地适应。澳洲美利奴羊分为强毛型、中毛型、细毛型和超细型四个类型，强毛型适于干旱草原地区饲养，中毛型适于干旱平原地区饲养，细毛型（含超细型）适于多雨丘陵山区饲养。努比亚山羊耐热性好，但对寒冷潮湿气候适应性较差。边区莱斯特羊在四川、云南等地繁育效果比较好，而饲养在青海省和内蒙古自治区的则比较差。东佛里生羊对炎热环境适应性较差，但对温带气候条件适应性良好，适宜在我国中原农区饲养。

从以上的品种的适应性分析，不难看出，各品种羊适应性特点各有侧重，尤其是我国地方羊品种，由于品种形成地区长期的饲养，已经习惯了形成地区的饲养条件，适应性最好的饲养地还是该品种的形成地区，而国外引进品种相对好一些，可以利用国外引进肉羊品种作父本进行品种改良，达到适应性和肉用性都突出的目的。

在确定养殖品种的时候要重点考察品种的适应性，如果养羊场要选择其中某一个品种来饲养，首先就要看当地以及本场的饲养条件能否满足该品种的生长需要，也就是说要看养羊场能否适应肉羊的生长，而不是让肉羊被动地去适应养羊场的饲养管理条件。

三、利用好杂交优势

由于经济杂交所产生的杂交后代在生活力、抗病力、繁殖力、育肥性能、胴体品质等方面均比亲本具有不同程度的提高，因而杂交成为当今肉羊生产中所普遍采用的一项实用技术。肉羊生产杂交化已成为获取量多、质优和高效生产羊肉的主要手段。在西欧、大洋洲、美洲等肉羊生产发达的地区，用经济杂交生产肥羔肉的比率已高达75%以上。利用杂种优势的表现规律和品种间的互补效应，一方面可以用来改进繁殖力、成活率和总生产力，进行更经济、更有效的生产；另一方面可通过选择来提高断奶后羔羊的生长速度和产肉性状。

我国的羊遗传资源极其丰富，在全国有着广泛的分布。但大量的地方品种以毛皮为主，我国缺乏叫得响的地方肉羊品种。现有的肉羊生产主要是以原有的地方品种当肉羊来养和以进口肉羊品种与我国地方羊品种进行经济杂交两种方式。

因此，利用杂交优势生产肉羊，是目前我国肉羊生产的主要形式，生产出比原有品种、品系更能适应当地环境条件和高产的杂种肉羊，极大地提高了肉羊产业的经济效益。如杜泊羊与小尾寒羊为主要模式的多胎高产肉用羊培育模式，南非肉用美利奴羊与东北细毛羊的肉毛兼用型肉羊培育模式，巴美肉羊与地方品种杂交模式，德国肉用美利奴羊与乌珠穆沁羊杂交模式，萨福克羊与蒙古羊杂交模式，道赛特羊与蒙古羊杂交模式。四川省政府先后开展了 6 个育种攻关项目，培育出了南江黄羊、简阳大耳羊、乐至黑山羊和金堂黑山羊 4 个新品系，并建立了地方品种保护目录。内蒙古大力开展巴美肉羊新品系选育研究工作，目前新品系群体规模已达到 4000 只以上。内蒙古同时还组织力量开展地方品种多脊椎乌珠穆沁羊的选育研究工作。养羊场应根据不同品种特性并结合当地生态条件来确定合理的杂交组合。

四、肉羊群结构要合理

养羊场在生产中，要通过多次选择，存优去劣，分类培育，循序渐进，逐年及时淘汰老羊及生产性能差的羊只，使羊群结构不断优化。

一般羊场羊群结构的确定，可以按照羊群年龄结构、群体比例、公母比例等方面确定。如按照羊群年龄结构确定，羊场应保持在 0.5～1 岁的青年羊占 15%～20%，1～4 岁的壮年羊占 65%～75%，5 岁以上的羊占 10%～15%（一般只留种用）的比例。其中母羊比例越高，出栏率越高，经济效益越好。母羊比例可达到 75%～90%，而且要以能繁殖母羊为主。

据统计，理想的羊群公母比例是 1:36，繁殖母羊、育成羊、羔羊比例应为 5:3:2，可保持高的生产效率、繁殖率和持续发展后劲。

公母比例一般为 1:(30～60)。有条件的可采用人工授精。规模小的养羊场（户）建议最好不饲养种公羊，一是良种羊价格高，饲养风险大；二是从经济角度来讲不划算。

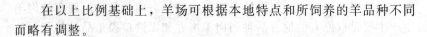

在以上比例基础上，羊场可根据本地特点和所饲养的羊品种不同而略有调整。

五、选择饲养合适的肉羊品种

肉羊品种的选择在考虑适应性的前提下，宜选择生产指数高的品种，生产指数高具体表现在肉用山羊能达到每产2羔，年产3羔，两年三产，初生重3.63千克，断奶前平均日增重170克；肉用绵羊能达到每产2羔，年产3羔，两年三产，初生重4.5千克，断奶前平均日增重280克。选择时要参考以上标准，选择生产指数与之相接近的品种，高于该指标的品种最好，严重低于该指标的坚决不选。

在南方多数地区宜养殖肉用山羊，北方应以生产力高的绵羊为主，兼顾山羊。具体来说，在中原肉羊优势生产区域，小尾寒羊、洼地绵羊、湖羊、黄淮山羊、长江三角洲山羊等可为母本，公羊可选杜泊羊、萨福克羊、德国或南非肉用美利奴羊、东佛里生羊、波尔山羊、马头羊、努比亚山羊等。

西南肉羊优势区内盛产繁殖力强、肉用性能良好的黑山羊，金堂黑山羊、乐至黑山羊、大足黑山羊、简阳大耳羊、成都麻羊、南江黄羊、贵州白山羊等都是优良的母本，公羊可选波尔山羊、努比亚山羊等。

在中东部农牧交错带肉羊优势生产区域，应选夏洛来羊、道赛特羊等，与地方良种绵羊杂交。

在西北肉羊优势生产区域，宜饲养道赛特羊、萨福克羊、白头萨福克羊等品种羊，改良本地低产绵羊。

六、做好种羊更新

种羊是肉羊繁育和生产的基础，羊场要根据本场的生产规模、产品市场和羊场未来发展方向等方面的实际情况，制订科学合理的种群更新计划，确定所需要更新种羊的时间、数量、品种和代别。

种羊的更新，一种是本场原有品种因为品种退化或淘汰的补充性更新；另一种是引进本场没有的新品种的更新。更新办法有从场外引进和本场选留两种方式。种羊场的基础羊群更新应从原种场引进，原种场如果是本场基础群种羊补充性更新可以从本场选留。

通常规模化羊场每年种羊的更新数量应占本场种羊数的 20% 左右，主要是从品种的退化程度、种羊是否患有影响繁殖生产的疾病、6 年以上老龄羊等几个方面综合考虑，有选择性地购进能提高本地种羊某种性能、满足自身要求，与本场的羊群健康状况相同的优良个体或者符合本场生产方向的优良品种。如果是加入核心群进行育种的，则应购买经过生产性能测定的个体体质健壮、血统清楚、血缘数量符合选育方案要求的优良种羊品种；如果是以繁殖出栏育肥羔羊为主，就要引进优良的公羊品种，要求品种纯正，根据引种计划，选择质量高、信誉好的大型种羊场引种。

具体引进什么样的优良品种，要了解本地肉羊杂交的最佳杂交组合。根据经验，南方多数地区适宜养殖肉用山羊品种，北方则适宜养殖绵羊品种为主，兼顾山羊。如中原优势区域的河北、山西、山东、河南、湖北、江苏和安徽，可以以黄淮山羊和小尾寒羊这两个我国著名的地方品种为母本，利用波尔山羊或无角道赛特羊这两个引进品种为父本，进行杂交改良，效果好，潜力大；西南肉羊优势区域的四川、云南、湖南、重庆、贵州，可以以山羊养殖为主，这些地方的优良品种较多，如南江黄羊、马头山羊、建昌黑山羊等优良品系是杂交改良优秀母本，经改良后的地方山羊个体大，生长快，肉质好，市场反映良好；西北肉羊优势区域的新疆（含生产兵团）、甘肃、陕西、宁夏，可以以无角道赛特羊、萨福克羊、白头萨福克羊等引进品种，改良本地产绵羊；中东部农牧交错带肉羊优势区域的山西、内蒙古、辽宁、吉林、黑龙江和河北北部，可以利用地方良种个体大，产肉多，品质好的优点，用引进夏洛来羊、萨福克羊、无角道赛特羊和德国肉用美利奴羊等国外优良肉羊品种进行杂交改良，也能取得非常显著的效果。

引羊最适合季节为春秋两季，这是因为春秋两季气温不高不低，天气不冷不热。最忌在夏季引种，6～9 月天气炎热、多雨，大都不利于远距离运输。如果引羊距离较近，不超过 1 天的时间，可不考虑引羊的季节。

羊只的挑选是养羊能够顺利发展的关键一环，首先要了解该羊场是否有畜牧部门签发的"种畜禽生产许可证""种羊合格证"及"系谱耳号登记"，三者是否齐全。挑选时，要看它的外貌特征是否符合本品种特征，公羊要选择1～2岁的，手摸睾丸富有弹性，手摸有痛感的多患有睾丸炎，膘情中上等但不要过肥过瘦。母羊多选择周岁左右的，这些羊多半正处在配种期，母羊要强壮，乳头大而均匀，视群体大小确定公羊数，一般比例要求1:（15～20），群体较小，可适当增加公羊数，以防近交。

七、常见引种误区

1. 打包购买

很多人愿意整群一起购买回来，认为买原群原帮好养，价格也实惠。其实不然，俗话说："买的没有卖的精"，只有卖的人才知道这群羊的好坏，谁也不会做亏本的买卖。要知道只要成群成帮的都有强有弱。要想买到货真价实的好货，宁可多花几个钱，也必须在每个群里每个帮里挑最好的，以提高群体后代的质量。其他的羊再便宜也不要购买，因为你是引种，不是买了吃肉。

2. 不懂行情

一分价钱一分货，这是大家都懂的道理，便宜的自然没有好的，现在网上广告满天飞，而且承诺都是很诱人的，如每只种羊几百元、政府补贴免费送货、报销路费、送铡草机等等。对于第一次搞养殖的朋友来说，确实诱惑，可大家仔细分析一下就应该明白，天上是不会掉馅饼的，这完全是骗人的，买的人还以为捡到了大便宜。告诉大家一个鉴别方法：考察好当地的肉羊市场行情，种羊是不会低于肉羊价格的，只能高于肉羊价格20%～50%。

3. 多多益善

很多初次养殖的朋友喜欢一下就购进大批的种羊，认为养殖的数量越多利润越大，其实不然，规模越大，饲养管理的难度越大。要养好养精，才能赚钱，管理好才是关键。

4. 不懂技术

很多人对养羊的认识还停留在放牧散养时期，一家一户几只十几只散养，羊每天出去到荒地吃草，放回来挤奶，老了就杀了吃肉。以为肉羊好养、简单、不需要什么技术。不懂得科学养羊，不知道现在引入的良种肉羊必须科学饲养才能成功。

5. 乱交乱配

不按照科学的杂交组合引进种羊的品种，能买到什么品种就用什么品种，或者看别人进什么品种就跟着引进什么品种，形成乱交乱配的混乱局面，甚至出现近交，严重影响羊场的经济效益。

6. 求新求洋

不根据本地区养殖实际，在不具备饲养管理经验的情况下，轻易引进新品种，导致引种失败。引种时要了解引入肉羊品种的特点及其适应性和所在地区的气候、饲料、饲养管理条件，以便确定引种后的饲养措施。

八、小尾寒羊引种方法

1. 引种前的考察工作

（1）考察小尾寒羊对本地的适应性

① 气候适应性　小尾寒羊的产区主要集中在鲁西南地区，当地海拔为 50 米左右，以平原为主。平均气温为 13.6℃，最高气温 40℃，最低气温-18℃，年降雨量 749 毫米，无霜期 206 天。小尾寒羊对高温高湿地区的适应性较差，发病频繁，难于饲养。因此，在引种时要充分考虑本地的气候条件是否适宜饲养小尾寒羊。

② 地形适应性　小尾寒羊具有腿高个大、不善于爬坡等特点，所以山区、丘陵、沙漠化地区不宜放牧小尾寒羊，应该采取以舍饲为主的饲养方式。

③ 饲养方式适应性　小尾寒羊产区饲草料丰富，饲养条件优越，以舍饲和半舍饲为主，而且小尾寒羊在放牧时有跑得快、吃得少的特点，自身的能量全被"跑青"消耗掉了。因此，在引进前要充分考虑好本地的放牧方式和饲草料情况。

（2）考察种地、种源、种质　小尾寒羊的集中产区以山东的西南地区和河南的东部为主，所以引进时要尽量从主产地引进。在引进前要充分调查产区或有引种意向的羊场的货源情况，一定要通过当地的畜牧管理部门和正规种羊场引进种羊。

2. 小尾寒羊的挑选方法

①角   小尾寒羊公、母羊大部分都有角，出生后约1个月角基出现。在引种时淘汰没有角的羊。

②腿   小尾寒羊腿细而高，其他品种绵羊的腿相对短而粗。

③体高   测量羊体高用直角且可上下活动的木尺。测量时使羊抬头直立，把木尺立在羊前腿旁，量到脊背垂直的高度。3月龄公、母羊体高达到60厘米以上，6月龄为75厘米左右，周岁公羊为90厘米以上，周岁母羊体高达到80厘米以上，可作种羊。

④齿龄   判断羊的年龄可用手掰开羊的下唇看齿龄，用齿龄作为判断其年龄的依据。羔羊出生后1周，1对乳门牙长出。1个月左右，8个奶牙长齐。随着年龄的增长，细长、乳白色的奶牙会被宽短、微黄色的永久齿所代替。奶牙更换的规律：1~1.5岁换1对门牙（对牙）；2岁再换1对内中间齿（4牙）；3岁再换1对外中间齿（6牙）；4岁再换1对隅齿（齐口）。4岁时所有乳牙全部被永久齿所替代，羊的生殖性能到6岁表现还不错，再老就没有生育价值了。

⑤阴门   选择母羊时要特别注意母羊的生殖系统是否正常。用手撩开母羊尾巴看阴门形状，如果是细长形而无排脏臭物则为正常。阴门圆而紧者多为不孕羊，排黏臭物者为子宫炎患羊。

⑥乳房   用手摸羊的乳房，产过羔的成年母羊乳房松弛而有弹性，未产过羔的乳房紧贴腹部。正常的羊只奶头大小应该是匀称的，小奶头者不可选作种用。另外还要特别注意乳房是否有病症，如乳房有硬块（可能患有乳腺炎）、乳头坏死、乳头溃疡等。

⑦耳   小尾寒羊耳大下垂，基本可以搭到嘴角，耳小者不宜作种用。

⑧眼   眼内呈现苍白者多患贫血或寄生虫病。

⑨尾   小尾寒羊脂尾较短，略呈椭圆形，尾长不超过后膝盖，长宽20~30厘米。肥厚、瘦小均可，下端中间有一纵沟。尾尖上翘，紧贴于尾沟。

3. 小尾寒羊真假优劣辨别

(1) 杂交繁育的"杂种羊"与正宗小尾寒羊的区别   一些产区历史上曾对小尾寒羊进行过杂交改良，所产后代生长速度慢，成年个体远不如小尾寒羊，而且母羊产羔率低，经济效益差。这类羊要通过外观鉴定看是否满足小尾寒羊的典型品种特征。

（2）近亲交配的"退化羊"与优选优育的"高腿"小尾寒羊的区别　一些养羊户长期近亲交配造成品种退化，虽外貌与小尾寒羊无明显差异，但发育慢、个头小、腿较短、产羔少；而优选优育的小尾寒羊生长快，个体大，产羔多，肉质好。

（3）1岁半"湖羊"与小尾寒羊幼羊的区别　育成的湖羊没有犄角，而小尾寒羊大都有角，湖羊体躯呈扁长形，前躯不够发达，后躯稍高，生长发育慢，成年个体小，与小尾寒羊有显著差异。

（4）人工"去牙羊"与正常"换牙羊"的区别　一些不法之徒将已经失去生产能力的老龄小尾寒羊的中间2个门齿拔掉，之后谎称是刚刚换牙的年轻羊，以老充小，欺骗买主。鉴别这一现象须明确：羔羊、青年羊乳齿雪白，而永久齿发黄且大；永久齿磨损时间越长、越重，齿长越短，则羊龄越大，即属"老掉牙"的羊或人工去牙的"老龄羊"无疑，切勿购买。

（5）形似而非的陕西"同羊"与小尾寒羊的区别　陕西"同羊"的体形外貌与小尾寒羊近似，但其四肢长度略短，公羊尾大，且公母羊均无角；而小尾寒羊腿高，只有极少母羊无角。

（6）外貌近似的新疆"和田羊"同小尾寒羊的区别　和田羊母羊无角者居多，且由于肋骨开张不良，胸部较窄，成年羊身躯偏小，同时毛色混杂，特别是头部有不规则黑斑，被毛全白者不足20%；而小尾寒羊母羊无角者极少，且胸部开阔，成年羊身高体大，毛色纯白无杂。

第三章
建设科学合理的肉羊场

在养羊生产过程中，羊场环境是生产"厂房"。其对种羊的正常使用年限及高效、稳定生产有着至关重要的作用，对肉羊的快速生长也起到决定作用。规模养羊场只有科学地选址，对羊舍进行合理地布局和建设，满足肉羊生长对空间、阳光、温度、湿度、空气、卫生防疫等方面的要求，才能为养羊场的安全生产及培育高质量的肉羊提供有力保障，因此，羊场建设是否科学合理是羊场经营成效的关键因素之一，必须予以高度的重视。

一、肉羊场选址应该考虑的问题

羊场选址要根据肉羊的生物学特性，符合当地土地利用规划的要求，充分考虑羊场的放牧的饲草、饲料条件和饲养管理制度等，确定适宜的场址。

1. 符合土地规划要求

选择场址应符合本地区农牧业生产发展总体规划、土地利用发展规划、城乡建设发展规划和环境保护规划的要求。禁止在规定的自然保护区、水源保护区、风景旅游区、自然环境污染严重的地区和受洪水或山洪威胁及泥石流、滑坡等自然灾害多发地带选址建场。

选择场址应遵守十分珍惜和合理利用土地的原则，不应占用基本农田，尽量利用荒地建场。分期建设时，选址应按总体规划需要一次完成，土地随用随征，预留远期工程建设用地。

2. 符合防疫要求

新建场址应满足卫生防疫要求,距其他畜牧场、兽医机构、畜禽屠宰厂不小于 2000 米。羊场周围 3000 米以内无大型化工厂、采矿场、皮革厂、肉品加工厂等污染源,距居民区不小于 3000 米,并且应位于居民区及公共建筑群常年主导风向的下风向处或侧风向处。符合兽医卫生和环境卫生的要求,无人畜共患病。建场前应对周围地区进行调查,尽量选择四周无疫病发生的地点建场。新建场址周围应具备就地无害化处理粪尿、污水的足够场地和排污条件,并通过畜禽场建设环境影响评价。

3. 地势地形要求

选址最好有天然屏障,如高山、河流等,使外人和牲畜不易经过。地势高燥、背风向阳、排水良好,既有利于防洪排涝而又不至于发生断层、陷落、滑坡或塌方,地下水位 2 米以下,以坐北朝南或坐西北朝东南方向的斜坡(坡度在 1% ~3%)为好。切不可建在低凹处或低风口处,以免汛期积水及冬季防寒困难。

4. 土质要求

沙壤土最理想,沙土次之,黏土最不适。沙壤土土质松软,抗压性和透水性强,吸湿性、导热性小,毛细管作用弱。雨水、尿液不易积聚,雨后无硬结,利于保持羊舍及运动场的清洁卫生,减少蹄病及其他疾病的发生。场地附近应有优良的放牧地,有条件的可考虑建立饲料生产基地。

5. 水源电源充足

水源充足、合乎卫生要求、取用方便。水源稳定,水质良好,无污染,确保人畜安全和健康。以自来水最好,也可用深井水。水质符合《无公害食品 畜禽饮用水水质》(NY 5027)的要求。有可靠的供电,具有 10 千瓦以上的供电条件,以供照明、饲草料加工及饲养管理设备的正常使用。

6. 饲草料资源丰富

规模养羊场需要大量的粗饲料,如果全部需要从外地购买,养羊成本将会大大增加,因此,养羊场必须立足于在当地解决粗饲料的供应问题，这是建场的必要条件，所以，选址时必须首先满足这一条件。

◀ 7. 交通便利 ▶

为了运输饲料、饲草、活羊等物资和羊产品，养羊场要有方便可靠的运输道路。场区距铁路、高速公路、交通干线不小于 1000 米，距一般道路不小于 500 米。做到交通运输方便，远离居民区、闹市区、学校、交通干线等，便于防疫隔离，以免传染病发生。

二、肉羊场规划布局要科学合理

通常将羊场分为四个功能区，即生活办公区、生产区、病羊管理区、无害化处理区。分区规划时，首先从家畜生物安全角度出发，以建立最佳的生产联系和卫生防疫条件，来安排各区位置，建筑布局必须将彼此间的功能联系统筹安排，尽量做到配置紧凑、占地少，又能达到卫生、防火安全要求，保证最短的运输、供电、供水线路，便于组成流水作业线，实现生产过程的专业化有序生产。

一般按主风向和坡度的走向依次排列顺序为生活办公区、管理区（包括饲草饲料加工储藏区、晒草场、储草棚和消毒间）、羊舍、病羊管理区（隔离室、治疗室）、无害化处理设施、沼气池等。各区之间应有一定的安全距离，至少距离 50 米以上，最好间隔 300 米，同时，应防止生活办公区和管理区的污水流入生产区。场区内净道和污道分开，互不交叉。

羊舍应按性别、年龄、生长阶段设计，实行分阶段饲养、集中育肥的饲养工艺。一般规模养羊场应建设母羊舍、公羊舍、羔羊舍、育成羊舍、育肥羊舍等，各类羊舍要布局合理，保持适当距离。羊舍应布置在生产区的上风向，隔离羊舍、污水、粪便处理设施和病、死羊处理区设在生产区主风向的下风或侧风向。

羊用运动场与场内道路设置。运动场应选在背风向阳、稍有坡度，以便排水和保持干燥。一般设在羊舍南面，低于羊舍地面 60 厘米以下，向南缓缓倾斜，以红砖或沙质壤土为好，便于排水和保持干燥，四周设置 1.2～1.5 米高的围栏或围墙，围栏外侧应设排水沟，运动场两侧（南、西）应设遮阳棚或种植树木，以减少夏季烈日暴晒，面积为每只成年羊 4 米^2；羊场内道路根据实际定宽窄，既方便运输，又符合防疫条件，要求运送草料、畜产品的路不与运送羊粪的路通用或交叉，兽医室有单独道路，不与其他道路通用或交叉。

三、养羊场羊舍建筑的要求

1. 按照羊群种类建设的羊舍

饲养规模较大的要按照羊群种类建设单独的母羊舍、公羊舍、羔羊舍、育成羊舍、育肥羊舍等专门羊舍，并建设保温和有取暖设备的产房。不能按照羊只种类建设单独羊舍的，羊舍内可用固定式隔栏也可用可移动的木栏分隔成公羊圈、母羊圈、羔羊圈、育肥圈，圈内设草架、饲槽和饮水设备，舍内靠墙用木条设置草架。

羊舍建设总的要求是坚固、保温隔热、防寒、防暑、通风和采光良好、设施齐全。根据本地具体情况可建成封闭式、半封闭式、开放式羊舍。应选在地势高燥、排水良好、向阳的地方建设羊舍。建筑材料应就地取材。

2. 羊舍面积确定

羊舍的面积可根据饲养规模而定，每间羊舍不能圈很多羊，既不利于管理，又增加了羊相互传染疾病的机会。各类羊只所需面积，种公羊群饲的每只 2.0～2.5 米^2，单栏饲养每只 4.0～6.0 米^2；种母羊每只（含妊娠母羊）1.0～2.0 米^2；育成公羊每只 0.7～1.0 米^2；育成母羊每只 0.7～1.0 米^2；断奶羔羊每只 0.4～0.5 米^2；育肥羊每只 0.6～0.8 米^2。运动场面积为羊舍面积的 2～4 倍。

3. 羊舍的长度、跨度和高度要求

羊舍的长度、跨度和高度应根据所选择的建筑类型和面积确定。

单坡式羊舍跨度一般为 5.0～6.0 米，双坡单列式羊舍为 6.0～8.0 米，双列式为 9.0～12.0 米；羊舍檐口高度一般为 2.4～3.0 米。舍内走廊宽 120 厘米左右，便于运送饲料、清除粪便和羊群转栏等，通道两侧用铁筋或木杆隔开，羊吃料和饮水时，从栏杆探出头采食或饮水。

楼式羊舍一般宽 4～6 米，高 2～3 米，长度根据养羊的数量而定，羊舍面积以每只成羊 1.2～1.5 米^2 计算。楼板用木条、竹条或

细木棍钉成间距 1~1.5 厘米的床面，以便粪、尿落于地面，羊床可分栏隔断，也可做成活动板面。

4. 运动场要求

羊舍应设运动场，运动场地面平坦、不起尘土、排水良好。运动场内应有专用补饲设施。夏季炎热地区有遮阳设施，四周设围栏。运动场地建设要紧连羊舍，并选择三面无遮阴物，早晚都能接受阳光照射，地势开阔较平坦的地方，三面用木栅或红砖砌成院墙及隔墙，种公羊围墙高度为 1.2~1.5 米，其他羊群的院墙高度为 1.0~1.2 米。羊舍对侧墙座设置 1.5 米宽的遮雨棚，在棚墙的内侧架设饲草架，便于羊采食饲草。运动场地面用三合土或水泥处理成四周有沟，略有一定坡度的平整地面。运动场内不得积水，保持清洁干燥，排水畅通。

5. 满足通风换气的要求

封闭式羊舍必须具备良好的通风换气性能，能及时排出舍内污浊空气，保持空气新鲜。羊舍设计应通风、采光良好，空气中有毒有害气体含量应符合 NY/T 388 的规定。

6. 羊舍建筑技术要求

（1）做好羊舍地基和基础　简易羊舍或小型羊舍因地基负载力小，仅要求具有足够的承重能力、厚度，抗冲刷力强，下沉度小于 2~3 厘米，膨胀性小。基础一般比墙宽 10~15 厘米，用砖或石、混凝土作基础建材。

（2）墙要求坚固、表面平整、易于清洁　砖混砌筑最牢固，保温效果也是最好的，北方常用二四（24 厘米）墙，如果经济条件允许用三七（37 厘米）墙更好，内墙面用水泥抹面，外墙面用水泥勾缝。南方可以用一二（12 厘米）墙，墙面处理同样是外墙面用水泥勾缝，内墙面用水泥抹面。西北可以用窑洞作羊舍，保温效果也非常好，只需把窑洞内墙面处理平整即可。

（3）屋顶要牢固和保温　屋顶的隔热作用大于墙，最好采用多层建筑材料，增加屋顶保温作用。无论起脊还是平顶，都要做保温层，屋顶的材料可以用水泥瓦、石棉瓦、瓦楞铁皮、夹芯彩钢瓦等，羊舍建筑通常独立地建在空旷地带，屋顶一定要牢固，否则容易被风吹坏。保温必须做好，比如用大棚骨架做的羊舍，在屋顶上采用 5 层保温（第一层大棚用塑料布，第二层用毛毡或棉帘子、第三层用稻草帘子，第四层用毛毡或棉帘子，最后再用塑料布）。

（4）羊舍地面要求　羊舍地面是羊舍建筑中的重要组成部分，对羊只的健康有直接的影响。羊舍地面要高出舍外地面 20 厘米以上。地面必须做到坚实、平整、无裂缝、不硬、不滑，使羊只卧息舒服，防止四肢或肺病发生。最少应有 1%～3% 坡度，便于排粪和排尿液，易于清扫、消毒。

① 土质地面　属于暖地（软地面）类型。土质地面柔软，富有弹性也不光滑，易于保温，造价低廉。缺点是不够坚固，容易出现小坑，不便于清扫消毒，易形成潮湿的环境。用土质地面时，可混入石灰增强黄土的黏固性，也可用三合土（石灰：碎石：黏土＝1：2：4）地面。

② 砖砌地面　属于冷地面（硬地面）类型。砖的空隙较多，导热性小，具有一定的保温性能。成年母羊舍粪尿相混的污水较多，容易造成不良环境。又由于砖地易吸收大量水分，破坏其本身的导热性而变冷变硬。砖地吸水后，经冻易破碎，加上本身磨损的特点，容易形成坑穴，不便于清扫消毒。所以用砖砌地面时，砖宜立砌，不宜平铺。

③ 水泥地面　水泥地面属于硬地面。其优点是结实、不透水、便于清扫消毒。缺点是造价高，地面太硬，导热性强，保温性能差。为防止地面湿滑，可将表面做成麻面。

④ 漏缝地板　集约化饲养的羊舍可建造漏缝地板，用水泥、木板、木枋、木条、竹制均可，厚度要达 5 厘米，才能承受负荷，并且一定要直，否则间隙便不均匀，易卡住羊腿。底板间隙 2 厘米，能漏下羊粪又不会卡羊腿。或用厚 3.8 厘米、宽 6～8 厘米的水泥条筑成，间距为 1.5～2.0 厘米。漏缝地板羊舍需配以污水处理设备，造价较高，国外大型羊场和我国南方一些羊场已普遍采用。这类羊舍为了防潮，可隔日抛撒木屑，同时应及时清理粪便，以免污染舍内空气。

（5）门和窗户　门和窗开设门以能保证羊只可自由出入，安全生产为目的。羊舍门应向外开，不设门槛。视羊舍大小设 1～2 个门，一般设于羊舍两端，正对通道。大型羊舍门宽度 2.5～3.0 米，高度 2.0～2.5 米，寒冷北方地区可设套门。窗宽 1.0～1.2 米、高 0.7～

0.9 米，窗台距地面高 1.3～1.5 米。

（6）羊床　羊床是羊躺卧和休息的地方，要求洁净、干燥、不残留粪便和便于清扫，可用木条或竹片制作，木条宽 3.2 厘米、厚 3.6 厘米，缝隙宽要略小于羊蹄的宽度，以免羊蹄漏下折断羊腿。羊床大小可根据圈舍面积和羊的数量而定。商品漏缝地板是一种新型畜床材料，国外已普遍采用，但目前价格较贵。

四、建设保温羊舍

国外早熟型肉用绵羊生长发育所需适宜温度为 8～22℃，临界低温和高温分别为 -5℃ 和 25℃；国内粗毛羊的临界低温和高温为 -15℃ 和 25℃；羔羊初生时适宜温度为 27～30℃；冬季产羔舍最低温度不应低于 10℃，其他羊舍温度应在 0℃ 以上；通常羊的生长发育所需适宜的相对湿度为 50%～80%。

羊对极端天气很敏感，过度高温和过度低温均可影响羊的健康及生产性能，应采取措施减少极端天气对羊造成的不利影响，尽量避免热应激和冷应激。

俗话说"圈暖三分膘"，羊舍多处透风、过冷，羊体养料的消耗就要增加，即使喂得再好，也难保冬膘。在新生羔羊、成年羊剪毛后，体况不佳，连天阴雨等情况下，羊容易感冒患病，应采取保温措施增强肉羊抵御风寒的能力。减少羊体损失热量最有效的办法就是修好暖舍。南向羊舍的受光面积大，接受日照时间长，利于羊舍的保温，因此，羊舍以坐北朝南为宜。据测定，自然通风的砖混结构羊舍可营造相对适宜的小气候环境，夏季白天舍内温度平均可比舍外低 2.9℃ 左右，而冬季舍内温度可比舍外高 8～10℃，舍内有害气体浓度也远低于家畜环境卫生学标准的要求。在严寒的冬季，只要让羊住进温暖的圈舍里，就能大大减少羊体热量的散失，就能避免羊着凉，防止羊感冒，羊过冬也就有了保障。

五、建设塑料大棚羊舍的注意事项

搭建塑料暖棚羊舍，利用白天太阳能的蓄积和羊体自身散发的热量，提高了冬季羊舍内温度，改善了羊舍内的生产条件，防止了羊只掉膘，减少了羔羊的死亡，增加了经济效益。在北方地区的寒冷季节

（1～2 月和 11～12 月），塑膜棚羊舍内的最高温度可达 5～8℃。尽量为羊群创造一个稳定、舒适的小环境，以发挥羊最大的生产潜力。

1. 按养殖数量确定面积

面积可根据饲养规模而定，一般每只羊要保证 1～2 米² 的面积。规模养殖场的羊舍长度以 50～80 米为宜。一般为中梁高 2.5 米，后墙高 1.7 米，前墙高 1.2 米。羊舍门高 1.8 米，宽 1.2 米，设于棚舍前墙，供羊只出入。在前沿墙基处设进气孔，棚顶设百叶窗式排气孔，一般排气孔是进气孔的 2 倍。羊舍的地面以砖地面为宜，便于清理与消毒。

2. 骨架材料选择要求

骨架材料可选用木材、钢材、竹竿、铁丝、包塑钢丝绳和铝材等。塑料薄膜可选用白色透明、透光好、强度大、抗老化、防滴和保温好的膜，例如聚氯乙烯膜、聚乙烯膜、无滴膜等。塑料暖棚羊舍可修成单斜面式、双斜面式、半拱形和拱形。薄膜可覆盖单层，也可覆盖双层。棚内圈舍排列，既可为单列，也可为双列。

3. 朝向和光照角度

日光温室暖棚羊舍，应考虑当地冻结太阳高度角，要求塑料坡面与地面构成适宜的屋面角，最好使阳光垂直透过塑料面。华北和西北地区修建塑料暖棚时适宜的屋顶角可为 45～60 度，暖棚宜坐北向南偏东 5～8 度。东北地区塑料暖棚朝向应以坐北朝南偏西 5 度左右为宜，屋面角可为 10～30 度。

4. 温度保持问题

应选择背风向阳、地势平坦干燥的地方建棚，选择保温好的聚氯乙烯薄膜或聚乙烯薄膜等，采用双层覆盖更好，夹层间形成空气隔绝层，防止对流，更利于保温。

密封好边缘和缝隙，门口应挂门帘。在不影响饲养管理及舍内卫生状况的前提下，适当加大舍内羊的饲养密度，充分利用羊只活动所产生的体热能，可显著提高棚舍内温度。

5. 防棚内潮湿

塑料暖棚由于密封性好，羊只粪尿或饮水所产生的水分蒸发，导

致棚内湿度较大,如不注意,会导致疾病发生。所以,每天中午气温较高时要进行通风换气,及时清除剩料、废水和粪尿,防止圈舍过潮引起羊只呼吸道和关节疾病。铺设垫草或草木灰,不仅可以改善冷硬地面现状,而且可起到吸湿防潮的作用。

6. 重视通风换气

羊舍内最常见、危害最大的气体是氨和硫化氢,其次是一氧化碳和二氧化碳。氨主要由含氮有机物如粪、尿、垫草、饲料等分解产生,硫化物是由于羊采食富含蛋白质的饲料而消化机能紊乱时,由肠道排出。一般以进入羊舍后感觉无太浓的异常臭味、刺鼻、流泪等为好,说明舍内氨和硫化氢等有害气体较少,可适当减少通风,以利保温。反之,应延长通风换气时间,以利于有害气体及时排出。

一般应在羊出牧或在外面运动时进行彻底换气。同时为消除有害气体,一要及时清除粪尿,防止有害气体的产生;二是铺设垫草,吸收一定量的有害气体并勤换垫草。

7. 防风防雪

北方地区冬季寒流经常来袭,西北风盛行,羊舍搭建上要注意结实耐用,能够抵抗大风的侵袭。为防止大雪融化压垮大棚,暖棚的跨度不宜过大,应便于积雪清理。一般棚面要达到30度以上的坡度为好,小雪时积雪自己下滑融化,大雪时及时扫除积雪。

六、南方宜采用楼式羊舍

楼式羊舍主要是在南方气候炎热、多雨潮湿和缓坡草地面积较大的长江以南多雨地区使用。楼式羊舍又称吊脚楼羊舍(图3-1),夏季羊在楼板上休息活动,可以达到凉爽、通风、防潮、防热的目的;冬季羊可以在楼下活动和休息。

楼式羊舍采用单列式木、砖或钢筋混凝土预制等结构形式,为楼式结构,吊楼下为接粪斜坡地,吊楼上是羊舍(图3-2)。楼台距离地面高1~2米,用水泥漏缝预制件或木条铺设,缝隙1~1.5厘米,楼板下为接粪坡,再与粪池连接。羊舍的运动场位于地面,用片石砌成围墙,也可用围栏代替,围墙一般高1.5~2米,运动场面积是羊舍的2～3倍。楼上设置饮水器或水槽等饮水设施，让肉羊随时都能喝到洁净的水。饲槽可用木板钉制，槽口高度应该与羊背相平，设置在楼上。

图3-1 楼式羊舍（一）

图3-2 楼式羊舍（二）

这种羊舍结构简单，投资较少。羊舍楼板与地面有一定高度，通风透气，防潮防暑，又便于冬季采取防寒保暖措施。羊只排出的粪便自行从板缝间排下，清洁卫生，无粪尿污染，羊只不与粪便接触，避免了体内寄生虫的相互感染，可降低羊只的发病率，同时又降低了饲养人员的劳动量。这样羊舍适合南方天气炎热、多雨潮湿的地区。

楼式羊舍需要注意冬季的防风保温问题，因为寒冷的冬季，冷风可直接从漏缝板下吹入舍内，羊舍的保暖以及羊只的生长将受到很大的影响。

七、规模化养肉羊离不开养肉羊设备

养殖场要配备完善的肉羊养殖设备。羊舍的主要设备包括羊床、围栏、饲喂设备、饲草料加工设备、饮水设备、人工授精设备、疾病诊疗设备、称量设备、保温及通风降温设备、剪羊毛设备、照明设备、青贮设备和其他设备等。

1. 羊床

羊床是羊舍内必要的设施，尤其是高床舍饲养羊，必须使用羊床，给羊提供一个生活休息的地方。常见的羊床格栅板有木条格栅、水泥预制窄条格栅、水泥预制宽条格栅、毛竹平板格栅和毛竹竖板格栅（图3-3）等。木条格栅和毛竹平板格栅容易损坏；毛竹竖板和旧橡条圆面朝上的容易造成羊蹄畸形，公羊爬跨会受抑制；水泥预制格栅成本较高，坚固耐用，水泥宽板格栅应该对羊生长最为有利。格栅一般以1～1.5厘米为宜，格栅缝隙太小，羊粪不易下落，缝隙太大，羊失足插入缝隙容易造成骨折，尤其在公羊爬跨时容易失足，羊床栏杆可横可竖，但要坚固，每栏之间要留门互通，便于最后卖羊操作。每栏或两到三栏设一个栏门，同时设计一个可以方便羊称重的活动栏，便于掌握平时羊群的生长情况。羊床宽度以1.2～1.3米为宜，过宽没有意义。羊圈分栏长度根据房屋情况，2～4米为宜，不宜过长，饲养密度为1米栏长安排3～4只羊，过长则单栏养只数过多，不利生长。羊床高度以方便清理羊粪为宜，高度大概在0.8～1米。

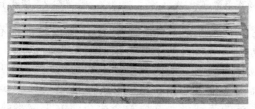

图3-3　竹片制成的羊床板

2. 围栏

围栏有移动式（图3-4）和固定式，包括羔羊补饲栏、母子栏、分群栏等，材料可用木料、钢筋、钢管和铁丝网等，形状多样，长度根据羊舍的空间决定。公羊栏杆高1.4～1.6米，母羊1.2～1.4米，羔羊1.0米。

图3-4　移动式围栏

图3-5　母子栏

（1）羔羊补饲栏　羔羊补饲栏是专门为羔羊圈出一块单独吃料的地方，栏面积可按每只羔羊0.15米²计算，补饲栏进出口宽约20厘米，高度40厘米，以不挤压羔羊为宜。母羊进不去，只有羔羊能通过。肉羊羔羊补饲的粗饲料以苜蓿干草或优质青干草为好，用草架或吊把让羔羊自由采食。

（2）母子栏　母子栏（图3-5）是羊场母羊产羔的时候采用的设施，有活动的和固定的两种，采用活动式的比较多，根据需要搭设，在产羔期间安装使用，产羔期过后卸掉。优点是充分利用羊舍面积，灵活，不占用固定空间。可用钢筋、木板条、铁丝网或木板制成，高度1米、长1.2～1.5米，每个面积为3～4米²。可以加装加热装置（红外线灯或电热板）来保证羔羊有一个适宜的生长温度。一般每10只母羊配备1个母子栏。

（3）分群栏　当羊群进行羊只鉴定、分群及防疫注射时，需要临时用分群栏把羊按照要求分隔开。分群栏的长度根据需要分隔羊群数量的多少决定，场地大的可专门用分群栏围出羊通道，在通道两侧设置羊圈，通道长度为7～10米，宽度比羊体稍宽，保证羊在通道内单向行进，不能转身即可。

3. 饲喂设备

饲喂设备包括固定式饲槽、移动式饲槽、饲草架、羔羊补饲槽和喂奶设备等。

（1）饲槽　饲槽的种类很多，主要有移动式长条形饲槽、固定式长条形饲槽、栅栏式长形饲架和精料自动落料饲槽。料槽可用木板（图3-6）、水泥、金属板材（图3-7、图3-8）、纤维玻璃钢等制成，饲槽的大小深浅要合适，饲喂粉料的食槽上宽25～30厘米，下宽22厘米，深20厘米左右，饲料槽长度可以根据情况自行确定。通常食槽大小以成年羊25厘米一个进食位，

图3-6　木制饲槽

小羊15厘米一个进食位为准，有多少羊设多少进食位，进食位之间用栏杆隔开。槽底呈弧形，底部留一个排水孔，便于料槽的清洗。最好能够调节高度，羊喜欢挑食，食槽太低，羊朝里扒，食槽太高，羊朝外拱。

图 3-7　精料自动落料饲槽　　　　　图 3-8　长条形饲槽

饲槽最好离栏杆 1～2 厘米，栏杆留有可使羊头通过但羊身体不能通过 15 厘米的缝隙。

为了防止饲料污染所导致的腹泻可采用精料自动落料饲槽，羊只能从 20 厘米宽的缝隙中采食精料。

（2）饲草袋　饲草袋（图 3-9）是一种用帆布等结实耐用的布料做的装饲草的袋子，中间开一个圆口，挂在树上或墙上，供羊吃草用，具有使用方便、灵活、实用、减少饲草污染等优点。

图 3-9　饲草袋　　　　　　　　图 3-10　饲草架

（3）饲草架　饲草架是给养饲喂干草的架子（图 3-10），采用饲草架可以减少饲草料的污染和干草的浪费，防止羊只采食时互相干扰。饲草架可用钢筋或木板条制成，有固定于墙根的单面饲草架，有排放在饲喂场地内的双面饲草架，饲草架高 1 米左右，间隔出 15～20 厘米宽的采食缝隙。也可就地取材，用竹竿或树枝等制作简易的饲草架。

（4）羔羊补饲槽　悬挂式饲槽，长方形，两端固定悬挂在舍补饲栏上方，用于哺乳期羔羊补饲。

（5）喂奶设备　羔羊人工哺乳可用奶瓶、搪瓷碗、奶壶等给羔羊喂奶，大型羊场可安装带有多个乳头的哺乳器。国外大型羊场，已有自动化的哺乳器，可自动供奶，自动调温，自动哺乳。

4. 饮水设备

饮水设备包括水槽、饮水器，一般小型羊场可用水桶、水缸、水槽给羊饮水，大中型规模化羊场可用水槽或饮水器，大型集约化羊场可用饮水器，以防止致病微生物污染水源。

水槽有固定式和移动式，可用镀锌铁皮制成，也可用木板制作或砖、水泥砌筑而成。要求饮水槽上宽下窄，上宽 30 厘米、下宽 22 厘米、垂直深 20 厘米，槽底距离地面 20～30 厘米，长度一般 0.8～1.5 米。在其一侧下部设置排水口，以便于清洗水槽，但冬季结冰时不容易清洗和消毒。用木板做成的饲槽可以移动，克服了水泥槽的缺点，长度可视羊只的多少而定，以搬动、清洗和消毒方便为原则。也有很多养羊场用整个铁桶一割两半，然后再焊制一个铁的支架当做水槽，效果也很好。北方冬季也可以在室外搭设灶台，灶台上放大铁锅，可以在天冷的时候烧热水供羊饮用。水槽一般固定在羊舍内或运动场上，在舍外安放的水槽，要在水槽的上面搭设一个遮挡雨水的棚，保证羊在下雨时饮水不被雨水淋着。高床舍饲或北方冬季在舍内安置水槽，可选用自动饮水器，每 3～5 只羊安装一个。

水槽的安置要能防止羊粪掉入其中和不容易被羊拱翻，又要便于清洗，因为水槽内的水一旦受污染，羊宁可受渴也不愿喝水。

饮水器有铁制羊饮水碗（图 3-11）、鸭嘴式饮水器（图 3-12）、羊自动饮水器（图 3-13）等，可用于牛、羊等的饮水。该羊饮水器设有自动出水功能，只要牛、羊嘴巴触碰到饮水器，水就会自动流出，节约用水，干净卫生，坚实耐用，节省人力，是养殖户及养殖场最理想的自动饮水器。

图 3-11　羊饮水碗　　图 3-12　鸭嘴式饮水器　　图 3-13　羊自动饮水器

5. 通风设备

封闭式羊舍通常采用机械通风，用机械驱动空气产生气流，一为负压通风，用风机把舍内污浊空气往外抽，舍内气压低于舍外，舍外空气由进气口入舍，风机置于侧壁或屋顶；另为正压通风，强制向舍内送风，使舍内气压稍高于舍外，污染空气被压出舍外。

羊舍通风不建议用吊扇压风，压风搅动下层氨气和水分，加速氨气散发和水分蒸发，增加羊舍氨浓度和湿度，不利于夏季羊生长。

6. 人工授精设备

（1）羊用采精器　羊用采精器械由内胎（乳胶制作）、集精瓶、调节钮、外壳（硬质塑料制成）组成。外接人工采精时对假阴道内胎鼓气用的器具（图 3-14）。

（2）内窥镜　内窥镜（图 3-15）适用于羊人工授精和阴道、子宫、尿道、直肠的检查，操作方便，观察清楚，与开腔器配合使用（图 3-16）。内窥镜的消毒与保养

图 3-14　采精设备

及注意事项：使用前先检查电珠有无松动并旋紧，装上两节五号电池，灯管必须消毒，可用干热消毒或百分之二的新洁尔灭消毒，亦可用 75％的酒精消毒，还可用 10％福尔马林浸泡 15 分钟后，用无菌蒸馏水冲洗，使用后要及时清洗，卸下灯座、灯管擦拭干净，长期不用时，应在内窥镜管表面涂上凡士林，防止铝合金氧化，并保持其表面光洁度。

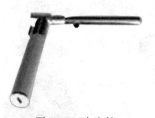

图 3-15　内窥镜

图 3-16　开腔器

7. 疾病诊疗设备

羊场兽医室需要配备消毒器械、手术器械、诊断器械、灌药器械

和注射器械，以及固定羊只的颈架、修蹄工具等。

（1）无血去势钳　无血去势钳是一种兽医手术器械，用于雄性家畜的去势（又称阉割）手术（图 3-17）。该器械通过隔着家畜的阴囊用力夹断动物精索的方法达到手术目的，不需要在家畜的阴囊上切口，故称"无血去势"。无血去势钳特别适用于公牛、公羊的去势，也可用于公马等家畜的去势，是一种较为先进的兽医学器械。通常家畜至少在 1 个月大之后再进行这

图 3-17　无血去势钳

种手术。法国兽医外科学家 M. Dugois 对羊羔做了如下的试验观察：一组使用无血去势钳去势；另一组使用外科刀除睾丸进行比较。用无血去势钳去势的羊羔比用手术刀切除睾丸的羊羔在 79 天多增重 41 磅。

无血去势钳通常由不锈钢等金属材料构成，类似于一把大钳子。其构造一般包括把手（用于手术时加力）、二级杠杆机构（用于将手术者的力量放大后传递到刃口部分）、钳子部分（包括一个较大的环状部分，用于容纳动物的阴囊），以及钳子末端的刃口部分。家畜的精索是被夹断而实现手术目的。与传统的外科手术式阉割的方法相比，具有操作简便，手术者仅需要短时间训练即可掌握使用技巧，而传统的外科手术式阉割则需要接受过专门训练的兽医才能进行；安全性好，因手术中无须切开家畜的阴囊，从而降低了伤口感染的风险，避免了外科手术后破伤风感染导致家畜死亡的危险；术后护理简单，采用无血去势钳加以去势后的动物，无须在手术后加以特别的护理以避免并发症发生。使用时要注意手术中，必须对接受手术的家畜予以可靠的、适当的保定，以防家畜因疼痛而踢伤手术者。每次使用前应该开合几次钳子，检查钳口是否能严密的啮合在一起。因为无血去势钳的状态好坏，直接关系到手术效果。

（2）弹力去势器　弹力去势器是一种兽医手术器械，用于雄性家畜的去势（又称阉割）手术（图 3-18）。该器械通过将弹性极强的塑胶环放置在家畜的阴囊根部，压缩血

图 3-18　弹力去势器

管、阻碍睾丸血流的方式，来达到睾丸逐渐坏死萎缩的效果，实现手术目的。这种器械无须切开家畜阴囊，不会流血，从而降低了不良反应，是一种较为先进的兽医手术器械。弹力去势器系统包括两大部分：弹力去势器本身和与之配套的塑胶环。弹力去势器本身像是一把钳子，由金属制成，包括把手、杠杆结构和钳口几部分。其中，钳口是 4 根紧聚在一起的金属棍，用于将塑胶环穿在上面。塑胶环则是由弹力极强的橡胶材料构成，其韧性和伸缩性往往都非常好，可以在钳子的作用下被撑开成一个较大的环形，让家畜的阴囊和睾丸通过，以便固定在阴囊根部。而正是依靠这种弹性，得以有效阻断接受手术家畜睾丸的血液供应，实现去势手术的目的。与传统的外科手术阉割的方法相比，具有同无血去势钳一样的优点，使用注意事项也同无血去势钳一样。

（3）颈架　颈架是用来固定羊只的，以防止羊只在喂料时抢食和有利于打针、修蹄、检查羊只时保定，颈架可上下移动，也可以左右移动，以方便检查和防治疾病。每 10～30 只羊可安装一个颈架。

（4）修蹄工具　修蹄工具是用来修理羊蹄子的主要工具（图 3-19、图 3-20）。

图 3-19　修蹄工具（一）　　　　图 3-20　修蹄工具（二）

（5）灌药器　灌药器是用来给患病的羊灌药的器械。装药液容量大小连续可调，可连续给羊灌药，方便实用（图 3-21）。

（6）连续注射器　连续注射器是给羊注射疫苗和药物必不可少的工具（图 3-22），剂量精确。手枪式采用主弹簧弹力调节结构，可直接安装液瓶，对家畜家禽等防疫，大剂量注射治疗，灌药液较为适宜。规格有 10 毫升、20 毫升、50 毫升等。

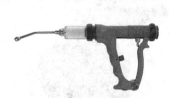
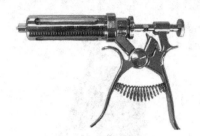

图 3-21　连续灌药器　　　　　　　图 3-22　连续注射器

8. 饲草料加工设备

　　羊场的饲草料用量很大，主要是以羊场自己加工为主，因此要配备必要的饲草料加工设备，包括饲料粉碎机、饲料颗粒机、饲草切碎机、饲草揉碎机、饲草切揉机、饲料混合机、割草机和 TMR 饲料混合机等。

　　（1）饲料粉碎机　饲料粉碎机主要用于粉碎各种饲料和各种粗饲料，饲料粉碎的目的是增加饲料表面积和调整粒度，增加表面积提高了适口性，且在消化道内易与消化液接触，有利于提高消化率，更好吸收饲料营养成分。调整粒度一方面减少了畜禽咀嚼耗用的能量，另一方面使输送、储存、混合及制粒更为方便，效率更高和质量更好。

　　一般的畜禽料通常采用普通的锤片粉碎机、对辊粉碎机和爪式粉碎机。选型时首先应考虑所购进的粉碎机是粉碎何种原料用的。

　　以粉碎谷物地饲料为主的，可选择顶部进料的锤片式粉碎机；以粉碎糠麸谷麦类饲料为主的，可选择爪式粉碎机。若是要求通用性好，如以粉碎谷物为主，兼顾饼谷和秸秆，可选择切向进料锤片式粉碎机；粉碎贝壳等矿物饲料，可选用无筛式粉碎机。如用作预混合饲料的前处理，要求产品粉碎的粒度很细又可根据需要进行调节的，应选用特种无筛式粉碎机等。

　　① 对辊式粉碎机　对辊式粉碎机（图 3-23）是一种利用一对做相对旋转运动的圆柱体磨辊来锯切、研磨饲料的机械，具有生产率高、功率低、调节方便等优点，多用于小麦制粉业。在饲料加工行业，一般用于二次粉碎作业的第一道工序。

图 3-23　对辊式粉碎机　　　　　　图 3-24　锤片式粉碎机

②锤片式粉碎机　锤片式粉碎机（图 3-24）是一种利用高速旋转的锤片来击碎饲料的机械。它具有结构简单、通用性强、生产率高和使用安全等特点。

③爪式粉碎机　爪式粉碎机（图 3-25）是一种利用高速旋转的齿爪来击碎饲料的机械，其特点是体积小、重量轻、工作转速高、产品粒度细、对加工物料的适应性广，但其不足之处是功率消耗大、噪声高、单机粉碎产量小。

图 3-25　爪式粉碎机　　　　　　图 3-26　饲料颗粒机

（2）饲料颗粒机　饲料颗粒机（图 3-26）是将已混粉状饲料经挤压一次成形为圆柱形颗粒饲料，在造粒过程中不需要加热加水，不需烘干，经自然升温达 70～80℃，可使淀粉糊化，蛋白质凝固变性，颗粒内部熟化深透，表面光滑，硬度高，不易霉烂、变质，可长期储存。提高了饲料的适口性和畜禽的消化吸收功能，缩短畜禽的育肥期。

（3）饲草切碎机　饲草切碎机（图 3-27）主要用来切断茎秆类饲料，如谷草、稻草、麦秸、干草、各种青饲料和青贮玉米秆等。饲草切碎机采用倾斜式喂入饲草装置和放置式刀轮旋转的结构，利用电动机带动刀轮旋转，在饲草进入喂料口时，饲草在高速旋转的刀片作用下被切断，切断的饲草在刀轮的离心作用下和抛送叶片的旋转下被抛出箱体，完成切碎和抛送工作。

图 3-27　饲草切碎机

饲草切碎机的种类按机型分小型、中型和大型三种。小型饲草切碎机常称铡草机，农村应用很广，主要用来铡切谷草、稻草和麦秆，也用来铡切青饲料和干草；中型饲草切碎机一般可以铡草和铡青贮料两用；大型饲草切碎机常用在养牛场，主要用来铡切青贮料，故常称为青贮料切碎机。

饲草切碎机按切碎部件型式不同可分为滚刀式、轮刀式。

饲草切碎机按运动方式可分固定式、移动式。大中型饲草切碎机为了便于青贮作业常为移动式；小型铡草机常为固定式。

① 滚刀式饲草切碎机由上喂入辊、下喂入辊、定刀片和切碎滚筒等组成，有的切碎机还设有风扇。工作时，上下喂入辊以相反方向转动，草料被拉入两辊之间，并被压紧送入，由滚筒上的动刀片配合定刀片将其切割成碎段，碎段由排出槽排出，或由风扇吹至指定地点。有的滚刀式切碎机在上下喂入辊之前设有链板输送器，使喂入的饲草均匀连续，也提高了安全性。

② 轮刀式饲草切碎机由链板式输送器、上喂入辊、刀片、抛送叶板、刀盘、定刀片和下喂入辊组成。

（4）饲草揉碎机　秸秆加工机械是提高秸秆利用率和饲用价值的基础保障和重要手段。饲草揉碎机（图 3-28）是能将玉米秸秆、豆秸、薯类藤蔓等茎秆类原料进行揉搓切断的专用设备。加工出来的饲

图 3-28　饲草揉碎机

草质地柔软，粉碎细腻，适口性好，采食量高，而且咀嚼更容易，解决了牛羊等反刍动物在采食时过多消耗体能的问题，还避免了物料的浪费，提高了采食率和消化率，特别适合畜牧饲料生产使用。

（5）锤片式揉搓机　锤片式揉搓机是一种开式饲草揉碎机，该机的主要工作部件为一组旋转的锤片、变高度的斜齿板和定刀。饲草物料由进料口喂入，在气流和锤片的作用下，物料进入揉碎室，在锤片的打击下，物料做圆周运动和沿齿板做轴向风扇叶片方向的复合运动，由于齿板增加了物料的运动阻力，因此，在整个揉碎过程中，物料受到了打击、剪切、揉搓的综合作用。物料经过一周的综合作用后，被揉碎成柔软的且具有一定长度的饲草草段，而后由风扇经揉碎物料抛送筒抛送到机外。

（6）饲草切揉机　饲草切揉机是将饲草的铡、揉功能分别实现而组合在一起的复式作业机具，主要适合玉米、高粱等较粗的农作物秸秆，具有效率高、揉碎的饲草草段整齐的特点。由于机具是先铡后揉的工艺，因此，该机的缺点一是复杂，二是有不同形式铡草机所存在的缺点。

（7）TMR 饲料混合机　TMR 饲料混合机（图 3-29）是新一代养羊场饲养设备，能将各种干草、农作物秸秆、青贮饲料等纤维饲料和精料直接进行混合饲喂。可直接用拖拉机牵引、边移动边混合，将饲料直接抛撒在羊场内饲喂，节省时间和劳动力。带有自动称重装置，添加量随时设定。充分利用各种饲草及农作物秸秆，不破坏纤维成分使饲料的能量效率最大化。饲料混合均匀度高，能

图 3-29　TMR 饲料混合机

量摄取均衡，提高产奶量。提高饲养场生产管理水平和生产效率，降低工人劳动强度。改善饲养环境，提高饲养场空间利用率。既适合于大中型饲养场，也适合于农家规模饲养场。

9. 称量设备

称量设备包括地秤和羊笼（图3-30）。为方便称羊体重需要地秤和羊笼，特别是肉羊场经常要称羊体重。为了方便地称量羊体重，羊场应购置小型地秤（大型羊场应购置大地秤），在地秤上安置长1.4米、宽0.6米、高1.2米的长方形竹、木或钢筋制羊笼，羊笼两端应安置进、出活动门，这样，再利用多用途栅栏围成连接到羊舍的分群栏，而把安置羊笼的地秤置于分群栏的通道入口处，则可减少抓羊时的劳动强度，很方便地称量羊体重。

图3-30 称量设备

10. 供电设施

供电设施是为保证养羊场的照明及使用的一切用电机械，包括动力电和照明电。动力电是为饲草料加工机械准备的，通常饲草料加工机械都要使用动力电；照明用电，除夜间各个所需要照明之处应备固定的灯具外，还应备有蓄电池灯，以备临时停电之需，另外产羔的羊舍有时还要用红外线灯给刚出生的羔羊取暖。

11. 装羊平台

规模达到一定数量的羊场应该考虑成羊销售的出羊平台，平台最好能设计成可以调节高度的，以适应不同车辆装车的要求，如果可以利用出羊平台让外来人员不进羊场也能看到羊舍、羊群则更为理想。

12. 其他设备

其他设备包括运送饲草料的手推车和羊粪便清扫工具等。

第四章
掌握规模化养肉羊关键技术

一、肉羊的杂交利用技术

　　杂交是指不同品种或不同种间的羊进行的交配，杂交所产生的后代称为杂种。杂交是利用动物遗传学原理，充分利用种群间的互补效应，具有明显的杂种优势，所产生的杂交一代，生活力、生长势和生产性能等性状表现往往优于双亲的平均数。利用杂种优势是提高绵羊产肉性能的主要方式，国外肉羊生产发达国家，已建立肉羊杂交利用的技术体系。在西欧、大洋洲、美洲等肉羊生产发达国家，用经济杂交生产肥羔肉的比率已高达 75％以上。国外羊肉生产收入增加的30％～60％是经济杂交的结果。两品种杂交羔羊总产肉量比纯种亲本提高 12％，到四个品种为止，每增加一个品种，其产肉量提高 8％～20％。当代肉羊业把广泛利用杂交优势获得最大产出率作为主要的发展手段之一。所以，无论过去、现在还是未来，杂交都是畜牧生产中的一种重要方式。

　　由于我国的羊遗传资源极其丰富，在全国有着广泛的分布。但大量的地方品种以毛皮为主，我国缺乏叫得响的地方肉羊品种。因此，利用杂交优势生产肉羊，是目前我国肉羊生产的主要形式，生产出比原有品种、品系更能适应当地环境条件和高产的杂种肉羊，极大地提高了肉羊产业的经济效益。养羊场应根据不同品种特性并结合当地生态条件来确定合理的杂交组合。

　　杂交方式按杂交的目的，可分为育种性杂交和经济性杂交两大类型。前者主要包括级进、导入和育种杂交3种；后者包括简单经济杂交、复杂经济杂交、轮回杂交和双杂交等。目前养羊经济杂交的主要方式有二元经济杂交和三元经济杂交两种，其他的杂交形式由于操作复杂，要求条件高，不是一般养羊场（户）所具备的，所以不建议普通养羊场采用。

1. 二元杂交

二元杂交即两个羊种群杂交1次，产生的一代杂种无论是公是母，都不作为种用继续繁殖，而是全部用作商品。二元杂交是最简单的一种杂交方式，杂交对提高肉羊经济性状的产量有明显效果。通常以当地母羊为杂交生产的母本，以引进的国外优良肉用品种作为杂交生产父本，建立肉羊杂交生产体系。其中小尾寒羊是我国发展肉羊生产或利用肉羊品种杂交培育肉羊品种最常用的优良母本。

（1）二元杂交的优点 简单，但除了杂交以外，尚需考虑两个亲本群的纯繁、选育问题。通常父本群的公畜采取购买的办法解决，而母本种群的更新补充则通过购买公畜与杂交用的母畜群进行几代的纯繁解决。

（2）二元杂交的缺点 不能充分利用母本群繁殖性能方面的杂种优势，因为在该方式之下，用以繁殖的母畜都是纯种，杂种母畜不再繁殖。而就繁殖性能而言，其遗传力一般较低，杂种优势比较明显。因此，不予利用将是一项重大损失。

（3）常见的二元经济杂交组合

① 萨寒杂交组合 以国外引进品种萨福克肉羊为父本，本地小尾寒羊为母本进行二元杂交。

② 道寒杂交组合 以引进肉羊品种无角道赛特羊为父本，本地小尾寒羊为母本进行二元杂交。

③ 德寒杂交组合 以国外引进肉羊品种德克塞尔羊为父本，本地小尾寒羊为母本进行二元杂交。

④ 夏寒杂交组合 以引进肉羊品种夏洛来羊为父本，本地小尾寒羊为母本进行二元杂交。

⑤ 兰寒杂交组合 以引进品种兰德瑞斯羊为父本，本地小尾寒羊为母本进行二元杂交。

⑥ 德寒杂交组合 以引进肉羊品种德国肉用美利奴羊为父本，

本地小尾寒羊为母本进行二元杂交。

⑦ 特寒杂交组合　以引进品种特克赛尔羊为父本，本地小尾寒羊为母本进行二元杂交。

⑧ 杜寒杂交组合　以引进的杜泊羊为父本，本地小尾寒羊为母本进行二元杂交。

⑨ 波奶杂交组合　以引进的波尔山羊为父本，本地奶山羊为母本进行二元杂交。

⑩ 南东杂交组合　以引进品种南非肉用美利奴羊为父本，东北细毛羊为母本进行二元杂交。

⑪ 德乌杂交组合　以引进肉羊品种德国肉用美利奴为父本，本地乌珠穆沁羊为母本进行二元杂交。

⑫ 道蒙杂交组合　以引进品种道赛特羊为父本，本地蒙古羊为母本进行二元杂交。

⑬ 萨蒙杂交组合　以引进品种萨福克羊为父本，本地蒙古羊为母本进行二元杂交。

2. 三元杂交

三元杂交是先用两个羊品种或品系杂交，所生杂种母羊再与第三个羊品种或品系杂交，所生二代杂种作为商品代。一般选择本地羊作母本，选择肉用性能好的羊作第一父本，进行第一步杂交，生产体格大、繁殖力强、泌乳性能好的 F1 代母羊，作为羔羊肉生产的母本，F1 代公羊则直接育肥。再选择体格大、早期生长快、瘦肉率高的肉羊品种作为第二父本（终端父本），与 F1 代母羊进行第二轮杂交，所产 F2 代羔羊全部肉用。多数国家的绵羊肉生产以三元杂交为主，终端品种多用杜泊羊、无角或有角道赛特羊、汉普夏羊等。肉用羊三元杂交改良及扩繁技术研究主要采用超数排卵、胚胎移植、同期发情技术，做好种羊繁育，确保种群稳定，同时向社会供应优质种羊。

（1）三元杂交在杂种优势利用上一般优于二元杂交。首先，在整个杂交体系下，可以利用二元杂种母羊在繁殖性能方面的杂种优势，二元杂种母羊对三元杂种的母体效应也不同于纯种。其次，三元杂种集合了三个种群的遗传物质和三个种群的互补效应，因而在单个数量性状上的杂种优势可能更大。

三元杂交在组织工作上，要比二元杂交更为复杂，因为它需要有三个不同品种或品系的纯种群，每个品种或品系都要纯繁和选育。

（2）常见的三元经济杂交组合

① 道寒萨杂交组合 研究表明，以无角道赛特羊作为第一父本，与小尾寒羊进行二元杂交，以其杂种后代作母本，与作为终端父本的萨福克羊进行三元杂交可取得显著效果。

② 德美寒夏或德美寒萨配套系 该配套系是采用小尾寒羊作为母本，以德国肉用美利奴羊作为第一父本进行杂交，其目的是利用德美羊的常年发情、多胎、产肉和产毛好的特性，保住小尾寒羊的常年发情和多胎特性，同时提高肉质和产肉量。杂交一代母羊与夏洛来羊或萨福克公羊进行三元终端杂交，进一步提高肉质和产肉量，从而生产优质高档羊肉。

③ 特道寒杂交组合 无角道赛特羊与小尾寒羊进行二元杂交，F1 代母羊再与特克赛尔公羊进行杂交。

④ 道夏寒杂交组合 夏洛来羊与小尾寒羊进行二元杂交，F1 代母羊再与无角道赛特公羊进行杂交。

⑤ 萨夏寒杂交组合 夏洛来羊与小尾寒羊进行二元杂交，F1 代母羊再与萨福克公羊进行杂交。

⑥ 杜蒙寒杂交组合 蒙古羊与小尾寒羊进行二元杂交，F1 代母羊再与杜泊羊公羊进行杂交。

⑦ 德夏寒杂交组合 夏洛来羊与小尾寒羊进行二元杂交，F1 代母羊再与德国肉用美利奴公羊进行杂交。

⑧ 南夏土杂交组合 夏洛来羊与山西本地土种羊进行二元杂交，F1 代母羊再与特克赛尔公羊进行杂交。

⑨ 南夏考杂交组合 夏洛来羊与考力代羊进行二元杂交，F1 代母羊再与南非肉用美利奴公羊进行杂交。

3. 引入杂交（导入杂交）

在保留地方品种主要优良特性的同时，针对地方品种的某种缺陷或待提高的生产性能，引入相应的外来优良品种，与当地品种杂交 1 次，杂交后代公母畜分别与本地品种母畜、公畜进行回交。

（1）引入杂交适用范围 一是在保留本地品种全部优良品种的基础上，改正某些缺点；二是需要加强或改善一个品种的生产力，而不需要改变其生产方向。

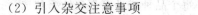

（2）引入杂交注意事项

① 慎重选择引入品种　引入品种应具有针对本地品种缺点的显著优点，且其他生产方向基本与本地品种相似。

② 严格选择引入公畜　引入外血比例≤1/8～1/4，最好经过后裔测定。

③ 加强原来品种的选育　杂交只是提高措施之一，本品种选育才是主体。

二、母羊发情鉴定技术

通过发情鉴定，及时发现发情母羊和判定发情程度，正确掌握配种或人工授精时间，防止误配漏配，提高羊群的配怀率。肉用母羊发情鉴定一般采用外部观察法、阴道检查法、试情法三种。

1. 外部观察法

观察母羊的外部表现和精神状态，如母羊是否兴奋不安，外阴部的充血肿胀程度，还要看其黏液的量、颜色和黏性等，看其是否爬跨别的母羊以及摆尾、鸣叫等。

肉用羊的发情期短，外部表现不大明显。发情母羊主要表现喜欢接近公羊，并强烈摇动尾部，当被公羊爬跨时则站立不动，外阴部分泌少量黏液。山羊发情表现明显，发情母山羊神经兴奋不安，食欲减退，反刍停止，外阴部及阴道充血、肿胀、松弛，并有黏液排出。

2. 阴道检查法

阴道检查法是用开膣器检查阴道的黏膜颜色、润滑度、子宫颈颜色、肿胀情况、开张大小以及黏液量、颜色、黏稠度等来判断母羊的发情程度。当发情母羊的阴道黏膜充血呈红色，表面光滑湿润，有透明黏液渗出，子宫颈口充血、松弛、开张，有黏液流出时，即可确定为发情。

做阴道检查时，先将母羊保定好，外阴部清洗干净。将开膣器清洗、消毒、烘干后，涂上灭菌过的润滑剂或用生理盐水浸湿。工作人员左手横向持开膣器，闭合前端，慢慢插入，轻轻打开开膣器，通过反光镜或手电筒光线检查阴道变化，检查完后稍微合拢开膣器，抽出。

3. 试情法

在配种季节，放在母羊群里寻找发情母羊，而不用其配种的公羊叫试情公羊，也就是通过公羊用鼻嗅母羊、用蹄去挑逗母羊、爬跨母羊等试一试母羊是否发情。用试情公羊试情，是鉴别发情母羊一种简单、适用、有效的方法。试情公羊进入母羊群后，养殖人员不要哄打和喊叫，只能适当轰动母羊群使母羊不要拥挤在一处。发现有站立不动并接近公羊的母羊，即为发情母羊，要迅速挑出。

为防止试情公羊偷配母羊，常用的简便方法是在公羊腹部绑扎试情布。试情布为长40厘米、宽35厘米的白布一块，四角缝上布带，拴在试情羊腹下，把阴茎兜住。公羊只能爬跨，但不能与母羊交配。每次试情后要及时解下试情布洗净晾干，保持清洁。每只羊应备两块试情布，轮流使用。也可给试情公羊做输精管结扎或阴茎移位术。每次试情时间以1小时左右为宜。

选择试情公羊时，必须选体格健壮、无疾病、无恶癖、雄性强、性欲旺盛的2～3岁壮龄羊。试情公羊要给予良好的饲养条件，保持活泼健康。试情公羊除试情外，不得和母羊在一起。对试情公羊要每隔5～6天排精，以促其旺盛的性欲。当地杂种公羊性欲较强，用作试情公羊效果很好。试情公羊与母羊的比例要合适，其比例是每百只母羊配备4～5只为宜。

三、羊同期发情技术

同期发情技术就是利用某些外源激素和药物，对母畜发情周期进行同期化处理，使母畜在一定时间内集中发情的技术。在养羊生产中，应用此项技术可以使母羊群定时、集中和成批地科学化饲养管理，使配种、妊娠、分娩和培育等生产过程同期化，缩短生产间隔，降低生产成本，从而提高养羊的生产效益。

1. 同期发情原理

羊在繁殖季节或非繁殖季节，由于季节、环境、哺乳等因素造成母羊在一段时间内不表现发情。在此生理期内，母羊垂体的促卵泡素FSH和促黄体素LH分泌不足以维持卵泡发育和促使排卵，因而卵巢上既无卵泡发育，也无黄体存在。

要实现母羊发情周期的人为调控，首先要解决母羊在繁殖季节或非繁殖季节正常发情与排卵，人为确定配种时间。对处于发情周期任一阶段的母羊，采用外源激素破坏黄体或造成"人工黄体期"，在预定时期内结束黄体功能或促使卵泡发育，就可实现发情周期的调控。绵羊和山羊发情周期平均为17天和21天。

发情控制通常采用以下两种途径。

第一种延长黄体期。给一群母畜同时施用孕酮，抑制卵泡的生长发育和母畜的发情表现，经过一段时间后同时停药。

第二种缩短黄体期。应用前列腺素加速黄体退化，使卵巢提前摆脱体内孕酮的控制，于是卵泡得以同时开始发育，从而达到母羊同期发情目的。两种途径使用的激素性质不同，但都是对黄体功能起调节作用。

2. 同期发情常用药物及使用方法

（1）同期发情常用的药物

① 孕激素 孕酮、甲孕酮（MPA）、氯地孕酮（CAP）、甲地孕酮（MA）、氟孕酮（FGA）。

② 前列腺素及其类似物 前列腺素（PGF2α）、氯前列烯醇（PG）。

③ 促性腺素类 孕马血清促性腺激素（PMSG）、人绒毛膜促性腺激素（HCG）、促黄体素（LH）、促性腺激素释放激素（GnRH）、抗孕马血清促性腺激素（APMSG）。

④ 中药 催情促孕散，由菟丝子、淫羊藿、当归、补骨脂、枳壳、益母草等组成。

⑤ 其他方法 甲硅环（MSVR）、三合激素、复合激素制剂（三种制剂均含 PMSG）。

（2）同期发情方法 使用外源性孕激素让母羊体内的孕激素维持在一个较高水平。当外源孕激素去掉时，体内孕激素迅速下降，卵泡开始生长发育并成熟，母羊表现同期发情，在停止使用孕激素药物的同时，使用促进卵泡生长发育的药物孕马血清促性腺激素（PMSG）。目前孕激素的给药方式主要有皮下埋植、阴道栓塞和口服等，以皮下埋植和阴道栓塞较为常用。皮下埋植法是将成形的孕激素埋植剂或装有药物的有孔细管埋植于母羊皮下组织，经过若干天的处理后取出。阴道栓塞法是将含有孕酮的阴道海绵栓置入母羊阴道深处，让其缓慢释放药物的方法。口服法是将孕激素均匀拌入饲料中饲喂，直到药物处理结束为止。

① 孕激素阴道栓＋PMSG法 在生产母羊发情周期的任意一天，将孕激素阴道栓放置在被处理羊的阴道深部，14天后取出，在取栓同时肌内注射PMSG，1～3天后羊集中发情。

② 前列腺素处理法 目前，PGF2α处理可分为一次处理法和二次处理法。在母羊发情后数日，向子宫内灌注或肌内注射PGF2α或氯前列烯醇，可以使发情高度同期化。但注射1次，可使60％～70％的母羊同期发情。一般采取2次注射法，第2次注射相隔8～9天，同期发情率在90％以上。由于PGF2α药物可引起妊娠母羊流产，所以在使用前认真对母羊进行妊娠检查，以避免流产。

③ 孕激素与前列腺素结合处理方法 用孕激素制剂处理7～9天，在结束处理前1天，肌内注射1次PGF2α。该方法的同期发情和受胎率均较理想。

④ 孕激素阴道栓＋FSH法＋PG法 将孕激素阴道栓放置在被处理羊的阴道深部，12～16天后取出，在取栓同时肌内注射FSH和PG，1～3天后羊集中发情。

⑤ 孕激素阴道栓＋PMSG＋FSH法 将孕激素阴道栓放置在被处理羊的阴道深部，12～16天后取出，在取栓同时肌内注射PMSG和FSH，1～3天后羊集中发情。

3. 影响同期发情的主要因素

① 体况 在生产实践中，母羊的膘情直接影响同期发情效果，体况较好的母羊同期发情率明显高于体况差的母羊。

② 季节 绵羊属季节发情动物，季节是影响同期发情效果的一个重要因素，在非繁殖季节卵巢处于静止状态，血液中的促性腺激素水平很低。绵羊发情一般集中在秋季9～10月，这阶段同期发情处理的羊发情率可达到95％以上。

③ 处理方法 在生产中，同期发情处理方法很多，而且都取得了较好的效果，但各处理方法在操作过程中简便性、经济实用性、应用效果等各不相同，效果不一。在注重同期发情效果的同时考虑成本，氯前列烯醇（PG）成本低，操作简单，但只能在羊的繁殖季节使用，非繁殖季节使用效果不佳。孕激素阴道栓在繁殖和非繁殖季节

均可使用，在使用时，配合注射孕马血清促性腺激素（PMSG）或者FSH效果都很好，但成本较高。

四、羊人工授精技术

人工授精是用器械采取公羊的精液，经过品质检查、稀释等处理后，再将经过处理的精液输入到发情母羊生殖道内的一种人工繁殖技术。人工授精可提高优秀种公羊的利用率，还可节省种公羊饲养管理费用，加速羊群遗传进展，防止疾病传播。人工授精成本较低，技术难度相对较小，是规模化养羊场应该具备的繁殖技术之一。

人工授精的基本程序包括公羊的选择、公羊的训练、台羊的选择、安装假阴道、采精、精液品质检查、精液的稀释和保存、输精等环节。

1. 采精公羊的选择

绵羊、山羊生长到一定年龄，生殖器官已发育完全，并出现第二性征，也具备了繁殖后代的能力，称为性成熟。羊性成熟的年龄因品种、营养、气候和个体发育等不同而异。一般绵羊、山羊公羊在6～10月龄前性成熟，性成熟的羊虽然已具备了配种繁殖能力，但却不宜过早配种，因为此时它们的身体正处于生长发育阶段，公羊过早配种可导致元气亏损，阻碍其后生长发育。公羊初配年龄应在12月龄左右，国外引进的种羊用于配种应当在18月龄以后。

而用于采精的公羊，应该选择个体等级优秀，符合种用要求，遗传性稳定、年龄在2～5岁，体质健壮、睾丸发育良好、性欲旺盛的种羊，其精子密度达到中等以上，畸形精子数量少，活力在0.7～0.8以上，正常射精量在0.8～1.2毫升以上。

2. 公羊的训练

公羊初次采精比较困难，要提前进行训练，训练的措施如下。

① 将发情母羊固定在采精架上，让公羊本交几次，提高性欲，熟悉场地。

② 初次参加配种的公羊可采取观摩诱导法、同圈饲养法、按摩睾丸法、药物刺激法等方法调教。观摩诱导法就是在其他公羊配种或采精时，让不会爬跨的公羊站在一旁进行观看，然后将其与发情母羊

放在一起，让其自由爬跨、配种。

③ 每天定时按摩公羊睾丸，每次 10～15 分钟。

④ 对性欲不强的公羊隔日注射丙酸睾丸素 1～2 毫升，连续注射 3 次。

3. 台羊的选择

用作采精的台羊，必须是个体中等的发情母羊，因此在繁殖季采精，可从母羊群中找出发情羊来做台羊。而在非繁殖季节，需要对用作台羊的母羊进行诱导发情处理，目前，生产中多用雌二醇，也可用木制的假台羊。

4. 安装假阴道

先把假阴道内胎放入外壳中，光面向里，粗面向外，将两头反转套在外壳上，装好后两端加固定圈固定，装好的内胎松紧适中、匀称、平整、不起皱折和扭转。假阴道装好后，用洗洁精洗去内胎上的污物，再用清水反复冲洗，最后用蒸馏水冲洗 1～2 次，让其自然干燥。采精前 1 小时置于紫外线灯下照射消毒，或用 75% 酒精棉球消毒，先里后外擦拭消毒内胎。假阴道一端为阴茎插入口，另外一端装集精杯。

假阴道安装前应注意检查假阴道外壳有无裂缝或小孔。检查假阴道内胎是否漏气，有无裂损。检查气嘴是否漏气，扭动是否灵活。操作人员必须剪短指甲，以免损伤内胎。安装好的假阴道应盖上清洁纱布或平置于消毒箱内，勿与硬物相碰。根据气候和室内温度变化情况，在假阴道夹层内注入 50～55℃ 的热水 150～180 毫升，使假阴道内温度保持在 38～41℃。在假阴道阴茎插入一端的前 1/3 段涂以凡士林等润滑剂，装上气嘴，吹入适量气体，使未装集精杯的内胎一端中央呈 "Y" 字形或三角形，合拢而不向外鼓。假阴道不能与硬物一起洗涤，特别是不要与注射用针头等接触，以免被扎破。

5. 采精

采精的方法有假阴道法、电刺激法、性刺激法、手握法等。电刺激法采精需要借助电刺激采精仪器，操作难度相对大一些，适用于性欲差、肥胖、爬跨困难或不易调教用假阴道采精的种公羊。假阴道法采精比较容易操作，应用最广泛，这里介绍假阴道法采精。

采精动作要稳、快、轻柔。首先将台羊（发情母羊）的颈部固定在采精架上，用0.1%高锰酸钾溶液消毒母羊的外阴部和公羊的包皮周围，再用消毒纱布或毛巾擦干。采精员蹲在台羊右后侧，右手持已准备好的假阴道，气嘴向下，靠在台羊臀部，假阴道与地面约成35~40度角。当公羊爬跨台羊而阴茎未触及台羊后驱时，用左手轻轻地、迅速地将阴茎导入假阴道内，待公羊射精完毕、阴茎从假阴道中自行脱离后，采精员立即将假阴道直立，筒口向上，打开气嘴放气，取下集精杯，送去镜检。在整个采精过程中千万不能让假阴道内的水流入精液中。

6. 精液品质检查

精液品质和受胎率有着密切的关系，必须经过检查，评定合格者方可输精。通过精液品质检查确定稀释倍数和能否用于输精，这是保证输精效果的一项重要措施，也是对种公羊种用价值和配种能力的检验。精液品质检查要快速准确，取样要有代表性。检查的方法采用肉眼检查和设备检查。项目主要包括色泽、射精量、气味、活力、密度和畸形精子比例等。

① 颜色　正常精液颜色呈乳白色或乳黄色，略有腥味。通常乳白色精液中的精子密度大于浅黄色精液。除上述两种颜色外，其他颜色均被视为异常，具有异常颜色的精液不能用于输精。外观呈回转滚动的云雾状态者，说明品质优良。

② 采精量　绵羊、山羊的采精量一般为0.5~2毫升，如果成年公羊一次的射精量低于0.3毫升，通常精液品质也较差。测量射精量可用灭菌针管或输精器吸取测量。

③ 气味　正常精液除具有精液特有的腥味外，无其他特殊气味，如有腐臭等异常气味，则不能用于输精。

④ 精子活力　精子活力也叫精子活率，是指在37℃条件下，精液中呈直线前进运动的精子百分率。检查时，用灭菌玻璃棒蘸取1滴精液，置于载玻片上，加盖玻片，在200~600倍显微镜下观察。全部精子都呈直线前进运动则评为1级，90%的精子呈直线前进运动为0.9级，以此类推。原精稀释后活力在0.4级以下、冻精解冻后活力在0.3级以下时不能用于输精。

⑤ 精子密度　优质精子密度一般在每毫升20亿~30亿个。用显

微镜观察时，镜检的视野中，看到精子相互间的空隙小于一个精子长度，看不到单个精子活动情况时为"密"；精子与精子间的空隙相当于1~2个精子的长度，能看到单个精子活动时为"中"；精子与精子间空隙超过两个精子长度，视野中只有少量精子时为"稀"。密度在中等以上的精液才能用于输精。用血细胞计数器和分光光度计比色法等度量精子密度结果更准确。

⑥ 畸形精子比率 凡是精子形态不正常的均为畸形精子，如头部过大或过小、双头、双尾、无尾、断裂、尾部弯曲、带原生质点滴等。畸形精子所占比例超过15%时，不能用于输精。

7. 精液的稀释与保存

稀释精液的目的在于扩大精液量，提高优良种公羊的配种效率，促进精子活力，延长精子存活时间，使精子在保存过程中免受各种物理、化学、生物因素的影响。

精液在不同温度条件下，保存用的稀释液不相同，但稀释时，稀释液的温度应与精液温度相同或相近，精液应避光保存，最好置于茶色玻璃瓶内，并在采集后立即进行稀释。稀释液应顺着管壁流入，而不应直接倒入。加入稀释液后应轻轻摇动，严禁强烈震荡，以减少精子死亡。

（1）室温保存 在没有低温保存条件或者采精后能很快用完的情况下，可采用室温保存法。室温保存应尽量选择凉爽条件，如悬吊在井内、放置在地窖，尽量避免精子因快速运动、消耗能量而过早衰老、死亡。室温保存时间不要太长，一般不超过12小时。稀释液种类很多，简单临时用可选择0.9%氯化钠注射液、维生素B_{12}注射液、葡萄糖氯化钠注射液或消毒去脂牛（羊）奶等，稀释比例根据精子活力和密度决定，对密度中等、精子活力达到0.7~0.8的精液，按1：10稀释，但对活力在0.8以上的精液可按1：（12~15）稀释。

（2）低温保存 低温保存是指在2~5℃的冰箱内保存，保存时间以不超过2天为宜，保存用稀释液可选用A、B、C液。

① A液 取葡萄糖3克、柠檬酸钠3克，加双蒸水至100毫升，水浴消毒30分钟后，放入冰箱保存。用时取该基础液80毫升，加蛋黄20毫升、青霉素10万单位、链霉素100毫克。

② B液 取葡萄糖3克、柠檬酸钠1.4克，加双蒸水至100毫

升，经过滤、消毒后，放入冰箱保存。用时取该基础液 50 毫升，另加消毒脱脂羊奶 50 毫升、青霉素 10 万单位、链霉素 100 毫克。

③C 液　将羊奶煮沸、去脂肪后，装入盐水瓶予以水浴消毒 30 分钟，然后置于冰箱保存、待用。

精液稀释后，包上 8～12 层纱布或者 2～3 层毛巾，然后再放进 2～5℃冰箱内，以免精子因迅速降温而死亡。

8. 输精技术

（1）鲜精的使用　精液稀释后马上输精的不需特殊处理。如需向输精点输送精液，可用广口保温瓶输送；用灭菌试管为容器输送精液时，一定要装好封严，装入广口保温瓶内。小试管外面，应贴一个标签，注明公羊号、采精时间、精液量及其等级。运送时尽可能缩短途中时间，严防剧烈振动。如运送精液的距离较远，可先将广口保温瓶用冷水浸一下，填装半瓶冰块，使温度保持在 0～5℃。精子对温度变化极为敏感，所以降温、升温都须缓慢进行。精液送到取出后，置于 18～25℃室温下慢慢升温，经镜检合格后即可用于输精。

（2）冷冻精液的使用　冻精解冻后，精子活率不低于 0.3，输精量为 0.2 毫升，每一输精剂量中含活精子数不少于 0.9 亿。安瓿及细管精液，解冻后精子活率要求在 0.35 以上，输精量中的活精子数要在 0.8 亿以上。

（3）输精前的准备　输精前所有的器材要消毒灭菌，输精器及开膣器最好蒸煮或在高温干燥箱内消毒。输精器以每只母羊准备 1 支为宜，当输精器不足时，可在每次用后先用蒸馏水棉球擦净外壁，再用酒精棉球擦洗，待酒精挥发后再用生理盐水冲洗 3～5 次，才能使用。连续输精时，每输完 1 只羊后，输精器外壁要用生理盐水棉球擦净，才可继续输精。

（4）输精人员的准备　输精人员穿好工作服，修好手指甲，手洗净擦干，用 75%酒精消毒、再用生理盐水冲洗。

（5）母羊输精的时机　一般来说，青壮年羊可在发情后 12 小时左右输精，间隔 12 小时后再输第 2 次。老龄母羊和处女羊的输精时间可提前到发情后 8 小时左右，间隔 8～12 小时后再输第 2 次。

（6）输精操作方法　输精方法有传统人工输精法、内窥镜人工授精法、腹腔镜人工授精方法和软管阴道输入法等，养羊场可根据本场的具体技术掌握情况确定。

① 传统人工授精方法

a. 保定母羊　保定者倒骑母羊，两腿夹住母羊颈部，两手提起母羊后肢，使母羊身体纵轴与地面成 45 度夹角，便于寻找子宫颈口和准确输精。

b. 冲洗母羊外阴部　用新配制的 0.1% 高锰酸钾溶液，自流式冲洗母羊外阴部，再用消毒纱布或毛巾擦干。

c. 输精器械消毒　用过的输精器械先用酒精棉球由前向后擦洗，再用生理盐水纱布擦洗 1 次，方可用于输精。

d. 输精操作　输精员手持消毒好的开腟器，与地面成 30 度夹角，采用沿阴道背部先上、后平、再下的方法，插入母羊阴道内，在其前方的上、下、左、右寻找子宫颈口，向子宫颈口插入输精器 1~2 厘米，放松开腟器，推送精液，然后抽出开腟器及输精器。精液被输入子宫颈口。

e. 输精量　10 倍稀释的鲜精，每次输入量为 0.25~0.3 毫升，确保有效精子量在 5000 万个以上。

f. 输精时的注意事项如下。

第一，要防止精液被污染。活力太差的精液往往不能受精。活力较好的精液如果因输精技术不当，将环境性致病菌带进子宫腔，同样可引起母羊不孕。由于致病菌的代谢产物可刺激子宫黏膜分泌前列腺素，使黄体消退，微生物还可能直接使精子、合子和胚胎死亡。

第二，要适时输精。不管是老化卵子与新排精子，还是老化卵子与老化精子，新排卵子与老化精子的结合，都会出现胚胎早期退化现象。如果推迟配种，虽然可使接近受精末期的卵子受精，但由于卵子老化，受精的卵子不管能否附植，大多数不能继续正常发育，胚胎被吸收或胎儿发育异常，老化的精子也可导致类似的情况，但由于输入的精液实际上含有成熟状态不同的精子，这种异质性减缓了早输精的不利影响。在这种情况下，未成熟的精子逐渐成熟，确保了排卵时有获能的活动精子。卵子的情况就截然不同，未受精的卵子在排卵后保持受精能力的生命周期较短，很少超过 8~10 小时。因为精子主要是由稳定的染色质和退化的细胞质组成；而卵子是一个含有各种细胞器的细胞质球，由于细胞核和细胞质中的细胞器缺乏稳定性，排卵后卵

子在输卵管里就会发生衰老等问题。

第三，输精动作要轻而快，防止损伤羊阴道和子宫。

第四，处女羊阴道狭小，不适宜使用开膣器。如果需要采用人工授精技术，应该让有经验的配种员操作。

第五，利用传统人工授精技术久配不孕的母羊，在治疗好生殖道疾病后可改为公羊自然交配或采用腹腔镜人工授精。

② 内窥镜人工授精法

a. 授精方法　内窥镜是一种新型羊用输精器材，使用时先将金属导管插入阴道，按动开关接通电源后，操作人员可通过窥孔直接观察到子宫颈口，将精液输入子宫颈。输精方法与输精量同传统人工授精方法。

b. 使用内窥镜时的注意事项　使用前装两节二号电池。用 0.1% 新洁尔灭或 75% 酒精消毒后，再用无菌蒸馏水冲洗干净。使用后要及时清洗，卸下灯座、将灯管擦拭干净。如果长期不用，应在内窥镜管表面涂上凡士林，以防止铝合金氧化，并保持其表面光洁度。

③ 腹腔镜人工授精方法　输精前，母羊应禁食 12～24 小时。输精时，将母羊固定在保定架上，使其呈仰卧状。术部剃毛、消毒后，升起固定架，使母羊前低后高，呈 45～60 度角倒立仰卧状，然后在乳房前腹中线左侧插入带套管的锥头，拔出锥头后，插入内窥镜，并打开气腹机向腹腔充入适量二氧化碳气体，使内脏器官移向前部，便于寻找子宫角，观察卵巢发育情况。对于有成熟卵泡的母羊，可在腹中线右侧相对应处用小号套管锥头刺穿腹壁，拔出锥头，将装有精液的输精器针头通过套管插入腹腔，向有卵泡发育的一次子宫角注入精液，活力在 0.8 以上的鲜精，50 倍稀释后，每次输入量为 0.2～0.3 毫升，注入有效精子数达到 500 万个即可，然后缝合伤口。

采用这种方法，一只优秀公羊在一个繁殖季节可配 2000 只母羊，有的一天可配 100 多只，受胎率在 70%～90%。

④ 软管阴道输入法　母羊的保定方法同子宫输精法。具体操作方法是将精液装入塑料软管后封口，输精时，先剪去下端封口，将软管直接插入羊阴道后，再剪去上端封口，使精液自动流入羊阴道，保定员继续将羊倒提 3～5 分钟即可。这种方法适合体格较小的山羊。

9. 注意事项

① 采精频率的控制 过度或频繁采精会影响公羊的健康和使用年限，严重者在1～2年便失去种羊价值。一般来说，在繁殖季节，1天可采精2～3次，采精3天，应当休息1天；在非繁殖季节，1天可采精1～2次，每周可休息2天。采精期间如遇到异常天气，尽可能让公羊休息。

② 采精场地的选择 采精场地应选择在平坦不滑、干净卫生、周围安静无噪声的房舍内或外，最好与精液处理室连接或者近邻。采精场地选定后，应该保持相对固定，不要轻易变动，否则公羊会因环境陌生而影响采精，甚至拒绝爬跨、射精。

③ 器具消毒 凡与精液接触的一切器材和用具均要求清洁、干燥、无菌。经消毒液浸泡过的器具，用前必须先用清水冲洗干净，再用蒸馏水冲洗2～3遍，然后根据其材料性能，选择不同的消毒法，如紫外线、高压或干烤消毒。

五、肉羊胚胎移植技术

胚胎移植又称受精卵移植或人工授胎。其含义是将一头良种母畜配种后的早期胚胎取出，或者由体外受精及其他方式获得的胚胎，移植到另一头同种的生理状态相同的母畜体内使其正常发育分娩成为新个体。提供胚胎的个体称为供体，接受胚胎的个体称为受体。这项技术一般用良种中的优秀母畜作为供体，如萨福克羊、杜波羊等，将当地饲养多、适应当地环境能力强的品种，如小尾寒羊、细毛羊及杂交羊等作为接受胚胎的受体，以达到"借腹怀胎"增加良种后代的目的。

胚胎移植是提高种母羊繁殖力的一种生物技术，此技术不仅方便优良品种的引进及资源保存，而且能使母羊一胎多羔，有利于优良品种的迅速扩群，从而加速育种工作的进程。

胚胎移植的基本过程包括供体和受体的选择，供体超数排卵和受体同期发情处理、配种、冲卵、检卵和移植等。

1. 供体母羊、公羊和受体母羊的选择

（1）供体羊的选择 供体羊的选择，应从供体的遗传学价值、供

体的健康状况、供体的既往繁殖史、供体的年龄和胎次、供体的体质与体况等进行选择。其中生产性能尤为重要，以体现胚胎移植的价值。

① 供体母羊　供体母羊的选择一般应在超排前 2～3 个月进行，以保证有足够的时间对供体羊进行预饲养和观察发情周期。

供体羊的准备，首先考虑是否有传染性疾病，如影响繁殖的布病，应严格淘汰，饲养时应保证其膘情在七成以上，但是也不要过肥，之后等待同期发情处理。

② 供体公羊　与配公羊应为相应品种群中的优秀公羊。

（2）受体母羊的选择　受体羊在胚胎移植中的作用是接纳供体胚胎，使其在体内完成生长发育，产出活体动物。因此，对受体的选择不必考虑遗传性能或种用价值，而着重于选择健康状况良好、繁殖正常的个体。受体母羊的选择，只要能适应当地环境气候条件、繁殖性能好，母性好，价格合算、无传染疾病，保证健康，膘情在七成以上就行。

2. 供、受体羊手术前的饲养管理

① 保持饲养环境稳定，饲养环境卫生、干燥、棚舍温度适宜。避免应激反应。

② 制订合理的供体、受体羊日粮配方，以粗料为主，精料为补，添加维生素、微量元素及矿物质，保证营养平衡，膘情保持在七成以上。

③ 满足供、受体羊清洁饮水的需要。

④ 受体羊单独组群编号；供体羊按年龄或手术次数分群。

3. 供体羊超数排卵与供、受体的同期发情

（1）供体羊超数排卵　超排处理就是在母畜发情周期的适当时间，施以外源促性腺激素，提高血液中促性腺激素浓度，降低发育卵泡的闭锁率，增加早期卵泡发育到高级阶段（成熟）卵泡的数量，从而排出比自然情况下多得多的卵子。这种方法称为超数排卵，简称超排。

① 超数排卵的基本方法　合理利用母羊发情周期中卵泡发育波，在卵泡波发育初期给予剂量外源性促性腺激素（促卵泡素），诱导较

多的卵泡和卵母细胞正常发育成熟。适时给予促排卵激素（促黄体素或促性腺激素释放激素类似物），可使在促性腺激素作用下正常发育的卵泡进一步成熟并排卵，达到超数排卵的目的。

② 超数排卵常用的方法　羊的发情周期一般为 19～21 天，在准确了解发情周期的基础上，在发情周期的第 6 天左右开始使用孕激素缓慢释放装置（海绵栓或硅胶栓），在发情周期的第 15～16 天开始，连续 3.5～4 天以减量法注射促卵泡素。

若不能确定发情周期或不愿受自然发情周期的限制，可预先放置孕激素缓慢释放装置预处理，在预处理开始后第 15～16 天开始注射促卵泡素。

（2）供、受体羊的同期发情　同期发情为受精卵提供先决条件，要求供体羊与受体羊发情基本一致，发情愈接近则受胎率愈高。试验证明，绵羊受精卵移植时，同期差异 4～24 小时以内的受胎率可达 70% 以上，相差 48 小时以上，受胎率低于 50%。这是由于胚胎只能移植到与之发育要求相适应的受体生殖环境中，才能继续良好发育。因此，在鲜胚移植时，在供体超排的同时，需要对受体进行同期发情处理，使其生殖生理状态与供体同步化。所用药物如下。

孕激素及其类似物：孕酮、甲基炔诺酮、氟孕酮等，预处理 15～16 天，配合促卵泡素或孕马血清促性腺激素。

前列腺素及其类似物：单独使用 1 次，或间隔 11 天使用 2 次，第 2 次注射时配合使用促性腺激素。

孕激素或前列腺素主要决定发情时间（同期化），促性腺激素主要促进卵泡发育成熟、排卵。

4. 供体羊的输精

供体撤栓 12 小时后将试情公羊放入羊群进行试情，将发情母羊进行标记、隔离。输精方法以下两种。

（1）本交　配种前冲洗阴道，在母羊发情后 6～8 小时开始配种，以后每 8 小时配 1 次，直至发情结束。

（2）腹腔镜人工授精　借助腹腔镜将精液直接送入母羊子宫角内克服了传统输精方法由于母羊子宫颈管道构造特殊，精子不易通过所导致的情期受胎率低，缩短了精子的运行距离，大大提高了受胎率。在供体羊开始发情后 8～12 小时输精，间隔 12 小时再输 1 次。

输精时要细心，左侧右侧子宫角各输精 0.4～0.6 毫升，把 1 毫升注射器针头磨钝，一针扎进，避免子宫内出血。

5. 供体羊手术冲胚、检胚以及受体羊的手术移植

（1）供体羊手术冲胚　冲胚方法有输卵管法、子宫法、冲卵管法，目前大多采取输卵管法和子宫法。通过手术方法，经输卵管（配种后 2～3 天）或子宫（配种后 5～7 天）回收胚胎。

步骤：在供体羊发情后 23 天采卵，将冲卵管一端由输卵管伞部的喇叭口处插入，有 2～3 厘米深打活结或用钝圆的夹子固定，另一端接集卵器，用注射器吸取 37℃ 的冲卵液 5～10 毫升，在子宫角靠近输卵管的部位，将针头朝输卵管方向扎入，一人操作，一只手的手指在针头后方捏紧子宫角，另一只手推注射器，冲卵液由宫管结合部流入输卵管，经输卵管流至集卵器。此种方法的优点是卵的回收率高、冲卵液用量少、检卵省时间，缺点是容易造成输卵管伞部粘连。

子宫角冲卵法：在供体羊发情后 6～7 天采卵，将子宫暴露在表面后，用套有胶管的肠钳夹在子宫角分叉处，用注射液吸入冲卵液 20～30 毫升，将冲卵针头（套管针）从子宫角尖端插入，确认针头在子宫角宫腔内后，连接注射器，推入冲卵液。当子宫角膨胀时，将回收卵针头从肠钳基部的上方迅速插入，冲卵液经硅胶管收集于集卵杯内，最后用两手拇指和食指将子宫捋一遍。另一侧子宫用同样的方法冲卵，进针时避免损伤血管。子宫角冲卵法对输卵管损伤较小，但胚胎的回收率较低。

（2）供体羊检胚　鉴别可用胚胎和不可用胚胎，可用胚胎是卵裂球轮廓清晰、球体圆又饱满；不可用胚胎表面不光滑有毛毛而且不圆。

（3）胚胎移植方法　移植对受体羊可采用简易手术法移植胚胎，术部清毒后，拉紧皮肤，在乳房下方 4～5 厘米腹中线一侧切 1.5～2 厘米的口，用一个手指伸进腹腔，摸到子宫角引导至切口外，确认排卵侧黄体发育状况，用钝形针头在黄体侧子宫角打孔，将移植管顺子宫角方向插入宫腔，推出胚胎，随即将子宫复位，缝合皮肤。

胚胎移植部位：从输卵管回收的胚胎，移入输卵管；从子宫角回

收胚胎，移入子宫角的前 1/3 处。

6. 术后羊只的饲养管理

① 胚胎移植后的受体，精心观察和护理，注意观察是否返情，若发现受体出现发情，要做进一步的观察和检查。

② 及时做好妊娠诊断，羊一般在移植后 40 天左右，采用 B 超进行妊娠诊断。

③ 对已确定为妊娠的受体要分群加强饲养管理，预防流产；妊娠后期要补充足量的维生素、矿物元素，适当限制摄食量，既要保证胎儿的正常发育，又要避免发育过度而引起难产。

④ 根据当地疾病发生情况，有目的地注射疫苗，防止胎儿及新生后代传染病的发生。

⑤ 做好分娩时的难产预防和新生后代护理工作。

六、早期妊娠诊断技术

发情母羊配种以后，两性生殖细胞相结合，形成新的结合子，称为受精。卵子受精后，即开始细胞分裂。受精卵在子宫内发育成胎儿叫妊娠。从精子和卵子在母羊生殖道内形成受精卵开始，到胎儿产出所持续的日期，叫妊娠期。绵羊、山羊的妊娠期平均在 150 天，即 5 个月。妊娠期的长短，因品种、胎次、单双羔以及营养等因素而略有差异。

准确的妊娠诊断，特别是早期妊娠诊断，是提高受胎率、减少空怀的一项重要工作。同时便于加强对怀孕母羊的护理工作，防止发生流产。判断妊娠的方法主要有以下几种。

1. 外部观察法

母羊配种后 20 天左右不再发情，则可初步判断已经怀孕。妊娠后的母羊，食欲旺盛，被毛光顺，体重增加。性情变得温驯、安静，行动小心谨慎。妊娠后期母羊腹围增大，尤以右侧突出，两侧腹部不对称，乳房增大，临产前可挤出少许黄色乳汁。

2. 公羊试情法

母羊妊娠后，在下一个发情期，不再出现发情，对公羊没有性欲表现，不接受公羊的爬跨，可认为母羊已经怀孕。

3. 腹部触诊法

母羊配种 2 个月以后，可用手触摸检查来确定其是否怀孕。一般在早晨空腹时进行，触诊时将母羊的颈夹在两腿中间，两手放在母羊腹下乳房前方的两侧部位，将腹部微微托起。左手将羊的右腹向左方微推，左手拇指和食指叉开微加压力，便能触摸到胎儿，母羊怀孕 60 天以后，可以摸到游动较硬的块状物。如果只有一个硬块，即怀一羔。如果两边各有一硬块，即为双羔。检查时要细心，手的动作应轻巧灵活，仔细触摸，不可粗心大意，以免造成流产。

4. 超声波诊断法

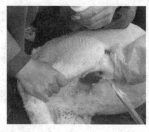

图 4-1　超声波诊断

测定时，将母羊轻轻放倒，多取右侧卧，妊娠中后期也可自然站立保定，然后在后腹壁涂上耦合剂（液体石蜡），将探头紧贴腹壁（图 4-1），向周围慢慢滑动，并不断改变探头方向，捕捉信号。妊娠 20 天左右可以在乳房基部稍后方（即耻骨前沿）听到有节律的"刷刷"声。这时，母体子宫的血流音与母体心音同步，每分钟 98～128 次。妊娠 50 天在乳房基部 4 厘米处可以听到胎儿的血流音，即脐带音，此种声音为一种快速的"唧唧"单音，每分钟 210 次左右。妊娠中期以后，可以在此处听到胎儿的心音。这种诊断方法，准确率可达到 90% 左右。

七、羊的高频繁殖产羔技术

羊的高频繁殖产羔技术，是随着规模化高效养羊，特别是肉羊及肥羔生产而迅速发展的高效生产体系。采用繁殖生物工程技术，打破母羊的季节性繁殖的限制，可一年四季发情配种，全年均衡生产羔羊，充分利用饲草资源，使每只母羊每年所提高的胴体重量达到最高值。最大限度地发挥母羊的繁殖生产潜力，按照市场需求全年均衡供应肥羔上市，资金周转期缩短，最大限度提高养羊设施的利用率，提高劳动生产率，降低成本，便于规模化管理。

1. 一年两产体系

一年两产的技术核心是母羊发情调控、羔羊超早期断奶和早期妊娠检查。按照一年两产的生产要求，制订周密的生产计划，将饲养、兽医保健、管理等融为一体，最终达到预定生产目标。一年两产体系可使母羊的年繁殖率提高 90%～100%，在不增加羊圈设施投资的前提下，母羊生产力提高 1 倍，生产效益提高 40%～50%。从已有的经验分析，该生产体系技术密集、难度大，只要按照标准程序执行，一年两产的目的可以达到。一年两产的第一产宜选在 12 月，第二产选在 7 月。与之配套的技术措施有以下几种。

(1) 母羊繁殖的营养调控 一般来说，营养水平对绵羊季节性发情活动的启动和终止无明显作用，但对排卵率和产羔率有重要作用。

在母羊配种之前，母羊平均体重每增加 1 千克，其排卵率提高 2.0%～2.5%，产羔率则相应提高 1.5%～2.0%。羊的体重是由体形和膘情决定的，而影响排卵率的主要因素不是体形，而是膘情，即膘情为中等以上的母羊排卵率高。

配种前母羊日粮营养水平，特别是能量和蛋白质对体况中等和差的母羊排卵率有显著作用，但对体况好的母羊作用则不明显。在此基础上，在母羊配种前 5～8 天，提高其日粮营养水平，可以使排卵率和产羔率显著提高。另外，日粮营养水平对早期胚胎的生长发育也有重要作用。在配种后一定时期内，过高的日粮营养水平会增大胚胎的死亡率；相反，低营养水平对胚胎死亡影响不大，但会使早期胚胎生长发育缓慢。所以，日粮保持维持机体的需要量有利于早期胚胎的成活和生长发育。

(2) 公羊效应 在新型的绵羊生产体系中，将非繁殖季节公羊和繁殖母羊严格隔离饲养，使母羊看不见公羊，闻不到其气味，听不见其叫声。这样在配种季节来临之前突然将公羊引入母羊群中，24 天后大部分的母羊出现正常发情周期和较高的排卵率。这样不仅可以将配种季节提前，而且可以提高受胎率。在采用孕激素诱导发情时，可适当提高配种公羊比例，一般公母比例应达到 1∶5 左右。

采集公羊尿，不加任何处理，以氧气瓶为动力，用喷枪向母羊群喷洒，可以达到较好的同期发情率和双羔率的效果。

(3) 羔羊早期断奶 哺乳会导致垂体前叶促乳素分泌量增加，同

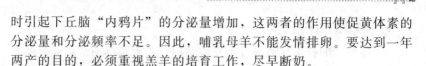

时引起下丘脑"内鸦片"的分泌量增加，这两者的作用使促黄体素的分泌量和分泌频率不足。因此，哺乳母羊不能发情排卵。要达到一年两产的目的，必须重视羔羊的培育工作，尽早断奶。

2. 两年三产体系

两年三产是国外 20 世纪 50 年代后期提出的一种生产体系，沿用至今。要达到两年三产，母羊必须 8 个月产羔 1 次。该生产体系一般有固定的配种和产羔计划，如 5 月配种，10 月产羔；1 月配种，6 月产羔；9 月配种，翌年 2 月产羔。羔羊一般是 2 月龄断奶，母羊断奶后 1 个月配种。为了达到全年均衡产羔，在生产中，将羊群分成 8 个月产羔间隔相互错开的 4 个组，每 2 个月安排 1 次生产，这样每隔 2 个月就有一批羔羊屠宰上市。如果母羊在第 1 组内妊娠失效，2 个月后可参加下一个组配种。用该体系组织生产，生产效率比一年一产体系提高 40%，该体系的核心技术是母羊的多胎处理、发情调控和羔羊早期断奶、强化育肥。

3. 三年四产体系

三年四产体系是按产羔间隔 9 个月设计的，由美国 Beltsville 试验站首先提出。这种体系适宜于多胎品种的母羊，一般首次在母羊产后第 4 个月配种，以后几轮则是在第 3 个月配种，即 1 月、4 月、6 月和 10 月产羔，5 月、8 月、11 月和翌年 2 月配种。这样，全群母羊的产羔间隔为 6 个月和 9 个月。

4. 三年五产体系

三年五产体系又称为星式产羔体系，是一种全年产羔的方案，由美国康乃尔（Cornell）大学伯拉·玛吉（Brain Magee）设计提出。羊群可分为三组，第一组母羊在第 1 期产羔，第 2 期配种，第 4 期产羔，第 5 期再配种；第二组母羊在第 2 期产羔，第 3 期配种，第 5 期产羔，第 1 期再次配种；第三组母羊在第 3 期产羔，第 4 期配种，第 1 期产羔，第 2 期再次配种。如此周而复始，产羔间隔 7.2 个月。对于一胎 1 羔的母羊，1 年可获 1.67 个羔羊；若一胎产双羔，1 年可获 3.34 个羔羊。

5. 机会产羔体系

该体系是依市场设计的一种生产体系。按照市场预测和市场价格组织生产，若市场较好，立即组织 1 次额外的产羔，尽量降低空怀母羊数。这种方式适于个体养羊生产者。

八、公羔去势技术

凡不留作种用的公羔或公羊，应一律去势，使其失去性行为和繁殖能力。通过去势淘汰不良种公羊，有利于优良品种的推广。去势后的公羔或公羊，性情温驯，可群养群放，便于管理。去势后的羔羊活动量降低，可以提高饲养的利用率，容易肥育，节省饲料。去势后的羔羊肉质鲜嫩，无腥膻味，肉质改善，提高了肉品质量。

1. 去势的时间

去势一般在羔羊生后 1～2 周内进行，成年公羊多在春季放牧前，蚊蝇没出现的时候进行。过早过晚对羔羊均不利。过早则睾丸小，去势困难。过晚流血过多，或发生偷配现象。一般选择晴天的上午进行，以便全天对去势的羔羊进行护理。天气寒冷或羔羊软弱，可适当推迟几天。为了节省劳力，断尾和去势可同时进行。

2. 去势方法

去势常用的方法有结扎法、手术切除法、无血去势钳去势法和药物去势法四种。每种方法都有优点和注意事项，养羊场（户）可根据本场的实际而定，选择适合的去势方法。

（1）结扎法　结扎法又分为橡皮筋结扎法和皮内结扎法两种。

① 橡皮筋结扎法　较适用于 10～20 日龄的羔羊。其方法是先保定羔羊，助手分别握住羔羊两侧前后腿，两腿并拢夹住羔羊的臀部，使阴囊部朝向手术人员，然后对阴囊部进行剪毛消毒，消毒时先涂擦碘酊，然后涂擦 75％酒精进行脱碘，结扎时将睾丸轻轻挤压到阴囊底部，在阴囊基部用消过毒的橡皮筋缠绕结扎，并打结固定，结扎后 7～10 天睾丸连同阴囊皮肤逐渐萎缩直至脱落。

此法的优点是简便易行，不出血，可以防止感染，易学易懂，费用低廉，是目前使用最广泛的方法。

注意事项：一是应选择质量好的橡皮筋；二是结扎时一定要扎紧，阻断睾丸的血液供应；三是手术后第 2 天应检查阴囊及睾丸，若阴囊变凉，说明结扎效果良好，否则要重新结扎。

② 皮内结扎法　适用于 2 个月左右的羔羊。其方法是对羔羊进行保定、剪毛、消毒，将两睾丸推向阴囊底部并固定住，隔着皮肤摸清应固定好一侧精索，用纫有十二号丝线的全弯三棱针从精索一侧进针，另一侧出针，再从第二针孔进针，第一针孔出针，这样绕精索一圈，两线尾结扎打结，提拉皮肤使线结进入皮下。用同样方法结扎另一侧精索，最后在针孔部涂碘酊消毒。

这种方法的优点是效果可靠，手术过程简便快速，手术后不需要特殊护理。

（2）手术切除法　手术切除法需二人合作，一人将羊半蹲半仰地保定在长凳上，羔羊背部贴在保定人的脚前；另一人将阴囊下部羊毛剪掉，然后用肥皂水洗掉泥垢，用 3％来苏尔消毒，擦干，涂碘酊，一只手握住阴囊上方，不让睾丸缩回腹腔，另一只手用消过毒的快刀在阴囊侧下方切一个口，其长为阴囊长度的 1/3 左右，以能挤出睾丸为限，接着把睾丸连精索一起挤出撕断，再以同样方法取出另一侧睾丸。伤口涂碘酊消毒，并撒上消炎粉，防止发炎。羔羊术后不要放牧，应圈在有干燥、清洁褥草的小圈饲养观察 1～2 日。

（3）无血去势钳去势法　用无血去势钳去势时，先将需施术羊保定，使其头高抬，可站立保定，亦可侧卧保定。手术者用手抓住羊的阴囊颈部，将其睾丸挤到阴囊底部，将精索推挤到阴囊颈外侧，并用长柄精索固定钳夹在精索内侧皮肤上，以防精索滑动。然后将无血去势钳的钳嘴张开，夹在长柄精索固定钳固定点上方 3～5 厘米处，助手缓缓合拢钳柄。钳夹点应该在睾丸上方至少 1 厘米处。在确定精索已经被钳口夹住之后，用力合拢钳柄，即可听到清脆的"咔嗒"声，表明精索已被挫断。钳柄合拢后应停留至少 1 分钟，再松开钳嘴，以确保精索已经断裂。松开钳子，再于其下方 1.5～2.0 厘米处的精索上钳夹第 2 次，确保手术效果。对另外一侧的精索做同样操作，钳夹处皮肤用碘酊消毒。手术 6 周后，检查接受手术的家畜，察看睾丸是否已经萎缩、消失，以确保手术效果。

（4）药物去势法　首先对去势羊进行保定，手术人员一只手握住阴囊顶部，将睾丸轻轻挤压到阴囊底部，使其固定而不滑动，在阴囊顶部与睾丸对应处用碘酊消毒；另一只手拿吸有消睾注射液的注射器，从睾丸顶部顺睾丸长径平行进针扎入睾丸实质，针尖应抵达睾丸下 1/3 处，慢慢注射，边注射边退针，使药液停留于睾丸 1/3 处。依同法做另一侧睾丸注射。注射量为 0.5～1.0 毫升。注射后的睾丸呈膨胀状态，不要挤压睾丸，以防药液外溢。

九、羊只去角技术

山羊因为好斗，有角山羊互相角斗时会造成损伤或导致母羊流产。有角山羊在舍饲时所需颈夹距离大，对喂饲造成不便，因此对有角品种的山羊要去角，以便于管理。去角可用碱棒法和烧灼法，以破坏角质生长点即可。

去角时间：去角时间宜在羔羊 1～2 周龄时。

去角操作：去角时，先保定好羔羊，一人抱住羔羊，固定羊头不能摇动，另一人用剪刀把长角部位的毛剪去，手摸感到有个硬的凸起，就是角基部位。将角基处的毛剪掉呈凹形，周围涂上凡士林，然后用氢氧化钠棒（手拿的一端用厚纸包好，防止腐蚀人手，另一端沾上点水）轮换摩擦两个角基，开始时稍加用力，待出现微血管时要轻擦，直到角基上微出血时止。不可摩擦过度，防止出血过多，注意要将角基部全部摩擦平整，如果摩擦面过小或偏离一边，以后还会长出片状小角，也可用烧红的烙铁烙角基。

注意事项：去角处理后的羔羊应单独管理，不让羔羊回到母羊身边吃奶，防止药物沾在母羊的乳房上，烧坏皮肤。同时还可防止角基部被擦破而感染疾病，待伤口干好后即可归群。

十、羔羊断尾技术

肉羊业中羔羊的断尾主要是用于肉用绵羊品种公羊同当地的母绵羊杂交所生的杂交羔羊，或是利用半细毛羊品种来发展肉羊生产的羔羊。这些羔羊均有一条细长尾巴，这样的杂交羊只在生长时一般都是先把尾巴的脂肪灌满，然后才长身上的肉，断尾后就会避免这一不利因素。羔羊断尾后可改进皮下脂肪及肌间脂肪含量，提高羊肉品质，减少羊膻味。断尾还可以避免粪尿污染羊毛及防止夏季苍蝇在母羊外阴部下蛆而感染疾病和便于母羊配种。

1. 羔羊断尾的时间

羔羊 2～21 日龄均可断尾，但以 2～7 日龄为宜，此时尾巴较细，不易出血。宜在晴天早上进行。

2. 羔羊断尾的方法

羔羊的断尾方法有结扎法、快刀法和热断法三种方法。

（1）结扎法　用弹性强的橡皮圈，如自行车内胎等，剪成直径为0.5～1厘米的胶圈，在第三、第四尾椎骨中间，即距离尾根4～5厘米处，若是摸不到尾椎的大尾羊，可从尾根部留出2厘米的长度，用手将此处皮肤向尾上端推后，即可用胶圈缠紧。羔羊经10天左右的时间，尾部便逐渐萎缩，自然脱落（不要剪割，以防感染破伤风）。尾巴刚被套上橡皮圈的羔羊，起初会有些不适应，站也不是，卧也不是。在羊尾欲断不断时，羔羊尾常感到痒、痛，便到处蹭，10天以后尾巴就会自然脱落。此方法简单易行，不流血、术后效果较好。缺点是术后有发生破伤风的风险。

注意事项：

① 距离要适当。留得太长，达不到断尾的目的。留得太短则容易在羊长大后造成脱肛现象。

② 扎胶圈时用力适当，以皮肤不破为度。最好的力度是小羊的脐带和结扎的尾巴一块掉。用力不可过大，如果皮筋过紧，羊尾会早地被切断，容易引起发炎，感染病菌的机会就会增加。扎得过松，或橡皮筋质量差，弹性不好，羊尾不易在较短时间内自动勒紧扎断，延长了扎尾时间，同样增加感染病菌的机会。

③ 注意观察扎断处，伤口结痂处出现裂伤、出血等情况，应及时涂抹碘酊，防止感染。

（2）快刀法　先用细绳捆紧尾根，断绝血液流通，然后用快刀离尾根4～5厘米处切断，伤口用纱布、棉花包扎，以免引起感染或冻伤。当天下午将尾根部的细绳解开，使血液流通，一般经7～10天，伤口就会痊愈。

（3）热断法　可用断尾铲或断尾钳进行。用断尾铲断尾时，首先要准备两块20厘米见方的木板。一块木板的下方挖一个半月形的缺口，木板的两面钉上铁皮，另一块两面钉上铁皮即可。操作时，一人把羊固定好，两手分别握住羔羊的四肢，把羔羊的背贴在固定人的胸前，让羔羊蹲坐在木板上。操作者用带有半月形缺口的木板，在尾根第三、四尾椎间，即距离尾根4～5厘米处，把尾巴紧紧地压住。然后用烧红灼热的断尾铲紧贴木块稍用力边切边烙，切的速度不宜过急，若有出血，可用热铲再烫一下即可，然后在伤口处涂上 5% 碘酊消毒，创伤口 3～7 天愈合。

此法虽然当时羔羊痛苦，但断尾羊的术后效果良好。

十一、羊只修蹄技术

羊蹄是其皮肤的衍生物，蹄甲也和其他器官一样，不断地生长发育。养羊场（户）平时养羊，由于其羊蹄的生长速度与平时的放牧运动磨损程度基本相当，因此，在一般放牧条件下饲养的羊群，其大多数羊的羊蹄是不需要进行修剪的。但是在完全舍饲或者冬季外出放牧时间减少的情况下，其羊蹄的生长速度就将大大地高于羊蹄的磨损程度，这就会导致一部分羊的羊蹄生长速度过快，以致会出现一部分羊的羊蹄生长过长、过尖，甚至会出现一部分羊的蹄质变形并歪向一侧。过长的蹄甲不仅对羊无用，反而使羊行走困难，影响羊只的采食，对其生长发育和健康极为不利。

如羊群的羊蹄长期不修剪，羊蹄生长过长、过尖或蹄质变形，不仅会影响羊的采食和行走，而且还易引起一部分羊发生蹄部疾病，导致羊的蹄尖上卷、蹄壁裂开、四肢变形，甚至还会给羊群日后的放牧和采食带来极大的不便，严重的，如公羊蹄质变形会导致后肢不能支撑配种，可直接影响配种工作的正常进行，有的甚至失去配种能力，使其失去种用价值。母羊蹄质变形在妊娠期（特别是妊娠后期）行动困难，并常呈躺卧姿势，不仅会影响母羊的采食，而且还会影响母羊体内胎儿的正常生长发育。因此，养羊场（户）应及时对羊群的羊蹄进行检查，并对生长过长、过尖或蹄质变形羊的羊蹄进行修剪。

修蹄的操作方法很简单。先将羊只保定好，去掉蹄底污物后，用专用修蹄刀或果树剪子进行修剪，把过长的蹄甲削掉（图 4-2、图 4-3）。蹄子周围的角质修得与蹄底接近平齐即可，并且要把羊蹄子修成椭圆形，但不要削剪过度，以免损伤蹄肉，造成流血或引起感染。在切削中一旦出现蹄部出血，即应立即停止再向里层切削，用烧烙法止血或用碘酊涂擦创口。一般经修剪好的羊蹄，底部平整，形状方圆，羊站立时体形端正。如个别羊因羊蹄生长过长、过尖未及时修剪已出现了变形蹄，则需要经过几次的仔细修理才能矫正，切不可操之过急。一般放牧的羊群每年春季进行 1 次修理即可，而在舍饲和半舍饲的饲养条件下的羊群则应每间隔 4～6 个月修蹄 1 次，以确保羊群体形的端正。对于蹄形十分不正者，每隔 10～15 天就要修整 1 次，连续 2～3 次才能修好。刚修蹄后的几天，最好在比较平坦的草地上和牧场上放牧，待其蹄甲稍增生后再到丘陵或山区放牧。

图 4-2　正在修理的羊蹄　　　图 4-3　修好后的羊蹄

　　另外，养羊场（户）给羊群进行修蹄之前，可将羊蹄用清水浸泡一会儿，使羊蹄蹄质变软，这样更容易修剪，也可选择在雨水浸泡过羊蹄后进行。

十二、肉羊舍饲养殖技术要点

1. 选择优良的肉羊品种

　　优良品种是提高舍饲养羊经济效益的关键。一般情况下，应选择适应当地气候条件、生产性能好、饲养周期短、经济效益高、市场前景好的品种。

　　肉羊舍饲主要是利用好杂交优势，这是提高肉羊生产性能快速有效的方法。选择当地羊作为母本，年龄最好 1～4 岁，个体较大，体形均匀，乳房发育良好，泌乳能力强，母性好，无生殖系统疾病，体重 30 千克以上的本地品种，如小尾寒羊、湖羊、多浪羊等，与引进的国外优良肉羊品种进行经济杂交，生产育肥羊。

2. 合理的羊群结构

　　优化羊群结构。通过多次选择，存优去劣，分类培育，循序渐进，逐年及时淘汰老羊及生产性能差的羊只，使羊群结构不断优化。羊群年龄结构应保持在 0.5～1 岁的青年羊占 15%～20%，1～4 岁的壮年羊占 65%～75%，5 岁以上的羊占 10%～15%（一般只留种用）的比例。母羊比例达到 75%～90%。母羊比例越高，出栏率越高，经济效益越好。公母比例一般为 1∶（30～60）。有条件的可采用人工授精。

3. 建设科学的羊舍及养羊设施

羊场应选择在地势高燥、通风向阳、水质良好、取用便利、交通方便、便于防疫的地方。羊舍要建筑在办公区和生活区的下风向。

舍饲养羊要建好圈舍，并留有较充足的活动场地。圈舍要做到夏能防暑、冬能避寒。羊舍多为砖瓦结构，坐北朝南，呈长方形布局。冬季可搭成塑料暖棚，以便于保温，并注意在棚顶留有排气孔，以防舍内空气污浊和湿度过大。羊舍的长度以 50 米左右、跨度以 7～8 米为宜。羊舍高度一般为 2.5 米，羊舍门宽 3 米、高 2 米，窗户面积与羊舍地面面积的比例为 1∶15，窗户低沿距地面的高度不低于 1.5 米，以保证有良好的采光和通风效果。同时，羊舍内地面应高出舍外地面 30～50 厘米，铺成缓斜坡以利排水。南方宜用楼式羊舍，地板用木条或竹片构建，间隙为 1～2 厘米，离地面 1.5～2.5 米。

羊舍的类型及面积应根据饲养的规模，及羊的品种、生产目标、生理状况等来定。通常种羊占地面积要大些，育成羊、羔羊要小些，绵羊要大些，山羊要小些。春季产羔母羊 1.1～1.6 米²/只，冬季产羔母羊 1.4～2.0 米²/只，群养公羊 1.8～2.2 米²/只，种公羊（独栏）4～6 米²/只，育成母羊 0.7～0.8 米²/只，幼龄公、母羊 0.5～0.6 米²/只，育成羊 0.6～0.8 米²/只。产羔舍（栏）按基础母羊数的 20%～25% 计算面积。

饲槽、饮水槽、药浴池可采用砖、水泥结构或木质结构。饲槽一般上内宽 25 厘米，下内宽 20 厘米，深 14～16 厘米。长度以每只大羊 30 厘米、羔羊 20 厘米计算，可在饲槽边设置隔栏，以保证每只羊能均匀地吃到饲草饲料；饮水槽长度以肉羊的需求来定；药浴池长 10～15 米，深 100 厘米，底宽 30～60 厘米，上宽 60～100 厘米，要临近水源，以利排放水。

羊舍前要设有运动场，其面积为羊舍面积的 3～4 倍。运动场四周和中间要放有固定式或移动式饲槽，固定式饲槽用水泥或砖砌成，槽内要上宽下窄，槽底呈圆形；移动式饲槽可用木料制作。另外运动场中间也要放置固定式水槽或水盆，用于羊只饮水。

羊场还要建好青贮设施设备。可因地制宜，选择在地势高燥、地下水位较低、距羊舍较近而又远离水源和粪坑的地方建青贮窖、青贮塔、青贮袋等，同时要制备青贮切碎机械。

4. 做好饲草及饲料的供应

充足的饲草饲料是舍饲养羊成功的关键。在舍饲肉羊生产过程中，不仅要保证饲料种类的丰富和储量的充足，而且应根据羊的营养需要和饲料的营养成分配制全价日粮。

饲草有青贮、晒制干草、收集农副产品、调制颗粒料、种植饲草饲料等。储存量取决于当地越冬期长短、饲养羊的数量和草料质量好坏等因素。通常储备的饲草料量要有一定余地，比需要量高出 10%，以防冬期延长。舍饲育肥羊的精粗料比一般为 45:55，按每 10 千克体重饲喂 0.3~0.6 千克干草或 1~1.5 千克青绿饲料；根据饲草的质量，再补饲 100~200 克混合精料，出栏前 30~50 天的育肥羔羊，可增至 0.6~0.8 千克。储备时每只羊的日补饲喂量可按干草 2.0~3.0千克、混合精料 0.2~0.3 千克来安排。为此，要做好饲料的供应工作。

(1) 种植牧草 牧草品种主要选择饲用玉米、黑麦草、小米草、象草、杂交狼尾草、紫花苜蓿等经本地区多年栽培成功的优良品种，种植牧草要多几个品种。1 亩地的牧草养 10~15 只羊，现割现喂，吃不完的可晒干或青贮。

(2) 青贮与氨化 要及时将牧草、秸秆、秧蔓、叶菜类进行青贮、氨化处理，以提高饲草的利用率。成年肉羊青贮料日用量为 0.5~1 千克，羔羊在 6~8 周龄前不能饲喂青贮料。据此计算羊场需要的青贮饲料数量。

(3) 收集农副产物 秸秆、秕壳和秧蔓以及野草、树叶等是饲喂肉羊的好饲料，应及时进行采集、加工，广开饲料来源。

(4) 采用科学的饲料配方 合理配置精料，最好以配制全混合日粮（TMR）为主。肉羊因品种、性别、年龄等方面的不同，其所需要的精料配比有所不同。精料主要由豆饼、玉米、多种维生素以及矿物质组成。

5. 科学的饲养管理

（1）养成平时细心观察养群的习惯（精神、食欲、运动、粪便等） 一旦发现表现异常或发病的羊，应立即隔离治疗，以降低发病率和死亡率。在日常管理中，要防止通过饲养人员、其他动物和用具传播疾病。搞好卫生消毒，做到羊栏、羊体、食槽、用具干净，常年保持羊舍内外的环境清洁。羊舍内外每天清扫 1～2 次，及时清理粪便等污物，降低污物发酵和腐败产生的氨气、二氧化碳等有害气体含量。

（2）注意修蹄 肉种羊蹄壳不断生长，长期在粗糙地面上因其羊蹄的磨损常造成畸形，故每年要定期修蹄 2～3 次。长期不为羊修蹄，不仅会影响羊行走和放牧，还会引起腐蹄病、肢势变形等，种公羊甚至能降低或丧失种用价值。正确的修蹄方法是先掏出趾间的脏物，再用小刀或修蹄剪剪掉所有松动而多余的蹄甲，但要平行于蹄毛线修剪，然后剪掉在趾间的赘生物和削掉软的蹄踵组织，使蹄表面平坦。修蹄在雨后进行为好。

（3）公羊去势 公羊羔去势（又称阉割）的目的是减少初情期后性活动带来的不利影响，提高育肥效果。但随着羔羊屠宰利用时间的提前，特别是一些晚熟品种或杂交种，若经济利用时间在初情期之前，去势是不必要的。其原因一是雄性激素的促生长作用是公羔大于母羔；二是把公羔与母羔远远地隔离开，对刚进入初情期公羔的性活动可能具有抑制作用。但有时将较大的公羊去势后用作试情羊是有必要的。

（4）科学喂养 饲草要少喂勤添，每天可安排喂 3 次，每次可间隔 5～6 小时。饲喂青贮饲料要由少到多，逐步适应，为提高饲草利用率，减少饲草的浪费，饲喂青干草时要切短，或粉碎后和精饲料混合饲喂，也可经过发酵后饲喂。如果有充足的牧草生产基地，包括人工种植的牧草和天然牧草，并且可以每天割草的养羊场，可以完全饲喂青草。在完全饲喂青草时要注意每天割的青草要及时喂，不要隔天喂，割回的青草不要堆放在一起，以防发热、产生异味或变质，影响羊的采食和造成饲草的浪费。

注意饮水和补盐，要先喂盐、后饮水。羊日饮水量为 3～5 升，供饮用的水水质要洁净，并避免羊空腹饮水和饮用冰渣水。每只羊每天可给食盐 5～10 克。食盐可以放入饲料中或饮水中搅拌均匀喂给，也可以将盐放入专用盐筒里，或制成盐砖让羊自由舔食。

在枯草期，因草质较差，粗饲料中的能量和蛋白质难以满足母羊生理需要，故要进行补饲。补饲的精料常与切碎的块根饲料均匀地拌在一起，同时加入食盐和微量元素等；若喂青贮饲料，应在喂完精料后进行；粗料补饲放在最后，可让羊慢慢采食，喂给的干草要切短，或者放在草架里喂，以防浪费。

杂交公羊及不留种用的杂交母羊均应作为商品羊育肥。一是实行早期断奶，通常羔羊断奶时间以 8～10 周龄为宜。二是及早补饲，从产后 7～10 天开始对羊羔进行补饲，优质青干草不限量饲喂，精料采用循序渐进的方法添加，由最初 50 克至断奶时的 200 克为宜。三是适时出栏，羔羊最适宜的育肥年龄为 4～8 月龄，以羔羊在 6 月龄体重达到 45～60 千克出栏效果最佳。

尿素的利用。尿素的含氮量高达 43%～45%，每千克相当于 2.6～2.9 千克粗蛋白或 6～7 千克豆饼的含氮量，是一种较好的非蛋白氮供应源。要提高尿素的利用率，必须注意以下五点。一是严格控制喂量。尿素不能代替日粮中的全部蛋白质，且过量食用会造成中毒，故一般按占日粮总氮量的 30% 或占日粮干物质的 1%～2% 喂给。据资料显示成年羊日喂量 10～15 克是比较安全的。二是均匀分次喂给。先将日定量的尿素分 2～3 次溶于水，再拌入料中喂羊，切忌单纯饮用或直接喂给，喂后不要立即饮水。三是注意饲料搭配。尿素必须配合易消化的精料或少量的蜜糖饲喂，才能提高效果，如日粮中配合适量的硫和磷，也有助于提高尿素利用率。尿素不能与豆饼、苜蓿混合饲喂，因豆饼中含有尿酶能加速尿素分解，容易使羊只出现中毒。四是连续饲喂。因微生物对尿素的利用有个适应过程，故喂尿素不宜喂时停，否则效果较差。五是谨防中毒死亡。羊食入过量尿素时，食后 20～30 分钟即出现中毒症状，轻则精神不振，重则因呼吸困难、窒息而死亡。急救措施为静脉注射 100～200 毫升葡萄糖溶液或灌服 0.5～1.0 升食醋。

6. 执行严格的防疫制度

(1) 平时坚持常规消毒，场地、用具等要坚持每周消毒 1 次。并在春秋两季进行一次大的消毒，交叉使用两种或两种以上的高效消毒药。场门、场区入口处消毒池也要经常更换，保持有效浓度，并谢绝无关人员入场。常用消毒药物有 2%～5% 的火碱溶液、10% 百毒杀等消毒剂。

（2）羊粪应集中进行无害化处理，可在其中掺入消毒液，也可以采用疏松堆积发酵法，高温杀灭病菌和虫卵。

（3）提倡自繁自养，如果从外地引进羊只，要按法定程序，经严格检疫，并经 45 天隔离观察，确认没有传染病后，方可入场混群。

（4）定期驱虫。一般每年春秋两季要对羊群进行驱肝片吸虫各 1 次。对寄生虫感染较重的羊群可在 2～3 月提前进行 1 次治疗性驱虫；对寄生虫感染较重的地区，还应在入冬前再驱 1 次虫。驱虫后的羊群，应做好粪便的收集及羊舍的清理，以防重新感染。常用的驱虫药物有驱虫净、丙硫咪唑、虫克星（阿维菌素）等。其中丙硫咪唑又称抗蠕敏，是效果较好的新药，口服剂量为每千克体重 15～20 毫克，对线虫、吸虫、绦虫等都有较好的治疗效果。研究表明，针对性地选择驱虫药物或交叉用 2～3 种驱虫药或重复使用 2 次等都会取得更好的驱虫效果。

为驱除羊体外寄生虫，预防疥癣等皮肤病的发生，每年要在春季放牧前和秋季舍饲前进行药浴。药浴的方法主要有池浴、大锅或大缸浴、喷淋式药浴等，具体选择哪种方法，要根据羊只数量和场内设施条件而定，一般在较大规模的羊场内采用药浴池较为普遍。

肉羊药浴时应注意的事项：药浴最好隔 1 周再进行 1 次，残液要泼洒到羊舍内；药浴前 8 小时停止放牧或饲喂，入浴前 2～3 小时给羊饮足水，以免羊吞饮药液中毒；让健康的羊先浴，有疥癣等皮肤病的羊最后浴；凡妊娠 2 个月以上的母羊暂不进行药浴，以免流产；要注意羊头部的药浴，无论采取何种方法药浴，必须要把羊头浸入药液 1～2 次；药浴后的羊应收容在凉棚或宽敞棚舍内，过 6～8 小时后方可喂草料或放牧。

（5）制定严格的防疫制度。每年春季和秋季进行羊传染性胸膜肺炎灭活疫苗，羊快疫、羔羊痢疾、肠毒血症三联灭活疫苗，及山羊痘活疫苗、口蹄疫 O 型、亚洲 I 型二价灭活疫苗等免疫注射。

十三、山羊高床舍饲养殖技术

山羊高床舍饲养殖的优点，一是避免了放牧损害农作物和树苗，有利于生态环境保护；二是舍饲饲养的山羊生长速度快，出栏周期短，且有利于羊舍清洁卫生，减少疾病发生，羔羊成活率可达90%以上；三是实现了养羊无"禁区"，养羊不再受地域、草场等条件的制约，有利于扩大养殖规模；四是充分利用农作物秸秆，提高秸秆利用率，减少资源浪费。

1. 技术特点

山羊高床舍饲养殖技术是一个综合技术，以"六化—配套—结合"为主要内容，即圈舍标准化、品种优良化、饲养科学化、管理规范化、生产规模化、防疫制度化，种草与养羊配套、养羊与沼气结合的高床舍饲养殖技术。具体包括高床羊舍修建、羊群组建、饲料生产与储备、饲养管理、疾病综合防治技术等方面。

2. 高床羊舍修建

羊舍可建双列式羊舍和单列式羊舍，羊舍长度根据饲养规模确定，一般羊舍长度为15~30米，墙高4~5米。羊舍所需面积，每只公羊1.5~2米^2，每只母羊1~2米^2，每只肉羊0.6~0.8米^2，运动场面积为羊舍的1.5~2倍。

羊床采用漏粪地板，宜采用木条、竹片、水泥条、塑料专用漏粪地板等材料铺设。木条宽5厘米，厚4厘米。木条间隙，小羊1.0~1.5厘米，大羊1.5~2.0厘米。羊床离地面0.5~0.6米。羊床下地面的坡度为10度左右，后接粪尿沟。舍内地面用砖铺或水泥处理，运动场用全砖铺或半砖铺或三合土处理。饲槽可建水泥槽或木槽，槽上宽35厘米，下宽30厘米，高20厘米。每个羊圈设一个饮水位。双列式羊舍人行走道宽1.5~2.0米，羊栏高度1.0~1.2米，窗户距羊床1.2米。

羊床上靠近过道的一侧的床栏，采用高度与床栏一致，宽度为10~15厘米的木板条，每块木板在距离漏粪地板50厘米处向上挖一长20厘米，宽4厘米的椭圆形孔洞，相邻两块木板的圆弧相对组成8厘米左右的孔洞作为颈夹板，将饲槽置于颈夹板外，山羊通过这个圆弧形孔洞（颈夹板）将头伸出栏外吃草料，实现对山羊采食和饲料供应的控制，既不浪费饲料，也不污染饲料。

每个羊圈下面有一个出粪口，长2米，宽0.7米。羊舍后面修一条粪尿沟，宽 35 厘米，深 20 厘米，沟也要有倾斜的坡度（5 度）。在羊舍低的一端修一个粪尿池或沼气池。在羊舍四周修围墙，高度 1.5～1.8 米。

对没有单独公羊舍和单独产房的羊舍，为做到对种公羊、妊娠后期和产羔的母羊实行隔离饲养，在高床上应有活动的、便于调节空间大小的隔离栏片，隔离栏片的规格按照羊栏的高度和羊床的长度确定，在需要实施隔离时使用。隔离后的规格，冬季产羔 2～3 米^2，春季产羔 1.0～1.2 米^2，公羊 1.5～2.0 米^2。在母羊产羔期间还应有保暖设备，使产房保持一定温度。

3. 羊群的组建

羊群的组建包括品种选择、羊群结构和规模的确定等。品种选择要结合当地的品种资源和生产实际，选养适应本地气候生态条件、生长快、个体大的品种及其杂交后代。

选择地方优良山羊品种，如南江黄羊、成都麻羊、川中黑山羊、川南黑山羊等，引进品种有波尔山羊、努比羊；选择杂交品种，包括两个或多个山羊品种杂交的后代，如波杂羊、黄杂羊、努杂羊等。

从饲养效果看，通常级进杂交优于三元杂交，三元杂交又优于二元杂交，二元杂优于纯种，培育纯种优于选育程度低的品种。

羊群结构是能否保持较高生产效率、繁殖率和持续发展后劲的关键。养殖户在生产中一定要重视组建好羊群，保持羊群的合理生产结构。通常认为较理想的羊群公母比例是 1：36，繁殖母羊、育成羊、羔羊比例应为 5：3：2。但在实际生产中养殖户要根据所饲养的品种和生产方向而略有调整。

饲养规模要根据农户的投资能力、市场、草料来源、饲养管理条件等因素决定。既要克服"船小好调头"、谨小慎微不敢多养的小农思想，以致不能从规模养殖中获得更多的收益，也要克服盲目贪多求大，追求规模效益而仓促扩大饲养的冒进思想。要量力而行，规模适度，稳步滚动发展。

4. 饲料生产与储备

生产和储备充足的草料是保证舍饲养羊正常生产的重要前提。特别是重点解决好冬季的草料储备问题。羊喜食多种饲草，若经常饲喂少数的几种，会造成羊的厌食、采食量减少、增重减慢，影响生长。生产中要注意增加饲草品种，提高羊的食欲。

羊的饲料分为粗饲料和精饲料，其中精饲料主要有谷实类、薯类、糠麸类、饼粕类等，并注意不能给羊饲喂动物性蛋白饲料。粗饲料主要有各种青、干牧草、农作物秸秆和多汁的块根饲料，质地粗硬的秸秆或藤蔓可用揉草机揉软、切成 3 厘米以下短段后饲喂，或用粉碎机粉碎后拌精料制成微贮料，也可以制成青贮饲料。

饲草饲料的供应和储存量要根据实际养羊规模确定，通常储存量按需要量的 110% 确定，消耗量可按一只成年公、母羊平均日消耗粗饲料量为 3 千克，平均日消耗精饲料量为 0.25 千克，育成羊、羔羊分别按成年羊的 75%、25% 的标准计算。

解决山羊舍饲草料的好途径是实施农闲地种草、退耕地及果园地种草、天然草地改良等，其中农闲地种草春播宜选用饲用玉米、杂交狼尾草、狼尾草、苏丹草、籽粒苋等品种，秋播宜选用多花黑麦草、光叶紫花苕、黄花苜蓿等品种；退耕地和草山草坡以豆科牧草与禾本科牧草混播为佳，可选择的牧草品种有紫花苜蓿、三叶草、高羊茅、早熟禾等多年生牧草品种；果园地宜种植的牧草品种有紫花苜蓿、红三叶、白三叶、苕子、草木樨、沙打旺等。种草养羊要注意适时收割，一般禾本科牧草在孕穗期刈割，豆科牧草在初花期刈割，饲料玉米与大豆以籽实接近饱满收割为宜。青干草的晒制方法有田间干燥法和架上晒草法。

5. 饲养管理

舍饲养羊日常的饲养管理很重要，对饲养管理的技术要求较高。饲料种类要多样化、适口性好、消化率高、营养全面，投料要定时、定量、定质，并做好圈舍卫生的打扫、消毒等日常饲养管理。并能根据各类羊群的特点，实行不同的饲养管理方法。

(1) 种公羊的饲养管理 种公羊应单独饲养管理。在非配种期以粗料为主，每天补喂混合精料 0.4~0.6 千克即可。配种期从配种预备期开始增加精料营养水平及喂量，先按正式配种期的 60%~70% 供给，进入正式配种期后，除供给优质的青干草自由采食外，混合饲料日喂量应为 0.8~1.2 千克。当配种任务繁重时，应提前 15 天开始每日每只种公羊加喂鸡蛋 1~2 个。饲喂制度为每日投料 2~3 次，饮水 3～4 次，并保持羊舍清洁卫生、干燥、空气流通和羊只的适当运动。

（2）种母羊的饲养管理　在空怀期喂给空怀母羊的干饲料应为体重的 2.5%～3.0%，青饲料为每只每天按体重的 12%～15% 投喂。在配种前 1～1.5 个月对膘情较差的母羊要加强营养，突击抓膘，甚至实行短期优饲，使母羊发情整齐，保证较高的受胎率和多胎率，同时使产羔集中，提高羔羊成活率。在妊娠早期膘情较好的母羊，供给青粗料，适当补饲精料即可。

妊娠后期（后 2 个月）胎儿生长发育较快，初生重的 80%～90% 在此期间形成，应增加精料比例，提高营养水平。怀单羔母羊可在维持日粮基础上增加 12%，怀双羔母羊增加 25%。精料比例在产前 40～21 天增至 18%～30%。注意种母羊在妊娠后期应单独饲养管理，与羔羊和育成羊饲养在一起易导致母羊流产和羔羊被踩死、压死。

哺乳母羊产后头 25 天要喂给高于饲养标准 10%～15% 的日粮。产双羔的母羊每天应补精料 0.4～0.6 千克，产单羔母羊则为 0.3～0.5 千克。两种情况下均应补给多汁饲料 1.5 千克以上。但在产后 1～3 天，膘情好的母羊不应补饲太多的精料，以防止消化不良或发生乳腺炎。当羔羊长到 1.5 月龄以后，母羊泌乳能力渐趋下降，羔羊已能采食大量青草和粉碎饲料；到 3 月龄时母乳仅能满足羔羊营养的 5%～10%，应尽早断奶，母羊精料量逐渐减少，增加粗料的饲喂量。推荐母羊精料的配方：玉米 60%、麸皮 8%、菜子饼 16%、豆粕 12%、食盐 1% 和矿物质等预混料 3%。

（3）羔羊及育成羊、育肥羊管理　羔羊出生 30～60 分钟内要吃到初乳，并供给清洁饮水和做到保温。产后 7～10 天，诱导羔羊采食青草和精料。产后 15～20 天，随着采食能力增强，应补饲混合料，喂料量随日龄调整。通常 20～30 日龄，每只羔羊日喂量为 50～70克，1～2 月龄为 100～150 克，2～3 月龄为 200 克，3～4 月龄为 250克，每日补喂 2 次。同时饲喂优质的豆科牧草，凡不作种用的公羔应在产后 20 天左右去势。产后 60～90 天，应根据羔羊体格发育情况适时进行断奶整群。推荐羔羊精料的配方：玉米 54%、麸皮 12%、豆粕 30%、食盐 1% 和矿物质等预混料 3%。

断奶后羔羊的舍饲育肥分为精料型日粮育肥、青贮饲料型日粮育肥和颗粒饲料型育肥。其中精料型育肥适用于体重较大的健壮羔羊肥育。

断奶初期羔羊体质弱，需喂给以精料为主的饲料，补喂优质牧草及青绿饲料。精粗比例为 40：60 或 50：50。离乳 1 个月后，逐渐加大粗饲料喂量，精粗比例为 35：65。肥育中后期，继续加大精粗料比例，达到 30：70，直到出栏。推荐的补饲精料配方：玉米 53％、豆饼 29％、麸皮 14％、食盐 1％ 和矿物质等预混料 3％。补饲量为 500～600 克/日。

青贮饲料型日粮舍饲育肥是以玉米青贮为主，约占日粮的 67.5％～87.5％，但要注意此方法不宜用于肥育初期的羔羊和短期强度肥育的羔羊，主要用于育肥期在 80 天以上的羔羊。推荐精料配方：玉米 55％、麦麸 25％、菜籽饼 8％、豆饼 8％、食盐 1％ 和矿物质等预混料 3％。

颗粒饲料型舍饲育肥适合于有饲料加工条件且饲养肉用成年羊和羯羊。颗粒料中秸秆和干草粉可占 55％～65％，精料 5％～40％。典型日粮配方：禾本科草粉 30％、秸秆 42％、精饲料 25％、矿物质等预混料 3％。喂颗粒料时，最好用自动饲槽投料，雨天不宜在敞圈饲喂，并按每只羊 0.25 千克的量喂青干草，以利于反刍。

6. 疫病防控

随着舍饲肉羊饲养规模的扩大和饲养密度的增加，疾病控制是重点。舍饲养羊要严格执行预防为主、防重于治的方针，定期做好消毒、驱虫、免疫接种等防疫保健，保证羊群健康生产。

（1）做好消毒　羊舍及运动场经常保持清洁卫生，定期对羊舍及用具消毒。常用消毒药品有 3％来苏水、2％烧碱水、30％草木灰、10％石灰乳等。每 2 周用 0.1％的高锰酸钾水消毒饮水槽和食槽 1 次。圈舍每半个月消毒 1 次，常用的消毒药有 10％～20％石灰乳和 20％的漂白粉溶液，羊舍内每平方米用量约为 1 升，用喷雾器喷洒地面、墙、舍顶。每年 2～3 次空圈彻底消毒，消毒程序为彻底清扫→清水冲洗→烧碱水喷洒→次日冲洗，并空圈 5～7 天。有疫病发生时要按规定彻底消毒。

（2）定期驱虫　每年春秋季各驱虫 1 次，寄生虫污染严重地区在母羊产后 3～4 周进行驱虫。羔羊断奶后易受寄生虫侵害，应进行保护性驱虫。采用丙硫苯咪唑、阿维菌素等药物在春秋两季对山羊进行体内体外驱虫。药浴是防治羊外寄生虫病，特别是预防羊螨病的有效措施，药浴液可用 0.025％～0.05％的双甲脒乳液、5～15 毫克/升的溴氰菊酯溶液等。药浴需选择晴朗温暖的日子，浴前 8 小时停止采食，浴前 2～3 小时让羊饮足水，以防羊进入浴池后误饮药水造成中毒。先浴健康羊，然后再浴有寄生虫病的羊；药液要淹没羊的全身，并把羊头压入药液中 1～2 次；浴后滴留 20 分钟。注意怀孕 2 个月以上的母羊不能实行药浴驱虫。

（3）免疫接种　对羊群进行有计划的预防接种，是提高羊群对相应疫病的抵抗力，预防疫病发生的关键。免疫接种要根据当地及周边地区动物疫情动态有计划地做好防疫，重点对羊快疫、口蹄疫、羊痘、肠毒血症、羔羊痢疾和传染性胸膜肺炎等传染病进行免疫接种。预防接种前，应对被接种的羊群进行健康状况、年龄、妊娠、泌乳以及饲养管理情况进行检查和了解。每次接种后应进行登记，有条件的要进行定期抗体监测，并注意免疫保护期到期后要及时补免。

十四、北方牧区划区轮牧技术

1. 概述

对于天然草原和人工草场的合理利用，其中划区轮牧是最有效的方法之一。划区轮牧是指在一个放牧季节内，依据生产力将放牧场划分成若干小区，每个小区放牧一定天数，依序有计划地放牧，并周而复始地循环使用。这种利用放牧场的方法是比较科学的，特别是在高产放牧场和人工草地上，其优越性更为显著。

2. 技术特点

（1）确定小区数目　小区数目与草场类型、草场生产力、轮牧周期、放牧频率、小区放牧天数、放牧季节长短、放牧牲畜数量、类型等都有密切关系，需要综合分析计算。轮牧周期长短取决于再生草再生速度，再生草高度达 8～12 厘米时可再利用。小区持续放牧天数要考虑不让牲畜吃完再生草以及蠕虫病感染的时间，一般不要超过 6 小时。当放牧频率少时，小区数量就要增加。根据各地区放牧地条件，在草甸草原上小区数目最好为 12～14 个，干草原及半荒漠以 24～35 个为宜，荒漠因无再生草，小区数目以 33～61 个为宜。但小区设置过多，资金投入就增加，需要综合考虑。要根据牲畜头数、放牧天数、牲畜日粮、放牧密度等决定小区面积。

(2) 小区布局要考虑的条件　从任何一个小区到达饮水处和棚圈不应超过一定距离，各类家畜有其适宜距离。以河流作饮水水源时可将放牧地沿河流分成若干小区，自下游依次上溯。如放牧地开阔水源适中时，可把畜圈扎在放牧地中央，以轮牧周期为 1 个月分成 4 个区，也可划分多个小区；若放牧面积大，饮水及畜圈可分设两地，面积小时可集中一处。各轮牧小区之间应有牧道，牧道长度应缩小到最小限度，但宽度必须足够 (0.3～0.5 米)。应在地段上设立轮牧小区标志或围篱，以防轮牧时造成混乱。

(3) 实例　内蒙古自治区呼伦贝尔市呼伦贝尔羊种羊场是呼伦贝尔市一处规模最大的种羊场，占地 3 万多亩，为典型草原，有各类羊只 4000 多只。为合理有效利用草场，减少劳动力，降低生产成本，提高经济效益，人们采取了划区轮牧技术。

① 总体设计建设方法　根据项目区自然条件及生产现状，暖季采用划区轮牧，冷季半舍饲。划区轮牧 2 万亩，分成 2 个单元，每个单元平均分为 9 个放牧小区，每小区放牧天数平均 8～9 天，放牧频率 2 次，轮牧周期 75 天，每年 6～10 月依次轮回利用，轮牧季 150 天。打机井 2 眼并配备输水管道、水箱及相关设施，合理利用地形落差，使每个小区的羊群不出小区就可以饮上清洁的水，既减少来回走动对草场的践踏，又减少了肉羊能量消耗。同时在放牧小区分散放置盐槽或盐砖，让牲畜自由舔食。

② 小区放牧轮换方式　小区每年的利用时间对区内牧草有一定影响，为减少这种不良影响，各小区每年利用的时间按一定规律顺序变动，第 1 年从第 1 小区开始利用，第 2 年从第 7 小区利用，第 3 年从第 4 小区利用。3 年为 1 个周期，将不良影响均匀分摊到每个小区，使其保持长期的均衡利用。

③ 采取技术措施　用采样方法测定划区轮牧各种植物的覆盖度、高度、密度、产量，确定了植物群落的类型和生产力。根据轮牧小区面积和产草量确定了轮牧的肉羊数、天数和轮牧周期，并在实际实施

过程中逐步调整。在划区轮牧和自由放牧区内设置固定围笼和活动围笼。观察牧草生长、肉羊采食量、放牧前后产草量以及变化规律、留茬高度、植物再生规律和肉羊的采食率。

（4）划区轮牧草场监测及使用效果　通过在轮牧小区内设置围笼，观测小区草地植物群落可利用牧草生物量变化情况，划区轮牧比自由放牧牧草增加 13％；在划区轮牧植被检测的同时，选择羊群质量基本相同的两个羊群，互为对照组，进行划区轮牧与自由放牧情况下，羊群增重情况测定和分析。将羊控制在小区内，减少了游走耗能，增重加快，划区轮牧当年羔羊比自由放牧同类质量的当年羔羊体重提高了 13.3％；采用内蒙古草勘院制定的划区轮牧技术规程和计算公式测算新增牧草产量和载畜量。通过实施划区轮牧，草场载畜率提高了 15.7％，草地覆盖度增加了 10％，降低了种羊培育成本。

十五、羔羊人工哺育技术要点

规模养羊，有时会遇到一胎产羔数超过母羊奶头数、母羊奶水不足、正在哺乳羔羊的母羊死亡、体质弱的羔羊等情况，若饲养不当，管理不善，就会造成一部分羔羊因吃不到奶而饿死，严重者甚至造成整窝羔羊死亡。为了提高羔羊的成活率，可采取以下几种喂养法。

1. 羔羊寄养

母羊一胎产多羔，可将一部分羔羊分给产羔数少的母羊代养。为确保寄养成功，一般要求两只母羊的分娩日期相差在 5 天之内，两窝羔羊的个体体重差距不大。羔羊寄养宜在夜间进行，寄养前利用母羊识别羔羊靠嗅觉，而不是靠视觉这一特性，将两窝羔羊身上同时喷洒来苏水或酒精等，或涂抹代养母羊的乳汁、尿液。

2. 喂人工奶

（1）羔羊代乳料　羔羊可以使用羊奶哺育，也可以使用代乳料哺育，注意不要用牛奶或犊牛的代乳料饲喂 2 周龄后的羔羊，因为牛奶和犊牛代乳料脂肪含量较羊奶的低。用牛奶饲喂 2 周龄以上的羔羊常出现腹泻。

（2）饲喂设备　如果羔羊数量少，人工可以解决的时候，用奶瓶或者水盆等，由人看着羔羊吃即可。羔羊较多时，可在铁制或塑料水

桶侧下部开若干个孔并相应安装固定奶嘴,让羔羊自行吸吮奶。还可以使用自动吸奶器饲喂,将羔羊集中在一个围栏内,通过管道系统将乳汁分配到舍内的各个人工乳头上,让羔羊自己采食。

(3)适应性训练　在保证羔羊吃到初乳的前提下,训练羔羊熟悉奶嘴和其他人工哺乳用具,如果是用代乳料的还要有 5 天左右的适应期,避免突然改变引起胃肠不适。可以用带有奶嘴的奶瓶由人给羔羊喂奶,让羔羊接受奶嘴喂奶,等羔羊适应人工哺乳方式后,将羔羊按照出生日期以及强弱进行分群,喂给人工乳。

(4)温度控制　温度控制包括饲喂鲜奶或代乳料的温度和室温控制。室温以 20℃为宜,新生羔羊可将室温提高到 28℃。

(5)定人、定时、定温、定量和讲究卫生　定人就是从始至终固定一个人喂养。这样可以熟悉羔羊生活习性,掌握吃饱程度,喂奶温度、喂量以及在食欲上的变化,健康与否等。

定温是指羔羊所食的人工乳要掌握好温度。一般冬季喂 1 个月龄内的羔羊,应把奶凉到 35～41℃,夏季温度可略低。随着羔羊日龄的增长,喂奶的温度可以降低些。没有温度计时,可以把奶瓶贴在脸上或眼皮上,感到不烫也不凉时就可以喂羔羊了。温度过高,不仅伤害羔羊上皮组织,而且容易发生便秘;温度过低往往容易发生消化不良、拉稀或胀气等。但是如果采用饲喂设备让羔羊自行采食的,尤其是用自动吸吮系统饲喂时,以 0～4℃的凉奶为宜,尽管可能引起羔羊消化问题,但是凉奶不宜腐败,也不易造成羔羊过食。

定量是指每次喂量掌握在“七成饱”的程度,切忌喂得过量。具体给量按羔羊体重或体格大小来定,一般全天给奶量相当于初生重的1/5 为宜。喂给粥或汤时,应根据浓稠度进行定量,全天喂量应略低于喂奶量标准,特别是最初喂粥的 2～3 天,先少给,待慢慢适应后再加量。羔羊健康、食欲良好时,每隔 7～8 天比前期喂量增加1/4～1/3。如果消化不良,应减少喂量,加大饮水量,并采取一些治疗措施。

定时是指羔羊的喂养料时间固定,尽可能不变动。初生羔羊每天应喂 6 次,每隔 3～5 小时喂 1 次,夜间。可延长间隔时间或减少喂养料次数。10 天以后每天喂 4～5 次,到羔羊吃草或吃料时,可减少到 3～4 次。

讲究卫生是指注意卫生条件。喂羔羊奶的人员，在喂奶以前应洗净双手。平时不要接触病羊，尽量减少或避免致病因素。出现病羔应及时隔离，由单人分管。羔羊的胃肠功能不健全，消化机能尚待完善，最容易"病从口入"，所以羔羊所食的奶类、豆浆、面粥以及水源、草料等都应注意卫生。例如奶类在喂前应加热到 62～64℃，经30 分钟或 80～85℃瞬间，可以杀死大部分病菌。粥类、米汤等在喂前必须煮沸。羔羊的奶瓶应保持清洁卫生，健康羔与病羔应分开用，喂完奶后随即用温水冲洗干净。如果有奶垢，可用温碱水或"洗净灵"等冲洗，或用瓶刷刷净，然后用净布或塑料布盖好。病羔的奶瓶在喂完后要用高锰酸钾、来苏尔、新洁尔灭等消毒，再用温水冲洗干净。

十六、羔羊早期断奶技术要点

传统的羔羊断奶时间为 4 月龄左右，但早期断奶可以使母羊尽快复壮，使母羊早发情、早配种，提高母羊的繁殖率；也可以促使羔羊肠胃机能尽快发育成熟，增加对纤维物质的采食量，提高羔羊体重和节约饲料。所以提倡羔羊早期断奶。

从母羊的母乳营养分析，羔羊到 3 月龄的时候，母羊的乳汁营养只能满足羔羊营养需求的一小部分。从羔羊的生长发育过程看，20～40 日龄羔羊就出现反刍行为，开始具有反刍动物的消化功能，对各种粗饲料的消化逐步增强。到了 1.5 月龄，羔羊的瘤胃和网胃质量占整个胃重的比例已达到成年羊的程度，而皱胃比例缩小，6 周龄的羔羊饲料转化率最高。因此，提早断奶，对羔羊快速育肥有很大好处。在国外，一般采用 6 周龄断奶体制，新西兰专业化繁育场的羔羊在4～5 周龄即断奶，还有的国家实行超早期断奶，在产后 1～3 天，也就是羔羊吃到初乳后即断奶。我国由于肉羊的品种和饲养管理水平与国外有一定的差距，尚不能照搬国外的做法，我们提倡羔羊早期断奶时间要视羔羊体况而定，一般以 2～3 月龄为宜。

羔羊早期断奶的技术要点主要有以下几点。

1. 尽早补饲

羔羊出生后 1 周开始跟着母羊学吃嫩叶或饲料，在 8～15 日龄就要开始设置补饲栏训练吃青干草，以促进其瘤胃发育。1 月龄后让其采食开食料，开食料为易消化、柔软且有香味的湿料，并单设补充盐和骨粉的饲槽，促其自由采食。

2．要逐渐进行断奶

羔羊计划断奶前 10 天，晚上羔羊与母羊在一起，白天将母羊与羔羊分开，让羔羊在设有精料槽和饮水槽的补饲栏内活动。羔羊活动范围的地面等应干燥、防雨、通风良好。

3．防疫

羔羊肥育常见的传染病有肠毒血病和出血性败血病等，可用三联四防灭活干粉疫苗在产羔前给母羊注射预防，也可在断奶前给羔羊注射。

十七、羔羊隔栏补饲技术

自繁羔羊隔栏补饲是指在母羊活动集中的地方设置羔羊补饲栏，是羔羊早龄开食补料的一项技术，也是集约化肉羊生产（密集繁殖、早期断奶、多胎多产和秋冬产羔等）的重要组成部分。其目的在于加快羔羊生长速度，缩小单、双羔及出生稍晚羔羊的差异，为以后提高育肥效果，尤其是缩短育肥期打好基础；同时也减少羔羊对母羊索奶的频率，使母羊泌乳高峰期保持更长时间。

1．需要隔栏补饲的羔羊

无论是规模化还是散养的，舍饲还是放牧的羔羊均可实行隔栏补饲。

2．开始隔栏补饲的时间

一般羔羊 10～14 日龄即开始训练吃草，羔羊 15～20 日龄正式开始补料。

3．隔栏补饲羔羊的配料

不论是开食料，还是早期的补饲料，必须根据哺乳羔羊消化生理特点以及正常生长发育对营养物质的要求，在保证饲料质量的情况下尽量接近母乳水平。一是要具有较好的适口性，羔羊愿意吃才能达到补饲的目的；二是营养好，保证羔羊生长发育的营养，特别是能量和蛋白质；三是成本低，质优价廉才有竞争力。实践证明，使用颗粒饲料比使用粉料能提高饲料报酬率5％～10％，主要是因为颗粒饲料营养全面，适口性好，羔羊愿意采食。

肉羊羔羊补饲的粗饲料以苜蓿干草或优质青干草为好，用草架或吊把让羔羊自由采食；精饲料主要有玉米、豆饼、大麦、麸皮、磷酸氢钙、食盐、羊专用复合预混料等，1月龄前的羔羊补喂的玉米以大碎粒为宜，此后则以整粒玉米为好。要注意根据季节调整粗饲料和精饲料的饲喂量。例如，早春羔羊补饲时间在青草萌发前，干草要以苜蓿为主，同时混合精饲料以玉米为主；而晚春羔羊补饲时间在青草茂盛期，可不喂干草，但混合精饲料中除玉米以外，要加适量的豆饼，以保持日粮蛋白质水平不低于15％。

常见的饲料配方如下。

（1）在不具备饲料加工条件的地区：玉米60％、燕麦或大麦20％、麸皮10％、豆饼10％，每10千克混合料中加金霉素或土霉素0.4克，骨粉少量，整粒拌匀。

（2）在具备饲料加工条件的地区：玉米20％、麸皮10％、燕麦或大麦20％、豆饼10％、骨粉10％、糖蜜30％，每10千克精饲料加金霉素或土霉素0.4克，把以上原料按比例混合制成颗粒料，直径以0.4～0.6厘米为宜。

（3）常用饲料配方：整粒玉米83％、豆饼15％、骨粉1.4％、食盐0.5％、维生素及微量元素0.1％。

4. 隔栏补饲的饲养管理

（1）准备适宜数量的隔栏　隔栏面积按每只羔羊0.15平方米计算，进出口宽约20厘米，高度40厘米，以不挤压羔羊为宜。对隔栏进行清洁与消毒。

（2）饲喂技术要点　开始补饲时，白天在饲槽内放些许玉米和豆饼，量少而精。每天不管羔羊吃净没有，全部换成新料。待羔羊学会吃料后，每天再按日进食量投料。一般最初的日进食量为每只40～50克，后期达到300～350克，全期消耗混合料8～10千克。投料时，以每天放料1次、羔羊在30分钟内吃净为佳。时间可安排在早上或晚上，但要有较好的光线。饲喂中，若发现羔羊对饲料不适应，可以更换饲料种类。经常观察粪便情况，一般情况下粪便呈黄色团状，如遇阴雨天可能出现拉稀，必要时可用肠道消炎药治疗。

十八、断奶羔羊快速育肥技术

羔羊断奶后育肥是羊肉生产的主要方式，一般情况下，对体重小或体况差的羔羊进行适度育肥，对体重大或体况好的进行强度育肥，均可进一步提高经济效益。此种技术灵活多样，可视当地牧草状况和羔羊类型选择育肥方式，如强度育肥或一般育肥、放牧育肥或舍饲育肥等；根据育肥计划、当地条件和增重要求，选择全精料型、粗饲料型和青贮饲料型育肥，并在饲养管理上分别对待。

1. 采用全精料型日粮育肥

全精料型日粮育肥分为羔羊体重 10 千克和 35 千克两种。羔羊在 1.5 月龄、体重达 10 千克时断奶然后开始采用全精料育肥。在羔羊断奶前 15 天实行隔栏补饲，也可在早晚定时将羔羊与母羊分开，让羔羊在专用栏内活动，栏内放置料槽和水槽，其他时间让母仔同处。此时补喂的饲料应与羔羊断奶后育肥使用的饲料相同，饲料配方为整粒玉米 83%、豆饼 15%、骨粉 1.4%、食盐 0.5%、维生素及微量元素 0.1%。用全精料育肥 50 天后即可上市，体重达 25～30 千克，平均日增重 400 克左右。

注意育肥期间槽内不能断料并保证有清洁的饮水。开始时补喂的玉米粒可以稍加破碎，待羔羊习惯后再整粒饲喂。羔羊活动区内要保持干燥，最好在地面上铺少许垫草。一般情况下羔羊的粪便呈黄色团状，如遇阴雨天气，羔羊可能出现拉稀，必要时可用肠道消炎药治疗。

羔羊体重 35 千克强度育肥。此法只适用于 35 千克左右的健壮羔羊育肥，通过强度育肥，50 天达到 48～50 千克上市体重。日粮配制以玉米豆粕型日粮为主，饲养管理要点应保证羔羊每天每只额外食入粗饲料 45～90 克，可以单独喂给少量秸秆，也可用秸秆当垫草来满足，但垫草需每天更换。

2. 采用粗饲料型日粮育肥

此法按投料方式分为普通饲槽用和自动饲槽用两种，前者是把精料和粗料分开喂给，后者则是把精粗料混合在一起喂给。为了减少饲料浪费，建议采用自动饲槽，用粗饲料型日粮。

日粮配方：玉米 58.75％、干草 40％、黄豆饼 1.25％，另加抗生素 1％。此配方风干饲料中含粗蛋白质 11.37％、总消化养分 67.10％、钙 0.46％、磷 0.26％，精粗比为 60：40。

饲养管理要点：日粮用干草应以豆科牧草为主，其粗蛋白质含量不低于 14％；配制出的日粮在成色上要一致，尤其是带穗玉米必须碾碎，以羔羊难以从中挑出玉米粒为准，常用的筛孔为 0.65 厘米，按照渐加慢换的原则，让羔羊逐步转入育肥日粮的全喂量，每只羔羊日喂量按 1.5 千克标准投放。

3. 采用青贮饲料型日粮育肥

此法以玉米青贮饲料为主，可占到日粮的 67.5％～87.6％。一般青贮方法难以适用于育肥初期羔羊和短期强度育肥羔羊，但若选择豆科牧草、全株玉米、糖蜜、甜菜渣等原料青贮，并适当降低其在日粮中的比例，也可用于强度育肥，羔羊育肥期将大为缩短，育肥期日增重能达到 160 克以上。

日粮配方：碎玉米粒 27％、青贮玉米 67.5％、黄豆饼 5％、石灰石粉 0.5％，维生素 A 和维生素 D 分别为 1100 国际单位和 110 国际单位（1 国际单位维生素 A 等于 0.3 微克维生素 A，1 国际单位维生素 D 等于 0.025 微克维生素 D），抗生素 11 毫克。此配方风干饲料中，含粗蛋白质 11.31％、总消化养分 70.9％、钙 0.47％、磷 0.29％，精粗比为 67：33。

十九、一胎多产羔羊的喂养方法

优良的高产母羊，有时会遇到一胎产羔数超过母羊奶头数的情况。遇到这种情况，对养殖户来讲，虽说是好事，但由于母羊产羔数多，相对个体就显得较小，体质也显得较为瘦弱，若养殖户对羔羊的饲喂方法不当，管理不善，就会造成一部分体质弱小的羔羊吃不到奶而饿死、冻死，严重者甚至造成整窝羔羊死亡，好事反而变成了坏事。要提高母羊一胎多产羔羊的成活率，提高养殖肉羊的经济效益，养羊户和养羊场可推行以下几种喂养法。

1. 羔羊寄养

母羊一胎多产羔羊（或母羊产后意外死亡），可将一窝产羔数多的羔羊分一部分给产羔数少的母羊寄养。采用羔羊寄养时，为确保寄养成功，一般要求两只母羊的分娩日期比较接近，相差时间应在 3～5 天之内，两窝羔羊的个体体重大小不宜差距过大。另外，母羊的嗅觉较为灵敏（特别是本地母羊），为避免母羊嗅辨出寄养羔羊的气味而拒绝哺乳，一般羔羊寄养提倡在夜间进行，寄养前将两窝羔羊同时喷洒上臭药水或酒精等气味相同的药物，或用受寄养母羊的奶汁、尿液等涂抹寄养羔羊，再将两窝羔羊用箩筐装着放在一起喂养 30～60 分钟，使受寄养母羊嗅辨不出真假，从而达到寄养的目的。

2. 分批哺乳

如果哺乳羔羊过多，超过母羊的奶头数，可将羔羊分成两组，轮流哺乳。采用分批哺乳方法时，必须加强哺乳母羊的饲养管理，保证母羊中等偏上的营养水平，使母羊有充足的奶水供给羔羊哺乳。对于分组的羔羊应按大小、强弱合理分配，与此同时，要做好对哺乳羔羊的早期补草引料工作，尽可能地减轻母羊的哺乳负担，保证全窝羔羊的均衡发展。

3. 哺喂人工奶

对于母羊一胎产羔数多以及母羊产羔后缺奶的情况，应尽量在保证羔羊吃到初奶的前提下，通过短期补喂的办法解决。通常可用两成牛奶、一成白糖，加七成水冲淡，煮沸后冷却到 37℃ 左右代替羊奶给羔羊补饲；也可用米汤加白糖或豆浆加白糖代替羊奶饲喂羔羊。对于出生日龄小、体质较弱的羔羊，短期内补喂人工奶可直接用奶瓶补喂，如遇有较多的羔羊需要补喂人工奶，应进行人工训练羔羊自行吸吮人工奶，一般训练羔羊吸吮人工奶的方法是：把配制好的人工奶放在小奶盆内（盆高 8～10 厘米），用清洁手指代替奶头接触奶盆水面训练羔羊吮吸，一般经 2～3 天的训练，羔羊即会自行在奶盆内采食。以上给羔羊吸吮的人工奶配制方法比较简单，而且配方单调，营养不全面，仅适用于少数几只羔羊或母羊奶水不足的情况下短期采用。如遇人工补喂的羔羊数量多，且补喂时间长，为确保羔羊正常生长发育，应采用科学的人工奶配方。羔羊出生后 20 日龄前可用小麦粉 50%、炒黄豆粉 17%、玉米粉 12%、脱脂奶粉 10%、酵母 4%、白糖 4.5%、钙粉 1.5%、食盐 0.5%、微量元素添加剂 0.5%（其配方可参照如下：硫酸铜 0.8 克、硫酸锌 2 克、碘化钾 0.8 克、硫酸锰 0.4 克、硫酸亚铁 2 克、氯化钴 1.2 克），鱼肝油 1～2 滴，加清水 5～8 倍搅匀，煮沸后冷至 37℃左右代替奶水饲喂羔羊。羔羊 20 日龄后可用玉米粉 35%、小麦粉 25%、豆饼粉 15%、鱼粉 12%、麸皮 7%、酵母 3%、钙粉 2%、食盐 0.5%、微量元素添加剂 0.5%，混合后加水搅拌饲喂羔羊（加水量应逐渐由多到少，直至过渡到用干料饲喂羔羊）。

二十、繁殖母羊阶段性饲养管理技术

繁殖母羊是羊群正常发展的基础，饲养得好与坏是羊群能否发展、品质能否改善和提高的重要因素。对繁殖母羊应分别做好配种前期、怀孕前期、怀孕后期以及哺乳期的饲养管理。

1. 配种前期

配种前期也称为空怀期，这个时期的饲喂重点是抓膘复壮，体况恢复到中等以上。保证母羊有一个良好的体况，能正常发情、排卵和受孕。营养条件好坏是影响母羊正常发情和受孕的重要因素。因此，在配种前 30～45 天开始给予短期优饲，适当补饲优质干草和混合精料，日喂混合精料 2～3 次。配方参考：玉米 60%、小麦麸 20%、豆饼 10%、芝麻饼 6%、石粉 1.5%、磷酸氢钙 1%、预混料 1%、食盐 0.5%。补饲数量可根据母羊体况具体确定，提高日粮中蛋白质和能量水平，使母羊获得足够的蛋白质、矿物质、维生素，以保持良好的体况。这样可以使母羊早发情、多排卵、发情整齐、产羔期集中，提高受胎率和多羔率。这种饲养方法在生产中被广泛应用。

2. 妊娠前期

母羊的怀孕期为 5 个月，前 3 个月称为怀孕前期。这一时期，怀孕母羊除满足本身所需要的营养物质外，还要满足胎儿生长发育所需的营养物质，胎儿主要形成心肝肺等各种器官，其生长较慢，只占初生重的 10% 左右，所以这阶段对各种营养物质的需求量不大。怀孕前期母羊的饲料要求品质好，种类多，营养均衡，但供给量不大，管理上要避免羊吃霜草或霉变饲料，不要使羊受惊，不饮冰冷水。

3. 妊娠后期

母羊产前2个月为怀孕后期。这个时期胎儿在母体内生长发育迅速，胎儿的骨骼、肌肉、皮肤和内脏各器官生长很快，所需要的营养物质多、质量高。如果母羊怀孕后期营养不足，胎儿发育就会受到很大影响，导致羔羊初生重小、抵抗力差、成活率低。应该给母羊补喂含蛋白质、维生素、矿物质丰富的饲料，如青干草、豆饼、骨粉、食盐等。此时的母羊营养中，能量比空怀期增加30%～40%，蛋白质增加40%～60%，钙磷增加1～2倍，维生素增加2倍。除放牧外，应补饲野干草0.5～1千克，青贮料1千克，精料0.5～1千克，参考配方为玉米55%、豆饼15%、芝麻饼5%、小麦麸21%、食盐0.5%、石粉1.5%、磷酸氢钙1%、预混料1%。注意不要喂给母羊发霉、变质、冰冻、腐烂的饲料，以防流产。

产前1个月左右，适当控制粗饲料饲喂量，尽量喂给质地柔软、青绿多汁的饲料。精料中增加麸皮喂量，以通肠利便。分娩前10天，根据母羊消化、食欲状况，减少饲料喂量。产前2～3天，母羊乳房胀大并伴有腹下水肿，日粮中应减少1/3～1/2的饲料喂量，以防分娩初期奶量过多或奶汁过浓引起乳房炎、回乳或羔羊下痢。但对瘦弱母羊，产前1周如乳房干瘪，除减少粗饲料外，还应增加富含蛋白质的催奶饲料以及青绿多汁饲料，以防母羊产后无奶。

4. 哺乳期

母羊的哺乳期一般为2～3个月，对羔羊培育条件好的技术成熟的羊场，可提早实行羔羊断奶，哺乳期为45～60天。母羊产后身体虚弱，应加强喂养。补喂的饲料要营养价值高、易消化，使母羊尽快恢复健康和有充足的乳汁。泌乳初期主要保证其泌乳机能正常，细心观察和护理母羊及羔羊。对产羔多的母羊更要加强护理，多喂些优质青干草和混合饲料。参考配方为玉米58%、豆饼25%、芝麻饼5%、小麦麸8%、食盐0.5%、石粉1.5%、磷酸氢钙1%、预混料1%。哺乳母羊每天饲喂精料的数量应根据母羊食欲、反刍、排粪、腹下水肿和乳房肿胀消退情况、所哺育羔羊数、饲喂饲草的种类及质量而定。一般产单羔的母羊每天补精料0.3～0.5千克，青干草2千克，多汁饲料1.5千克；产双羔的母羊每天补精料0.4～0.6千克，青干草 2 千克，多汁饲料 1.5 千克；如果产 3 羔乃至 4 羔，需要的精料更多，以便能够充分地发挥母羊的哺乳能力，一般每天喂精料 1.5 千克，青贮或鲜草 10 千克。总之，补饲要求从少到多，多喂青绿多汁饲料、胡萝卜为宜。

泌乳盛期一般在产后 30～45 天，母羊体内储存的各种养分不断减少，体重也有所下降。在这个阶段，饲养条件对泌乳量有很大影响，应给予母羊最优越的饲养条件，配合最好的日粮，日粮水平的高低可根据泌乳量的多少进行调整，通常每天每只母羊补喂多汁饲料 2 千克，混合饲料 0.25 千克。参考配方为玉米 60%、豆饼 8%、菜籽粕 6%、芝麻饼 6%、小麦麸 16%、食盐 0.5%、石粉 1.5%、磷酸氢钙 1%、预混料 1%。泌乳后期要逐渐降低营养水平，控制混合饲料的喂量，应以放牧为主，补饲为辅，逐渐取消精料补饲，以补喂青干草而代之。母羊的补饲水平要根据母羊的体况做适当的调整，体况差的多补，体况好的少补或不补。羔羊断奶后，可按体况对母羊重新组群，分别饲养，以提高补饲的针对性和补饲效果。在羔羊断奶时，哺乳母羊要停止喂精料 3～5 天，以防止母羊发生乳房炎。羔羊断奶后，母羊进入空怀期，这一时期主要做好日常饲养管理工作。

二十一、肉羊的短期育肥技术

肉羊的短期育肥是指当年羔羊或淘汰母羊等商品羊在出售屠宰前 2～3 个月进行舍饲、添加优质饲草及配方精料进行催肥，以提高商品羊的个体重、屠宰率和经济效益，现将技术要点介绍如下。

1. 育肥前的准备

肉羊的短期育肥是否取得明显效果，在育肥前的准备至关重要。至少要做好以下几种准备。

（1）羊舍的准备 养羊的人都应该知道"圈暖三分膘"的道理。因此，羊舍应选择在地势高燥、向阳背风的地方，在冬季寒冷地区要用保温羊舍或者用塑料薄膜扣棚，可以提高羊舍温度 4～7℃，利于羊只生长。羊圈内要有足够的槽位和活动空间，舍外每羊应要有 1.5～2.5 米^2 的活动场地，并安装固定饲槽和饮水器具。大羊的饲槽长度为 40～50 厘米，当年羔羊的饲槽长度为 25～30 厘米。

舍饲养羊应按照工厂化生产模式，把不同年龄、不同品种、不同

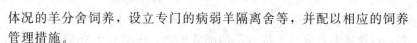

体况的羊分舍饲养，设立专门的病弱羊隔离舍等，并配以相应的饲养管理措施。

羊舍进羊前和出栏后应彻底消毒。开始育肥前和每批育肥羊出栏后，要轮换选用不同类型的消毒剂，如20％石灰乳、10％的漂白粉溶液、火碱等对羊舍、运动场、饲槽、饮水器皿、饲养工具及圈舍等进行彻底消毒。

（2）饲草、饲料的准备　饲草、饲料是羊育肥的基础，在整个育肥期每只羊每天需要准备饲草1～2千克（风干物），主要由青贮饲料、青干草、秸秆类组成；精料则按每只羊每天0.6～1.0千克准备。

短期育肥用精料的科学配方利用可达到用料少、增重快的效果。精料配方：碎玉米50％～55％、麦麸10％～15％、饼粕类（熟豆饼、菜籽饼、棉饼）20％～25％、预混料1％～2％、补钙添加剂1％、食盐1％。

需要说明的是籽实类饲料不宜磨得过细，以免粉尘被羊吸入肺内影响健康。另外，精料与青干草搭配时，最好另加青贮料以补充羊对维生素的需要，或适当添加复合维生素和微量元素。

2. 育肥羊的选择

一般来讲，用于育肥的羊应选用当年的羔羊和青年羊，其次才是淘汰羊和老龄羊。

3. 育肥羊群整理

选好育肥羊后，接着要做好以下工作。

（1）分群　按年龄、性别和品种分群，一般以20～25只育肥羊为一群分舍分栏饲养。

（2）驱虫　因羊的体内外寄生虫很普遍，会严重影响山羊的正常生长。绵羊寄生虫防治，可分为预防性和治疗性驱虫。预防性驱虫应在发病季节到来之前，用药物给羊群进行驱虫，一般在每年3～4月及10～11月各驱虫1次；治疗性驱虫一般以绵羊粪便的检查情况或对死羊的解剖结果，依感染轻重对症驱虫。

使用左旋咪唑、丙硫咪唑、阿维菌素或伊维菌素驱除体内寄生虫。体外寄生虫，每年春、秋两季，用阿维菌素注射液按每千克体重0.2毫克皮下注射，或用阿维菌素预混剂每1000千克饲料中2克连用 7 天。使用 0.5% 敌百虫水溶液、0.03% 磷丹乳油（辛硫磷浇泼溶液）、除癞灵（主要成分为马拉硫磷、胺菊酯等）驱除羊体外寄生虫。

（3）去势　用于育肥的 8 月龄以上公羊，未去势的一定要去势，因为去势后的公羊性情温驯、肉质好、增重速度快。8 月龄以下的可不用去势。

（4）去角和修蹄　因有角羊爱打斗，影响采食，所以要去角，方法是用钢锯在角的基部锯掉，并用碘酒消毒，撒上消炎粉。修蹄一般在雨后，先用果树剪将生长过长的蹄尖剪掉；再用利刀将蹄底的边缘修整到和蹄底一样平整。

（5）治疗疾病　对患病的羊只及时进行诊断和治疗。

（6）称重　即对育肥羊进行育肥前的称重，并做好记录，以便评价育肥效果，总结经验与教训。

4. 饲喂原则

（1）掌握粗精饲料比　羊虽然能充分利用粗饲料，但为了提高其育肥期的日增重，必须给予一定的高能饲料。适当的精粗比例，既能提供能量，又能满足羊对蛋白质的需求，还能维持瘤胃的正常活动，保证羊的健康状况，因此精饲料以占日粮的 1/2 左右为宜。蛋白质在羊日粮中所占比例应在 12% 左右。

（2）饲喂量　羊的饲喂量要根据其采食量来定，吃多少喂多少。其采食量与羊的品种、年龄、性别、体格和饲料适口性、水分有关。羊采食量越大，其日增重越快。育肥羊对干草的日采食量为 1.0 千克，对新鲜青草为 3～4 千克，对精料为 0.5～1.0 千克。

（3）饲喂方法　饲喂方法是先喂干草或粗料，然后喂精料，或粗料与精料充分混合调制全混合日粮（TMR）后饲喂，提高其采食量。

（4）保证充足清洁饮水　水是组成体液的主要成分，对羊体的正常物质代谢有特殊的作用。只有饮水充足，才能使吃进的草料很好地消化吸收，血液循环与体温调节正常进行。饮水水质应符合无公害食品饮用水水质的要求。羊的饮水次数可以根据季节的不同进行调节，通常夏季比冬季饮水次数要多，至少每天保证 2 次饮水。饮水以饮流动的河水或洁净的泉水、自来水最好，切忌饮水坑的污水，这种水易感染寄生虫病，如肝蛭。

（5）喂盐　喂盐不仅可促进羊的食欲，还可供给氯和钠元素。每羊每日可喂给5~10克盐。盐可以单独放在饲槽里让羊自由舔食，也可放入饲料中拌匀喂给。

5. 日常管理

（1）减少应激　定时、定量、定质饲喂，做到不断料、不轻易变更饲料、不喂霉变饲料，保证充足的料位，避免拥挤、争食。做好防寒保暖，羊舍避免贼风侵入。

（2）尽量减少羊运动，降低消耗，使羊吸收的营养物质全部用来增重。秋冬季育肥，中午可把羊放出来晒晒太阳或在近处进行短时间的放牧。

（3）做好日常消毒卫生管理　每天定时打扫羊舍，及时清除舍内粪便，保持羊舍内外整洁干净。对舍内外每周定期消毒两次，预防疾病发生。

（4）做好口蹄疫等传染性疾病的预防，根据羊免疫情况，做好口蹄疫免疫接种。

二十二、饲草料加工技术

1. 牧草制干技术

干草调制是把天然草地或人工种植的牧草和饲料作物进行适时收割、晾晒和储藏的过程。调制的优质干草饲用价值高，含有家畜所必需的营养物质，蛋白质含量高于禾谷类籽实饲料，便于大量储存，是家畜磷、钙、维生素的重要来源，常年为家畜提供均衡饲料，且干草储存时间长。优质干草和草制品还可作为商品对外销售。

制作干草的方法和所需设备可因地制宜，既可利用太阳能自然晒制，也可采用大型的专用设备进行人工干燥调制，调制技术比较容易掌握，制作后使用方便，是目前常用的饲草加工保存的有效方法。

（1）常见适合调制干草的饲草种类及最佳制干时间

① 禾本科牧草及最佳制干时间　此类牧草主要是天然草地、荒山野坡、田埂以及沼泽湖泊内所生长的无毒野草和人工种植的牧草，其特点是茎秆上部柔软，基部粗硬，大多数茎秆呈空心，上下较均匀，整株均可饲用，抽穗初期收割其生物产量、养分含量均最高，质地柔软，非常适于调制青干草。因此，禾本科类牧草一般应以抽穗初

期至开花初期收割为宜。一旦抽穗开花结实，茎秆就会变得粗硬光滑，此时牧草的生物产量、养分含量、可消化性等均受到影响，再用于调制青干草，其饲用价值就会明显降低。

芒麦：叶量丰富，幼嫩时适于放牧，在抽穗至始花期收割，调制干草，品质较好。

披碱草：调制干草的适宜收割期在抽穗至开花前，粗蛋白质含量为 7%～12%，粗脂肪 2%～3%，若收割过晚则草质粗硬，营养成分含量下降。

苇状羊茅：调制干草在抽穗期刈割，干草粗蛋白质含量 13%～15%，粗脂肪 3%～4%，收割过晚，则草质粗糙，适口性差。

黑麦草：初穗盛期刈割调制干草，由于叶片多而柔软，是牲畜的优质干草。干草的粗蛋白质含量 9%～13%，粗脂肪 2%～3%。收割过晚，则草质粗糙，适口性差。

② 豆科牧草及最佳制干时间 豆科牧草的种类很多，用于制作干草的牧草多为人工种植，这类牧草一般生长到开花期时茎秆逐渐变得粗硬光滑，木质化程度提高，由此调制的青干草饲用价值下降。因此，以开花初期到盛花期收割为最好。此时的豆科牧草养分比其他任何时候都要丰富，牧草的茎、秆的木质化程度很低，有利于草食家畜的采食、消化。

紫花苜蓿：苜蓿茎叶柔软，调制干草适宜的收割期为初花期，粗蛋白质含量 18%～20%，粗脂肪 3.1%～3.6%，收割过晚则营养成分下降，草质粗硬。

沙打旺：沙打旺在初花期收割，调制干草最适宜。沙打旺茎秆较粗硬，整株饲喂利用率较低，粉碎后混拌其他饲料，可提高利用率，改善养分平衡。

红豆草：开花期的红豆草适于调制干草，因为此时茎叶水分含量较低，容易晾晒，但也要注意防止叶片脱落。

小冠花：调制干草宜在花蕾至始花期收割，干草饲喂各种家畜都很安全，盛花期的粗蛋白质含量为 19%～22%，粗脂肪 1.8%～2.9%，粗纤维含量较低，仅 21%～32%。

红三叶：调制干草一般为现蕾盛期至初花期，现蕾期的粗蛋白质含量为 20.4%～26.9%，而盛花期仅为 16%～19%，粗脂肪含量

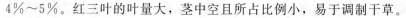

4%～5%。红三叶的叶量大，茎中空且所占比例小，易于调制干草。

③ 谷类干草　为栽培的饲用谷物，如玉米、大麦、燕麦、谷子等。

④ 混合干草　如以天然割草场及混播牧草草地刈割的青草调制的干草。

⑤ 其他干草　如以根茎瓜类的茎叶、蔬菜及野草、野菜等调制的干草。

（2）收割方法　收割方法有人工收获和机械收获。

① 人工收获　常见的人工割草工具是钐刀，是一种刀片宽达 10～15 厘米，柄长 2.0～2.5 米的大镰刀，它是靠人的腰部力量和臂力轮动钐刀，达到割草的目的，并可直接集成草垄。适用于小面积割草场或者地势不平的草场使用。一个熟练的劳动力每天可割草 0.5～0.7 公顷。

② 机械收获　割草机是牧草收获机械化的起点，在牧草生产机械化中占有重要位置。割草机一般都应满足以下要求：一是割幅要合适，拖拉机行走轮或割草机地轮在作业过程中不压草；二是传动部件有足够的离地间隙或防护措施，以防堵塞和缠绕；三是对地面仿形性好，割茬高度适宜，以便尽可能提高收获量；四是挂接迅速，操作方便，安全装置齐全。

割草机按动力分为畜力割草机和动力割草机。动力割草机又分为牵引式、悬挂式、半悬挂式和自走式，如往复式割草机、圆盘式割草机、甩刀式割草机。

（3）牧草的刈割高度　牧草刈割时留茬太高，一方面会导致牧草产量降低，牧草产出物质未能全部有效收获；另一方面，含有大量营养物质的基层叶片未被收获，影响了牧草的质量，特别是下繁草。牧草刈割时留茬太低，可能当年草的产量会较高，但常会造成割掉生长点，即影响了牧草地上部分的生长，导致新枝条生长减弱，牧草整株存活力下降。多年生牧草连续低茬刈割会引起牧草生长的急剧衰退。

多年生牧草留茬一般以 4～5 厘米为宜。采用机械化收割时，一般留茬 6～8 厘米，寒冷地区为安全越冬，一般留茬 10 厘米以上。

在气候恶劣，风沙较大或地势不平、伴有石块和鼠丘的地区，牧草的刈割高度应当提高到 8～10 厘米，可有效保持水土流失，防止沙化。

使用机械割草时，还要注意风力和风向对割草高度的影响，当风力达到 5 级以上时，应停止割草。逆风割草留茬高度较低，牧草损失较小，顺风时割草损失较大。

（4）干燥方法　牧草的干燥方法很多，但大体上可分为两类，即自然干燥法和人工干燥法。

① 自然干燥法　干草是指通过自然晾晒或阴干调制而成的干草。这是目前普遍使用的一种干草，但营养物质损失较多。

a. 地面干燥法　将收割后的牧草在原地或运到地势较干燥的地方进行晾晒。通常收割的牧草需干燥 4～6 小时使其水分降到 40%～50%，然后用搂草机搂成草条继续晾晒，使其水分降至 35%～40%，这时牧草的呼吸作用基本停止，然后用集草机将草集成草堆，保持草堆的松散通风，直至牧草完全干燥。

b. 草架干燥法　在凉棚、仓库等地搭建若干草架，将收获的牧草一层一层放置于草架上，直至饲草晾干，由于草架中部是空的，空气便于流通，有利于牧草水分散失，可大大提高牧草干燥速度，减少营养物质的损失。该方法适合于空气干燥的地区或季节调制青干草，养分尤其是胡萝卜素比晒制法损失要少得多。

c. 发酵干燥法　发酵干燥法是介于调制青干草和青贮料之间的一种特殊干燥法。将含水约为 50% 的牧草经分层夯实压紧堆积，每层可撒上饲草重量 0.5%～1% 的食盐，防止发酵过度，使牧草本身细胞的呼吸热和细菌、霉菌活动产生的发酵热在牧草堆中积蓄，草堆温度可上升到 70～80℃，借助通风手段将饲草中的水分蒸发使之干燥。这种方法牧草的养分损失较多，多属于阴雨天等无法一下子完成青干草调制时不得不使用的方法。

② 人工干燥法　人工干燥干草是指利用各种能源，如常温鼓风或热空气进行人工脱水干燥而成的干草。人为控制牧草的干燥过程，主要是加速收割牧草的水分的蒸发过程，能在很短的时间内将刚收割的饲草迅速将水分降到 40% 以下，可以使牧草的营养损失降到最低，获得高质量的干草。其缺点是成本较高，且缺乏维生素 D 的来源。

a. 吹风干燥法　利用电风扇、吹风机对草堆或草垛进行不加温的干燥，这种常温鼓风干燥适合用于牧草收获时期昼夜相对湿度低于

75％，而温度高于 15℃ 的地方使用。如在特别潮湿的地方，鼓风机中的空气可适当加热，以提高干燥的速度。

b. 低温干燥法　将刚收割的饲草置于较密闭的干燥间内，垛成草垛或搁置于漏缝草架上，从底部吹入 50℃ 左右的干热空气，上部用排风扇吸出潮湿的空气，经过一段时间后，即可调制成青干草。此法适合于多雨潮湿的地区或季节。

c. 高温干燥法　将收割后的新鲜饲草切短，随即用烘干机在 50～80℃ 的温度下烘 5～30 分钟，迅速脱水，使牧草水分含量降至 17％ 以下，即调制成青干草。

d. 压裂草茎干燥法　整株牧草干燥所需要的时间与牧草茎秆的水分蒸发有直接关系，因为叶片干燥的速度快，茎秆的干燥速度慢。如豆科牧草，当叶片水分降到 15％～20％ 时，其茎梗的水分含量为 35％～40％。为了使牧草茎叶干燥保持一致，减少叶片在干燥中的损失。常利用牧草茎秆压裂机先将茎秆压裂、压扁，加快茎中水分蒸发的速度，最大限度地使茎秆与叶片的干燥速度同步。压裂茎秆干燥需要的时间可比不压裂茎秆的时间缩短 30％～50％，因为此法减少了牧草的呼吸作用、光化学作用和酶的活动时间，从而减少了牧草的营养损失，但由于压扁茎秆使细胞壁破裂而导致细胞液渗出，其营养也有损失。采用机械方法压扁茎秆对初次收割的苜蓿的干燥速度影响较大，而对于以后几次刈割苜蓿的干燥速度影响不大。

e. 化学添加剂干燥法　将一些化学物质添加或者喷洒到牧草（主要是豆科牧草）上，经过一定的化学反应使牧草表皮的角质层被破坏，以加快牧草株体内的水分蒸发，加快干燥的速度。这种方法不仅可以减少牧草干燥过程中的叶片损失，而且能够提高干草营养物质消化率。在生产实践中，可以根据具体情况确定采用哪种方法，一般来讲，压裂草茎干燥法需要的一次性投资较大，而化学添加剂干燥法则可根据天气情况灵活运用。也可以两种方法同时采用。

③ 制成干草的过程中一些辅助措施有助于干草的形成。

通常对干草场地晒制可以进行以下三个阶段的处理。

前期：豆科类牧草在收割前，最好用干燥剂处理一下，这种方法适宜于人工干燥，处理时选择合适的干燥剂，按照要求配制成溶液喷洒到牧草上。试验证明，干燥剂有助于缩短新鲜饲草调制成干草的时间，降低营养物质损失，但对于禾本科牧草，干燥剂效果不是很明显，在生产实践中谨慎使用。

中期：根据场地条件，对刚收割牧草采取压扁、切短等措施，主要的目的是加快牧草的干燥速度，如利用机械收割，有些收割机就包含压扁的工序。在良好的天气条件下，牧草茎经过牧草压扁机压裂后干燥所需的时间，与未压裂的同类牧草相比，前者仅为后者的 $1/3 \sim 1/2$。

干燥晒制期：为了使植物细胞迅速死亡，停止呼吸，减少营养物质的损失，一般选晴朗的天气，将刚收割的饲草在原地或附近干燥地铺成又薄又长的条暴晒 $4 \sim 5$ 小时，使鲜草中的水分迅速蒸发，由原来的 75% 以上减少到 40% 左右，完成晒干的第一阶段目标。随后继续干燥使牧草水分由 40% 减少到 14%～17%，最终完成干燥过程，然后改变晾晒的方式，因为如果此时仍采用平铺暴晒法，不仅会因阳光照射过久使胡萝卜素大量损失，而且一旦遭到雨淋养分损失会更多，因此，当水分降到 40% 左右时，应利用晚间或早晨的时间进行 1 次翻晒，这时田间空气湿度相对较大，进行翻晒时可以减少苜蓿叶片的脱落，同时将两行草垄并成一行，或将平铺地面的半干青草堆成小堆，堆高约 1 米，直径 1.5 米，重约 50 千克，继续晾晒 $4 \sim 5$ 天，等全干后收贮。

（5）干草产品储存

① 水分测定　干草储存前要对干草水分含量进行判断。水分含量是牧草晾干和储存的一个重要指标，制成的干草含水量一般为 14%～17%。干草的水分含量过高，容易发生霉变，不能储存；水分含量过低，会造成叶片脱落，降低草的品质。所以掌握水分的含量是制作干草的关键。

a. 利用经验判断水分的方法　40% 左右含水量的测定，取一束晒制干草于手中，用力拧扭，此时草束虽能拧成绳，但不形成水滴。17% 左右含水量的测定，取一束干草贴近脸颊，不觉凉爽，也不觉湿热；或干草在手中轻轻摇动，可听到清脆的沙沙声；手工揉搓不能使其脆断，松开后干草不能很快自动松散，此时草的水分含量约为

14%～17%。若脸颊有凉感，抖动时听不到清脆的沙沙声，揉团后缺少弹性，松散慢，说明含水量在17%以上，应继续降低水分。

b. 利用水分测定仪测定　目前市场上有饲草专用电子水分测定仪出售，适用于成垛或成捆干草水分的测定。方法是将测定仪的探头插入草垛或草捆内部的不同部位，不同部位数据的平均值就代表了干草的含水量。

② 牧草晾干后的存放　通常水分保持在15%左右，调制好的干草应及时妥善收藏保存，若青干草含水比较多，其营养物质容易发生分解和破坏，严重时会引起干草的发酵、发热、发霉，使青干草变质，失去原有的色泽，并有不良气味，使饲用价值大大降低。具体储藏方法可因具体情况和需要而定，但不论采用什么方法储藏，都要减少日晒雨淋等影响，更要注意防止小动物的破坏，比如防止老鼠在干草中拉尿、生息繁衍，造成污染。干草的营养素含量会随时间的延长而损失。干草经过长期储存后，干物质的含量及消化率会降低，胡萝卜素被破坏，草香味消失，适口性也差。因此，制备好的干草长时间储存或是隔年储藏的方法是不适宜的。最好是当年收获的牧草当年使用。

这里有几种干草的储藏方法。

a. 散青干草储藏

ⓐ 露天堆垛　这是一种最经济、较省事的储存青干草的方法。选择离动物圈舍较近，地势平坦、干燥、易排水的地方，做成高出地面的平台，台上铺上树枝、石块或作物秸秆约30厘米厚，作为防潮底垫，四周挖好排水沟，堆成圆形或长方形草堆。长方形的草堆，一般高6～10米，宽4～5米；圆形草堆，底部直径3～4米，高5～6米。堆垛时，第一层先从外向里堆，使里边的一排压住外面的梢部，如此逐排向内堆排，成为外部稍低，中间隆起的弧形，每层30～60厘米厚，直至堆成封顶。封顶用绳子横竖交错系紧。堆垛时应尽量压紧，加大密度，缩小与外界环境的接触面，垛顶用薄膜封顶，防止日晒漏雨。处理不好牧草会发生自动燃烧现象，为了防止这种现象发生，上垛的干草含水量一定要在15%以下。堆大垛时，为了避免垛中产生的热量难以散发，应在堆垛时每隔50～60厘米垫放一层硬秸秆或树枝，以便于散热。

　　ⓑ 草棚堆藏　在气候湿润或条件较好的牧场应建造简易的干草棚或青干草专用储存仓库，避免日晒、雨淋。堆草方法与露天堆垛基本相同，要注意干草与地面、棚顶保持一定距离，便于通风散热，也可利用空房或屋前屋后能遮雨的地方储藏。

　　b. 打捆青干草储藏　散干草体积大，储运不方便，为了便于储运，将损失减至最低限度并保持干草的优良品质，生产中常把青干草压缩成长方形或圆形的草捆，然后一层一层叠放储藏。草捆垛的大小，可根据储存场地加以确定，一般长 20 米，宽 5 米，高 18～20 层干草捆，每层应有 0.3 立方米的通风道，其数目根据青干草含水量与草捆垛的大小而定。

　　c. 收割的牧草先制成半干草而后再储藏，在实际中应按以下方法来操作。

　　牧草适时收割后，在田间经短期晾晒，当含水量降到 35%～40% 时，植物的细胞停止活动，此时应打捆，并逐捆注入浓度为 25% 的氨水，然后堆垛用塑料膜覆盖密封。氨水的用量是青干草重量的 1%～3%，一般在 25℃ 左右时，堆垛用塑料膜覆盖密封处理 21 天以上。用氨水处理半干豆科牧草，可减少营养物质的损失。与通风干燥相比粗蛋白质含量提高 8%～10%，胡萝卜素含量提高 30%，干草的消化率提高 10% 左右。

　　有机酸能有效地防止水分高于 30% 的青干草发霉变质，并可减少储存过程中的营养损失。当豆科干草含水量为 20%～25% 时，可用 0.5% 的丙酸，用量为 1%～3%；含水量为 25%～30% 时，用 1% 的丙酸，用量为 1%～3%，喷洒效果较好。

　　青干草在储存中应注意控制含水量在 17% 以下，并注意通风和防雨。这是由于青干草仍含有较高水分，发生在青干草调制过程中的各种生理变化并未完全停止。如果不注意通风，周围环境湿度大或漏雨，致使干草水分升高，引起酶和微生物共同作用会导致青干草内温度升高，当温度达 72℃ 以上时，会引起青干草自动燃烧。因此，应特别注意青干草含水量的问题。

　　(6) 优质干草品质检测与利用　品质优良的干草，应该是茎叶完整，保持绿色，有清香味，营养物质含量达到正常标准，某些维生素和微量元素含量较丰富。优质的青干草，应是质地柔软，气味芳香，养分含量丰富，适口性好，可以为草食家畜提供优质的蛋白质、能量物质、矿物质和维生素的营养物质，尤其对以舍饲为主的育成草食家畜优质干草是必不可少的。

① 优质干草的主要特点

a. 保有较多的叶片，叶片中含有丰富的营养物质，且各种养分的消化率高，优质青干草叶片比例高，因此，在青干草的调制过程中，应尽量避免叶片过多脱落。

b. 优质青干草应为青绿色，一般认为青干草中的胡萝卜素含量与其叶片的颜色有关，绿色越深，胡萝卜素的含量越高。

c. 质地柔软，牧草应在抽穗至开花期收割，此时期的牧草是调制青干草的最佳原材料，只要调制得法，就可得到质地柔软的优质青干草。牧草在抽穗至开花期后收割，再在烈日下过分暴晒，会导致青干草质地坚硬。

d. 制作和保存良好的青干草闻起来具有特殊的、令人舒服的芳香味，这是饲草中一些酶和青干草轻微发酵共同作用的结果。

e. 优质的青干草，不应混有泥土、枯枝和生活垃圾等杂物及明显的虫害痕迹。

② 青干草品质评定的主要方法

a. 根据饲草品种组成评定　青干草中豆科牧草的比例超过50%为优等；禾本科及杂草占80%以上为中等；有毒杂草含量在10%以上为劣等。

b. 根据叶片保有量评定　青干草的叶片保有量在75%以上为优等；在50%～75%为中等；低于25%的为劣等。

c. 根据综合感官评定

ⓐ 优等　色泽青绿，香味浓郁，没有霉变和雨淋。

ⓑ 中等　色泽灰绿，香味较淡，没有霉变。

ⓒ 较差　色泽黄褐，无香味，茎秆粗硬，有轻度霉变。

2. 青贮技术

青贮饲料是将青绿饲料在密闭条件下经过乳酸菌厌氧发酵所获得的饲料产品，调制过程中主要是创造乳酸菌所需的条件，如合适的青贮原料、适当的含水量及厌氧条件等。

(1) 青贮设施准备　目前，羊场青贮设施的种类有很多，主要有青贮窖、塔、池、袋、箱、壕及平地青贮。按照建设用材分为：土窖、砖砌、钢筋混凝土，也有塑料制品、木制品或钢材制作的青贮设施。但是不管建设成什么类型，用什么材质建设，都要遵循一定的设置原则，以免青贮窖效果差，饲料霉变或被污染，造成禽畜场饲料的浪费和经济的损失。选择青贮建筑种类和选用建筑材料，主要取决于费用和适应农牧场的需要。

（2）青贮设施建设的原则

① 不透空气原则　青贮窖（壕、塔）壁最好是用石灰、水泥等防水材料填充、涂抹，如能在壁裱衬一层塑料薄膜更好。

② 不透水原则　青贮设备不要靠近水塘、粪池，以免污染水渗入。地下式或半地下式青贮设备的底面要高出历年最高地下水位以上0.5米，且四周要挖排水沟。

③ 内壁保持平直原则　内壁要求平滑垂直，墙壁的角要圆滑，以利于青贮料的下沉和压实。

④ 要有一定的深度原则　青贮设备的宽度或直径一般应小于深度，宽深比为 1：（1.5～2）为好，便于青贮料能借助自身的重量压实。

⑤ 防冻原则　地上式的青贮塔，在寒冷地区要有防冻设施，防止青贮料冻结。

（3）青贮设施

① 青贮塔　青贮塔是一种在地面上修造的圆筒体，一般用砖和混凝土修建而成，长久耐用，青贮效果好，便于机械化装料与卸料，可以充分承受压力并适于填料。青贮塔是永久性的建筑物，其建造必须坚固，虽然最初成本比较昂贵，但持久耐用，青贮损失少。在严酷的天气里饲喂方便，并能充分适应装卸自动化。

青贮塔的高度应不小于其直径的 2 倍，不大于直径的 3.5 倍，一般塔高 12～14 米，直径 3.5～6.0 米。在塔身一侧每隔 2 米高开一个0.6 米×0.6 米的窗口，装时关闭，取空时敞开。

近年来，国外采用气密（限氧）的青贮塔，由镀锌钢板乃至钢筋混凝土构成，内边有玻璃层，防气性能好。提取青贮饲料可以从塔顶或塔底用旋转机械进行，可用于制作低水分青贮、湿玉米青贮或一般青贮。

②　青贮窖　青贮窖呈圆形或长方形，以圆形居多，可用混凝土建成。青贮窖可建成地下式，也可建成半地下式（图4-4、图4-5）。地下式青贮窖适于地下水位较低、土质较好的地区，半地下式青贮窖适于地下水位较高或土质较差的地区。有条件的可建成永久性窖，窖四周用砖石砌成，三合土或水泥抹面，坚固耐用，内壁光滑，不透气，不漏水。圆形窖做成上大下小，便于压紧，长方形青贮窖窖底应有一定坡度，以利于取用完的部分雨水流出。青贮窖容积，一般圆形窖直径2米，深3米，直径与窖深之比以1：（1.5～2.0）为宜。长方形窖的宽深之比为1：（1.5～2.0），长度根据家畜头数和饲料多少而定。

图4-4　青贮作业（一）

图4-5　青贮作业（二）

青贮窖的主要优点是造价较低，作业也比较方便，既可人工作业，也可以机械化作业。青贮窖可大可小，能适应不同生产规模，比较适合我国农村现有生产水平。青贮窖的缺点是储存损失较大（尤以土窖为甚）。

③　青贮壕　青贮壕是一个长条形的壕沟状建筑，沟的两端有斜坡，沟底及两侧墙面一般用混凝土砌抹，底部和壁面必须光滑，以防渗漏（图4-6）。青贮壕也可建成地下式或半地下式，也有建于地面的地上青贮壕。青贮壕的优点是造价低，易于建造；缺点是密封面积大，储存损失率高，在恶劣的天气取用不方便。但青贮壕有利于大规模机械化作业，通常拖拉机牵引着拖车从壕的一端驶入，边前进边卸料，从另一端驶出。拖拉机和青贮拖车驶过青贮壕，既卸了料又能压实饲料，这是青贮壕的特点。装填结束后，物料表面用塑料布封项，再用泥土、草料、沙包等重物压紧，以防空气进入。

图 4-6 青贮壕

国内大多牧场多用青贮壕，而且已从地下发展至地上，这种"壕"是在平地建两垛平等的水泥墙，两墙之间便是青贮壕。这样的青贮壕不但同样便于机械化作业，而且避免了积水的危险。

④ 青贮袋 利用塑料袋形成密闭环境，进行饲料青贮（图 4-7）。袋贮的优点是方法简单，储存地点灵活，喂饲方便，袋的大小可根据需要调节。为防穿孔，宜选用较厚结实的塑料袋，可用两层。小型塑料袋青贮装袋依靠人工，压紧也需要人工踩实，效率很低，这种方法适合于农村家庭小规模青贮调制。塑料袋可用土埋住或放在畜舍内，要注意防鼠防冻。

图 4-7 青贮袋

20 世纪 70 年代末，国外兴起了一种大塑料袋青贮法，每袋可储存数十吨至上百吨青贮饲料。为此，设计制造了专用的大型袋装机，可以高效地进行装料和压实作业，取料也使用机械，劳动强度大为降低。大袋青贮的优点：一是节省投资，二是储存损失小，三是储存地点灵活。

⑤ 草捆青贮 草捆青贮是一种新兴的青贮技术，主要用于牧草青贮。方法是将牧草收割、萎蔫后，压制成大圆草捆，外表用塑料布严实包裹即可（图 4-8）。草捆青贮的优点除了投资省、损失少和储存地点灵活外，还有利于机械操作。压制草捆可用机械，青贮结束启

图 4-8　草捆青贮

封后，也可用机械将整个草捆搬入羊群运动场草架上，动物可自由饲用。草捆青贮的原理与一般青贮相同，技术要点也与一般青贮相似。采用草捆青贮法，要注意防止塑料布破损，一旦发现破损，应随时粘补。

⑥青贮堆　选一块干燥平坦的地面，铺上塑料布，然后将青贮料卸在塑料布上垛成堆。青贮堆的四边有斜坡，以便拖拉机能开上去。青贮堆压实之后，用塑料布盖好，周围用沙土压严。塑料布顶上用旧轮胎或沙袋压严，以防塑料布被风掀开。青贮堆的优点是节省了建窖的投资，储存地点也十分灵活，缺点是不易压严实。

(4) 青贮操作方法　青贮的操作要点，概括起来要做到"六随三要"，即随割、随运、随切、随装、随踩、随封，连续进行，一次完成；原料要切短、装填要踩实、窖顶要封严。

在青贮饲料调制过程中，应掌握以下技术环节。

① 原料选择适宜　通常禾本科牧草如青贮饲料玉米、苏丹草等适于单独青贮；豆科牧草如苜蓿、三叶草等不适于单独青贮，与禾本科牧草混合青贮效果好。制作青贮饲料生产计划时要根据饲养畜禽的种类及地域条件，制订出适于青贮的牧草及饲料作物的种植或收购计划。

② 采收时机及水分调整　牧草适宜的收割时机对于青贮饲料的品质有较大影响。禾本科牧草在抽穗期，豆科牧草在现蕾期时牧草的营养价值最高，是采收的最佳时期。青贮饲料玉米一般在玉米籽实乳熟期或蜡乳期采收。去穗玉米植株也可及时用于青贮饲料制作。

青贮饲料原料含水量一般要求在 60%～70%。如果采收的原料含水量高可适当晾晒凋萎以降低水分含量或加入稻糠、麦麸或干草调整水分；如果含水量过低可通过测定计算补加水；含水量在 45%～55% 也可进行半干青贮。

③ 原料的切短、踏实、密封　青贮原料的切短要根据饲喂家畜

的种类及原料牧草的种类来决定。适当切短的青贮饲料原料要迅速装填到青贮设施中踏实，原料间不留空隙。最后要将青贮设施密封，通常在青贮原料表面覆盖少量干草，之后于其上衬以塑料并覆土踩实封严。密闭青贮设施中的青贮饲料可长期保存，如果将青贮开封，那最好不要间断使用，否则会霉败变质。

④ 管护　青贮窖贮好封严后，还必须经常检查窖顶，发现塑料膜有裂缝、下沉时要及时修补封严，同时要注意青贮过程的排水。南方地区多风雨，要注意窖四周及顶棚的排水。

青贮饲料的制作和使用方面普遍存在以下问题。

① 装窖时间过长　原料收获的时间不统一，持续时间长，导致青贮装窖时间过长，在这过程中，不仅原料的水分和营养物质会大量损失，而且会造成异常发酵。有时收购的原料水分能达到80%，到封窖时只剩下60%。如果装窖时间过长，即使使用添加剂，青贮的质量也不理想。一旦开始填装青贮原料，速度就要快，以避免原料在装满与封闭之前腐败。保证能在2天内封窖，即使不使用添加剂，也能保证较好青贮的质量。

② 原料铡切长度过长，压不实　青贮原料长度应在2～5厘米，含水量多质地细软的原料可以切得长些，含水量少质地较粗的原料可以切得短些。草和空心茎的饲草要比含水量高的饲草切得更短些。凋萎的干饲草类青贮原料要比玉米青贮原料切得短些。用拖拉机或铲车进行压实，使每立方米的原料达到650千克以上。如果切割长度过长，增加压实的难度，影响青贮的品质。

③ 发酵时间太短　青贮饲料要封窖30～40天以上才能饲喂羊，青贮窖封窖未到30～40天就开窖使用，这时的青贮原料未完成发酵，质量差，而且很可能有芽孢杆菌感染，羊采食后会引起产后恶性乳腺炎，甚至导致母羊急性死亡！

④ 密封不严，造成透气漏水　不透空气是调制良质青贮料的首要条件。无论用哪种材料建造青贮设施，必须做到严密不透气；不透水也是调制良质青贮料的必要条件，青贮设施不要靠近水塘、粪池，以免污水渗入。地下或半地下式青贮设施的底面，必须高出地下水位。如果密封不严或密封的材料受破坏，造成透气漏水，青贮饲料会发生变质、发生异常发酵。用这样的青贮饲料饲喂羊，也很容易引起

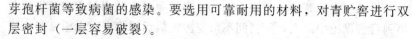

芽孢杆菌等致病菌的感染。要选用可靠耐用的材料,对青贮窖进行双层密封(一层容易破裂)。

⑤ 二次发酵现象普遍 青贮饲料的二次发酵是指经过乳酸发酵的青贮饲料,由于开窖或青贮过程密封不严致使空气进入,引起好氧微生物活动,使青贮饲料温度上升、品质变坏的现象。引起二次发酵的微生物主要为霉菌和酵母菌。为防止二次发酵,应增加青贮密度,开窖后饲料及时喂用,减少空气接触面。封窖时,在原料表面薄薄撒一层颗粒盐,可有效防止异常发酵。尽量制作全株青贮,如果只能制作黄贮,尽量将水分控制在 70% 左右。使用 TMR 全混合日粮的,一方面,TMR 取料机的取料面积较小,而且取料机的滚筒有压实作用;另一方面,饲料混匀后一般能在 2 小时内饲喂完,不易发生二次发酵。

(5) 使用青贮饲料应注意的问题

① 饲喂前要对制作的青贮饲料进行严格的品质评定。通常优良的青贮料颜色呈青绿或黄绿,有光泽,近于原色,有芳香酸味,质地柔软,易分离,湿润,紧密,茎叶花保持原状。中等品质的青贮料颜色呈黄褐或暗褐色,有淡香味或刺鼻酸味,质地柔软,水分多,茎叶花部分保持原状。劣等品质青贮料呈黑色、褐色或墨绿色,有霉味、刺鼻腐臭味,质地呈黏块,污泥状,无结构。

② 已开窖的青贮饲料要合理取用,妥善保管。青贮饲料封窖后经过 30~40 天,就可完成发酵过程,即可开窖喂用。圆形窖应将窖顶覆盖的泥土全部揭开堆于窖的四周,窖口周围 30 厘米内不能堆放泥土,以防风吹、雨淋或取料时泥土混入窖内污染饲料,必须将窖口打扫干净。长方形窖应从窖的一端挖开 1~1.2 米长,清除泥土和表层发霉变质的饲料,从上到下,一层层取用,防止开窖后饲料暴露在空气中,酵母菌及霉菌等好氧型细菌活动,引起二次发酵。

③ 饲喂肉羊时喂量要适当,均衡供应。牲畜开始饲喂青贮时有的不爱吃,要先用少量青贮饲料混入干草中训练饲喂,量由少到多,逐渐增加,经过 7~10 天不间断饲喂,多数牲畜就喜食。饲喂青贮饲料要注意不能间断,以免窖内饲料腐烂变质和牲畜频繁变换饲料引起消化不良或生产不稳定。在高寒地区冬季饲喂青贮时,要随取随喂,

防止青贮料挂霜或冰冻。不能把青贮料放在0℃以下的地方。如已经冰冻，应在暖和的屋内化冰霜后再喂，决不可喂结冻的青贮饲料。冬季寒冷且青贮饲料含水量大，牲畜不能单独大量喂用，应混拌一定数量的干草或铡碎的干玉米秸。

（6）常用青贮原料的水分含量 常用青贮原料的水分含量见表4-1。

表4-1 常用青贮原料的水分含量

名称	收割时的成熟程度	含水量
苜蓿	开花初期	70%～80%
苜蓿加禾草	苜蓿开花初期	70%～80%
整株玉米	玉米穗乳、蜡熟期	65%
玉米秸	收去玉米穗后	50%～60%
青刈玉米	孕穗后期	75%
整株高粱	硬粒期	70%
高粱和苏丹草	1米多高时	80%
甘薯	新鲜挖取	75%
薯藤	新鲜收割	86%
豆秧	脱粒后	7%
马铃薯		80%
甜菜		87%
胡萝卜		90%
牧草	刈割	88%
莞根、南瓜		90%
谷粒		8%～13%
糠麸		6%～12%

3. 秸秆饲料的加工调制技术

秸秆饲料是一种潜在的非竞争资源，是我国最丰富的饲料来源之一，分为禾本科作物秸秆、牧草秸秆和其他作物秸秆。稻草、小麦秸、玉米秸是我国三大作物秸秆，秸秆产量已经达到7亿吨，目前仅20%～30%作为草食家畜的饲料。充分开发利用此类资源，对建立

"节粮型"畜牧业结构具有重要意义。其主要调制方法有物理方法、化学方法和生物方法。

（1）秸秆饲料的特点　秸秆因其特殊的化学组成成分，造成了秸秆的营养价值低、消化率低，表现在纤维素类物质含量高、粗蛋白含量低、消化能低、缺乏维生素、钙磷含量低等，秸秆的消化能只有 $7.8 \sim 10.5$ 兆焦/千克，只相当于干草的一半，羊对秸秆的消化率为 $40\% \sim 50\%$。但在粗饲料短缺时，经过适当处理，可提高其适口性和营养价值。

（2）秸秆饲料的加工方法　采用适当的加工方法，以提高秸秆的营养价值，改善其适口性。目前可采用物理方法、化学方法或生物方法处理秸秆。

① 物理加工法　包括机械加工、热加工、浸泡等方法。

a. 机械加工是指利用机械将粗饲料铡短、粉碎或揉碎，是秸秆利用最简便而又常用的方法，即将干草和秸秆切短至 $2 \sim 3$ 厘米，或用粉碎机粉碎，但不宜粉碎得过细，以免引起反刍停滞，降低消化率。加工后便于肉羊咀嚼，提高采食量，并减少饲喂过程中的饲料浪费。

b. 热加工主要指蒸煮和膨化，目的是软化秸秆，提高适口性和消化率。蒸煮可采用加水蒸煮法和通气蒸煮法。膨化是将秸秆置于密闭的容器内，加热加压，然后突然解除压力，使其暴露在空气中膨胀，从而破坏秸秆中的纤维结构并改变某些化学成分，提高其饲用价值的方法。

c. 浸泡的方法是在 100 千克水中加入食盐 $3 \sim 5$ 千克，将切碎的秸秆分批在桶或池内浸泡 24 小时左右，目的是软化秸秆，提高其适口性。

② 化学加工法　利用酸、碱等化学物质对秸秆进行处理，降解秸秆中木质素、纤维素等难以消化的成分，从而提高其营养价值、消化率和改善适口性。目前，主要采用氨化处理方法，分为窖池式、堆垛和袋装氨化法。氨源常用尿素和碳酸氢铵，尿素是一种安全的氨化剂，其使用量为风干秸秆的 $2\% \sim 5\%$，使用时先将尿素溶于少量的温水中，再将尿素倒入用于调整秸秆含水量的水中，然后将尿素溶液均匀地喷洒到秸秆上；使用碳酸氢铵氨化时，将 8 千克碳酸氢铵溶于

40 升水中，均匀地洒于 100 千克麦秸粉或玉米秸粉中，再装入小型水泥池或大塑料袋中，踏实密封，经 15～30 天后即可启封取用。氨化处理要选用清洁、无发霉变质的秸秆，并调整秸秆的含水量至 25%～35%。氨化应尽量避开闷热时期和雨季，当天完成充氨和密封，计算氨的用量一定要准确。

③ 生物学加工法　是利用乳酸菌、酵母菌等有益微生物和酶进行处理的方法。它是接种一定量的特有菌种以对秸秆饲料进行发酵和酶解作用，使其粗纤维部分降解转化为可消化利用的营养成分，并软化秸秆，改善其适口性，提高其营养价值和消化利用率。处理时将不含有毒物质的作物秸秆及各种粗大牧草加工成粉，按 2 份秸秆草粉和 1 份豆科草粉比例混合，拌入温水和有益微生物，整理成堆，用塑料布封住周围进行发酵，室温应在 10℃ 以上。当堆内温度达到 43～45℃，能闻到曲香味时，发酵成功。饲喂时要适当加入食盐，并要求 1～2 天内喂完。

（3）合理利用加工后的秸秆　机械加工后的秸秆饲料可直接用于饲喂，但要注意与其他饲料配合；浸泡秸秆喂前最好用糠麸或精料调味，每 100 千克秸秆加入糠麸或精料 3～5 千克，如果再加入 10%～20% 的优质豆科或禾本科干草效果更好，但切忌再补饲食盐；氨化秸秆取喂时，应提前 1～2 天将取出放氨，初喂时可将氨化秸秆与未氨化秸秆按 1∶2 的比例混合饲喂，以后逐渐增加，饲喂量可占肉羊日粮的 60% 左右，但要注意维生素、矿物质和能量的补充，以便取得更好的饲养效果。

（4）成效　秸秆饲料经过加工调制后，可改善其适口性、提高营养价值和消化利用率。秸秆切短后直接喂羊，吃净率只有 70%，但使用揉搓机将秸秆揉搓成丝条状直接喂羊，吃净率可提高到 90% 以上。秸秆进行热喷处理后，采食率提高到 95% 以上，消化率达到 50%，利用率可提高 2～3 倍。秸秆氨化处理后可使秸秆的粗蛋白质从 3%～4% 提高到 8% 以上，消化率提高 20% 左右，采食量也相应提高 20% 左右。秸秆经碱化处理后，有机物质的消化率由原来的 42.4% 提高到 62.8%，粗纤维的消化率由原来的 53.5% 提高到 76.4%。添加尿素的秸秆热喷处理后，玉米秸秆的消化率达到 88.02%、稻草达 64.42%。秸秆制成颗粒，由于粉尘减少，体积压缩，质地硬脆，颗粒大小适中，利于咀嚼，改善了适口性，从而诱使肉羊提高采食量和生产性能。

二十三、肉羊全舍饲 TMR 饲喂技术

全混合日粮的英文为 Total Mixed Ration，缩写为 TMR。TMR 饲喂技术是根据肉羊在不同生长发育阶段的营养需要，按营养专家设计的日粮配方，用特制的搅拌机对日粮各组分进行搅拌、切割、混合和饲喂的一种先进的饲养工艺。全混合日粮（TMR）保证了肉羊所采食的每一口饲料都具有均衡的营养。

1. TMR 饲养工艺的优点

（1）精粗饲料均匀混合，避免肉羊挑食，维持瘤胃 pH 值稳定，防止瘤胃酸中毒。肉羊单独采食精料后，瘤胃内产生大量的酸，而采食有效纤维能刺激唾液的分泌，降低瘤胃酸度，有利于瘤胃健康。

（2）TMR 为瘤胃微生物同时提供蛋白质、能量、纤维等均衡的营养物质，加速瘤胃微生物的繁殖，提高菌体蛋白的合成效率。

（3）增加肉羊干物质采食量，提高饲料转化效率。

（4）充分利用农副产品和一些适口性差的饲料原料，减少饲料浪费，降低饲料成本。

（5）简化饲喂程序，减少饲养的随意性，使管理的精准程度大大提高。

（6）实行分群管理，便于机械饲喂，提高劳动生产率，降低劳动力成本。

2. 技术特点

（1）合理划分饲喂群体　为保证不同阶段、不同体况的肉羊获得相应的营养需要，防止营养过剩或不足，便于饲喂与管理，必须分群饲喂。分群管理是使用 TMR 饲喂方式的前提，理论上羊群分得越细越好，但考虑到生产中的可操作性，建议如下。

对于大型的自繁自养肉羊场，应根据生理阶段划分为种公羊及后备公羊群、空怀期及妊娠早期母羊群、泌乳期母羊、断奶羔羊及育成羊群等群体。其中，哺乳后期的母羊，因为产奶量降低和羔羊早期补饲采食量加大等原因，应适时归入空怀期母羊群。对于集中育肥羊

场，可按照饲养阶段划分为前期、中期和后期等羊群。

对于小型肉羊场，可减少分群数量，直接分为公羊群、母羊群、育成羊群等。饲养效果的调整可通过喂料量控制。

（2）科学设计饲料配方 根据羊场实际情况，考虑所处生理阶段、年龄胎次、体况体形、饲料资源等因素合理设计饲料配方。同时，结合各种群体的大小，尽可能设计出多种 TMR 配方，并且每月调整 1 次。

（3）TMR 搅拌机的选择 在 TMR 饲养技术中对全部日粮进行彻底混合是非常关键的，因此，羊场应具备能够进行彻底混合的饲料搅拌设备。

TMR 搅拌机容积的选择：应根据羊场的建筑结构、喂料道的宽窄、圈舍高度和入口等来确定合适的 TMR 搅拌机容量；根据羊群大小、干物质采食量、日粮种类（容重）、每天的饲喂次数以及混合机充满度等选择混合机的容积大小。通常，$5 \sim 7$ 米^3 搅拌车可供 $500 \sim 3000$ 只饲养规模的羊场使用。

TMR 搅拌机机型的选择：TMR 搅拌机分立式、卧式、自走式、牵引式和固定式等机型。一般来讲，立式机要优于卧式机，表现在草捆和长草无须另外加工；混合均匀度高，能保证足够的长纤维刺激瘤胃反刍和唾液分泌；搅拌罐内无剩料，卧式剩料难清除，影响下次饲喂效果；机器维修方便，只需每年更换刀片；使用寿命较长。

（4）填料顺序和混合时间 饲料原料的投放次序影响搅拌的均匀度。一般投放原则为先长后短，先干后湿，先轻后重。添加顺序为精料、干草、副饲料、全棉籽、青贮、湿糟类等。不同类型的混合搅拌机采用不同的次序，如果是立式搅拌车应将精料和干草添加顺序颠倒。

根据混合均匀度决定混合时间。一般在最后一批原料添加完毕后再搅拌 $5 \sim 8$ 分钟即可。若有长草要铡切，需要先投干草进行铡切然后再继续投其他原料，干草也可以预先切短再投入。搅拌时间太短，原料混合不匀；搅拌过长，TMR 太细，有效纤维不足，使瘤胃 pH 值降低，造成营养代谢病。

（5）物料含水量的要求 TMR 的水分要求在 $45\% \sim 55\%$。当原料水分偏低时，需要额外加水；若过干（$<35\%$），饲料颗粒易分离，

造成肉羊挑食；过湿（＞55％）则降低干物质采食量（TMR 水分每高出 1％，干物质采食量下降幅度为体重的 0.02％），并有可能导致日粮的消化率下降。水分至少每周检测 1 次。简易测定水分的方法是用手握住一把 TMR 饲料，松开后若饲料缓慢散开，丢掉料团后手掌残留料渣，说明水分适当；若饲料抱团或散开太慢，说明水分偏高；若散开速度快且掌心几乎不残留料渣，则水分偏低。

为精确起见，最好采用微波炉烘烤的测量办法。即称取定量的 TMR 料放入微波炉，5 分钟后取出再称重量，两个数相减的差即是水分含量。

（6）饲喂方法　每天饲喂 3～4 次，冬天可以只喂 3 次。保证料槽中 24 小时都有新鲜料（不得多于 3 小时的空槽），并及时将肉羊拱开的日粮推向肉羊，以保证肉羊的日粮干物质采食量最大化，24 小时内将饲料推回料槽中 5～6 次，以鼓励羊采食并减少挑食。

（7）TMR 的观察和调整　日粮放到食槽后一定要随时观察羊群的采食情况，采食前后的 TMR 在料槽中应该基本一致。即要保证料脚用颗粒分离筛的检测结果与采食前的检测结果差值不超过 10％，反之则说明肉羊在挑食，严重时料槽中出现"挖洞"现象，即肉羊挑食精料，粗料剩余较多。其原因之一是饲料中水分过低，造成草料分离。另外，TMR 制作颗粒度不均匀，干草过长也易造成草料分离。挑食使肉羊摄入的饲料精粗比例失调，会影响瘤胃内环境平衡，造成酸中毒。一般肉羊每天剩料占到每日添加量的 3％～5％为宜，剩料太少说明肉羊可能没有吃饱，太多则造成浪费。为保证日粮的精粗比例稳定，维持瘤胃稳定的内环境，在调整日粮的供给量时最好按照日粮配方的头日量按比例进行增减，当肉羊的实际采食量增减幅度超过日粮设计给量的 10％时就需要对日粮配方进行调整。

根据杨思良实验结论：TMR 技术在羊的推广及应用中就是将粗饲料粉碎，饲草打成草粉与精料混合饲喂，早晚各喂 1 次，全天自由饮水，提高饲草的适口性，增加了羊的采食量，能够达到营养均衡供给、生长发育快的目的，每只羊用该法饲喂与传统喂法相比较，增收110～130 元。

羊 TMR 饲喂方法的饲草形态不同于奶牛，奶牛可以用 TMR 机切割短草与精料搅拌混合饲喂，羊则需把草打成草粉与精料搅拌混合饲喂。若把给奶牛经过 TMR 机输出的混合日粮喂羊，还能造成羊选择槽底精料吃，一吃完精料不怎么去吃草了，挑食的现象严重，这样就出现了剩草。剩下的草都是经过羊在寻找吃料过程用嘴闻寻过的，有了羊的气味，草一有了羊闻寻过的气味，其他羊也就不怎么吃了，产生了剩草，形成了浪费。在现代舍饲养羊业中，肉羊饲养管理的精细化在创造更好的效益，形成浪费是会降低养羊业的经济效益的。

二十四、肉羊场常用的消毒方法

养羊场常用的消毒方法有以下几种。

1. 紫外线消毒

紫外线杀菌消毒是利用适当波长的紫外线能够破坏微生物机体细胞中的 DNA（脱氧核糖核酸）或 RNA（核糖核酸）的分子结构，造成生长性细胞死亡和（或）再生性细胞死亡的原理，达到杀菌消毒的效果。羊场的大门、人行通道可安装紫外线灯消毒，工作服、鞋、帽也可用紫外线灯照射消毒（图4-9）。紫外线对人的眼睛有损害，要注意保护。

图 4-9　养殖人员更衣室紫外线消毒　　　图 4-10　地面火焰消毒操作

2. 火焰消毒

火焰消毒（图4-10）是直接用火焰杀死微生物，适用于一些耐高温的器械（金属、搪瓷类）及不易燃的圈舍地面、墙壁和金属笼具的消毒。在急用或无条件用其他方法消毒时可采用此法，将器械放在火焰上烧灼1～2分钟。烧灼效果可靠，但对消毒对象有一定的破坏性。应用火焰消毒时必须注意房舍物品和周围环境的安全。对金属笼具、地面、墙面可用喷灯进行火焰消毒。

3. 煮沸消毒

煮沸消毒（图4-11）是一种简单消毒方法。将水煮沸至100℃，

保持5～15分钟可杀灭一般细菌的繁殖体，许多芽孢需经煮沸5～6小时才死亡。在水中加入碳酸氢钠至1‰～2‰浓度时，沸点可达105℃，既可促进芽孢的杀灭，又能防止金属器皿生锈。在高原地区气压低、沸点低的情况下，要延长消毒时间

图4-11 煮沸消毒器

（海拔每增高300米，需延长消毒时间2分钟）。此法适用于饮水和不怕潮湿耐高温的搪瓷、金属、玻璃、橡胶类物品的消毒。

煮沸前应将物品刷洗干净，打开轴节或盖子，将其全部浸入水中。锐利、细小、易损物品用纱布包裹，以免撞击或散落。玻璃、搪瓷类放入冷水或温水中煮；金属橡胶类则待水沸后放入。消毒时间均从水沸后开始计时，若中途再加入物品，则重新计时，消毒后及时取出物品。

4. 喷洒消毒

喷洒消毒是养羊场最常用的消毒方法（图4-12、图4-13），消毒时将消毒药配制成一定浓度的溶液，用喷雾器对消毒对象表面进行喷洒，要求喷洒消毒之前应把污物清除干净，因为有机物特别是蛋白质的存在，能减弱消毒药的作用。喷洒消毒的顺序为从上至下，从里至外，适用于羊舍、场地等环境。

图4-12 喷洒消毒操作（一）

图4-13 喷洒消毒操作（二）

5. 生物热消毒

生物热消毒（图 4-14）是指利用嗜热微生物生长繁殖过程中产生的高热来杀灭或清除病原微生物。将收集的粪便堆积起来后，粪便中便形成了缺氧环境，粪中的嗜热厌氧微生物在缺氧环境中大量生长并产生热量，能使粪中温度达 60～75℃，这样就可以杀死粪便中的病毒、细菌（不能杀死芽孢）、寄生虫卵等病原体。该方法适用于污染的粪便、饲料及污水、污染场地的消毒净化。

图 4-14　生物热消毒

6. 焚烧法

焚烧法是一种简单、迅速、彻底的消毒方法，是消灭一切病原微生物最有效的方法，因对物品的破坏性大，故只限于处理传染病动物尸体、污染的垫料、垃圾等。焚烧应在深坑内焚烧后填埋（图 4-15）或在专用的焚烧炉（图 4-16）内进行。焚烧时要注意安全，须远离易燃易爆物品，如氧气、汽油、乙醇等。燃烧过程中不得添加乙醇，以免引起火焰上窜而致灼伤或火灾。对羊舍垫料、病羊死尸可进行焚烧处理。

图 4-15　深坑焚烧后填埋

图 4-16　焚烧炉焚烧

7. 深埋法

深埋法（图 4-17、图 4-18）是将病死羊、污染物、粪便等与漂白粉或新鲜的生石灰混合后深埋在地下 2 米左右之处。

图 4-17　深埋操作（一）

图 4-18　深埋操作（二）

8. 高压蒸汽灭菌法

图 4-19　高压蒸汽灭菌器

高压蒸汽灭菌是在专门的高压蒸汽灭菌器（图 4-19）中进行的，是利用高压和高热释放的潜热进行灭菌，是热力灭菌中使用最普遍、效果最可靠的一种方法。其优点是穿透力强、灭菌效果可靠、能杀灭所有微生物。高压蒸汽灭菌法适用于敷料、手术器械、药品、玻璃器皿、橡胶制品及细菌培养基等的灭菌。

二十五、肉羊场消毒技术

羊场消毒的目的是消灭传染源散播于外界环境中的病原微生物，切断传播途径，阻止疫病继续蔓延。羊场应建立切实可行的消毒制度，定期对羊舍地面土壤、粪便、污水、皮毛等进行消毒。

1. 羊舍的消毒方法

羊舍除保持干燥、通风、冬暖、夏凉以外，平时还应做好消毒。一般分两个步骤进行：第一步进行机械清扫；第二步用消毒液。羊舍及运动场应每周消毒 1 次，整个羊舍用 2%～4% 氢氧化钠消毒或用 1∶（1800～3000）的百毒杀带羊消毒。

2. 进入场区之前的消毒方法

羊场应设有消毒室，室内两侧、顶壁设紫外线灯，地面设消毒池，用麻袋片或草垫浸入4％氢氧化钠溶液中，入场人员要更换鞋，穿专用工作服，做好登记。

场大门设消毒池和消毒通道（图4-20），经常喷4％氢氧化钠溶液或3％过氧乙酸等。消毒方法是将消毒液盛于喷雾器中，喷洒天花板、墙壁、地面，然后再开门窗通风，用清水刷洗饲槽、用具，将消毒药味除去。如羊舍有密闭条件，舍内无羊时，可关闭门窗，用福尔马林熏蒸消毒12～24小时，然后开窗通风24小时，福尔马林的用量为每立方米空间25～50毫升，加等量水，加热蒸发。一般情况下，羊舍每周消毒1次，每年再进行2次大消毒。产房的消毒，在产羔前进行1次，产羔高峰时进行多次，产羔结束后再进行1次。在病羊舍、隔离舍的出入口处应放置浸有4％氢氧化钠溶液的麻袋片或草垫，以免病原扩散。

图4-20 养羊场消毒通道

3. 地面及粪尿沟的消毒方法

土壤表面可用10％漂白粉溶液，4％福尔马林或10％氢氧化钠溶液消毒。停放过芽孢杆菌所致传染病（如炭疽）病羊尸体的场所，应严格加以消毒。首先用上述漂白粉溶液喷洒地面，然后将表层土壤掘起30厘米左右，撒上干漂白粉与土混合，将此表土妥善运出掩埋。

4. 羊舍墙壁和用具的消毒方法

羊舍墙壁、羊栏等间隔 15～20 天定期用 15％的石灰乳或 20％的热草木灰水进行粉刷消毒。羊槽和用具用 3％的来苏尔溶液定期进行消毒。

5. 运动场的消毒方法

清扫运动场，除净杂草后，用 5％～10％热碱水或撒布生石灰进行消毒。

6. 粪便无害化处理

羊的粪便要做无害化处理。无害化处理最实用的方法是生物热消毒法，发酵产生的热量能杀死病原体及寄生虫卵，从而达到消毒的目的。即在距羊场 100～200 米以外的地方设一堆粪场，将羊粪堆积起来，喷少量水，上面覆盖湿泥封严，堆放发酵 30 天以上，即可作肥料。也可以实行生化处理，如沼化后发电，产生的沼液、沼渣等副产品经过稀释还可用于养鱼。

7. 污水处理

最常用的污水处理方法是将污水引入处理池，加入化学药品（如漂白粉或其他氯制剂）进行消毒，用量视污水量而定，一般 1 升污水用 2～5 克漂白粉。

二十六、羊病治疗技术

病羊常用的治疗技术有注射法和投药法。

1. 注射法

注射是治疗羊病和对羊进行免疫接种的最主要方式，常用的注射方法有肌内注射、静脉注射、皮下注射、皮内注射、瓣胃注射、瘤胃穿刺术和气管内注射等。

（1）肌内注射　由于肌内血管丰富，注入药液后吸收很快，另外，肌内的感觉神经分布较少，注射引起的疼痛较轻，一般药品都可肌内注射。肌内注射是将药液注射于肌肉组织中，一般选择在肌肉丰富的臀部和颈侧（图 4-21）的厚重肌肉区域。注射前，调好注射器，抽取所需药液，对拟注射部位剪毛消毒，然后将针头垂直刺入羊的颈部上面1/3处，肩胛前缘部分的肌内适当深度（图4-22），然后用左手拇指和食指呈"八"字形压住肌肉，待羊安静之后，回抽活塞无回血即可注入药液。注射后拔出针头，注射部位涂以碘酊或酒精。注意，在注射时不要把针头全部刺入肌肉内，一般为2～4厘米，以免针头折断时不易取出。不要在近尾部的大腿肌肉进行肌内注射，这可能会导致跛行和坐骨神经损害。为了避免针头误入血管内，应抽一下注射器的活塞，看注射器内是否回血。如果有血液出现，要完全退出针头，在新的部位重新刺入针头。

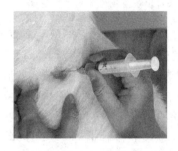 

图4-21　肌内注射操作（一）（图片来自山东畜牧兽医职业学院）　　图4-22　肌内注射操作（二）

　　一般刺激性较强和较难吸收的药液，进行血管内注射。而有不良反应的药液，油剂、乳剂不能进行血管内注射的药液，为了缓慢吸收，持续发挥作用的药液等，均可应用肌内注射。过强的刺激药，如水合氯醛、氯化钙、水杨酸钠等，不能进行肌内注射。

　　（2）静脉注射　静脉注射是利用药品注入血管后随血流迅速遍布全身，药效迅速，药物排泄快的特点，常用于急救、输血、输液及不能肌内注射的药品。静脉注射的部位为左侧或右侧颈静脉沟的上1/3和中1/3交界处的颈静脉血管（图4-23、图4-24）。奶山羊的小剂量静脉注射的部位有时也可选用乳静脉。如果采用乳静脉注射，最好使用小号注射针头，以降低过多出血的可能性。大剂量静脉注射或输液的最好部位是颈部的颈静脉。

图 4-23 静脉注射操作（一）

图 4-24 静脉注射操作（二）（图片来自山东畜牧兽医职业学院）

注射前切实固定好羊头，并使颈部稍偏向一侧。局部剪毛消毒，注射针头为 18 号或 20 号（或连接乳胶管的针头），针柄套上 6 厘米左右长的乳胶管，消毒备用。注射时术者右手持针，左手紧压颈静脉沟的中 1/3 处，确认静脉充分臌起后，在按压点上方约 2 厘米处，立即给进针部消毒，然后右手迅速将针垂直或呈 45 度角刺入静脉内，如准确无误，血液呈线状流出，将针头继续顺血管推进 1～2 厘米。术者放开左手，接上盛有药液的注射器或输液管。用输液管输液时，可用手持或夹子将输液管前端固定在颈部皮肤上，缓缓注入药液，注射完毕，迅速拔出针头，用酒精棉球压住针孔，按压片刻，最后涂以碘酊。

注射过程中如发现推不动药液、药液不流或出现注射部位肿胀时，采取如下措施：一是针头贴到血管壁上，轻轻转动针头，即可恢复正常；二是针头移出血管外，轻轻转动注射器稍微后拉或前推，出现回血再继续注射；三是拔出后重新刺入。

注射时，羊要确实保定，针刺部位要准确，动作要利索，避免多次刺扎。注入大量药液时速度要慢，以每分钟 30～60 滴、每分钟 20～30 毫升为宜，药液应加热至 35～38℃接近体温，一定要排净注射器或胶管中的空气。注射刺激性的药液时不能漏到血管外，油类制剂不能静脉注射。

（3）皮下注射　皮下注射就是将药物注入皮下结缔组织中，经毛细血管、淋巴管吸收进入血液，发挥药效作用，达到防治疾病的目的。由于皮下有脂肪层，注入的药物吸收比较慢。注射部位一般在羊颈部侧面皮肤松弛的部位（图4-25）。用5％碘酊消毒注射部位，注射时左手食指、拇指捏起皮肤使之成褶皱，右手持注射器，使针头和皮肤呈45度角刺入皱褶向下陷而出现的陷窝皮下，顺皮下向里深入2～3厘米，此时如感觉针头无抵抗，且能自由活动针头，即可注入药液（图4-26）。为了避免针头误入血管内，应抽一下注射器的活塞，看注射器内是否回血。如果有血液出现，要完全退出针头，在新的部位重新刺入针头。注射时，刚好将药物注入皮肤下面，而不要注入肌肉内。注完后，用碘酊消毒注射部位，并拔出针头。必要时可对局部进行轻度按摩，促进吸收。凡是易溶解，无强刺激性的药品及疫苗、菌苗及肾上腺素和阿托品等，均可皮下注射。皮下注射的药物不如肌内注射那样很快地随血液进入身体的所有组织，但是它会大大减少对于胴体外观的损害。如需注射大量药液，应分点注射。

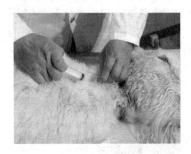

图4-25　皮下注射操作（一）（图片来自山东畜牧兽医职业学院）

图4-26　皮下注射操作（二）

　　（4）皮内注射　皮内注射方法为羊痘疫苗等常用的方法，其部位为颈部皮肤或尾根（图4-27）两侧皮肤。左手将皮肤捏成皱襞，右手持1毫升注射器和7号左右针头。几乎使针头和注射皮面呈平行刺入，针进入皮内后，左手放松，右手推注。进针准确时，注射后皮肤表面呈一小圆丘状（图4-28）。

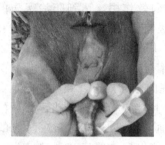

图 4-27　皮内注射操作（一）

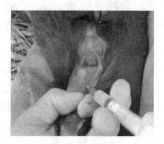

图 4-28　皮内注射操作（二）

（5）瓣胃注射　瓣胃注射的目的是治疗羊瓣胃阻塞。注射部位为羊右侧第8～9肋间的肩关节水平线上下各2厘米处（图4-29）。用长约15厘米的18号针头在上述部位刺入，针头向左侧肘头方向进针，针刺破皮后，再用手辅助依次刺入肋间肌、胸膜和瓣胃，深度一般8～12厘米（视羊肥瘦和膘情而定），当感觉到有阻力和刺穿瓣胃内草团的"沙沙"音时，表明针已进入瓣胃内，然后安上盛有灭菌蒸馏水的注射器反复抽吸（注入吸出），针管内有浅绿色或淡黄色胃内容物时，证明针已插入第三胃，然后注入生理盐水10～15毫升，并倒抽所注液体5毫升左右，证明针头确实注入瓣胃内（液体中有混浊的食物沉渣时），将药物注入其中（图4-30）。注完后用手指堵住针尾慢慢拔出针头，术部涂碘酊。

图 4-29　注射点定位（图片来
自山东畜牧兽医职业学院）

图 4-30　瓣胃注射操作（图片
来自山东畜牧兽医职业学院）

要求穿刺部位要正确，严格的无菌操作，最好是几次穿刺用一个针眼，以防过多刺伤腹壁和胃壁，引起不良的后果，进针时宜张紧皮肤进针，这样注射后，皮肤针眼与内部肌肉针眼错位，防止出现气胸。

（6）瘤胃穿刺术　瘤胃穿刺术主要用于瘤胃急性臌气时的放气。通常穿刺术只能在左肷部进行，不需要作局部麻醉。由髂骨外角向最后肋骨引出一水平线，此线的中央即为刺入的位置（图4-31）。或者从左肷部膨胀最高之处刺入。刺入之前先将术部剪毛，涂以碘酊，用小刀在皮肤上划个十字形小口，然后刺入套管针。如果套针的尖端非常锐利，不需要切开皮肤。将套管针（或大号针头）由后上方向下方朝向对侧（右侧）肘部刺入（图4-32），直到感觉针尖没有抵抗力时为止，方为依次穿透了皮肤、疏松结缔组织、腹黄膜、腹内外斜肌、腹横肌、腹横筋膜、腹膜壁层和瘤胃壁。抽出套针，让气体跑出，在放气过程中，应该用手指不时遮盖套管的外孔，慢慢地间歇性地放出气体，以免放气太快引起脑贫血。泡沫性臌气时，放气比较困难，应及时注入食用油50～100毫升，杀灭泡沫，使气体容易放出，很快消胀。如果套管被食块堵塞，必须插入探针或套针疏通管腔。当臌胀消失，气体已经停止大量排出时，必须通过套管向瘤胃腔内注入5%的克辽林溶液10～20毫升，或者注入0.5%～1%福尔马林溶液30毫升左右。不应将套管停留的时间太长，以免发生危险。同时如果已将制酵剂注入瘤胃腔，停留套管也是多余的。最后是拔出套管，先将套针插入套管，然后将套针和套管一起慢慢拔出，使创口易于收缩。用碘酊涂抹伤口，再用棉花纱布遮盖，抹以火棉胶，将伤口封盖起来。如果当时没有套管针或针头，也可以用小刀子从左肷刺入放气。在遵守无菌规则及上述操作技术的情况下，瘤胃穿刺术是简单而安全的手术，在必要时不可踌躇不定而耽误治疗。

图4-31　瘤胃穿刺术示意图

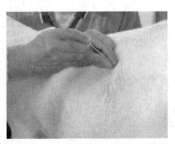

图4-32　瘤胃穿刺术操作（图片来自山东畜牧兽医职业学院）

（7）气管内注射 气管内注射常用于肺部驱虫，治疗气管和肺部疾病。站立保定好动物，抬高头部，术部剪毛消毒，用手保定气管。治疗气管炎时，针头刺入第3、4软骨环之间（图4-33、图4-34）。治疗肺炎时，在接近胸腔处的气管内注射。注射的药液加热至38℃左右，以免冷药液刺激气管黏膜而将药液咳出。病畜咳嗽剧烈时，先注射2％普鲁卡因5～10毫升，以降低气管敏感性。

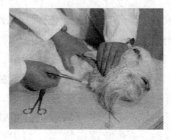 

图4-33　气管内注射操作（一）（图片　图4-34　气管内注射操作（二）（图片
　来自山东畜牧兽医职业学院）　　　　　　来自山东畜牧兽医职业学院）

（8）注射时易发生的问题和处理方法

① 药液外漏 在进行静脉注射时针头移出血管，药液漏（流）入皮下，发现这种情况，要立即停止注射，用注射器尽量抽出漏出的药液。如果氯化钙、葡萄糖酸钙、水合氯醛、高渗盐水等强刺激类药物漏出，向漏出部位注入10％的硫代硫酸钠或10％硫酸钠（或硫酸镁）10～20毫升；也可用5％的硫酸镁局部热敷，以促进漏液的吸收，缓解疼痛，并避免发生局部坏死。

② 针头折断 一般在肌内注射时发生，由于动物骚动不安，肌肉紧张或注射时用力不匀造成。一旦发生，尽快取出断针。当断针露出皮肤时，用止血钳等器械夹住断头拔出。断头在深部时，保定动物，局部麻醉后，在针眼处手术切开取出。

2. 投药法

对羊进行预防性用药，多数都采取经口投服。如病羊尚有食欲，药量较少并且无特殊气味，可将其混入饲料或饮水中让其自由采食，但对于饮食欲废绝的病羊或投喂药量较大，并有特殊气味的情况，有必要采取人工强制投药方式。

（1）自行采食法　自行采食法多用于大群羊的预防性治疗或驱虫。将药物按一比例拌入饲料或水中，任羊自行采食或饮用。大群羊用药前，最好先做小群羊的毒性和药效试验。

（2）灌药法　操作者用一只手从一侧口角伸入打开口腔，另一只手持药片、药丸或用竹片刮取舔剂自另一侧口角送入舌面，使口闭合，待其自行咽下。如有丸剂投药器，则先将药丸装入投药器内，操作者持投药器自羊一侧口角伸入并送至舌根部（图4-35），随即将药丸打（推）出，抽出投药器，待其自行咽下。此法适合片

图4-35　灌药操作（图片来自山东畜牧兽医职业学院）

剂、丸剂、舔剂的投药。此法适合给成年羊灌药。

用一次性注射器，拔去针头，然后拔出活塞，把要口服的片剂碾成粉末放在纸上，将纸卷成筒把药倒入针管中并注入适量的水，安上活塞，将注射器朝上，推动活塞，排出多余空气，然后晃几下注射器将药液摇匀，将有药的注射器前端沿羔羊嘴角慢慢捅进，朝口腔后部迅速按下活塞，药剂便一滴不漏地推入了羊的口腔内。如果要灌的是药液，只需将药液吸入注射器中，然后按上述操作即可。此法适合给羔羊灌药。

（3）导管投药法　用胶管接漏斗投药，由一人固定病羊，另一人将粗细适当的胶管插入病羊口中，用手紧握胶管和口腔，胶管的另一端接漏斗，再将药液倒入漏斗，即可徐徐灌入胃肠（图4-36）。

图4-36　导管投药操作（图片来自山东畜牧兽医职业学院）

图4-37　药板给药操作（图片来自山东畜牧兽医职业学院）

（4）药板给药法　药板给药法专用于舔剂。舔剂不流动，在口腔中不会向咽部滑动，因而不致发生误咽。用竹制或木制的药板给药，药板长 30 厘米、宽 3 厘米、厚 3 厘米，表面须光滑。给药者站在羊的右侧，左手将开口器放入羊口中，右手持药板（图 4-37），用药板前部抹取药剂，从右角伸入羊口内到达舌根部，将药板翻转，轻轻按压，把药抹在舌根部，待羊咽下后，再抹第二次，如此反复进行直到把药喂完。

无论用哪一方法投药，都需细心、耐心、认真，避免药物呛入气管内。

二十七、规模化养羊场驱虫技术

图 4-38　药浴操作

羊的寄生虫在我国十分普遍，其中危害较为严重的寄生虫病有钩端螺旋体、吸虫病、疥螨、焦虫病、肠道寄生虫病、绦虫、螨虫、肺线虫等。据调查，南方高温高湿地区和北方自然草场放牧地区羊寄生虫的感染率达 100％。目前防治寄生虫病主要采用体外药浴消毒（图 4-38）和体内口服驱虫，虽有一定效果，但难以根除。

羊的寄生虫病是养羊生产的重要隐患，更重要的是给人们带来不易被注意而又非常严重的经济损失。羊感染了寄生虫，轻则使羊只消瘦、发育受阻、繁殖及生产性能下降，重则可导致羊只死亡。寄生虫病和传染病一样，治疗时花费较大，有些寄生虫病甚至缺乏有效的治疗方法。所以，要减少寄生虫病造成的损失，关键在于加大对寄生虫病预防的投入，合理使用药物，对羊只进行驱虫预防，防止发病。

养羊场对羊群驱虫要改变过去传统的防治方法，使单一寄生虫防治改为主要寄生虫整体有序防治，使零星间断的治疗改为有组织、连片的预防措施，使羊群中的寄生虫得到全面驱治和预防，达到综合防治效果。

1. 正确掌握本场、本地区羊寄生虫病发生规律

一定要全面了解和掌握本场、本地区肉羊寄生虫的种类、侵害程度、流行季节等，以利选择驱虫药物和制定驱虫程序，科学安排在最

佳期驱虫。可通过检查羊群粪便和各种症状确诊。如消化道寄生虫主要有圆形线虫、包裹蛔虫、结节虫、钩虫、鞭虫等，寄生于羊的肠道内，羊肝片吸虫寄生于肝脏内，羊球虫、羊焦虫、附红细胞体等寄生于血液内，主要症状是体瘦和拉稀粪，贫血，初期吃得多而不长肉，后期不吃草也不吃料；呼吸系统的寄生虫主要是肺丝虫，肺丝虫寄生在肺脏内的小支气管内，主要症状是可视黏膜贫血、拉稀，胸前、腹下有水肿，活动时常引起支气管阻塞和刺激支气管连声咳嗽，咳嗽后咀嚼，嘴角鼻子流出黏液，羊的膘情差，精神不振，粪便稀，体力衰竭；体表寄生虫主要有羊螨属、疥螨属，主要寄生在羊耳朵眼里、腋下、腹下及腹股沟后胯部等，患部被毛脱落，结痂等。

2. 选择高效安全的驱虫药物

要因虫选药，羊感染寄生虫病的种类很多，有的还发生合并感染。应根据感染寄生虫的种类选择驱虫药，切不可盲目用药。否则，不但驱虫效果不好，反而对羊的身体不利。

驱虫药物的品种很多，如有驱除多种线虫的左旋咪唑，可驱除多种绦虫和吸虫的吡喹酮，能驱除多种体内蠕虫的阿苯达唑、芬苯达唑，及既可驱除体内线虫又可杀灭多种体表寄生虫的伊维菌素、碘硝酚等，又有预防和治疗羊焦虫病的血虫净等。还有以驱除体外寄生虫为主的药物，常用的有溴氰氯酯、双甲脒、1‰敌百虫、速灭菊酯、螨净、辛硫磷、林丹乳油、杀虫脒等，通常必须进行药浴。

这些驱虫药通常以商品名出现，如害获灭、阿维菌素、阿力佳、阿福丁、克虫星等商品名，主要成分以阿维菌素、伊维菌素、阿苯达唑、芬苯达唑等为主的居多，驱虫效果很好。可在实际中，根据当地羊体寄生虫病流行情况，结合抗寄生虫药的剂型、理化性质、用药量、停药期、使用范围和毒性等选择适合的药物、给药时机和给药途径。

应本着高效、低毒或无毒、抗虫广谱、不与其他驱虫药产生交叉抗药性、价廉、易得的原则，选用最合适的药物。注意防治羊寄生虫的药物不是越新、越贵、越奇、越特、越洋效果越好，否则防治效果与养殖效益的统一就实现不了。

3. 制定合理的驱虫程序

通常养羊场按照羊群的类型、季节、生产环节等安排驱虫时机。羊群类型一般按照种羊、育肥羊和羔羊分类，季节一般以春秋两季为主，生产环节以育肥前、购入羊群进场后、母羊分娩前等划分，制定不同的驱虫程序。

（1）每年对全群驱虫 2 次，晚冬早春（2～3 月）采取幼虫驱虫技术。阻止"春季高潮"的出现；秋季（8～9 月）驱虫，防止成虫"秋季高潮"出现和减少幼虫的"冬季高潮"。夏秋之交是羊进行驱虫的最佳时期，因为夏天青绿饲草种类繁多，且是其旺长的季节，饲草质高量多，羊通过整个夏季的放牧或喂养，一般都会不同程度地增膘。在此期间，如果发现羊不增膘或继续瘦弱，说明羊已发生了寄生虫病，有的体内寄生虫数量还可能很多。为保证羊在草丰粮多的金秋季节上膘，夏秋之交最好为羊安排一次全面驱虫。对于寄生虫严重的地区，在 5～6 月可再增加 1 次驱虫，避免冬春季发生体表寄生虫病。

（2）幼畜一般在当年 8～9 月进行首次驱虫，保护羔羊的正常生长发育。另外，由于断奶前后的幼畜受到营养应激，易受寄生虫侵害，因此，此时要进行保护性驱虫。

（3）母畜在接近分娩时进行产前驱虫，避免产后在 4～8 周发生粪便蠕虫卵"产后升高"。在寄生虫污染严重地区必须在产后 3～4 周进行驱虫。

4. 使用驱虫药物的注意事项

一是使用驱虫药物时要严格按说明规定的比例配制溶液，药液要现配现用。

二是要全群驱虫，必须强调整体性。研究表明同群中亚临床的寄生虫的侵袭也同样引起相应损失。因此，不能只对生长不良、已表现寄生虫病临床症状的羊驱虫。

三是小群试验。给大群羊驱虫时，先选用几只进行药效试验，看所用的药物是否对症，还可防止大批羊中毒。驱虫药物一般毒性较大，经试验证实是安全有效的药物，再给大群羊使用。

四是根据寄生虫生长发育的特点，通常驱虫分 2 次进行，首次驱虫后，在 7～10 日后重复用药 1 次，以巩固疗效。

　　五是驱虫后注意粪便等排泄物的处理。很少有驱虫药能杀灭蠕虫子宫内、已排在消化道及呼吸道的虫卵，因此，若驱虫后含有崩解虫体的排泄物任意散布，就会严重污染环境。为保证驱虫效果，防止环境中寄生虫卵的重复感染，发挥驱虫药最大经济效益，驱虫时必须注意环境卫生。妥善处理畜群排泄物，若有可能，应对粪便中寄生虫卵定期监测。

　　六是药浴时先洗健康羊，后洗有疥癣的羊。药浴前 8 小时停止喂料，并要饮足水。药浴一般在上午进行，下午观察羊只有无中毒反应。浴后羊可在运动场晾晒休息，待干后再进行饲喂，妊娠 2 个月以上的母羊不进行药浴。

　　七是孕畜用药应严格控制剂量，按正常剂量的 2/3 给药。

　　八是注意停药期和药物残留。无论使用何种抗寄生虫药，都应详记药残期，不到安全期的肉羊及产品一律不准出售和食用。为慎重起见，羊用药后，14 日方可宰杀食用，且用药 21 日内羊奶不得人用。

　　九是一般认为，寄生虫严重感染时采取针剂疗效更为显著，若选用其他剂型，则操作方便省力。因此驱虫时应当根据本地实际情况选择适当剂型。

第五章

满足肉羊的营养需要

在养羊生产过程中，饲料是生产"原料"，是生产高质量肉羊的基础，针对不同阶段羊的营养需要，提供安全、全价、均衡的日粮，使肉羊的生产性能得以充分发挥。

一、了解和掌握肉羊对营养物质需要的知识

羊生长、发育及生产所需要的营养物质主要有蛋白质、碳水化合物、脂肪、矿物质、维生素和水等。这些营养物质是羊生命活动所必需的，也是转变成羊各种产品的原料。

1. 能量需要

能量是羊第一限制性营养物质，日粮中的能量水平是肉羊生产力的重要影响因素。肉羊对能量的需要是对饲料中有机物质的总需要量，只有能量满足肉羊的维持和生产所需，其他类营养物质才正常地发挥作用。肉羊摄入的能量一部分用于维持体温及生命活动，供给生产所需，另一部分则在体内转化为脂肪储存起来，以备饥饿时使用。肉羊对能量的需求与体重、年龄、生长阶段以及日粮中的能量蛋白比有关，还随着生活环境、育肥、生理变化等发生变化。因此，要根据肉羊的实际生产情况来对能量的供给进行适当调整，以满足肉羊所需。

2. 蛋白质需要

蛋白质是由氨基酸组成的含氮化合物，是羊体各种细胞的主要构成物质，肌肉、皮肤、内脏、血液、神经、骨骼、毛、角等的基本成

分都是蛋白质，其产品肉、奶等的主要成分也是蛋白质。另外，蛋白质可以形成羊体内的活性物质如酶、激素、抗体等，也是修补和更新机体组织的原料，蛋白质还可以分解产生能量，作为机体的能源。离开了蛋白质，生命就无法维持。在维持饲养条件下，蛋白质主要是满足组织新陈代谢和维持正常生理机能的需要。绵羊对蛋白质的需要量随年龄、品种、产品方向而不同。瘤胃中的大量细菌含有65%的蛋白质，细菌蛋白以蛋氨酸、缬氨酸和胱氨酸居多。

羊的生命活动离不开蛋白质，羊的各种产品也离不开蛋白质。蛋白质是羊的主要营养物质之一，饲料中缺乏蛋白质，则羊的生长发育受阻，羊毛变细或生长停滞，孕羊产死胎或弱羔，哺乳母羊无奶，公羊性欲不强，精液品质降低。因此，蛋白质在羊的营养上具有特殊地位。

由于羊是反刍动物，它能利用瘤胃中的微生物制造氨基酸，合成高品质的菌体蛋白质。因此，对饲料蛋白质的品质要求不是很严格。瘤胃微生物能利用非蛋白质含氮化合物（如尿素、铵盐），将之转化为羊体所需要的蛋白质，根据这一特点，可在羊的日粮中添加适量尿素作为饲料蛋白质的代用品。一般山羊日粮中蛋白质含量在6%～10%时，添加尿素的效果最好。

3. 脂肪需要

脂肪是构成机体组织的重要成分，所有器官和组织都含有脂肪。脂肪是体内储存能量的最好形式，脂肪也可以转化为能量，脂肪还是脂溶性维生素A、维生素D、维生素E、维生素K的溶剂。另外，还可提供体内不能合成，必须由饲料中供给的必需脂肪酸。在羊产品中如奶、肉中也含有相当数量的脂肪。种羊一般不直接补饲脂肪，但杂交羊在育肥阶段可采用高能日粮。

4. 碳水化合物需要

碳水化合物的主要功用是为机体提供能量，它参与黏多糖、糖蛋白等的合成，是维持正常体温和生命活动的必需物质。碳水化合物是组成羊日粮的主体，饲料中的碳水化合物主要是淀粉和纤维性物质，它们主要经羊的瘤胃微生物作用而被分解、吸收。山羊对粗纤维的消化率可达50%～90%，为提高山羊对粗纤维的消化率，一是日粮中的粗蛋白水平应达到 10%～14%；二是饲料中粗纤维的含量不能过高，一般应控制在 16%～18%；三是在日粮中添加适量盐；四是将粗饲料适当切短后饲喂，但如切得过短或粉碎，反而会降低消化率，一般切成 3～4 厘米为好。

5. 矿物质需要

羊需要多种矿物质元素，矿物质元素是羊体内组织不可缺少的组成部分，缺乏或过量都会影响羊的生长发育、繁殖和产品生产，严重时会导致羊死亡。羊体内各部位都含有矿物质，占体重的 3%～5%，矿物质是体组织和细胞，特别是骨骼的重要成分，是保障健康，维持生长和繁殖，进行生产必不可少的营养物质。羊即使处于完全饥饿的状态下，为维持正常的代谢活动，仍需消耗一定的矿物质。许多矿物质是机体新陈代谢和生命活动必需的物质。所以，在维持饲养时，必须保证一定水平的矿物质量。

在羊营养中重要的矿物质主要有 15 种，其中常量元素有钙、磷、镁、钾、钠、氯、硫，微量元素有碘、铁、铜、锌、钴、硒、钼、锰。成年羊体内钙的 90%、磷的 87% 存在骨组织中，钙、磷比例应为 2：1，但其比例随幼年羊的年龄增加而减小，生长后钙磷比例应调整为（1～1.2）：1。羊最易缺乏的矿物质是钙、磷和食盐。在放牧条件较好的季节，可不必补充钙和磷，但妊娠母羊、哺乳母羊、种公羊和生长发育羊，以及舍饲期，需补充一定量的钙和磷。钙、磷丰富的矿物饲料主要有磷酸钙等。植物性饲料中所含的钠和氯，不能满足羊的需要，必须在饲料中补充氯化钠（食盐），补盐还能刺激羊的食欲。在日粮干物质中添加 0.5% 的食盐即可满足需要。也可以将盐和其他需补充的矿物质制成砖，任羊舔食。此外，还应补充必要的矿物质微量元素。

6. 维生素需要

维生素是维持正常生理机能所必需的物质，其主要功能是控制、调节代谢作用。维生素不足可引起体内营养物质代谢作用的紊乱，严重时会造成死亡。维生素是调节物质代谢过程，提高抗病能力，保障繁殖机能不可缺少的营养物质。维生素分为脂溶性和水溶性两大类，脂溶性维生素可溶于脂肪，在体内有一定的储存，短时供应不足，对羊的生长无不良影响；水溶性维生素可溶于水，在体内不能储备，需每天由日粮提供，包括B族维生素和维生素C，维生素C可在畜体内合成。成年羊瘤胃微生物可合成B族维生素和维生素K，因此，羊的饲料中一般只需补充脂溶性维生素A、维生素D、维生素E。羊在维持饲养时也要消耗一定的维生素，必须由饲料补充，特别是在冬春枯草季节和舍饲期、母羊怀孕期和种公羊配种高峰期，要经常在饲料中补充一些胡萝卜、青干草、大麦芽、青贮饲料等，保证羊的维生素需要。也可直接购买多种维生素，按说明拌入精料中饲喂。

7. 水需要

水是羊体重要组成成分之一。水最容易得到，所以有时不把水作为营养物质，这种看法是不完全的。水分是饲料消化、吸收、营养物质代谢、排泄及体调节等生理活动所必需的物质，是羊生命活动不可缺少的。一般水分可占体重的60%～70%。当体内水分不足时，羊的胃场蠕动减慢，消化紊乱，体温调节功能遭到破坏。特别是在缺水情况下脂肪过度沉积（肥育），会促进肠毒血症的发生，食欲减退，并出现肾炎等症状。饮水不足还会影响食物的适口性。当体内水分损失5%时，羊有严重的渴感，食欲废绝；丧失10%的水分时，代谢紊乱，生理过程遭到破坏；损失20%时，可引起死亡。

羊需要的水主要由饮水供应。需水量因年龄、体重、气温、日粮及饲养方式不同而异，一般按采食饲料中的干物质含量来计算需水量，一般每采食1千克干物质需水3～4升。每日应让羊自由饮水2～3次。

二、掌握肉羊营养需要的特点

动物维持正常的生长发育和生产，必须从饲料中摄取营养物质，如蛋白质、脂肪、维生素和矿物质等。用于满足维持、繁殖、生长、哺乳、育肥、产毛等方面的营养需求。

1. 维持需要

维持需要是指在仅满足羊的基本生命活动（呼吸、消化、体液循环、体温调节等）的情况下，羊对各种营养物质的需要。羊的维持需要得不到满足，就会动用体内储存的养分来弥补亏损，导致体重下降和体质衰弱等不良后果。只有当日粮中的能量和蛋白质等营养物质超出羊的维持需要时，羊才具有一定的生产能力。干乳空怀的母羊和非配种季节的成年公羊，大都处于维持饲养状态，对营养水平要求不高。山羊的维持需要，与同体重的绵羊相似或略低。

2. 繁殖需要

繁殖使公、母羊的活动量增加，代谢增强，所需要的营养物质相应增加。例如在繁殖季节，公羊在维持基础上需增加能量 20%～30%，蛋白质 40%～50%，以及适量的矿物质、维生素和有机酸等。母羊妊娠期间代谢增强 15%～30%，并且准备泌乳，共增重 8～15千克，蛋白质 1.8～2.4 千克，其中 80% 是妊娠后期增加的。所以在妊娠期间应增加 30%～40% 的能量和 40%～50% 的蛋白质。

3. 生长需要

羊从出生到 1.5～2.0 岁初配以前，是生长发育时期。羔羊哺乳期生长迅速，一般日增重可达 200～300 克，要求饲料和蛋白质的数量足，质量好。应当充分利用幼龄羊生长快和饲料报酬高的特点，喂好幼羊，为成年时产肉、产乳奠定基础。同时，营养丰富情况下，羊体各部分和组织的生长就能体现其品种遗传特性。

4. 泌乳需要

哺乳羔羊每增重 1 千克需要母乳 5 千克，而每产生 1 千克母乳需消化 6276～7531 千焦能量，可消化蛋白质 55～65 克，钙 3.6 克，磷 2.4 克。饲料中所含的纯蛋白质，必须高出乳中所含纯蛋白质的 1.5 倍。其他矿物质和维生素等也应适量地供给。

5. 育肥需要

育肥就是增加羊体肌肉和脂肪，并改善羊的品质。所增加的肌肉主要由蛋白质构成，增加的脂肪主要蓄积在皮下结缔组织、腹腔和肌间组织，育肥时所供给的营养物，必须超过维持需要，这样才能蓄积肌肉和脂肪。育肥羔羊包括生长和育肥两个过程，所以营养充分时增重快，育肥效果好。

6. 产毛需要

羊毛主要是由蛋白质构成，产 1 千克羊毛约需 8 千克植物性蛋白质。

三、掌握常用饲料原料的营养特性

1. 青绿饲料

按饲料分类原则，这类饲料主要指天然水分含量高于60%的青绿多汁饲料。青绿饲料以富含叶绿素而得名，种类繁多，有天然草地或人工栽培的牧草，如黑麦草、紫云英、紫花苜蓿、白三叶草、象草、羊草、大米草和沙打旺草等；叶菜类和藤蔓类，其中不少属于农副产品，如甘薯蔓、甜菜叶、白菜帮、萝卜缨、南瓜藤等；水生饲料，如绿萍、水浮莲、水葫芦、水花生等；野生饲料，如各类野生藤蔓、树叶、野草等；块根块茎类饲料，如胡萝卜、山芋、马铃薯、甜菜和南瓜等。不同种类的青绿饲料间营养特性差别很大，同一类青绿饲料在不同生长阶段，其营养价值也有很大的不同。

青绿饲料具有以下特点：一是含水量高，适口性好，鲜嫩的青饲料水分含量一般比较高，陆生植物牧草的水分含量为75%～90%，而水生植物约为95%；二是维生素含量丰富，青饲料是家畜维生素营养的主要来源；三是蛋白质含量较高，禾本科牧草和蔬菜类饲料的粗蛋白质量一般可达到1.5%～3%，豆科青饲料略高，为3.2%～4.4%；四是粗纤维含量较低，青饲料含粗纤维较少，木质素含量低，无氮浸出物较高，青饲料干物质中粗纤维不超过30%，叶菜类不超过15%，无氮浸出物为40%～50%；五是钙、磷比例适宜，青饲料中矿物质占鲜重的1.5%～2.5%，是矿物质营养的较好来源；六是青饲料是一种营养相对平衡的饲料，是反刍动物的重要能量来源，青饲料与由它调制的干草可以长期单独组成草食动物日粮，并能维持较高的生产水平，为养羊基本饲料，且较经济；七是容积大，消化能含量较低，限制了其潜在的其他方面的营养优势，但是优良的青饲料仍可与一些中等能量饲料相比拟。

下面介绍几种常见牧草的利用。

（1）黑麦草

① 放牧利用 黑麦草生长快、分蘖多、能耐牧，是优质的放牧用牧草，也是禾本科牧草中可消化物质产量最高的牧草之一，常单播或与多种牧草作物如紫云英、白三叶、红三叶、苕子等混播。羊尤其喜欢其混播草地，不仅增膘长肉快，产奶多，还能节省精料。羊一般

在播后 2 个月即可放牧 1 次，以后每隔 1 个月可放牧 1 次。放牧时应分区进行，严防重牧。每次放牧的采食量，以控制在鲜草总量的 60%～70% 为宜。每次放牧后要追肥和灌水 1 次。

② 青刈舍饲　黑麦草营养价值高，富含蛋白质、矿物质和维生素，其中干草粗蛋白含量高达 25% 以上，且叶多质嫩，适口性好，可直接喂羊。羊饲用的黑麦草尤以孕穗期至抽穗期刈割为佳，可采取直接投喂或切段饲喂；青刈舍饲应现刈现喂，不要刈割太多，以免浪费。

③ 青贮　黑麦草青贮，可解决供求上出现的季节不平衡和地域不平衡问题，同时也可解决盛期雨季不宜调制干草的困难，并获得较青刈玉米品质更为优良的青贮料。青贮在抽穗至开花期刈割，应边割边贮。如果黑麦草含水量超过 75%，则应填加草粉、麸糠等干物，或晾晒 1 天消除部分水分后再贮。发酵良好的青贮黑麦草，具有浓厚的醇甜水果香味，是最佳的冬季饲料。

④ 调制干草和干草粉　黑麦草属于细茎草，干燥失水快，可调制成优良的绿色干草和干草粉，一般可在开花期选择连续 3 天以上的晴天刈割，割下就地摊成薄层晾晒，晒至含水量在 14% 以下时堆成垛，也可制成草粉、草块、草饼等，供冬春喂饲，或作商品饲料，或与精料混配利用。

(2) 紫花苜蓿

① 放牧利用　紫花苜蓿用于放牧利用时，以猪、鸡、马属家畜最适宜，放牧羊、牛等反刍家畜易得臌胀病，结荚以后就较少发生。用于放牧的草地要划区轮牧，以保持苜蓿的旺盛生机，一般放牧利用 4～5 天，间隔 35～40 天的恢复生长时间。如放牧羊、牛等反刍家畜时，混播草地禾本科牧草要占 50% 以上的比例；应避免家畜在饥饿状态时采食苜蓿，放牧前要先喂以燕麦、苏丹草等禾本科干草，还能防止家畜腹泻。为了防止臌胀，可在放牧前口服普鲁卡因青霉素钾盐，成畜每次 50～75 毫克。

② 青刈舍饲　青饲是饲喂畜禽最为普通的一种方法，但应注意苜蓿的最佳收割时间，不同生长阶段影响紫花苜蓿的营养价值。青刈利用以株高 30～40 厘米时开始为宜，早春掐芽和细嫩期刈割减产明显。紫花苜蓿的营养成分与收获时期关系很大，苜蓿在生长阶段含

水量较高，但随着生长阶段的延长，干物质含量逐渐增加，蛋白质含量逐渐减少，粗纤维则显著增加，纤维的木质化加重。收割过晚，收获最大的茎的总量增加，叶茎比变小，营养成分明显改变，饲用价值下降。由于苜蓿含水量大，猪禽青饲时应注意补充能量和蛋白质饲料，反刍家畜多食后易产生膨胀病，一般与禾本科牧草搭配使用。

③ 青贮利用　苜蓿青贮或半干青贮，养分损失小，具有青绿饲料的营养特点，适口性好，消化率高，能长期保存，畜牧业发达国家大都以干草为重点的调制方式向青贮利用方式转变，主要采用半干青贮、包膜青贮、加添加剂青贮方式（常用的添加剂有甲酸乳酸菌制剂和酶制剂等）和与禾本科牧草或其他饲料作物如玉米、苏丹草和高粱草等混合青贮。

④ 制备干草　调制干草的方法很多，主要有自然干燥法、人工干燥法等。自然干燥法制得的苜蓿干草的营养价值和晾晒时间关系很大，其中粗蛋白质、粗灰分、钙的含量和消化率随晾晒天数的增加而减少，粗纤维含量随晾晒天数延长而增加。米脂（1994）对苜蓿干物质化率与其化学成分关系的统计分析的结果表明，提高苜蓿消化利用率的关键是控制苜蓿纤维木质化程度和减少粗蛋白质损失。由此看来，适时收割和减少运输和干燥过程的叶片损失非常重要，因为苜蓿叶片的蛋白质含量占整体株的80%以上。

⑤ 叶蛋白的利用　紫花苜蓿叶蛋白（ALP）是将适时收割的苜蓿粉碎、压榨、凝固、析出和干燥而形成的蛋白质浓缩物，一般粗蛋白50%～60%，粗纤维0.5%～2%，消化能12.5～13.5兆焦/千克，代谢能为12.4～12.9兆焦/千克，并含有丰富的维生素、矿物质等。

（3）紫云英　紫云英为优等饲料，牛、羊、马、兔等喜食。紫云英茎、叶柔嫩多汁，叶量丰富，富含营养物质，可青饲，也可调制干草、干草粉或青贮料。

① 青刈舍饲　以鲜紫云英直接饲喂。

② 青贮　青贮的优点是储存时间长，储存量大，成本低，且养分的损失较少，口感佳，紫云英的青贮料猪很爱吃，一般可掺用50%左右，应当注意的是，牛、羊、马等反刍动物虽然可以紫云英作饲料，但不宜吃得过多，以免引起腹胀病。

紫云英鲜草无论是水泥窖、土窖、聚乙烯袋以及罐、桶都可青

贮，各地可因地制宜推广应用。聚乙烯袋因容易破损，一般储存时间不宜超过 3 个月。

紫云英鲜草收获后应先晒 2～3 天，使含水量降至 70% 左右，再切碎青贮，以免青贮期间因水分过多而造成养分损失。紫云英含蛋白质较高，但含碳水化合物较少，属于较难青贮的青饲料。添加酒糟、米糠、禾本科牧草等含碳水化合物较多的饲料可有效解决紫云英干物质和粗蛋白损失问题。在青贮时间较长时，一般不加盐为好。

(4) 羊草

① 放牧 4 月中旬株高 30 厘米左右后开始放牧，到 6 月上中旬抽穗后，质地粗硬，适口性降低，应停止放牧。要划区轮牧，严防过重放牧，每次放牧至吃去总产量的 1/3 左右即可。也可在冬季利用枯草放牧牛、羊、马。

② 调制干草 以在孕穗至开花初期，根部养分蓄积量较多的时期刈割。经调制的干草切短喂或整喂效果均好。羊草干草也可制成草粉或草颗粒、草块、草砖、草饼，供作商品饲草。

(5) 大米草

① 放牧 在海滩大米草草场上可全年放牧牛、马、羊、鹿等家畜，应注意放牧时要划区轮牧，以利再生草的生长。

② 刈割青饲 大米草每年可刈割 3 次，第 1 次在 6～7 月，大米草抽穗时进行，第 2 次在 9 月中下旬，再生草长至 30 厘米左右时刈割，第 3 次在 11 月上中旬，即临冬前刈割，刈割应选择晴天进行。每次刈割之后晾晒至叶片萎蔫，就可切碎或整株直接饲喂畜禽，还可粉浆发酵喂猪。如果刈割的青草在近期内喂不完，就可青贮或晒制干草或粉碎成草粉储存，等缺草时饲喂畜禽。

(6) 沙打旺 沙打旺因植株高大，茎秆易变粗老，作饲草用的，一般应在花期前或高度 80～100 厘米时刈割，过迟则茎秆木质化，营养价值和适口性都明显降低。沙打旺再生性较差，一般每年刈割 1 次，水热条件好的也可刈割 2 次，留茬高度 5～6 厘米。

沙打旺用于饲料，其茎叶中各种营养成分含量丰富，可放牧、青饲、青贮、调制干草、加工草粉和配合饲料等。

沙打旺有微毒，带苦味，适口性差，但其干草的适口性优于青草，与其他牧草适量配合利用，能消除苦味，提高适口性。

　　沙打旺与禾本科饲料作物混合青贮效果很好，其中沙打旺比例应在 35% 以内，否则因蛋白质含量过高，容易引起青贮料变质。

　　(7) 象草　　象草柔软多汁，适口性很好，利用率高，牛、马、羊、兔、鸭、鹅等喜食，幼嫩期也是养猪、养鱼的好饲料，一般多用作青饲，除四季给畜禽提供青饲料外，也可晒制成干草或青贮。

　　① 刈割青饲　　象草株高 100～130 厘米时即可收割头茬草，每隔30 天左右收割 1 次，1 年可收割 6～8 次，留茬 5～6 厘米为宜，割倒的草稍等萎蔫后切碎或整株饲喂畜禽，这样可提高适口性。

　　② 晒制干草　　象草割倒后，就地摊晒 2～3 天，晒成半干，搂成草垄，使其进一步风干，待象草的含水量降至 15% 左右时运回保存，严防叶片脱落。

　　③ 储存　　采用堆藏法、沟藏法、室内沙藏法、窖藏法，都要注意管理，将温度和湿度控制在最佳范围内，否则易引起象草干缩，降低品质和成活率。在南方地区由于雨水多，露天储存易蓄水霉变，所以用草棚进行储存，要因地制宜，在草棚的中间堆成圆锥形或方形、长方形草垛，这样既可以防水，又可以通风，堆积方位损失也少。

　　品质鉴定：气味芳香、没有霉变、水分含量没有超标等，则是储存的优等象草，储存后应每隔 15～20 天检查 1 次温度、湿度，一旦发现问题及时处理。

　　(8) 白三叶草　　白三叶草再生性好，耐践踏，属刈割与放牧兼用型牧草。每年可刈割 3～4 次，每亩鲜草产量为 2.5～3.0 吨，产种子10～15 千克。

　　① 放牧　　用于放牧的，要在分枝盛期至孕蕾期，或草层高度达20 厘米时开始放牧，高度在 5～8 厘米时结束放牧，放牧不宜过重，免损生机；每次放牧后，应停牧 2～3 周，以利再生；放牧牛、羊时不要在雨后和有露水时进行，以免发生臌胀病。

　　② 青饲　　鲜白三叶草青饲羊时，应与禾本科牧草搭配，以防发生臌胀病，搭配比例为禾本科草占 50%～60%。

　　③ 晒制干草　　用作刈割利用的适宜生育期为初花期至盛花期，留茬高度 2～3 厘米，以利再生，混播草地还应视其他牧草适宜刈割期而定。在晒制青干草时，干燥后及时堆垛储存，避免雨淋。

　　④ 青贮　　青贮时要使其迅速失水到半干状态，装窖要压实封严。

2. 青贮饲料

青贮饲料是将含水量为 65%～75% 的青绿饲料经切碎后，在密闭缺氧的条件下，通过厌氧乳酸菌的发酵作用，抑制各种杂菌的繁殖，而得到的一种粗饲料。青贮饲料气味酸香、柔软多汁、适口性好、营养丰富、利于长期保存，是家畜优良饲料来源。

(1) 青贮的类型　青贮的类型有青贮饲料、黄贮饲料、半干青贮和混合青贮。

① 青贮饲料　将含水量 65%～75% 的青绿粗饲料切碎后，在密闭缺氧的条件下，通过厌氧乳酸菌的发酵作用而获得的一类粗饲料产品。产品名称应标明粗饲料的品种，青贮好的饲料必须标明粗灰分、中性洗涤纤维、水分、青贮添加剂品种及用量，如玉米青贮饲料。

② 黄贮饲料　以收获籽实后的农作物秸秆为原料，通过添加微生物菌剂、酸化剂、酶制剂等添加剂，有可能添加适量水，在密闭缺氧的条件下，通过厌氧乳酸菌的发酵作用而获得的一类粗饲料产品，包括压袋装产品。产品名称应标明农作物的品种，青贮好的饲料必须标明粗灰分、中性洗涤纤维、水分、青贮添加剂品种及用量，如玉米黄贮饲料。

③ 半干青贮（低水分青贮）　半干青贮也称作低水分青贮饲料，它是指将青贮原料风干到含水量 45%～55% 进行储存的技术，主要用于豆科牧草。

原料含水量在 45%～50% 时，半风干的植物对腐败菌、酪酸菌及乳酸菌造成生理干燥状态，使其生长繁殖受到限制。因此，在青贮过程中，微生物发酵微弱，蛋白质不被分解，有机酸形成数量少。虽然霉菌在风干植物体上仍可大量繁殖，但在切碎紧实的厌氧环境下，其活动也很快停止。低水分青贮因含水量较低，干物质相对较多，具有较多的营养物质。如 1 千克豆科和禾本科半干青贮饲料中含有 45～55 克可消化蛋白，40～50 微克胡萝卜素。微酸，有果香味，不含酪酸，pH 4.8～5.2，有机酸含量 5.5% 左右。优质的半干青贮呈湿润状态，深绿色，有清香味，结构完好。

半干青贮的调制方法与普通青贮基本相同，区别在于含水量为 45%～50%。原料主要为牧草，当牧草收割后，平铺在地面上，在田间晾晒 1～2 天，豆科牧草含水量应为 50%，禾本科为 45%，二者在切碎时充分混合，装填入窖必须踩实或压实。如用塑料袋作青贮容器，要防止鼠、虫咬破袋子，造成漏气而腐烂。

半干青贮适于人工种植牧草和草食家畜饲养水平较高的地方。近年来，有一些畜牧业比较发达的国家如美国、俄罗斯、加拿大、日本等广泛采用，我国的新疆、黑龙江一些地区也在推广应用。

④ 混合青贮　所谓混合青贮，是指两种或两种以上青贮原料混合在一起制作的青贮。混合青贮的优点是营养成分含量丰富，有利于乳酸菌的繁殖生长，提高青贮质量。混合青贮的种类及其特点如下。

a. 与牧草混合青贮　多为禾本科与豆科牧草混合青贮。

b. 高水分青贮原料与干饲料混合青贮　一些蔬菜废弃物（甘蓝苞叶、甜菜叶、白菜）、水生饲料（水葫芦、水浮莲）、秧蔓（如甘薯秧）等含水量较高的原料，与适量的干饲料（如糠麸、秸秆粉）混合青贮。

c. 糟渣饲料与干饲料混合青贮　食品和轻工业生产的副产品如甜菜渣、啤酒糟、淀粉渣、豆腐渣、酱油渣等糟渣饲料有较高的营养价值，可与适量的糠麸、草粉、秸秆粉等干饲料混合储存。

⑤ 秸秆微贮　秸秆微贮与青贮、氨化相比，更简单易学。只要把微生物秸秆发酵剂活化，然后均匀地喷洒在秸秆上，在一定的温度和湿度下，压实封严，在密闭厌氧条件下，就可以制作优质微贮秸秆饲料。微贮饲料安全可靠，微贮饲料菌种均对人畜无害，不论饲料中有无发酵剂，均不会对动物产生毒害作用，可以长期饲喂，用微贮秸秆饲料作牛的基础饲料可随取随喂，不需晾晒，也不需加水，很方便。

（2）青贮原料及青贮难易程度　适合制作青贮饲料的原料范围十分广泛，玉米、高粱、黑麦、燕麦等禾谷类饲料作物，野生及栽培牧草，甘薯、甜菜、芜菁等茎叶及甘蓝、牛皮菜、苦荬菜、猪苋菜、聚合草类等叶菜类饲料作物，树叶和小灌木的嫩枝等均可用于调制青贮饲料。

青贮原料因植物种类不同，含糖量的差异很大。根据含糖量的多少，青贮原料可分为以下3类。

① 易青贮的原料　玉米、高粱、禾本科牧草、芜菁、甘蓝等，这些饲料中含有适量或较多的可溶性碳水化合物，青贮比较容易成功。

② 不容易青贮的原料　苜蓿草、三叶草、草木樨、大豆、紫云

英等豆科牧草和饲料作物含可溶性碳水化合物较少，需与易青贮的原料混贮才能成功。

③ 不能单独青贮的原料 南瓜蔓、甘薯藤等含糖量低，单独青贮不易成功，只有和其他易于青贮的原料混贮或者添加富含碳水化合物或者加酸青贮才能成功。常见作物的青贮难易程度见表5-1。

表5-1 常见饲用作物青贮含糖需要量和储存难度

饲草品种	生长期	实际含糖量/%	最低需糖量/%	实际含糖量与最低需糖量的差值/%	储存难度
玉米全株	乳熟期	4.35	1.49	+2.86	易
玉米全株	蜡熟期	2.41	1.09	+1.32	易
高粱	乳熟期	3.13	0.95	+2.18	易
燕麦		3.85	2.03	+1.55	易
燕麦+毛苕子	开花期	2.0	2.0	0	易
红三叶再生草	开花期	1.90	1.37	+0.53	易
红三叶再生草	营养期	1.44	0.94	+0.50	易
蚕豆	荚成熟期	4.35	1.49	+2.86	易
豌豆	开花期	1.93	1.62	+0.31	易
紫花豌豆	开花期	1.47	1.26	0.21	易
向日葵	开花期	4.35	2.75	+1.60	易
甘蓝		3.36	0.63	+2.73	易
饲用甜菜	全生长期	3.09	1.35	+1.74	易
胡萝卜	成熟期	3.32	0.67	+2.65	易
油菜茎叶		5.35	1.39	+3.96	易
毛苕子		1.41	2.0	-0.59	难
白花草木樨		2.17	3.09	-0.92	难
苜蓿		3.73	9.50	-5.78	难
苋菜		1.44	1.85	-0.41	难
马铃薯茎叶	开花后	1.46	2.12	-0.66	难
直立蒿	花蕾期	1.31	1.36	-0.05	难

（3）常见的青贮饲料

① 玉米青贮　青贮玉米饲料是指专门用于青贮的玉米品种在蜡熟期收割，茎、叶、果穗一起切碎调制的青贮饲料。这种青贮饲料营养价值高，每千克相当于 0.4 千克优质干草。

青贮玉米的特点如下。

a. 产量高　每公顷青物质产量一般为 5 万～6 万千克，个别高产地块可达 8 万～10 万千克，在青贮饲料作物中，青贮玉米产量一般高于其他作物（指北方地区）。

b. 营养丰富　每千克青贮玉米中，含粗蛋白质 20 克，其中可消化蛋白质 12.04 克；维生素含量丰富，其中胡萝卜素 11 毫克，尼克酸 10.4 毫克，维生素 C 75.7 毫克，维生素 A 18.4 个国际单位；微量元素含量也很丰富，其中钙 7.8 毫克/千克、铜 9.4 毫克/千克、钴 11.7 毫克/千克、锰 25.1 毫克/千克、锌 110.4 毫克/千克、铁 227.1 毫克/千克。

c. 适口性强　青贮玉米含糖量高，制成的优质青贮饲料具有酸甜、青香味，且酸度适中（pH 4.2），家畜习惯采食后都很喜食，尤其是反刍家畜中的牛和羊。

调制玉米青贮饲料的技术要点如下。

a. 适时收割　专用青贮玉米的适宜收割期在蜡熟期，即籽粒剖面呈蜂蜡状，没有乳浆汁液，籽粒尚未变硬，此时收割不仅茎叶水分充足（70%左右），而且单位面积土地上营养物质产量最高。

b. 收割、运输、切碎、装储等要连续作业　青贮玉米柔嫩多汁，收割后必须及时切碎、装贮，否则，营养物质将损失。最理想的方法是采用青贮联合收割机，收割、切碎、运输、装贮等项作业连续进行。

c. 采用砖、石、水泥结构的永久窖装储　因青贮玉米水分充足，营养丰富，为防止汁液流失，必须用永久窖装储，如果用土窖装储，窖的四周要用塑料薄膜铺垫，绝不能使青贮饲料与土壤接触，防止土壤吸收水分而造成霉变。

② 玉米秸青贮饲料　玉米籽实成熟后先将籽实收获，秸秆进行青贮的饲料，称为玉米秸青贮饲料。在华北、华中地区，玉米收获后，叶片仍保持绿色，茎叶水分含量较高，但在东北、内蒙古及西

北地区，玉米多为晚熟型杂交种，多数是在降霜前后才能成熟。由于秋收与青贮同时进行，人力、运输力矛盾突出，青贮工作经常被推迟到10月中下旬，此时秸秆干枯，若要调制青贮饲料，必须添加大量清水，而加水量又不易掌握，且难以和切碎秸秆拌匀，水分多时，易形成醋酸或酪酸发酵，而水分不足时，易形成好氧高温发酵而霉烂。所以调制玉米秸青贮饲料，要掌握以下关键技术环节。

a. 选择成熟期适当的品种　基本原则是籽实成熟而秸秆上又有一定数量绿叶（1/3～1/2），茎秆中水分较多。要求在当地降霜前7～10天籽实成熟。

b. 晚熟玉米品种要适时收获　对晚熟玉米品种要求在籽实基本成熟，在籽实不减产或少量减产的最佳时期收获，降霜前进行青贮，使秸秆中保留较多的营养物质和较好的青贮品质。

c. 严格掌握加水量　玉米籽实成熟后，茎秆中水分含量一般为50%～60%，茎下部叶片枯黄，必须添加适量清水，把含水量调整到70%左右。作业前测定原料的含水量，计算出应加水量。

③ 牧草青贮　牧草不仅可调制干草，而且也可以制作成青贮饲料。在长江流域及以南地区，北方地区的6～8月雨季，可以将一些多年生牧草如苜蓿、草木樨、红豆草、沙打旺、红三叶、白三叶、冰草、无芒雀麦、老芒麦、披碱草等调制成青贮饲料。牧草青贮要注意以下技术环节。

a. 正确掌握切碎长度　通常禾本科牧草及一些豆科牧草（苜蓿、三叶草等）茎秆柔软，切碎长度应为3～4厘米。沙打旺、红豆等茎秆较粗硬的牧草，切碎长度应为1～2厘米。

b. 豆科牧草不宜单独青贮　豆科牧草蛋白质含量较高而糖分含量较低，满足不了乳酸菌对糖分的需要，单独青贮时容易腐烂变质，为了增加糖分含量，可采用与禾本科牧草或饲料作物混合青贮。如添加1/4～1/3的水稗草、青割玉米、苏丹草、甜高粱等，当地若有制糖的副产物如甜菜渣（鲜）、糖蜜、甘蔗上梢及叶片等，也可以混在豆科牧草中，进行混合青贮。

c. 禾本科牧草与豆科牧草混合青贮　禾本科牧草有些水分含量偏低（如披碱草、老芒麦）而糖分含量稍高，而豆科牧草水分含量稍高（如苜蓿、三叶草），二者进行混合青贮，优劣可以互补，营养又能平衡。

④秧蔓、叶菜类青贮　这类青贮原料主要有甘薯秧、花生秧、瓜秧、甜菜叶、甘蓝叶、白菜等，其中花生秧、瓜秧含水量较低，其他几种含水量较高。制作青贮饲料时，需注意以下几项关键技术。

a. 高水分原料经适当晾晒后青贮　甘薯秧及叶菜类含水量一般为 $80\%\sim90\%$，在条件允许时收割后晾晒 $2\sim3$ 天，以降低水分。

b. 添加低水分原料，实施混合青贮　在雨季或南方多雨地区，高水分青贮原料可以和低水分青贮原料（如花生秧、瓜秧）或粉碎的干饲料实行混合青贮，制作时，务必混合均匀，掌握好含水量。

此类原料多数柔软蓬松，填装原料时应尽量踩踏，封窖时窖顶覆盖泥土，以 $20\sim30$ 厘米厚度为宜，若覆土过厚，压力过大，青贮饲料则会下沉较多，原料中的汁液被挤出，造成营养损失。

3. 粗饲料

粗饲料是指天然水分含量在 45% 以下、干物质中粗纤维含量大于或等于 18% 的一类饲料。粗饲料为肉羊舍饲期或半舍饲期重要饲料。该类饲料包括干草类、农副产品类（农作物的荚、蔓、藤、壳、秸、秧等）、树叶类、糟渣类。

粗饲料体积大，重量轻，粗纤维含量高，其主要的化学成分是木质化和非木质化的纤维素、半纤维素，营养价值通常较其他类别的饲料低，其消化能含量一般不超过 2.5 兆卡/千克（按干物质计），有机物质消化率通常在 65% 以下。粗纤维的含量越高，饲料中能量就越低，有机物的消化率也越低。一般干草类含粗纤维 $25\%\sim30\%$，秸秆、秕壳含粗纤维 $25\%\sim50\%$ 以上。不同种类的粗饲料蛋白质含量差异很大，豆科干草含蛋白质 $10\%\sim20\%$，禾本科干草 $6\%\sim10\%$，而禾本科干秆和秕壳为 $3\%\sim4\%$。维生素 D 含量丰富，其他维生素较少，含磷较少，较难消化。从营养价值比较：干草比蒿秆和秕壳类好，豆科比禾本科好，绿色比黄色好，叶多的比叶少的好。

羊对粗饲料的消化主要依靠瘤胃。瘤胃为微生物提供了良好的生存环境，使微生物与羊形成"共生关系"。羊本身不能产生粗纤维水解酶，而微生物可以产生这种酶，把饲料中的粗纤维分解成容易消化的碳水化合物。微生物利用瘤胃的环境条件和瘤胃中的营养物质大量繁殖，形成大量的菌体蛋白，随着胃内容物的下移和微生物的死亡解体，在小肠被羊吸收利用而得到大量的蛋白质营养物质。

因此，它是羊的主要基础饲料，通常在羊日粮中可占有较大的比重。而且，这类饲料来源广、资源丰富，营养品质因来源和种类的不同差异较大，为了充分合理地利用这类粗饲料，必须采用科学合理的加工调制方法，以提高其饲用价值。

（1）干草　干草是指青草（或青绿饲料作物）在未结籽实前刈割，然后经自然晒干或人工干燥调制而成的饲料产品，主要包括豆科干草、禾本科干草和野杂干草等，目前在规模化奶羊场生产中大量使用的干草除野杂干草外，主要是北方生产的羊草和苜蓿干草，前者属于禾本科，后者属于豆科。

① 栽培牧草干草　我国农区和牧区人工栽培牧草已达四五百万公顷。各地因气候、土壤等自然环境条件不同，主要栽培牧草有近50个种或品种。三北地区主要是苜蓿、草木樨、沙打旺、红豆草、羊草、老芒麦、披碱草等，长江流域主要是白三叶、黑麦草，华南亚热带地区主要是柱花草、山蚂蝗、大翼豆等。用这些栽培牧草所调制的干草，质量好，产量高，适口性强，是畜禽常年必需的主要饲料成分。

栽培牧草调制而成的干草的营养价值主要取决于原料饲草的种类、刈割时间和调制方法等因素。一般而言，豆科干草的营养价值优于禾本科干草，特别是前者含有较丰富的蛋白质和钙，其蛋白质含量一般为15％～24％，但在能量价值上二者相似，消化能含量一般在2.3兆卡/千克左右。人工干燥的优质青干草特别是豆科青干草的营养价值很高，与精饲料相接近，其中可消化粗蛋白质含量可达13％以上，消化能可达3.0兆卡/千克。阳光下晒制的干草中含有丰富的维生素D_2，是动物维生素D的重要来源，但其他维生素却因日晒而遭受较大的破坏。此外，干燥方法不同，干草养分的损失量差异很大，如地面自然晒干的干草，营养物质损失较多，其中蛋白质损失高达 37%；而人工干燥的优质干草，其维生素和蛋白质的损失则较少，蛋白质的损失仅为 10% 左右，且含有较丰富的 β-胡萝卜素。

② 野干草　野干草是在天然草地或路边、荒地采集并调制成的干草。由于原料草所处的生态环境、植被类型、牧草种类和收割与调制方法等不同，野干草质量差异很大。一般而言，野干草的质量比栽培牧草干草要差。东北及内蒙古东部生产的羊草，如在 8 月上中旬收割，干燥过程中不被雨淋，其质量较好，粗蛋白含量达 6%～8%。而在南方地区农户收集的野（杂）干草，常含有较多泥沙等，其营养价值与秸秆相似。野干草是广大牧区牧民们冬春必备的饲草，尤其是在北方地区。

（2）秸秆　秸秆饲料是指农作物在籽实成熟并收获后的残余副产品，即茎秆和枯叶，我国各种秸秆年产量为 5 亿～6 亿吨，约有 50% 用作燃料和肥料，30% 左右用作饲料，另外 20% 用作其他，其中不少在收割季节被焚烧于田间。秸秆饲料包括禾本科、豆科和其他，禾本科秸秆包括稻草、大麦秸、小麦秸、玉米秸、燕麦秸和粟秸等，豆科秸秆主要有大豆秸、蚕豆秸、豌豆秸、花生秸等，其他秸秆有油菜秆、枯老苋菜秆等。其中稻草、麦秸、玉米秸是我国主要的三大秸秆饲料。

秸秆饲料一般营养成分含量较低，表现为蛋白质、脂肪和糖分含量较少，能量价值较低，消化能含量低于 2.0 兆卡/千克；除了维生素 D 外，其他维生素都很贫乏，钙、磷含量低且利用率低；而纤维含量很高，其粗纤维高达 30%～45%，且木质化程度较高，木质素比例一般为 6.5%～12%。质地坚硬粗糙，适口性较差，可消化性低。因此，秸秆饲料不宜单独饲喂，而应与优质干草配合饲用，或经过合理的加工调制，提高其适口性和营养价值。

① 玉米秸秆　玉米是我国的主要粮食作物，平均每年种植面积约 5972 公顷。玉米秸秆作为玉米生产的副产品，其年产量约 22400 万吨，产量高、资源丰富，是饲草加工发展的首选品种。作为一种饲料资源，玉米秸秆含有丰富的营养和可利用的化学成分，可用作畜牧业饲料的原料。长期以来，玉米秸秆就是牲畜的主要粗饲料的原料之一。

有关化验结果表明，玉米秸秆含有 30％以上的碳水化合物、2％～4％的蛋白质和 0.5％～1％的脂肪、粗纤维 37.7％、无氮浸出物 48.0％、粗灰分 9.5％，既可青贮，也可直接饲喂。就食草动物而言，2 千克的玉米秸秆增重净能相当于 1 千克的玉米籽粒，特别是经青贮、黄贮、氨化及糖化等处理后，可提高利用率，效益将更可观。据研究分析，玉米秸秆中所含的消化能为 2235.8 兆焦／千克，且营养丰富，总能量与牧草相当。将玉米秸秆进行精细加工处理，制作成高营养牲畜饲料，不仅有利于发展畜牧业，而且通过秸秆过腹还田，更具有良好的生态效益和经济效益。

采用机械工程、生物和化学等技术手段，完成从玉米秸秆的收获、饲料加工、储藏、运输、饲喂等过程。近年来，随着我国畜牧业的快速发展，秸秆饲料加工新技术也层出不穷。玉米秸秆除了作为饲料直接饲喂外，现在有物理、化学、生物等方面的多种加工技术在实际中得以推广应用，实现了集中规模化加工，开拓了饲料利用的新途径。

a. 青贮加工技术　属于生物处理技术，玉米秸秆饲料利用的主要方式。该项技术是将腊熟期玉米通过青贮收获机械一次性完成秸秆切碎、收集或人工收获，然后将青玉米秸秆铡碎至 1～2 厘米，使其含水量为 67％～75％，装贮于窖、缸、塔、池及塑料袋中压实密封储藏，人为造就一个厌氧的环境，自然利用乳酸菌厌氧发酵，产生乳酸，使其内部 pH 值降到 4.0 左右，使大部分微生物停止繁殖，而乳酸菌由于乳酸的不断积累，最后被自身产生的乳酸所控制而停止生长，以保持青秸秆的营养，并使得青贮饲料带有轻微的果香味，牲畜比较爱吃。

b. 微贮加工技术　这也是生物处理方法，把玉米秸秆切短，养羊长度以 3～5 厘米为宜，这样易于压实和提高微贮窖的利用率及保证贮料的制作质量。容器可选用类似青贮或氨化的水泥窖或土窖，底部和周围铺一层塑料薄膜，小批量制作可用缸、大桶或塑料袋等。秸秆含水量控制在 60％～70％，在秸秆中加入微生物活性菌种，使玉米秸秆发酵后变成带有酸、香、酒味家畜喜食的饲料。微贮就是利用微生物将玉米秸秆中的纤维素、半纤维素降解并转化为菌体蛋白的方法，也是今后粗纤维利用的趋势。

c. 黄贮加工技术　这是利用微生物处理玉米干秸秆的方法。待秋后玉米摘穗后，将玉米秸秆收获，第一种是铡碎至 2～4 厘米，装入缸中，加适量温水焖 2 天即可供羊食用；第二种是将玉米秸秆拉丝、揉搓成丝状，自然晾晒烘干，通过机械打捆储存；第三种是将玉米秸秆拉丝、揉搓、切碎后搅拌、烘干、压制成草饼或草块。干秸秆牲畜不爱吃，利用率不高，经黄贮后，秸秆变得酸、甜、酥、软，牲畜爱吃，利用率可提高到 80%～95%。

d. 氨化加工技术　氨化技术是玉米秸秆最为适当的化学处理方法。其技术路线是：秸秆收获——打捆或堆成垛——塑膜密封——注入液氨或尿素——密封发酵。先将秸秆切成 2～3 厘米长的短节，秸秆含水量调整为 30% 左右，按 100 千克秸秆用 5～6 千克尿素或 10～15 千克碳酸氢铵，兑 25～30 千克水融化搅拌均匀，配制尿素或碳酸铵水溶液，或按每 100 千克粗饲料加 15% 的氨水 12～15 千克，分层压实，逐层喷洒氨化剂，最后封严，在 25～30℃ 下经 7 天氨化即可开封，使氨气挥发净后饲喂。氨化秸秆饲料常用堆垛法和氨化炉法制取。氨化处理的玉米秸秆可提高粗纤维消化率，增加粗蛋白，且含有大量的铵盐，铵盐是牛羊等反刍动物胃微生物的良好营养源。氨本身又是一种碱化剂，可以提高粗纤维的利用率，增加氮元素。玉米秸秆氨化后喂牛羊等不仅可以降低精饲料的消耗，还可使牛羊的增重速度加快。该项技术操作简便，成本较低，可以广泛推广。

e. 碱化加工技术　这也是一种化学处理方法，用碱性化合物对玉米秸秆进行碱化处理，可以打开其细胞分子中对碱不稳定的酯键，并使纤维膨胀，这样就便于牲畜胃液渗入，提高家畜对饲料的消化率和采食量。碱化处理主要包括氢氧化钠处理、液氨处理、尿素处理和石灰处理等。以来源广、价格低的石灰处理为例，100 升水加 1 千克生石灰，不断搅拌待其澄清后，取上清液，按溶液与饲料 1∶3 的比例在缸中搅拌均匀后稍压实。夏天温度高，一般只需 30 小时即可喂饲，冬天一般需 80 小时。当前发展的是复合化学处理，综合了碱化和氨化两者的优点。

f. 酸贮加工技术　酸贮，也是化学处理方法，在贮料上喷洒某种酸性物质，或用适量磷酸拌入青饲料，储藏后再补充少许芒硝，可使饲料增加含硫化合物，有助于增加乳酸菌的生命力，提高饲料营养，并抵抗杂菌侵害。该方式简单易行，能有效抵御"二次发酵"，取料较为容易。此法较适宜黄贮，可使干秸秆适当软化，增加口感和提高消化率。

g. 压块加工技术　利用饲料压块机将秸秆压制成高密度饼块，压缩可达 1：(15～5)，能大大减少运输与储藏空间。若与烘干设备配合使用，可压制新鲜玉米秸秆，保证其营养成分不变，并能防止霉变。目前也有加转化剂后再压缩，利用压缩时产生的温度和压力，使秸秆氨化、碱化、熟化，提高其粗蛋白含量和消化率，经加工处理后的玉米秸秆成为截面 30 毫米×30 毫米、长度 20～100 毫米的块状饲料，密度达每立方厘米 0.6～0.8 千克，便于运输储存，适用于公司加农户模式，生产成本低。

h. 草粉加工技术　玉米秸秆粉碎成草粉，经发酵后饲喂牛羊，作为饲料代替青干草，调剂淡旺季余缺，且饲喂效果较好。凡不发霉、含水量不超过 15% 的玉米秸秆均可作为粉碎原料，制作时用锤式粉碎机将秸秆粉碎，草粉不宜过细，一般长 10～20 毫米，宽 1～3 毫米，过细不易反刍。将粉碎好的玉米秸秆草粉和豆科草粉按 3：1 的比例混合，整个发酵时间为 1～1.5 天，发酵好的草粉每 100 千克加入 0.5 千克食盐和 0.5 千克骨粉，并配入 25～30 千克的玉米面、麦麸等，充分混合后，便制成草粉发酵混合饲料。

i. 膨化加工技术　这是一种物理生化复合处理方法，其机理是利用螺杆挤压方式把玉米秸秆送入膨化机中，螺杆螺旋推动物料形成轴向流动，同时由于螺旋与物料、物料与机筒以及物料内部的机械摩擦，物料被强烈挤压、搅拌、剪切，使物料细化、均化。随着压力的增大，温度相应升高，在高温、高压、高剪切作用力的条件下，物料的物理特性发生变化，由粉状变成糊状，当糊状物料从模孔喷出的瞬间，在强大压力差作用下，物料膨化、失水、降温，产生出结构疏松、多孔、酥脆的膨化物，其较好的适口性和风味受到牲畜喜爱。

j. 颗粒饲料加工技术　将玉米秸秆晒干后粉碎，随后加入添加剂拌匀，在颗粒饲料机中由磨板与压轮挤压加工成颗粒饲料。由于在加工过程中摩擦加温，秸秆内部熟化程度深，加工的饲料颗粒表面光洁，硬度适中，大小一致，其粒体直径可以根据需要在3～12毫米间调整。还可以应用颗粒饲料成套设备，自动完成秸秆粉碎、提升、搅拌和进料功能，随时添加各种添加剂，全封闭生产，自动化程度较高，中小规模的玉米秸秆颗粒饲料加工企业宜用这种技术。另外还有适合大规模饲料生产企业的秸秆精饲料成套加工生产技术，其自动化控制水平更高。

②稻草　水稻，禾本科，属须根系，是一年生禾本科植物，高约1.2米，叶长而扁，圆锥花序由许多小穗组成。稻草，水稻的茎，一般指脱粒后的稻秆。我国是世界上水稻的主产国，据统计，全国稻草产量为1.88亿吨。稻草的资源非常丰富。

稻草的营养：干物质89.4%～90.3%，羊消化能4.64%～4.84%，代谢能3.80%～3.97%，粗蛋白2.5%～6.2%，粗脂肪1.0%～1.7%，粗纤维24.1%～27.0%，无氮浸出物37.3%～48.8%，钙0.07%～0.56%，总磷0.05%～0.17%。稻草的灰分含量很高，缺钙。

干稻草的营养价值比较低，虽然山羊属草食动物，对纤维素需求量比较高，但是单独给羊饲喂干稻草，由于适口性的问题，羊摄食比较少或基本不吃，所以羊生产中使用干稻草都应先进行处理。以稻草为主的日粮中应补充钙，可以对稻草进行氨化、碱化处理或添加尿素。

a. 直接饲喂　收获的稻草与甘薯蔓按1∶1的比例喂羊，可提高稻草的适口性以及山羊的采食量。

b. 微贮　新鲜稻草混合米糠微贮后喂羊，是一种比较方便、改善稻草适口性的方法。由于稻草的含糖量比较低，单独使用稻草制作青贮饲料很难成功，在稻草中添加玉米粉、麸皮、米糠等可溶性糖含量比较高的原料后，改变单一原料青贮为多品种混合青贮，能提高稻草、麦秸等含糖量低的原料青贮成功率，并适时调整饲料原料中的含水量，一般应达到60%左右。

c. 制作羊颗粒饲料　先将干稻草粉碎成丝状，以保证草粉有足够的黏合力，然后再根据山羊不同时期的饲料配方按配方比例添加制粒。

d. 碱化稻草　　稻草切成 0.5～1.0 厘米的短节，将稻草放在缸里或水泥池里，加入 1% 生石灰水或 3% 熟石灰水浸泡，24 小时后即可取出饲喂。

　　e. 氨化稻草　　一般氨源是液氨、氨水、碳铵等，最常用的是尿素。将稻草切短为 5～10 厘米，然后将所需添加的尿素按每千克秸秆加 0.04～0.05 千克的比例，充分溶解在 40～50 升水中，制成溶解液喷洒在秸秆中，装到水泥池中，用薄膜覆盖，并用湿泥密封薄膜与容器的接口处，一般夏季 2～3 周，春、秋 3～6 周，冬季 8 周以上。氨化达到规定的时间后，即可打开取用。注意饲喂前必须摊开在通风干净的水泥地面上晾放 1 天，待无刺鼻氨味时方可饲喂，否则容易引起羊中毒，羔羊不能饲喂氨化稻草。

　　f. 盐化稻草　　稻草切成 0.8～1.2 厘米的短节，每 100 千克稻草加盐 0.6～1 千克，温水 150～160 千克，充分搅拌均匀后，装入水泥池内踏实，发酵 1 天左右取出喂羊。

　　③ 小麦秸秆　　小麦秸秆是一种重要的农业资源。小麦秸秆主要含纤维、木质素、淀粉、粗蛋白、酶等有机物，还含有氮、磷、钾等营养元素。秸秆除了作肥料，也可以作饲料，秸秆作饲料可以促进物质转化和良性循环。动物将人类不能利用的有机物转化成蛋白质、脂肪等，可以增加物质循环，改善人类食物结构，节约粮食。

　　小麦秸秆的营养：小麦秸秆的干物质 89.6%，消化能 4.28%，代谢能 3.51%，粗蛋白 2.6%，粗脂肪 1.6%，粗纤维 31.9%，无氮浸出物 41.1%，钙 0.05%，总磷 0.06%。

　　秸秆的特点是长、粗、硬，虽然可以直接用作食草动物的饲料，但适口性较差，采食量少，且消化率不高。可用浸泡法、氨化法、碱化法、发酵法对小麦秸秆进行调制，不仅使小麦秸秆得到合理利用，实现过腹还田，而且增加了羊的饲料来源，降低养殖成本。

　　a. 小麦秸秆浸泡　　将秸秆切成 2～3 厘米长的小段，用清水浸泡，使其软化，可以提高适口性，增加羊的采食量，用淡盐水浸泡，羊更爱采食。

　　b. 小麦秸秆氨化　　将秸秆切短，每 100 千克秸秆用 12～20 千克

25％的氨水，或 3～5 千克尿素与 30～40 千克水配制成的溶液，喷洒均匀，用塑料袋装好封严或用塑料薄膜密封盖好，20 天后启封，自然通风 12～24 小时，待氨完全挥发完以后才能饲喂。

c. 小麦秸秆碱化　将秸秆切短，用 3 倍量 1％的石灰水浸泡 2～3 天，捞出后沥去石灰水即可饲喂。为提高处理效果，可在石灰水中按秸秆重量的 1％～1.5％添加食盐。也可使用氢氧化钠溶液处理，在每千克切短的秸秆上喷洒 5％的氢氧化钠溶液 1 千克，搅拌均匀，24 小时后即可饲喂。

d. 小麦秸秆发酵　常用的方法是 EM 菌发酵。取 EM 菌原液 2 千克，加红糖 2 千克，水 320 千克，充分混合均匀后，喷洒在 1000 千克粉碎的秸秆上，装填在发酵池内，密封 20～30 天后开窖取用。

④ 大豆秸　大豆秸秆饲料来源广、数量大，大豆秸秆含有纤维素、半纤维素及戊聚糖，借助瘤胃微生物的发酵作用，可被牛羊消化利用。可直接节省大量的精饲料粮食，百斤（1 斤＝500 克）秸秆可顶替 3 千克粮食。大豆秸秆饲喂草食动物或作为配制全价饲料的基础日粮，对草食家畜的饲养和增重，提高圈养存栏率，提高饲料报酬和经济效益均有良好的作用。

西欧各国对大豆秸秆的利用情况比较好，大约有 40％的大豆秸秆被用作牛、羊的配合饲料。据联合国粮农组织 90 年代的统计资料表明，美国约有 27％、澳大利亚约有 18％、新西兰约有 21％的肉类是由大豆秸秆为主的秸秆饲料转化而来的。

我国的大豆秸秆资源多且有非常大的利用潜能。充分利用这一资源，发展节粮型畜牧业，是农业产业化的重要内容与发展方向。

大豆秸秆的营养：豆科秸秆与禾本科秸秆比较，粗蛋白含量和消化率都较高，干物质 85.9％，羊消化能 8.49％，代谢能 6.96％，粗蛋白 11.3％，粗脂肪 2.4％，粗纤维 28.8％，无氮浸出物 36.9％，钙 1.31％，总磷 0.22％。

大豆秸秆所蕴含的高蛋白是牲畜饲料的最佳选择，由于豆秸中的粗纤维含量高，且其质地坚硬，需要进行加工调制后才能被羊充分地利用。经过加工处理的大豆秸，可增加适口性、提高消化率、提高营养价值。加工的方法有大豆秸氨化、大豆秸微贮和制作大豆秸颗粒饲料。

a. 大豆秸氨化　将大豆秸粉碎成长度为 3～5 厘米的碎草，将 4％尿素溶在水中，水与粉碎大豆秸按 1∶1 比例拌匀，装入塑料袋中，压实封口，在 20～25℃条件下放置 1 个月。开袋后取出大豆秸放置 3～4 天后即可饲喂。

b. 大豆秸微贮　将大豆秸粉碎成长度为 3～5 厘米的碎草，按 100 千克大豆秸，用 EM 菌原液 0.2 千克，水 30～40 千克的比例，把益生菌原液加入所需要的水里搅拌均匀，然后均匀地加入粉碎后的大豆秸中，使大豆秸水分含量达到 35％～45％，掌握在用手一攥成团、一触即散的状态，然后装入塑料袋或塑料桶等容器内密闭发酵，在环境温度 25～35℃条件下，15～30 天后有酒曲香味即发酵成功，在密闭状态下可保存 6 个月。

c. 大豆秸颗粒饲料　大豆在收获后将秸秆粉碎、烘干、加热、压缩等做成大豆秸颗粒饲料，其加工过程中粉碎后加热更利于动物消化吸收，还可根据不同配方在加工过程中添加其他饲料。

⑤ 花生蔓　花生蔓也叫花生秧。花生是我国北方地区的主要农作物，每年花生秧的产量为 2700 万～3000 万吨，花生秧营养丰富，特别含有粗蛋白、粗脂肪、各种矿物质及维生素，而且适口性好，质地松软，是畜禽的优质饲料，多年来一直被用作牛、羊、兔等草食动物的粗饲料。用花生蔓喂畜禽是农村广辟饲料资源，减少投入，提高养殖效益，发展节粮型畜牧养殖业的重要途径。

花生蔓的营养：干物质 91.3％，羊消化能 9.48％，代谢能 7.77％，粗蛋白 11.0％，粗脂肪 1.5％，粗纤维 29.6％，无氮浸出物 41.3％，钙 2.46％，总磷 0.04％。花生蔓中的粗蛋白质含量相当于豌豆秸的 1.6 倍、稻草的 16 倍、麦秸的 23 倍，可见花生蔓的能量、粗蛋白、钙含量较高，粗纤维含量适中，各种营养比较均衡。在众多作物秸秆中，花生蔓的综合营养价值仅次于苜蓿草粉，明显高于玉米秸、大豆秸。

传统养羊所喂饲草往往不经过任何加工调制，像玉米秸多数以整株干秸喂养，这样饲喂后消化利用率低，不仅造成饲草资源的极大浪费，而且羊生长慢，饲养周期长，出栏率低。因此，应广泛推广青贮、氨化、发酵等饲料调制加工技术，提高养羊的经济效益。

a. 制成干粉饲喂　花生收获后，及时将藤蔓摊开晒干，不可堆积存放，以免发热霉变，花生藤晒干后，除去杂质和泥土，如属地膜覆盖花生，收获藤蔓时千万注意将残留在藤蔓上的残膜挑剔干净，粉碎成粉状即可直接拌入饲料中使用。花生藤在肉羊饲料中的添加量，可按 30%～50% 的比例拌入其他饲料中饲喂。

b. 花生蔓青贮　由于花生秧碳水化合物含量较低，因而不宜单独青贮。目前花生秧常用的方式是与其他含碳水化合物较高的青贮原料进行混合青贮，如甘薯蔓、玉米秸秆等。

c. 与甘薯蔓混合青贮　花生收获的季节恰好也是甘薯收获的季节，花生秧水分、碳水化合物含量均较少，而甘薯蔓水分、碳水化合物含量均较高，因此将两者混贮最为理想，可以弥补双方的不足。杨红先等（2002）报道了花生秧与甘薯蔓混合青贮的方法，在花生收获前 2～3 天，割下地上部分花生秧进行青贮。若利用已收获的花生秧，必须在 1～2 天用铡刀切去根部再用，不必晾晒，以免茎叶过分干燥，水分缺失。新鲜花生秧与甘薯藤混贮比例以 1∶2 为宜，两者均需切碎，并搅拌均匀（肖喜东和顾洁，2008）。

d. 与玉米秸秆混合青贮　长期以来，我国以玉米秸秆作为青贮原料的重要来源，但是，玉米秸秆蛋白质、维生素及钙含量均较低，家畜长期饲喂单一的玉米秸秆青贮饲料容易造成营养不良。花生秧作为豆科作物，秧中富含粗蛋白质、各种矿物质及维生素，而且适口性很好，能够弥补青贮玉米秸秆营养的不足。在玉米秸秆青贮过程中加入适量的花生秧可显著提高青贮饲料的营养价值，还可适当降低配合饲料中谷物原料的配比。刘太宇和郭孝（2003）的研究结果表明，在玉米秸秆青贮过程中，添加花生秧不影响青贮效果，还能显著提高青贮饲料的营养价值，改善青贮饲料品质；其中青贮料中加入 15% 花生秧，效果最为理想，与对照相比，粗蛋白质和粗脂肪的含量分别提高 23.6% 和 15.5%，维生素、胡萝卜素含量也明显增加；同时混合青贮使青贮味美、柔软、适口性得到进一步改善。

e. 与甘薯藤、玉米秸秆混合青贮　将花生秧、玉米秸秆和甘薯藤作为青贮原料进行混合青贮，可以优化青贮饲料的品质，丰富青贮饲料的种类。同时将三种青贮原料混合青贮，在青贮发酵处理过程中，由于农作物秸秆间水分、渗出的营养物质互相调剂，因而可以使青贮易于成功，并且还可以改善秸秆适口性和提高秸秆的营养价值。吴进东等（2007）用花生秧、玉米秸秆和甘薯藤作为青贮原料，在不同比例（1：1：1、1：2：1和1：1：2）的青贮原料中添加绿汁发酵液或乳酸菌制剂，以探讨对混合青贮饲料品质的影响，结果发现，添加5～20倍稀释度的绿汁发酵液或乳酸菌制剂能显著降低青贮饲料的pH值以及乙酸、丁酸、氨态氮含量，显著提高乳酸、粗蛋白质、可溶性碳水化合物的含量，并且发现花生秧、玉米秸秆和甘薯藤以1：2：1的比例进行混合青贮时最优。由于绿汁发酵液取材方便、制作简单且乳酸菌制剂也相对较便宜，因而此种混合青贮模式具有较好的可操作性，可以作为青贮模式发展的方向。

f. 花生蔓微贮 将新鲜的花生藤切碎成2～3厘米的小段，然后把微生物秸秆发酵剂（EM原液）活化，均匀地喷洒在秸秆上，在一定的温度和湿度下，压实封严，在密闭厌氧条件下，就可以制作优质花生蔓微贮饲料。

⑥ 甘薯蔓 甘薯属一年生或多年生蔓生草本，又名山芋、红芋、番薯、红薯、白薯、地瓜、红苕等，因地区不同而有不同的名称。甘薯是一种高产而适应性强的粮食作物，与工农业生产和人民生活关系密切。块根除作主粮外，也是食品加工、淀粉和酒精制造工业的重要原料，根、茎、叶又是优良的饲料。

甘薯蔓的营养：甘薯蔓营养价值高，仅次于苜蓿干草，干物质88.0%，羊消化能7.53%，代谢能6.17%，粗蛋白8.1%，粗脂肪2.7%，粗纤维28.5%，无氮浸出物39.0%，钙1.55%，总磷0.11%。盛夏至初秋，是甘薯蔓旺长的季节，这期间的地瓜秧适口性好，容易消化，饲用价值高，是喂羊的好饲料。

甘薯蔓可以粉碎制成甘薯蔓粉、青贮、微贮和加工成颗粒饲料等。

一般在11月中旬进行青贮。甘薯蔓应清洁新鲜，无泥土夹杂，并需剔除过老和经霜打的甘薯蔓。收割后先晾晒1天，将甘薯蔓切成2～5厘米长的段（袋贮宜更短），装入青贮池或袋中，压实、封严不透气。质量良好的青贮料呈黄绿、黄褐色，开窖时可嗅到酒香味，其pH值为 3.8～4.4。一般每只羊每天可喂给青贮好的饲料 2～2.5千克。

（3）秕壳、藤蔓类

① 秕壳　秕壳是指农作物种子脱粒或清理种子时的残余副产品，包括种子的外壳和颖片等，如砻糠（即稻谷壳）、麦壳，也包括二类糠麸如统糠、清糠、三七糠和糠饼等。与其同种作物的秸秆相比，秕壳的蛋白质和矿物质含量较高，而粗纤维含量较低。禾谷类荚壳中，谷壳含蛋白质和无氮浸出物较多，粗纤维较低，营养价值仅次于豆荚。但秕壳的质地坚硬、粗糙，且含有较多泥沙，甚至有的秕壳还含有芒刺。因此，秕壳的适口性很差，大量饲喂很容易引起动物消化道功能障碍，应该严格限制喂量。

② 荚壳　荚壳类饲料是指豆科作物种子的外皮、荚皮，主要有大豆荚皮、蚕豆荚皮、豌豆荚皮和绿豆荚皮等。与秕壳类饲料相比，此类饲料的粗蛋白质含量和营养价值相对较高，对牛羊的适口性也较好。

③ 藤蔓　主要包括甘薯藤、冬瓜藤、南瓜藤、西瓜藤、黄瓜藤等藤蔓类植物的茎叶。其中甘薯藤是常用的藤蔓饲料，具有相对较高的营养价值，不仅用作牛羊饲料，也可用作喂猪饲料。

（4）其他非常规粗饲料　其他非常规粗饲料主要包括风干树叶类、糟渣、葵花盘和竹笋壳等。可作为饲料使用的树叶类主要有松针、桑叶、槐树叶等，其中桑叶和松针的营养价值较高。糟渣饲料主要包括啤酒糟、白酒糟、味精渣和甜菜渣等，此类饲料的营养价值相对较高，其中的纤维物质易于被瘤胃微生物消化，属于易降解纤维，因此它们是反刍动物的良好饲料，常用于饲喂高产奶牛。竹笋壳具有较高的粗蛋白质含量和可消化性，也是一类有待开发利用的良好粗饲料资源，但因其中含有不适的味道和特殊物质，影响其适口性和动物的正常胃肠功能，因此，不宜大量饲喂。

① 啤酒糟　啤酒糟，是啤酒工业的主要副产品，是以大麦为原料，经发酵提取籽实中可溶性碳水化合物后的残渣。每生产 1 吨啤酒大约产生 0.25 吨的啤酒糟，我国啤酒糟年产量已达 1000 多万吨，并且还在不断增加。啤酒糟含有丰富的蛋白质、氨基酸及微量元素，目

前多用于养殖方面，在其他方面也有所利用。

啤酒糟主要由麦芽的皮壳、叶芽、不溶性蛋白质、半纤维素、脂肪、灰分及少量未分解的淀粉和未洗出的可溶性浸出物组成。啤酒生产所采用原料的差别以及发酵工艺的不同，使得啤酒糟的成分不同，因此在利用时要对其组成成分进行必要的分析。总的来说，啤酒糟含有丰富的粗蛋白和微量元素，具有较高的营养价值。谢幼梅等（1995）分析指出，啤酒糟干物质中含粗蛋白25.13%、粗脂肪7.13%、粗纤维13.81%、灰分3.64%、钙0.4%、磷0.57%；在氨基酸组成上，赖氨酸占0.95%、蛋氨酸0.51%、胱氨酸0.30%、精氨酸1.52%、异亮氨酸1.40%、亮氨酸1.67%、苯丙氨酸1.31%、酪氨酸1.15%；还含有丰富的锰、铁、铜等微量元素。

掌握适宜的喂量，每头肉羊日喂量以1千克为宜，生产性能明显提高，对羊无不良影响。泌乳羊的日喂量一般添加量在20%左右。尽量喂新鲜啤酒糟，啤酒糟含水量大，变质快，因此饲喂时一定要保证新鲜，对一时喂不完的要合理保存，如需要储藏，则以窖贮效果好，并晒干储藏。夏季啤酒糟应当日喂完，同时每日每头可添加小苏打。若酒糟多羊少，一可将酒糟充分晒干再喂，二可密封保存，隔绝空气，防止发酵酸败，切不可将酒糟用水浸泡，置于缸内暴晒于日光下。注意保持营养平衡，啤酒糟粗蛋白质含量虽然丰富，但钙磷含量低且比例不合适，因此饲喂时应提高日粮精料的营养浓度，同时注意补钙，这样有利于羊身体健康，若饲喂泌乳羊，则有利于产奶。不宜把糟渣类饲料作为日粮的唯一粗料，应和干粗料、青贮饲料掺配；用玉米秸秆和啤酒糟按4∶1的比例青贮与玉米秸秆直接青贮喂羊，效果非常好。与青贮料搭配，应在日粮中添加碳酸氢钠，中毒后及时处理，饲喂啤酒糟出现慢性中毒时，要立即减少喂量并及时对症治疗，尤其对蹄叶炎，必须作为急症处理，否则愈后不良。

②白酒糟　白酒生产中，以一种或几种谷物或者薯类为原料，以稻壳等为填充辅料，经固态发酵、蒸馏提取白酒后的残渣，有湿酒糟和经烘干粉碎的干酒糟两种。

酒糟是蛋白质、脂肪、维生素及矿物质的良好来源，并含未知生长因子，一般而言，蛋氨酸及胱氨酸含量稍高，赖氨酸则明显不足。以玉米、高粱等谷类为原料的成分较佳，以薯类为原料的，粗纤维、粗灰分含量均高，因而饲养价值低，且其所含粗蛋白质消化率差，以糖蜜为原料的，粗蛋白低，维生素 B_2、泛酸含量高，所含粗灰分特别多。

酒糟是酿酒工业的残渣，它不但富含营养和能量，而且也有增进食欲的作用。饲喂酒糟时应注意以下几个方面：刚开始给肉羊喂酒糟肉羊可能有些不适应，3～5 天顺食期后羊就习惯了；饲喂酒糟时，要由少到多，逐渐增加，等肉羊吃习惯后，再按量喂给；给羊饲喂酒糟时要定时、定量饲喂；饲喂时应少给勤添，随吃随拌；喂量不能过大，长时间饲喂酒糟过多极易引起肉羊胃酸过多、瘤胃臌胀等疾病；酒糟里加入适量碳酸氢钠（小苏打），可以减轻酸度。

啤酒糟和白酒糟都可以喂羊，啤酒糟的适口性更好。

③ 味精渣 味精渣又称谷氨酸渣，是利用谷氨酸棒杆菌和由蔗糖、糖蜜、淀粉或其水解液等植物源成分及铵盐（或其他矿物质）组成的培养基发酵生产 L-谷氨酸后剩余的固体残渣，菌体应灭活，可进行干燥处理。

干味精渣的营养成分：水分 10%、粗蛋白 47%、粗脂肪 1.8%、粗纤维 1.8%、磷 0.44%、赖氨酸 2.1%、蛋氨酸＋胱氨酸 1.8%。

味精渣喂羊效果很好。

④ 甜菜渣 甜菜渣是甜菜的块根制糖后的副产品，由浸提或压榨后的甜菜片组成。糖渣中的干物质含量为 22%～28%，饲喂时应逐渐增加，让羊适应，也可以在糖渣中添加尿素和矿物质、微量元素混合饲喂。

由于甜菜渣的营养成分含量较低且不平衡，长期大量饲用于牲畜易引发一些营养缺乏症，危及牲畜健康，影响生长发育。甜菜渣中含有游离有机酸，易引起羊下泻，应控制饲喂量。

⑤ 葵花盘 葵花盘脱除葵花籽后剩余物粉碎烘干的产品。葵花盘的饲料价值很高，含粗蛋白质 7%～9%，粗脂肪 6.5%～10.5%，并含有 2.4%～3% 的果胶和 10% 的灰分。葵花盘在收获脱粒后可直接喂牛、喂羊，但是，最适宜的方法是制成饲料粉或青

贮。每 100 千克饲料粉含有 5.2～7.4 千克可消化蛋白质和 80～90 个饲料单位，等于 80～90 千克燕麦，或 70～80 千克大麦，或 60～66 千克玉米谷物饲料。加工过的向日葵盘近似于精料，可以喂各种家畜和家禽。葵花盘也可作青贮饲料，其成分：水分 8.86%，灰分 10.63%，脂肪 6.25%，粗蛋白质 8.35%，粗纤维 17.4%，无氮浸出物 48.2%。每 100 千克青贮料（水分 60%）含有 39 个饲料单位。

养殖户采用的精饲料配方：玉米 30%、葵花饼粉 40%、麸皮 10%、甜菜茎叶或其他青绿饲料 10%、豆饼 3%、食盐 2%、添加剂 2.5 克，再加上少量炒熟的黄豆诱食。羊爱吃，饲喂效果很好。

⑥豆腐渣　豆腐渣是生产豆腐或豆浆的副产品，一般豆腐渣含水分 85%，蛋白质 3.0%，脂肪 0.5%，碳水化合物（纤维素、多糖等）8.0%，此外，还含有钙、磷、铁等矿物质。

粗蛋白和粗脂肪的含量均很高，粗蛋白含量在 30% 左右，是一种物美价廉的饲料。但豆腐渣必须鲜喂，而且饲喂时一定要控制好用量。另外，喂前要加热煮熟 15 分钟，以增强适口性，提高蛋白质吸收利用率。

利用豆腐渣生产发酵饲料新鲜豆腐渣，经压榨脱水至 70% 含水量，配以干麸皮，每 10 千克豆腐渣与 2.5 千克麸皮，在 0.1 兆帕斯卡蒸汽压力下灭菌 30 分钟，接种后培养 72 小时。分析后看出，经发酵的豆腐渣比未发酵的豆腐渣蛋白质含量增加 8% 左右，氨基酸态氮增加 4.9 倍，是一种非常理想的蛋白质饲料，可代替部分鱼粉。

严重酸败变质的豆腐渣禁止喂羊。若有轻度酸味，喂前应在每千克豆腐渣中加入 50 克石灰粉或小苏打粉搅拌均匀，以中和醋酸。饲喂牛、羊时，用量可比鸡增加 10%，育肥后期用量不能超过 25%，否则会影响肉质。

全价饲料不需要添加豆腐渣，自配饲料豆腐渣添加的比例要根据豆饼和鱼粉所占的比例来确定。如果豆饼占饲料的 25%，豆腐渣就不要添加了，否则蛋白质过剩，既浪费，又易造成畜禽拉稀。

豆腐渣有两种储存方法：一是厌氧发酵储存，即用密封坛把豆腐渣封起来保存，用量与鲜喂量差不多；二是晒干储存，用量要减少到鲜喂量的 1/5。但豆腐渣最好是鲜用，晒干会使部分营养丢失。

4. 能量饲料

能量饲料是指天然水分含量在 45％以下、每千克干物质中粗纤维的含量在 18％以下、可消化能含量高于 10.46 兆焦/千克、蛋白质含量在 20％以下的饲料，其中消化能高于 12.55 兆焦/千克的称为高能量饲料。能量饲料主要包括谷物籽实类饲料，如玉米、稻谷、大麦、小麦、高粱、燕麦等；谷物籽实类加工副产品，如米糠、小麦麸等；富含淀粉及糖类的根、茎、瓜类饲料；液态的糖蜜、乳清和油脂等。

（1）玉米　玉米是最重要的能量饲料，与其他谷物饲料相比，玉米粗蛋白质水平低，但能量值最高。以干物质计，玉米中淀粉含量可达 70％，羊代谢能 11.59％～11.70％，羊消化能 14.14％～14.27％。玉米蛋白质含量为 7.8％～9.4％，缺少赖氨酸、蛋氨酸、色氨酸等必需氨基酸。玉米蛋白质中 50％～60％为过瘤胃蛋白质，可达小肠而被消化吸收，其余 40％～50％蛋白质可在瘤胃被微生物降解。钙含量 0.02％，磷含量 0.27％，与其他谷物饲料相似，玉米钙少磷多。

玉米可作为肉羊能量的重要来源，可达精饲料量的 50％，最好与大麦或麦麸搭配，以防止瘤胃积食或臌胀。在以玉米为基础的日粮中，应添加石灰等补充钙，以预防尿结石症。同时补充瘤胃微生物可降解氮源，如非蛋白氮（尿素、二缩脲等）和天然蛋白质饲料（大豆饼、棉籽饼等）。在使用前，可先将玉米进行蒸汽挤压处理或粉碎成颗粒状，颗粒较大的玉米较粉状玉米消化慢，不易发生酸中毒。最高饲喂量可达 1 千克/（天·只），但要分多次饲喂，并且要逐渐增加饲喂量。羔羊以及妊娠和哺乳母羊饲喂玉米时，还应添加蛋白质补充料。对于其他羊，若饲喂干草中粗蛋白质含量达 9％～10％，则不必另行添加蛋白质补充料。

（2）大麦　大麦分皮大麦和裸大麦两种。皮大麦即成熟时籽粒仍带壳的大麦，也就是普通大麦。根据籽粒在穗上的排列方式，又分为二棱大麦和六棱大麦。前者麦粒较大，多产自欧、美、澳洲等地，我国多为六棱大麦，主要供酿酒用，饲用效果也很好；裸大麦也叫青稞，成熟时皮易脱落，多供食用，营养价值较高，但产量低，主要产自东南亚和我国青藏高原、云南、贵州和四川山地。

羊的消化能为13.22%～13.43%，代谢能为10.84%～11.01%，粗蛋白质含量为11%～13%，粗蛋白含量在谷类籽实中是比较高的，略高于玉米，也高于其他谷实饲料（荞麦除外）。氨基酸中除亮氨酸（0.87%）和蛋氨酸（0.14%）外，均较玉米多，但利用率低于玉米。虽然大麦赖氨酸消化率（73%）低于玉米（82%），但由于大麦赖氨酸含量（0.44%）接近玉米的2倍，其可消化赖氨酸总量仍高于玉米。脂肪含量2%，为玉米的一半，但饱和脂肪酸含量较高，因此大麦是育肥肉羊获得白色胴体所需的良好能量饲料。大麦的无氮浸出物的含量也比较高（77.5%左右），但由于大麦籽实外面包裹一层质地坚硬的颖壳，种皮的粗纤维含量较高（整粒大麦为5.6%），为玉米的2倍左右，所以有效能值较低，一定程度上影响了大麦的营养价值，淀粉和糖类含量较玉米少，热能较低，代谢能仅为玉米的89%。大麦矿物质中钾和磷含量丰富，其中磷的63%为植酸磷，其次还含有镁、钙及少量铁、铜、锰、锌等。大麦富含B族维生素，包括B_1、B_2和泛酸，虽然烟酸含量也较高，但利用率只有10%。脂溶性维生素A、维生素D、维生素K含量较低，少量的维生素E存在于大麦胚芽中。

大麦蛋白在瘤胃的降解率与其他小颗粒谷物类饲料相似，过瘤胃蛋白质占20%～30%，比玉米和高粱的过瘤胃蛋白质率低。

大麦中含有一定量的抗营养因子，影响适口性和蛋白质消化率。大麦易被麦角菌感染致病，产生多种有毒的生物碱，如麦角胺、麦角胱氨酸等，轻者引起适口性下降，严重者发生中毒，表现为坏疽症、痉挛、繁殖障碍、咳嗽、呕吐等。

大麦可大量用于饲喂肉羊，大麦淀粉在瘤胃中的发酵速度快。因此，大麦在肉羊日粮中所占比例不宜过高，一般不应超过40%，要注意防止酸中毒。大麦作为羊的饲料时，各种加工处理，如蒸汽压扁、碾碎、颗粒化以及干扁压对饲喂效果都影响不大。在肥羔生产中，大麦可作为玉米的有效替代饲料，可降低饲料成本。

（3）高粱　高粱籽粒中蛋白质含量9%～11%，其中约有0.28%的赖氨酸、0.11%的蛋氨酸、0.18%的胱氨酸、0.10%的色氨酸、0.37%的精氨酸、0.24%的组氨酸、1.42%的亮氨酸、0.56%的异亮氨酸、0.48%的苯丙氨酸、0.30%的苏氨酸、0.58%的缬氨酸。高粱籽粒中亮氨酸和缬氨酸的含量略高于玉米，而精氨酸的含量又略低于玉米。其他氨基酸的含量与玉米大致相等。高粱糠中粗蛋白质含量达10%左右，在鲜高粱酒糟中为9.3%，在鲜高粱醋渣中为8.5%左右。

高粱和其他谷实类一样，不仅蛋白质含量低，同时所有必需氨基酸含量都不能满足畜禽的营养需要。总磷含量中有一半以上是植酸磷，同时还含有0.2%～0.5%的单宁，两者都属于抗营养因子，前者阻碍矿物质、微量元素的吸收利用，而后者则影响蛋白质、氨基酸及能量的利用效率。

高粱的营养价值受品种影响大，其饲喂价值一般为玉米的90%～95%。高粱在肉羊日粮中使用量的多少，与单宁含量高低有关。含量高的用量不能超过10%，含量低的使用量可达到70%。高单宁高粱不宜在幼龄动物饲养中使用，以避免造成养分消化率的下降。

对于反刍动物来说，通过蒸汽压片、水浸、蒸煮和挤压膨化等方法，可以改善反刍动物对高粱的利用，提高利用率10%～15%。

去掉高粱中的单宁可采用水浸或煮沸处理、氢氧化钠处理、氨化处理等，也可通过向饲料中添加蛋氨酸或胆碱等含甲基的化合物来中和其不利影响。使用高单宁高粱时，可通过添加蛋氨酸、赖氨酸、胆碱等，来克服单宁的不利影响。

（4）燕麦 燕麦分为皮燕麦和裸燕麦两种，是营养价值很高的饲料作物，可用作能量饲料、青干草和青贮饲料。

燕麦壳比例高，一般占籽实总重的24%～30%。因此，燕麦壳粗纤维含量高，可达11%或更高，去壳后粗纤维含量仅为2%。燕麦淀粉含量仅为玉米淀粉含量的1/3～1/2，在谷实类中最低，总可消化养分为66%～72%；粗脂肪含量在3.75%～5.5%，能值较低。燕麦粗蛋白质含量为11%～13%。燕麦籽实和干草中钾的含量比其他谷物或干草低，因为壳重较大，所以燕麦的钙比其他谷物略高，约占干物质的0.1%，而磷占0.33%，其他矿物质与一般麦类比较接近。

燕麦因壳厚、粗纤维含量高，适宜饲喂反刍动物，可减少羊的消化问题。燕麦壳作为羔羊的开食料，用于教槽饲喂。成年羊咀嚼饲料

比牛细致，故喂燕麦时可不必粉碎，整粒饲喂也可。

（5）小麦　小麦是人类最重要的粮食作物之一，全世界 1/3 以上的人口以它为主食。美国、中国、俄罗斯是小麦的主要产地，小麦在我国各地均有大面积种植，是主要粮食作物之一。

小麦籽粒中主要养分含量：羊的消化能为 14.23 兆焦/千克，代谢能为 11.67 兆焦/千克，粗脂肪 1.7%，粗蛋白 13.9%，粗纤维 1.9%，无氮浸出物 67.6%，钙 0.17%，磷 0.41%。总的消化养分和代谢能均与玉米相似，与其他谷物相比，粗蛋白含量高，在麦类中，春小麦的蛋白质水平最高，而冬小麦略低，小麦钙少磷多。

对反刍动物来说，小麦可作为动物的精饲料，如小麦的价格低于玉米，也拿小麦替代玉米作为动物饲料，小麦淀粉消化速度快，消化率高，饲喂过量易引起瘤胃酸中毒。小麦的谷蛋白质含量高，易造成瘤胃内容物黏结，降低瘤胃内容物的流动性。若使用全小麦，在日粮中添加相应酶制剂，可消除谷蛋白质的不利影响。对成年羊，小麦可不经加工直接饲喂，对幼龄羔羊，小麦可粉碎后制成颗粒饲料饲喂。

（6）糖蜜　糖蜜是制糖工业的副产品，是一种黏稠、黑褐色、呈半流动的物体，组成因制糖原料、加工条件的不同而有差异，其中主要含有大量可发酵糖（主要是蔗糖），因而是很好的发酵原料，可用作酵母、味精、有机酸等发酵制品的底物或基料，可用作某些食品的原料和动物饲料。糖蜜产量较大的有甜菜糖蜜、甘蔗糖蜜、葡萄糖蜜、玉米糖蜜，产量较小的有转化糖蜜和精制糖蜜。

糖蜜含有少量粗蛋白质，一般为 3%～6%，多属于非蛋白氮类，如氨、酰胺及硝酸盐等，而氨基酸态氮仅占 38%～50%，且非必需氨基酸如天门冬氨酸、谷氨酸含量较多，因此蛋白质生物学价值较低，但天门冬氨酸和谷氨酸均为呈味氨基酸，故用于动物饲料中可大大刺激动物食欲。

糖蜜的主要成分为糖类，甘蔗糖蜜含蔗糖 24%～36%，其他糖 12%～24%；甜菜糖蜜所含糖类几乎全为蔗糖，约 47%，羊的消化能为 15.97 兆焦/千克，代谢能为 13.10 兆焦/千克，粗蛋白 11.8%，粗脂肪 0.4%，此外还含有 3%～4% 的可溶性胶体，主要为木糖胶、阿拉伯糖胶和果胶等。

糖蜜的矿物质含量较高，为 8%～10%，但钙、磷含量不高，甘蔗糖蜜又高于甜菜糖蜜。矿物元素中钾、氯、钠、镁含量高，因此糖蜜具有轻泻性。一般糖蜜维生素含量低，但甘蔗糖蜜中泛酸含量较高，达 37 毫克/千克，此外生物素含量也很可观。

将提纯的甘蔗汁或甜菜汁蒸浓至带有晶体的糖膏，用离心机分出结晶糖后所余的母液，叫"蜜糖"。这种第一糖蜜中还含有大量蔗糖，可重复上法而得第二、第三糖蜜等，最后得到一种母液，无法再蒸浓结晶，称废糖蜜。一般单称糖蜜指的就是废糖蜜，可用作食物或饲料，也可用作发酵工业的原料。

5. 蛋白质饲料

蛋白质饲料是指天然水分含量在 45% 以下、干物质中粗纤维低于 18%、粗蛋白质含量不低于 20% 的饲料。蛋白质饲料包括植物性蛋白质饲料和动物性蛋白质饲料。

植物性蛋白质饲料主要是豆类及其加工副产品。常用的有大豆、豌豆、蚕豆和豆类加工副产品饼粕、棉籽饼、向日葵粕等。这类饲料的突出特点是粗蛋白质含量高（22%～40%）、品质好。蛋白质主要由清蛋白和球蛋白组成，精氨酸、赖氨酸、蛋氨酸、苯丙氨酸等必需氨基酸含量和平衡性均高于谷实类，并且蛋白质利用率是谷实类的 1～3 倍。除大豆脂肪含量（17.3%）较高外，其他豆类均较低（2%～5%），无氮浸出物含量 22%～56%，比谷实类低，粗纤维含量低（3.8%～6.4%）、易消化；矿物质和维生素含量与谷实类相似，钙含量稍高于谷实类，富含 B 族维生素，但缺乏反刍动物必需的维生素 A、维生素 D。

动物性蛋白质饲料主要指鱼类、肉类和乳品加工的副产品及其他动物产品。常用的有鸡蛋、鱼粉、血粉、羽毛粉、蚕蛹、全乳和脱脂乳等。动物性饲料是高蛋白质饲料，反刍动物很少使用动物性蛋白饲料，但在羊的泌乳、种公羊配种高峰期、杂交羊的育肥阶段可适当补充动物性饲料。

（1）大豆、豌豆、蚕豆等豆类　豆类籽实中都含有蛋白酶抑制因子，可降低蛋白质的利用效率。使用时需要事先处理才能取得好的饲用效果，通常给大豆、豌豆、蚕豆等豆类籽实加热，即可消除蛋白酶

抑制因子的活性。经过加热处理，大豆的过瘤胃蛋白质比例增加，适口性也得以改善，生物效价可从57%提高到64%。为减少加热处理对赖氨酸、蛋氨酸、胱氨酸和色氨酸吸收的不利影响，加热温度不宜超过160℃。

① 大豆 大豆有黄大豆、青大豆、黑大豆、其他大豆和饲用大豆5类，以黄大豆所占比例最大，其次是黑大豆。黄大豆的粗蛋白质含量高达35.5%，氨基酸组成平衡，赖氨酸含量为2.2%，蛋氨酸等含硫氨基酸稍欠缺；粗纤维含量（4.3%）比玉米高，与其他谷实类相当；脂肪含量高达17.3%。

因此，有效能比玉米高2%以上，是高能、高蛋白质饲料。大豆脂肪酸中约85%是不饱和脂肪酸，营养价值高；矿物质元素和维生素类含量与谷实类相仿，也是钙少（0.27%）磷多（0.48%），维生素E的含量较高。

生大豆含有胰蛋白酶抑制因子、肠胃胀气因子、抗维生素因子、皂角苷等多种抗营养因子，可引起动物生长停滞、消化紊乱、腹泻等。因此，必须采取物理方法如蒸煮、蒸汽处理、微波处理、焙炒、膨化等或者采取化学方法如酶法、发芽等处理，使其所含的抗营养因子活性降低或灭活，从而提高蛋白质利用率。另外，大豆脂肪含量高，可抑制瘤胃对粗纤维的消化。因此，在肉羊日粮中大豆比例不宜过高，一般不要超过精饲料的50%。

② 蚕豆和豌豆 蚕豆和豌豆粗蛋白质含量为23.5%左右，低于大豆，氨基酸的平衡性与大豆相似；无氮浸出物含量在50%以上，而脂肪含量远比大豆低，仅为1.5%左右，能值与大麦和玉米相当。

蚕豆和豌豆是后备羊和育肥羊的良好能量、蛋白质、维生素和矿物质来源，可用来配制育肥羊日粮，替代部分玉米和大豆饼，最高可占到日粮的45%。蚕豆和豌豆也含有胰蛋白酶抑制因子，但含量较大豆低，加热即可破坏。蚕豆和豌豆的饲用价值不及大豆。

（2）饼（粕）类 饼（粕）类是豆类和油料籽实提取油脂后的副产品，是配合饲料的主要蛋白质补充料，使用广泛，用量较大，这类饲料的突出特点是油脂和蛋白质含量较高，而无氮浸出物含量一般比谷实类低。

饼（粕）类主要包括大豆饼（粕）、花生饼（粕）、棉籽饼（粕）、菜籽饼（粕）、向日葵饼（粕）、芝麻饼（粕）、亚麻饼（粕）等。采用压榨法提油后的块状副产品称为饼，用溶剂浸提脱油后的碎状物质称为粕。由于原料和加工方法不同，饼（粕）类实例的营养与饲用价值有较大的差异。饼（粕）类饲料多有毒，须经热处理或脱毒处理后才可以使用。

①大豆饼（粕）　大豆饼（粕）是我国最常用的一种主要植物性蛋白质饲料，营养价值很高，粗纤维素含量为 $10\%\sim11\%$，羊的代谢能为 $11.70\sim11.73$ 兆焦/千克，消化能为 $14.27\sim14.31$ 兆焦/千克，大豆饼（粕）的粗蛋白质含量为 $40\%\sim45\%$，大豆粕的粗蛋白质含量高于饼，去皮大豆粕粗蛋白质含量可达 50%，大豆饼（粕）的氨基酸组成较合理，尤其赖氨酸含量 $2.5\%\sim3.0\%$，是所有饼（粕）类饲料中含量最高的，异亮氨酸、色氨酸含量都比较高，但蛋氨酸含量低，仅 $0.5\%\sim0.7\%$。大豆饼（粕）中钙少磷多，但磷多属难以利用的植酸磷。维生素 A、维生素 D 含量少，B 族维生素除 B_2、B_{12} 外均较高。粗脂肪含量较低，尤其大豆粕的脂肪含量更低。大豆饼（粕）含有抗胰蛋白酶、尿素酶、血球凝集素、皂角苷、甲状腺肿诱发因子、抗凝固因子等有害物质，但这些物质大都不耐热，一般在饲用前，经 $100\sim110℃$ 的加热处理 $3\sim5$ 分钟，即可去除这些不良物质。注意加热时间不宜太长、温度不能过高也不能过低，加热不足破坏不了毒素则蛋白质利用率低，加热过度可导致赖氨酸等必需氨基酸的变性反应，尤其是赖氨酸消化率降低，可引起畜禽生产性能下降。

合格的大豆粕从颜色上可以辨别，大豆粕的色泽从浅棕色到亮黄色，如果色泽暗红，尝之有苦味说明加热过度，氨基酸的可利用率会降低；如果色泽浅黄或呈黄绿色，尝之有豆腥味，说明加热不足。

②棉籽饼（粕）　棉籽饼（粕）是棉花籽实提取棉籽油后的副产品，粗纤维素含量为 $10\%\sim11\%$，羊的代谢能为 $10.23\sim10.84$ 兆焦/千克，消化能为 $12.47\sim13.22$ 兆焦/千克，粗纤维含量为 $10.2\%\sim12.5\%$，粗蛋白含量较高，一般为 $36.3\%\sim47\%$，产量仅次于豆饼，是一种重要的蛋白质资源。棉籽饼因工作条件不同，其营养价值相差

很大，主要影响因素是棉籽壳是否脱去及脱去程度。在油脂厂去掉的棉籽壳中，虽夹杂着部分棉籽，粗纤维也达 48%，木质素达 32%，而脱壳以前去掉的短绒含粗纤维 90%，因而，在用棉花籽实加工成的油饼中，是否含有棉籽壳，或者含棉籽壳多少，是决定它可利用能量水平和蛋白质含量的主要影响因素。

棉籽饼（粕）蛋白质组成不太理想，精氨酸含量过高，达 3.6%～3.8%，远高于豆粕，是菜籽饼（粕）的 2 倍，仅次于花生粕，而赖氨酸含量仅 1.3%～1.5%，过低，只有大豆饼粕的一半。蛋氨酸也不足，约 0.4%，同时，赖氨酸的利用率较差，故赖氨酸是棉籽饼粕的第一限制性氨基酸。饼（粕）的有效能值主要取决于粗纤维含量，即饼（粕）的含壳量。维生素含量受热损失较多。矿物质中磷多，但多属植酸磷，利用率低。

棉籽饼（粕）中含有游离棉酚、环丙烯脂肪酸、单宁、植酸等抗营养因子，可对蛋白质、氨基酸和矿物质的有效利用产生严重影响。因此，应采用热处理法、硫酸亚铁法、碱处理、微生物发酵等方法进行脱毒处理。使用棉籽饼（粕）时，需搭配优质粗饲料。空怀、妊娠和泌乳母绵羊每天每只饲喂量分别为 150 克、200 克和 300 克，5 月龄以上绵羊每天每只 100 克。

③ 菜籽饼（粕）　菜籽饼（粕）是油菜籽经机械压榨或溶剂浸提制油后的残渣。菜籽饼（粕）具有产量高，能量、蛋白质、矿物质含量较高，价格便宜等优点。榨油后饼粕中油脂减少，粗蛋白质含量达到 37% 左右。粗纤维素含量为 10%～11%，在饼（粕）类中是粗纤维含量较高的一种，羊的代谢能为 9.88～10.77 兆焦/千克，消化能为 12.05～13.14 兆焦/千克，菜籽饼中氨基酸含量丰富且均衡，品质接近大豆饼水平。胡萝卜素和维生素 D 的含量不足，钙、磷含量高，所含磷的 65% 是利用率低的植酸磷，含硒量在常用植物性饲料中最高，是大豆饼的 10 倍，鱼粉的一半。

菜籽饼（粕）含毒素较高，主要起源于芥子甙（或称含硫甙）（含量一般在 6% 以上），各种芥子甙在不同条件下水解，生成异硫氰酸酯，严重影响适口性。硫氰酸酯加热转变成氰酸酯，它和噁唑烷硫酮还会导致甲状腺肿大，一般经去毒处理，才能保证饲料安全。去毒方法有多种，主要有加水加热到 100～110℃ 处理 1 小时；用冷水或温水 40℃左右，浸泡 2～4 天，每天换水 1 次。近年来国内外都培育出各种低毒油菜籽品种，使用安全，值得大力推广。"双低"菜籽饼（粕）的营养价值较高，可代替豆粕饲肉鸡。

用毒素成分含量高的菜籽制成的饼（粕）适口性差，也限制了菜籽饼（粕）的使用，雏鸡尽量不用，通常配合饲料中添加量为 5% 左右。

④ 花生饼（粕）　花生饼（粕）是花生去壳后花生仁经榨（浸）油后的副产品。其营养价值仅次于豆饼（粕），即蛋白质和能量都较高，粗蛋白质含量为 38%～48%，粗纤维含量为 4%～7%，羊的代谢能可达 13.56～14.39 兆焦/千克。花生饼的粗脂肪含量为 4%～7%，而花生粕的粗脂肪含量为 1.4%～7.2%，粗纤维 5.9%～6.2%。菜籽饼（粕）中钙少磷多，钙含量为 0.25%～0.27%、磷含量为 0.53%～0.56%，但多以植酸磷的形式存在。

国内一般都去壳榨油。去壳花生饼含蛋白质、能量比较高，花生饼（粕）的饲用价值仅次于豆饼，蛋白质和能量都比较高，适口性也不错，花生粕含赖氨酸 1.3%～2.0%，仅为大豆饼（粕）的一半左右，蛋氨酸含量低，为 0.4%～0.5%，色氨酸含量为 0.3%～0.5%，其利用率为 84%～88%，含胡萝卜素和维生素 D 极少。花生饼（粕）本身虽无毒素，但因脂肪含量高，长时间储存易变质，而且容易感染黄曲霉，产生黄曲霉毒素。黄曲霉毒素毒力强，对热稳定，经过加热也去除不掉，食用能致癌。因此，储藏时应保持低温干燥的条件，防止发霉。一旦发霉，坚决不能使用，用花生饼（粕）喂肉羊，可占成年羊精饲料的 25%，以新鲜的菜籽饼（粕）配制最好。

⑤ 菜籽饼（粕）　菜籽饼（粕）是油菜籽脱油后的副产品，为优良的蛋白质饲料。菜籽饼（粕）含粗蛋白质 35.7%～38.6%，氨基酸组成较平衡，蛋白质容易在瘤胃降解，羊的消化能为 12.05～13.14 兆焦/千克。菜籽饼的粗脂肪含量比菜籽粕高 6% 左右，但粗蛋白质含量较菜籽粕低 3% 左右。由于菜籽脱油时不能去皮，所以饼（粕）粗纤维含量高，可达 11.4%～11.8%，故羊消化能值较大豆饼低 1%～2%。菜籽饼（粕）钙、磷水平均较高，微量矿物元素中硒和锰的含量较高。

油菜籽实中含有硫葡萄糖苷类化合物，在芥子酶作用下可水解成

异硫氰酸酯等有毒物质。菜籽饼（粕）还含有芥子碱、植酸和单宁等有害成分，因此，应限量使用，可占肉羊精饲料量的 5%～20%，并且需要进行去毒处理。

⑥ 向日葵饼（粕） 向日葵饼（粕）是向日葵榨油后的副产品。脱壳的向日葵饼（粕）粗蛋白质含量为 29%～36.5%，羊的消化能 8.54～10.63 兆焦/千克，氨基酸组成不平衡，与大豆饼（粕）、棉籽饼（粕）、花生饼（粕）相比较，赖氨酸含量低，而蛋氨酸含量较高。向日葵饼（粕）中铜、铁、锰、锌含量都较高。

向日葵饼（粕）中不仅含有难消化的木质素，还含有可抑制胰蛋白酶、淀粉酶、脂肪酶活性的有毒物质绿原酸。向日葵饼（粕）可作为反刍动物的优质蛋白质饲料，适口性好，饲用价值与豆粕相当。但需注意若饲喂量过多，可导致肉羊乳脂和体脂变软。

⑦ 亚麻饼（粕） 亚麻饼（粕）是亚麻籽实脱油后的副产品。亚麻饼（粕）的粗蛋白质含量较高，为 35.7%～38.6%，但必需氨基酸含量较低，赖氨酸仅为大豆饼的 1/3～1/2，蛋氨酸和色氨酸则与大豆饼相近。故使用时可与赖氨酸含量高的饲料搭配使用。粗纤维含量高于大豆饼（粕），总可消化养分比大豆饼（粕）低。亚麻饼（粕）中微量元素硒的含量高，为 0.18%。

亚麻饼（粕）适口性好，可作为肉羊的蛋白质补充料，并可作为唯一蛋白质来源，也是很好的硒源。亚麻饼（粕）含有生氰糖苷，可分解生成氢氰酸，引起肉羊中毒。因此，饲喂前先用凉水浸泡，然后再高温蒸煮 1～2 小时。

⑧ 芝麻饼（粕） 芝麻饼（粕）是芝麻脱油后的副产品，略带苦味，芝麻饼（粕）的羊消化能 14.69 兆焦/千克，粗蛋白质含量 39.2%，代谢能 12.05 兆焦/千克，粗脂肪 10.3%，粗纤维 7.2%，无氮浸出物 24.9%，钙 2.24%，总磷 1.19%，蛋氨酸 0.82%，赖氨酸 2.38%。羊消化能值略高于大豆饼（粕），蛋氨酸含量在各种饼（粕）类饲料中最高。因此，使用时可与大豆饼、菜籽饼搭配。芝麻饼（粕）是反刍动物良好的蛋白质饲料来源，可占成年羊精饲料的 25%左右。

6. 矿物质饲料

矿物质饲料在饲料分类系统中属第六大类。它包括人工合成的、天然单一的和多种混合的矿物质饲料，以及配合有载体或赋形剂的痕量、微量、常量元素补充料。矿物质元素在各种动植物饲料中都有一定含量，虽多少有差别，但由于动物采食饲料的多样性，可在某种程度上满足其对矿物质的需要。但在舍饲条件下或饲养高产动物时，动物对它们的需要量增多，这时就必须在动物饲粮中另行添加所需的矿物质。

矿物饲料种类很多，主要有三个来源。

一是肉品加工副产品。即从不同肉制品分离出来的骨头、蛋壳等，通过蒸煮、干燥、粉碎等加工处理而制成的矿物饲料。它不仅含有钙、磷及其他矿物元素，有的还含有一定量的蛋白质。这类产品的质量差异较大，矿物质含量多变，而且若加工处理不当，还会传染疾病，因此要慎用。

二是天然矿物资源产品。它是直接用天然矿石或贝壳类稍加处理所得的合乎饲料要求的产品。这类产品一般就地取材，成本低，但常含有一些有毒元素，需严格选择或处理。例如，天然磷酸岩，一般含有较多的氟，需经过脱氟处理才能使用。

三是化工生产产品。一般纯度高，含杂质少。有的"饲料级"产品虽含有微量杂质，但对动物有害的物质含量均在允许范围内。微量元素补充物基本都来源于纯度较高的化工生产产品。

实际使用时应根据不同化合物的有效性和有害物质含量、加工工艺要求、来源是否广泛及稳定、成本价格等因素选用。

另外，掌握正确的矿物质补饲技术和方法也十分重要。在肉羊机体内，每天代谢所需的饲料矿物质，如出现过剩可有少量储存，但过多则随粪、尿排出。如试图通过饲料提供过量的矿物质来促进骨骼生长或提高肉羊骨的强度几乎是不可能的。生产实践中需根据羊对各种矿物质元素的需要量、矿物质的生物学效价和采食量来确定矿物质的补饲量。同时应注意发挥其他营养措施的协同作用。羊常用的钙、磷天然矿物质饲料有贝壳粉、蛋壳粉等。

常用的矿物质饲料包括钙源性饲料如石灰石粉、贝壳粉、蛋壳粉、轻质碳酸钙等；磷源性饲料如磷酸氢钙、磷酸钙、磷酸二氢钙、磷酸二氢铵、磷酸二氢钠和磷酸氢二钠等；含钠、氯饲料如氯化钠（食盐）、碳酸氢钠、一水碳酸钠、无水碳酸钠、乙醇钠、甲酸钠；含硫饲料如硫黄、二水硫酸钙、硫代硫酸钠；含钾原料如碳酸钾、氯化钾；含镁饲料如硫酸镁、氧化镁等。

（1）钠和氯　食盐是最常用又经济的钠、氯的补充物。在矿物质中，最重要的是食盐、钙和磷等。

植物性饲料大都含钠和氯的数量较少，相反含钾丰富。为了保持生理上的平衡，对以植物性饲料为主的畜禽，应补饲食盐。食盐除了具有维持体液渗透压和酸碱平衡的作用外，还可刺激唾液分泌，提高饲料适口性，增强动物食欲，具有调味剂的作用。

草食家畜需要钠和氯较多，对食盐的耐受量较大，很少发生草食家畜食盐中毒。但是猪和家禽，尤其是家禽，因饲粮中食盐配合过多或混合不匀易引起食盐中毒。雏鸡饲料中若配合0.7%以上的食盐，则会出现生长受阻，甚至有死亡现象。产蛋鸡饲料中含盐超过1%时，可引起饮水增多，粪便变稀，产蛋率下降。

食盐的供给量要根据家畜的种类、体重、生产能力、季节和饲粮组成等来考虑。一般食盐在风干饲粮中的用量为，牛、羊、马等草食家畜为0.5%～1%，浓缩饲料中可添加1%～3%。当饮水充足时不易中毒。在饮水受到限制或盐碱地区水中含有食盐时，易导致食盐中毒，若水中含有较多的食盐，饲料中可不添加食盐。

饲用食盐一般要求较细的粒度。美国饲料制造者协会（AFMA）建议，应100%通过30目筛。食盐吸湿性强，易结块，可在其中添加流动性好的二氧化硅等防结块剂。

在缺碘地区，为了人类健康现已供给碘盐，在这些地区的家畜同样也缺碘，故给饲食盐时也应采用碘化食盐。如无出售，可以自配，在食盐中混入碘化钾，用量要以其中碘的含量达到0.007%为度。配合时，要注意使碘分布均匀，如配合不均，可引起碘中毒。再者碘易挥发，应注意密封保存。若是碘化钾则必须同时添加稳定剂，碘酸钾（KIO_3）较稳定，可不加稳定剂。

补饲食盐时，除了直接拌在饲料中外，也可以以食盐为载体，制成微量元素添加剂预混料。在缺硒、铜、锌地区等，也可以分别制成含亚硒酸钠、硫酸铜、硫酸锌或氧化锌的食盐砖、食盐块供放牧家畜舔食，尤其放牧地区放于牧场，但要注意动物食后要充分饮水。由于食盐吸湿性强，在相对湿度75%以上时开始潮解，作为载体的食盐必须保持含水量在 0.5% 以下，并妥善保管。

（2）钙和磷 以放牧为主和以青干草为主的舍饲羊容易出现磷缺乏症，因为青草中钙、磷不平衡，通常钙多磷少。谷实类、糠麸、豆科籽实及豆粕普遍是钙少磷多，且大部分磷是以植酸磷的形式存在，但反刍动物的瘤胃能生成植酸酶，可以有效利用饲料中的植酸磷，所以以精饲料为主的舍饲肉羊容易出现钙缺乏症。肉羊生产中常用石粉、磷酸氢钙等补充钙、磷，一般在日粮中添加 1%～1.5% 石粉。

（3）锌和硫 锌和硫是肉羊生长和繁育所必需的微量元素，在肉羊饲料中都不可缺少。

当饲料中缺锌或饲料中的锌不易被肉羊吸收时，肉羊就会出现缺锌症，导致肉羊的机体消瘦，外皮增厚，种羊的睾丸明显萎缩，精子少，生长和繁育都受到影响。因此，肉羊饲料不可缺锌，在缺锌的肉羊饲料中，应适当补锌，方法是将硫酸锌或碳酸锌拌入其中。所补充的量，可根据肉羊的品种和生长期的不同而定。

一般在每千克饲料中添加硫酸锌或碳酸锌的数量，种公羊添加 30～50 毫克，其他羊添加 30 毫克。

如果肉羊已出现缺锌症状，添加量可以增加 0.5～1 倍。在肉羊饲料中添加硫酸锌或碳酸锌的同时，还要调整肉羊对钙和锌的摄食量，使饲料中钙的含量保持在 0.65%～0.75% 的水平，这样才能真正达到对肉羊补锌的目的。

（4）铜 肉用绵羊（尤其是绵羊羔）对铜特别敏感，日粮中铜的含量一般应为 5 毫克/千克，若达到 25 毫克/千克就会发生中毒。但需要注意饲料中钼的含量也影响铜的需求量，因钼可与铜形成不溶性的复合物而影响铜的吸收利用。反刍动物钼中毒时，适当提高日粮铜水平，可降低钼的毒性等。绵羊饲料中铜与钼比例应在 10∶1 以下。除钼外，硫和锌也可影响铜的利用，硫可与钼结合，从而对铜、钼浓度比产生影响。日粮中锌的水平在 100 毫克/千克时，可防止铜中毒。相对而言，山羊对铜的耐受能力较绵羊强 69 倍，其肝脏中不会蓄积铜。据检测，饲喂铜含量为 710 毫克/千克的饲料时，山羊肝脏中铜的含量为 100 毫克/千克，而绵羊不同，山羊不易发生铜缺乏症，山羊饲料中铜水平宜在 10～20 毫克/千克。

（5）镁　饲料中含镁丰富，一般都在 0.1% 以上，因此不必另外添加。但早春牧草中镁的利用率很低，有时会使放牧家畜因缺镁而出现"草痉挛"，故对放牧的牛羊以及用玉米作为主要饲料并补加非蛋白氮饲喂的羊，常需要补加镁。

多用氧化镁。氧化镁不仅生物学价值高（相对生物学效价 100%），物理特性也好。它为白色粉末，流动性好，便于加工、储藏。饲料工业中使用的氧化镁一般为菱镁矿在 $800 \sim 1000°C$ 煅烧的产物，其化学组成为 MgO 85.0%、CaO 7.0%、SiO_2 3.6%、Fe_2O_3 2.5%、Al_2O_3 0.4%、烧失量 1.5%。

此外还可选用硫酸镁、碳酸镁、磷酸镁、氯化镁、醋酸镁、柠檬酸镁等。其生物学价值分别为 $58\% \sim 113\%$、$86\% \sim 113\%$、100%、$98\% \sim 100\%$、107%、$100\% \sim 148\%$。其中硫酸镁、碳酸镁、磷酸镁添加于饲料应用较多。

7. 饲料添加剂

羊的饲料添加剂包括营养性添加剂和一般饲料添加剂，其功能是补充或平衡饲料营养成分，提高饲料的适口性和利用率，促进羊的生长发育，改善代谢机能，加快生长速度，缩短育肥期，增加肉羊育肥的经济效益。

营养性饲料添加剂指用于补充饲料营养成分的少量或者微量物质，包括饲料级氨基酸、维生素、矿物质微量元素、酶制剂、非蛋白氮等；一般饲料添加剂是为保证或者改善饲料品质、提高饲料利用率而掺入饲料中的少量或者微量物质。

（1）非蛋白氮　非蛋白氮包括蛋白质分解的中间产物——氮、酰胺、氨基酸，还有尿素、缩二脲和一些铵盐等，其中最常见的为尿素。这些非蛋白氮可为瘤胃微生物提供合成蛋白质的氮源。尿素的含氮量为 47%，如全部被瘤胃微生物利用，1 千克尿素相当于 2.8 千克粗蛋白质的营养价值，或 7 千克豆饼蛋白质的营养价值，等于 26 千克禾本科籽实的含氮量。因此用尿素等非蛋白物质代替部分饲料蛋白质，既能促进羊只快速生长，又可降低饲料成本。

尿素适合饲喂给健康的成年羊或育成羊。羔羊胃肠道内的微生物区系尚未完全建立，微生物活动还不正常，不能利用尿素。如果给羔羊饲喂尿素，会使其胃肠不适甚至中毒。除羔羊外，种公羊、怀孕后期母羊和用氨化秸秆饲料强化育肥的羊，也不能饲喂尿素。另外，产奶量较高（日产奶 4 千克以上）的奶羊也不宜饲喂尿素。因为奶羊在产奶量较高时，瘤胃中微生物合成菌体蛋白的速度较低，不能很好地利用尿素，如果对其饲喂尿素，不仅会造成浪费，还可能对羊的健康造成不利影响。此外，羊在过度饥饿以及长途运输后也不能立即饲喂含有尿素的饲料。因为在这些情况下，尿素在瘤胃中的分解速度较快，会降低尿素的利用效率，同时也易发生中毒。

尿素的喂量必经严格控制，用量一般不超过日粮粗蛋白质的 1/3，或不超过日粮干物质的 1%，或按羊体重的 $0.02\% \sim 0.03\%$ 喂给，即每 10 千克体重，日喂尿素 $2 \sim 3$ 克。使用时，先将定量的尿素溶于水中，然后拌入精料，每日供量分 $2 \sim 3$ 次投给，开始喂量要少，经 $5 \sim 7$ 天的过渡期再转入正常供量。

（2）羊育肥用微量元素　矿物质微量元素可以调节机体能量、蛋白质和脂肪的代谢，提高羊的采食量，促进营养物质的消化作用，刺激生长，提高增重速度和饲料利用率。微量元素应按育肥羊的营养需要添加，可将微量元素制成预混料，其配方为每吨预混料碳酸钙 803.1 千克、硫酸亚铁 50 千克、硫酸铜 6 千克、硫酸锌 80 千克、硫酸锰 60 千克、氯化钴 0.8 千克、亚硒酸钠 0.1 千克，按每只羊每天 $10 \sim 15$ 克预混料添加，均匀混于精料中饲喂；或将微量元素制成盐砖，让羊自由采食，一般添加微量元素比不添加增重 $10\% \sim 20\%$。

（3）维生素添加剂　由于羊瘤胃微生物能够合成 B 族维生素和维生素 K、维生素 C，它们不必另外添加。但日粮中应提供足够的维生素 A、维生素 D 和维生素 E，以满足育肥羊的需要。维生素添加剂的使用应按羊的营养需要进行，在饲料中维生素不足的情况下，应适量添加。一般 $20 \sim 30$ 千克的羔羊育肥每只每日需要维生素 A $200 \sim 210$ 国际单位，维生素 D $57 \sim 61$ 国际单位。添加维生素时还应注意与微量元素间的相互作用，多数维生素与矿物元素能相互作用而失效，所以最好不要把它们混在一起配制预混料，或用维生素的包埋剂型配制矿物质和维生素预混料。

（4）稀土　稀土是元素周期表中钇、钪及全部镧系共 17 种元素的总称，可作为一种饲料添加剂用于畜禽生产，具有良好的饲喂效果和较高的经济效益。张英杰等对小尾寒羊进行了添加稀土饲喂试验，在放牧加补饲的条件下，试验组的羊每只添加硝酸稀土 0.5 克，试验期 60 天。结果表明，添加稀土组的羊比不添加稀土组的羊平均重提高 11.2%，经济效益显著。张启儒报道，用稀土添加剂饲喂细毛羊，添加量按每千克体重 10 毫克，饲喂期 3 个月，饲喂稀土的羯羊较不喂稀土的羯羊体重增加 2.07 千克，提高 55.49%；平均毛长增加 0.3厘米，提高 12.5%。王安琪报道，给断奶后育肥羊日粮中添加 0.2%的稀土，在 60 天试验期内，日增重提高 17.1%，每千克增重节省饲料 0.41 千克，提高饲料转化率 14.29%。

一般作为饲料添加剂的稀土类型有硝酸盐稀土、氯化盐稀土、维生素 C 稀土和碳酸盐稀土。

（5）膨润土　膨润土属斑脱岩，是一种以蒙脱石为主要成分的黏土，主要成分为钙（10%）、钾（6%）、铝（8%）、镁（4%）、铁（40%）、钠（2.5%）、锌（0.01%）、锰（0.3%）、硅（30%）、钴（0.004%）、铜（0.008%）、氯（0.3%），还有钼、钛等。膨润土具有对畜禽机体有益的矿物质元素，可使酶、激素的活性或免疫反应向有利于畜禽的方向变化，对体内有害毒物和胃肠中的病菌有吸附作用，有利于机体的健康，提高畜禽的生产性能。张世铨报道，2～3岁内蒙古细毛羊羯羊在青草期 100 天放牧期内，每只每日用 30 克膨润土加 100 克水灌服，饲喂膨润土组羊较对照组羊毛长度增加 0.48厘米，每平方厘米剪毛量增加 0.0398 克。

（6）瘤胃素　又名莫能菌素，是肉桂的链霉菌发酵产生的抗生素。其功能是通过减少甲烷气体能量损失和饲料蛋白质降解、脱氨损失，控制和提高瘤胃发酵效率，从而提高增重速度及饲料转化率。试验研究表明，舍饲绵羊饲喂瘤胃素，日增重比对照组羊提高 35% 左右，饲料转化率提高 27%。生长山羊饲喂瘤胃素，日增重比对照组羊提高 16%～32%，饲料转化率提高 13%～19%。瘤胃素的添加量一般为每千克日粮干物质中添加 25～30 毫克，均匀地混合在饲料中，最初喂量可低些，以后逐渐增加。

（7）缓冲剂　添加缓冲剂的目的是改善瘤胃内环境，有利于微生物的生长繁殖。肉羊强度育肥时，精料量增多，粗饲料减少，瘤胃内会形成过多的酸性物质，影响羊的食欲，并使瘤胃微生物区系被抑制，对饲料的消化能力减弱。添加缓冲剂，可增加瘤胃内碱性物质的蓄积，中和酸性物质，促进食欲，提高饲料的消化率和羊的增重速度。肉羊育肥常用的缓冲剂有碳酸氢钠和氧化镁。碳酸氢钠的添加量占日粮干物质的 0.7%～1.0%。氧化镁的添加量为日粮干物质的 0.03%～0.5%。添加缓冲剂时应由少到多，使羊有一个适应过程，此外，碳酸氢钠和氧化镁同时添加效果更好。

（8）二氢吡啶 其作用是抑制酯类化合物的过氧化过程，形成肝保护层，抑制畜体内的细胞组织，具有天然抗氧化剂维生素 E 的某些功能，还能提高家畜对胡萝卜素和维生素 A 的吸收利用。周凯等进行了二氢吡啶饲喂生长绵羊对增重效果影响的试验研究。试验羊以放牧为主，补饲时每千克精料中添加 200 毫克二氢吡啶的周岁羊体重可多增加 8.54 千克，经济效益显著。使用二氢吡啶时应避光防热，避免与金属铜离子混合，因铜是特别强的助氧化剂。如与某些酸性物质（如柠檬酸、磷酸、抗坏血酸等）混合使用，可增强效果。

（9）酶制剂 酶是活体细胞产生的具有特殊催化能力的蛋白质，是一种生物催化剂，对饲料养分消化起重要作用，可促进蛋白质、脂肪、淀粉和纤维素的水解，提高饲料利用率，促进动物生长。如饲料中添加纤维素酶，可提高羊对纤维素的分解能力，使纤维素得到充分利用。李景云等报道，育成母羊和育肥公羔每只每日添加纤维素酶25 克，育成母羊经 45 天试验期，日增重较对照组增加 29.55 克，育成公羔经 32 天试验期，日增重较对照组增加 34.06 克，育肥公羔屠宰率增加 2.83%，净肉重增加 1.80 千克。

（10）中草药添加剂 中草药添加剂是为预防疾病、改善机体生理状况、促进生长而在饲料中添加的一类天然中草药、中草药提取物或其他加工利用后的剩余物。张英杰等对小尾寒羊育肥公羔进行了中草药添加剂试验，选用健脾开胃、助消化、驱虫等中草药（黄芪、麦芽、山楂、陈皮、槟榔等），经科学配伍粉碎混匀，每只羊每日添加15 克，经两个月的饲喂期，试验组平均体重较对照组增加 2.69 千克，且发病率显著降低。

（11）杆菌肽锌　杆菌肽锌是一种抑菌促生长剂，对畜禽都有促生长作用，有利于养分在肠道内的消化吸收，改善饲料利用率，提高畜禽体重。羔羊用量每千克混合料中添加 10～20 毫克（42～84 万单位），在饲料中混合均匀饲喂。

（12）喹乙醇　喹乙醇又名快育灵、倍育诺，为合成抗菌剂。喹乙醇能影响机体代谢，具有促进蛋白质同化作用，进食后在 24 小时内主要通过肾脏排出体外。毒性极低，按有效剂量使用，安全，不良反应少。通过国内外试验，羔羊日增重提高 5%～10%，每单位增重节省饲料 6%。用法与用量：均匀混合于饲料内饲喂，羔羊每千克日粮干物质添加喹乙醇的量为 50～80 毫克。（以上资料引自《饲料添加剂在肉羊育肥中重要意义》）

（13）舔砖　舔砖是将牛羊所需的营养物质经科学配方加工成块状，供牛羊舔食的一种饲料，其形状不一，有的呈圆柱形，有的呈长方形、方形不等，也称块状复合添加剂，通常简称为"舔块"或"舔砖"。理论与实践均表明，补饲舔砖能明显改善牛羊健康状况，提高采食量和饲料利用率，加快生长速度，提高经济效益。20 世纪 80 年代以来，舔砖已广泛应用于 60 多个国家和地区，被农民亲切地称为"牛羊的巧克力"。

舔砖完全是根据反刍动物喜爱舔食的习性而设计生产的，并在其中添加了反刍动物日常所需的矿物质元素、维生素非蛋白氮、可溶性糖等易缺乏养分，能够为人工饲养的牛、羊等经济动物补充日粮中不足的各种微量元素，从而预防反刍动物异食癖、奶牛乳腺炎、蹄病、胎衣不下、山羊产后奶水少、羔羊体弱生长慢等现象发生。随着我国养殖业的发展，舔砖也成了大多数集约化养殖场必备的高效添加剂，享有牛、羊"保健品"的美誉。

在我国，舔砖的生产处于初始阶段，技术落后，没有统一的标准。舔砖的种类很多，叫法各异，一般根据舔砖所含成分占其比例的多少来命名。舔砖以矿物质元素为主的叫复合矿物舔砖；以尿素为主的叫尿素营养舔砖；以糖蜜为主的叫糖蜜营养舔砖；以糖蜜和尿素为主的叫糖蜜尿素营养舔砖；以尿素和糖蜜为主的叫尿素糖蜜营养舔砖。在我国现有的营养舔砖中，大多含有尿素、糖蜜、矿物质元素等成分，一般叫复合营养舔砖。

舔砖的生产方法：配料、搅拌、压制成形、自然晾干后，包装为成品。配料由食盐、天然矿物质舔砖添加剂和水组成，天然矿物质舔砖含有钙、磷、钠和氯等常量元素以及铁、铜、锰、锌、硒等微量元素，能维持牛羊等反刍家畜机体的电解质平衡，防止家畜矿物质营养缺乏症，如异食癖、白肌病、高产牛产后瘫痪、幼畜佝偻病、营养性贫血等，提高采食量和饲料利用率，可吊挂或放置在牛羊等反刍家畜的食槽、水槽上方或牛羊等反刍家畜休息的地方，供其自由舔食。

四、羊饲料配制需要注意的问题

1. 要有针对性

饲养标准是对动物实行科学饲养的依据，因此，经济合理的饲料配方必须根据饲养标准所规定的营养物质需要量的指标进行设计。在选用的饲养标准基础上，可根据饲养实践中动物的生长或生产性能等情况做适当的调整。一般按动物的膘情或季节等条件的变化，对饲养标准做适当的调整。

为了适应动物的营养生理特点，对每一种动物或每一类动物分别按不同生长发育阶段、不同生理状态、不同生产性能制订营养定额。选择饲料时，要按照肉羊营养需要分门别类地选择。

2. 要因地制宜

按照肉羊的饲养标准，尽可能充分、合理地利用当地的杂草、秸秆、树叶、农副产品和加工副产品等资源，根据羊的不同生理阶段的营养需要和消化特点，确定合理的配合比例和加工技术，达到降低成本、节约饲料、增加效益的目的。

3. 要兼顾成本

配合日粮应选当地最为常用、营养丰富而又相对较为便宜的饲料。要求在不影响羊只健康的前提下，通过饲喂必须能够获得最佳经济效益。

4. 要保证安全

饲料原料具有该品种应有的色、嗅、味和形态特征，无发霉、变质、结块及异嗅、异味。青绿饲料、干粗饲料不应发霉、变质。有毒有害物质及微生物允许量应符合 GB 13078 的规定。不应在肉羊饲料中使用除蛋、乳制品外的动物源性饲料。不应在肉羊饲料中使用各种抗生素滤渣。发霉变质的饲料、发芽的土豆、患黑斑病的甘薯都不能给羊群做饲料；棉籽饼、菜籽饼必须经过脱毒处理才可以喂羊，且要限制饲喂量；羊圈运动区内不要种植夹竹桃，防止羊群误食中毒；作物秸秆上的地膜要摘除干净，秸秆下部粗硬的部分和根须要尽量切掉不用；秋季不要用柔韧的秧蔓喂羊，阴雨天气尽量将粗料切细。做好这些，能避免饲料因素引起的许多疾病。

饲料添加剂具有该品种应有的色、嗅、味和形态特征，无结块、发霉、变质。饲料添加剂应是农业部允许使用的饲料添加剂品种目录中所规定的品种和取得批准文号的新饲料添加剂品种，应是取得饲料添加剂产品生产许可证企业生产的、具有产品批准文号的产品。有毒有害物质应符合 GB 13078 的规定。

肉羊配合饲料、浓缩饲料、精料补充料和添加剂预混合饲料应色泽一致，无霉变、结块及异嗅、异味。有毒有害物质及微生物允许量应符合 GB 13078 的规定。药物饲料添加剂使用应遵守《饲料药物添加剂使用规范》，不得添加《禁止在饲料和动物饮水中使用的药物品种目录》中规定的违禁药物。饲料企业的工厂设计与设施卫生、工厂卫生管理和生产过程的卫生应符合 GB/T 16764 的要求。

野外放牧时要重视饲草安全。高粱苗、玉米苗含有氢氰酸，误食后会引起氢氰酸中毒；叶菜类饲料和幼嫩的青饲料中含有较多硝酸盐，在瘤胃硝化菌的作用下，可转化成为亚硝酸盐，若采食过量，会引起亚硝酸盐中毒；小萱草根、毒芹、闹羊花、木贼草等都是有毒植物，羊采食后会引起中毒；棉田和果园附近的牧草容易被农药污染，羊采食后会引起农药中毒。

5. 要注意适口性

饲料的适口性直接影响采食量。通常影响混合饲料的适口性的因素有味道（例如甜味、某些芳香物质、谷氨酸钠等可提高饲料的适口性）、粒度（过细不好）、矿物质或粗纤维的多少。应选择适口性好、无异味的饲料。若采用营养价值高，但适口性差的饲料须限制其用量，如血粉、菜粕（饼）、棉粕（饼）、芝麻饼、葵花粕（饼）等，特别是为幼龄动物和妊娠动物设计饲料配方时更应注意。味差的饲料也可适当搭配适口性好的饲料或加入调味剂以提高其适口性，促使动物增加采食量。饲料搭配必须有利于适口性的改善和消化率的提高，如酸性饲料（青贮、糟渣等）与碱性饲料（碱化或氨化秸秆等）搭配。

6. 要注意饲料容积

日粮配比要考虑羊只的采食量。日粮体积过大，难以吃进所需的营养物质；体积过小，即使营养得到满足，由于瘤胃充盈度不够，仍有饥饿感。为了确保羊只每天能够吃进所需要的营养，必须考虑羊的采食量与饲料容积及饲料养分浓度之间的关系。一般羊只每100千克体重每日所需干物质数量为2.5～3.5千克。

7. 要注意多样化

饲料种类多样化，精粗配比适宜。日粮的组成多样化，这样可以发挥各种饲料原料之间的营养互补作用。饲草一定要有两种或两种以上，精料种类3～5种以上，使营养成分全面，且改善日粮的适口性和保持羊只旺盛的食欲，精粗比以1∶3为宜。

8. 日粮成分应保持相对稳定

饲料的组成应相对稳定，如果必须改变饲料种类，应逐步更换，若突然改变日粮构成，会导致羊只的消化系统疾病，影响瘤胃发酵，降低饲料消化率，引起消化不良或下痢等疾病，甚至影响羊的生产性能。通常繁殖母羊和公羊日粮中，一般精饲料与青粗饲料（干物质）比为（2∶8）～（3∶7），早期断奶羔羊育肥时，精、粗饲料比可达6∶4甚至7∶3。

五、重视饲料安全问题

所谓饲料安全，通常是指饲料产品（包括饲料和饲料添加剂）中不含有对饲养动物的健康造成实际危害，而且不会在畜产品中残留、蓄积和转移的有毒、有害物质或因素；饲料产品以及利用饲料

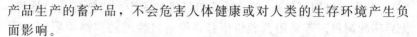

产品生产的畜产品，不会危害人体健康或对人类的生存环境产生负面影响。

　　饲料在生产、经营和饲喂畜禽过程中因不同原因污染后，产生不安全的饲料。而这种饲料中的有毒有害物质通过生物链进入畜禽体内被富积在畜产品中，便产生不安全的畜产品。这种畜产品通过食物链进入人体后，其有毒有害物质在人体内的蓄积对人体造成危害。如近些年来，疯牛病、禽流感、二噁英、瘦肉精、三聚氰胺、苏丹红、孔雀石绿等饲料安全恶性事件，严重影响了人民的生活质量，给人体健康带来严重危害。可见，饲料安全问题是一件关系到全社会的大事，必须予以高度重视。

　　我国政府十分重视饲料安全问题，根据我国饲料安全问题的特点，国家颁发了一系列法规和管理办法，如《饲料和饲料添加剂管理条例》《允许使用的饲料添加剂品种目录》《饲料药物添加剂使用规范》《饲料中盐酸克伦特罗的测定》《兽药管理条例》《食品卫生法》《食品动物禁用的兽药及其它化合物清单》《禁止在饲料和动物饮用水中使用的药物品种目录》《无公害食品标准》《绿色食品饲料和饲料添加剂使用准则》《绿色食品兽药使用准则》等。2001年国家启动了"饲料安全工程"，国家计委共投资 1.9 亿元，扶持国家和部省级饲料质量与安全检验机构，用于建立饲料安全评价基地和饲料安全监控信息网、完善饲料标准化体系、改善检测条件、加强监控和执法力度。这些法规和措施的实施有力地推动了饲料和畜产品的安全工作。

　　对于养羊场来说，我们既是食品的生产者，同时也是食品的消费者，应当积极主动地加强饲料卫生安全管理，加强对饲料卫生的监控，接受饲料安全的监督，保证生产的畜产品绝对安全。

　　养羊场要严格按国家规定饲料添加剂中所用抗生素、微量元素、维生素等物质的种类、剂量、适用范围和休药期，并按畜禽营养需要标准添加微量元素和维生素等物质，严禁乱用、滥用和大剂量使用。

　　做好饲料成品及原料的保管。饲料及原料如果保管不当，极易因某些微生物滋生引起饲料的霉变，引起饲料霉变的微生物主要有曲霉菌、青霉菌、镰刀霉菌等。特别是黄曲霉菌对饲料原料造成的污染最为严重。在夏天高温高湿的环境中，玉米、豆粕、麸皮都很容易滋生黄曲霉菌，这些菌株不但对饲料中的蛋白质与糖化淀粉有很强的分解能力，降低饲料的营养价值与适口性，更为严重的是，它们还能产生多种毒素，尤其以黄曲霉毒素 B 毒性最强，它不易溶于水，耐高温，不易被破坏，对畜禽造成严重危害。所以养羊场应做好饲料及原料的储存，在地势高燥的地方建设饲料库房和干草棚，保管好饲料及原料。

在防治牧草和粮食饲料作物病虫害时，必须使用高效低毒农药，并规定收获前 10～15 天禁止使用农药；严禁乱用、滥用化肥；生产厂家在采购原材料时，应尽量避免在土壤中重金属有毒有害物质含量高的产地采购饲料原料；严禁用工业区三废污染的牧草及饲料饲喂畜禽。

第六章
精细化饲养管理

以羊为本就是按照羊的生物学特性、生理特点及福利要求，为羊创造适合其维持、生长及繁育的最佳条件，满足羊的营养需要，保证羊体健康和尽可能最大地发挥肉羊的生产潜能，从而让所饲养的肉羊为我们创造财富。饲养管理中涉及的因素较多，因此饲养管理者是高质产品的"控制者"，是企业成败的决定者。

精细化管理就是注重饲养管理的每一个细节，将管理责任具体化、明确化，并落实管理责任，使每一位养殖参与者都有明确的职责和工作目标，尽职尽责地把工作做到位，生产中发现问题及时纠正，及时处理，每天都要对当天的情况进行检查，做到日清日结等。

一、规模化肉羊场必须实行精细化管理

规模化养羊场，在羊场的日常管理的过程中，一定要针对本场肉羊的品种、健康状况、饲养条件，以及饲养管理人员的技术水平和能力等实际情况，制定和完善生产管理制度，调动养殖参与者的生产积极性，做到从场长到饲养员达到最佳的执行力，形成自己的管理特色。为了做到精细化管理，要从以下四个方面入手：

1. 制定科学合理的生产管理制度

科学合理的生产管理制度是实现精细化管理的保障，规模化养羊场要想做大做强，必须有与之相适应的、完善的生产管理制度。羊场的日常管理工作要制度化，做到让制度管人，而不是人管人。将羊场的生产环节和人员分工细化，通过制度来明确每名员工干什么、怎么

干、干到什么程度。这些生产管理制度包括工作计划安排、人员管理制度、物资管理制度、饲养管理技术操作规程、羊病防治操作规程等。

（1）工作计划安排　羊场生产项目繁多，但一年四季常规生产有一定规律，各月工作要点如下。

1～2月主要生产任务：保膘、保胎、保羔、保健、防疫、驱虫，普通病防治；产好冬羔和早春羔。

① 畜牧　按照饲养管理技术操作规程，规范饲养管理；将最优良的饲草料喂给母羊和羔羊；保胎防流产、早产、死胎、怪胎等；做好接产、助产与羔羊培育工作，使羔羊全产、全活、全壮，保证羔羊吃足初乳和常乳，羔羊编号，长瘦尾断尾；做好乳与草料过渡关；制订春季选配计划；加强种公羊饲养管理。

② 防疫　制订春季防疫和驱虫计划；加强消毒、检疫与隔离，防患于未然；普通病以防治消化、呼吸及产科病为主；注射三联四防苗或四联五防苗。

③ 管理　以保胎、产羔为中心，抓好初春各项生产工作。

3～4月主要生产任务：保膘、复膘、保胎、保羔、保健；防疫、驱虫，诊治普通病；产好早春羔和晚春羔；抓好春季放牧和春季种草工作。

① 畜牧　除继续上期生产与工作外，要使产冬羔和早春羔的母羊尽快复膘；羔羊编号，长瘦尾断尾；冬羔要适时断奶；早春羔过好乳与草料过渡关；此期特别要对产晚春羔的母羊保膘；搞好种羊鉴定和春季配种；抓好春季放牧工作；做好春季种草工作。

② 防疫　3月注射羊痘、山羊传染性胸膜肺类、布病苗；4月注射炭疽、口蹄疫、传染性脓疱、链球菌苗；驱虫，以驱除消化道寄生虫为主；严格做好消毒、检疫、隔离工作，加强普通病防治。

③ 管理　以产羔和羔羊培育为中心，全面安排好各项生产工作。

5～6月主要生产任务：复膘、育羔、早春羔断奶；加强夏季生产管理和放牧；防病治病。

① 畜牧　抓好夏膘，使产晚春羔的母羊尽快复膘；做好防暑工作；早春羔断奶，晚春羔羔羊编号，长瘦尾断尾；晚春羔过好乳与草料过渡关；青年羊培育；种羊鉴定、剪毛、修蹄；制订秋季选配

计划。

②防疫　做好消毒、检疫、隔离工作；普通病防治；山羊和绵羊剪毛后药浴。

③管理　以抓好夏膘和春夏之交羊只繁育管理为中心，重点加强羔羊和青年羊的培育。

7月主要生产任务：抓复膘，防暑热，加强夏季放牧与舍饲管理；防病治病。

①畜牧　继续抓好复膘，做好防暑工作，晚春羔断奶，青年羊培育；种羊修蹄；做好秋配准备工作；加强种公羊饲养管理及精液品质检查等工作。

②防疫　与5～6月相同。

③管理　以抓好夏膘为中心，做好防暑、青年羊培育和秋配准备工作。

8～9月主要生产任务：抓秋膘与秋配；青年羊培育；种草与储备饲草；调整羊群，加强管理；防病治病。

①畜牧　配冬羔和早春羔；做好舍饲与放牧抓膘；抓住青年羊培育的关键时期；种好人工牧草，储备青干草和青贮料；将老、弱、病、残及生产性能低下者与肥育羊一起淘汰出栏；选留优良健壮的公、母羊过冬春；粗毛羊和半粗毛羊剪秋毛；羊只修蹄、去势等。

②防疫　8月注射三联四防苗或四联五防苗、口蹄疫苗、链球菌苗，9月注射传染性脓疱苗、炭疽苗；做好消毒、检疫、隔离工作；驱虫，以驱除消化道、呼吸道寄生虫为主；普通病防治，山羊和绵羊剪秋毛后药浴。

③管理　抓好秋膘、秋种、秋储与秋配中心生产环节，为羊只安全越冬度春、减少损失做好各项工作。

10～11月主要生产任务：防寒保暖；保膘、保胎、接产育羔；防病治病。

①畜牧　健全防寒设施是关键工作环节，使羊保膘不掉膘；使冬羔和早春羔不流产、不早产、无死胎，胎儿发育健壮；产秋羔的要做好接产、助产和育羔工作；配晚春羔的要做到全配全怀；继续储好储足冬春用草料。

②防疫　注射大肠杆菌苗；做好消毒、检疫、隔离及妥善处理

工作；防治羊鼻蝇等寄生虫病；普通病防治。

③ 管理　抓好秋冬之交的防寒、储草和秋配工作，是羊只过冬度春的关键所在，做好此期各项工作，为来年生产获得丰收奠定良好基础。

12月主要生产任务：防寒保暖，精心饲管；保膘保胎；培育秋羔和青年羊；防病治病。

① 畜牧　规定实施冬春羊只饲养管理技术操作规程，精心饲养管理好怀孕母羊，保胎是来年羔羊丰收的保证；做好秋羔断奶；继续搞好青年羊培育；始终重视防寒保暖工作；重视消毒、检疫和防病治病工作。

② 防疫　做好消毒、检疫、隔离及妥善处理工作；外寄生虫病防治；普通病防治。

③ 管理　继续抓好以防寒保暖、保胎育幼为中心的冬季饲养管理工作，此期工作最重要。

（2）人员管理制度　人员管理制度即岗位责任制，是养羊场在明确各部门工作任务和职责范围的基础上，用行政立法手段，确定每个工作岗位和工作人员应履行的职责、所担负的责任、行使的权限和完成任务的标准，并按规定的内容和标准，对员工进行考核和相应奖惩的一种行政管理制度。建立岗位责任制，有利于提高工作效率和羊场的经济效益。在制定每项制度时，要有关人员认真讨论，取得一致认识，提高工作人员执行制度的自觉性。领导要经常检查制度执行情况，为使岗位责任制切实得到执行，还可适当运用经济手段。

① 场长工作职责（仅供参考）

a. 负责肉羊场的全面工作。

b. 负责制定和完善本场的各项管理制度、技术操作规程，编排全场的经营生产计划和物资需求计划，羊场内各岗位的考核管理目标和奖惩办法。

c. 负责后勤保障工作的管理，及时协调各部门之间的工作关系。

d. 负责落实和完成羊场各项任务指标。

e. 负责监控本场的生产情况，员工工作情况和卫生防疫，及时解决出现的问题。

f. 做好全场员工的思想工作，及时了解员工的思想动态，出现

问题及时解决，及时向上反映员工的意见和建议。

g. 负责全场直接成本费用的监控与管理，汇报收支计划。

h. 负责全场的生产报表，并督促做好周报工作、月结工作。

i. 负责全场生产员工的技术培训工作，每周主持召开生产例会。

j. 确保安全生产、杜绝隐患。

② 组长工作职责（仅供参考）

a. 负责组织本组人员严格按《饲养管理技术操作规程》和每周工作日程进行生产，及时反映本组中出现的生产和工作问题。

b. 服从生产线主管的领导，完成生产线主管下达的各项生产任务。

c. 负责整理和统计本组的生产日报表和周报表。

d. 负责安排本组人员休息替班。

e. 负责本组定期全面消毒，清洁绿化工作。

f. 负责本组饲料、药品、工具的使用计划与领取及盘点工作。

g. 负责肉羊的出栏工作，保证出栏羊的质量。

h. 负责生长、育肥羊的周转、调整工作。

i. 负责本组空栏羊舍的冲洗、消毒工作。

j. 负责生长、育肥羊的预防注射工作。

③ 技术员职责规范（仅供参考）

a. 参与羊场全面生产技术管理，熟知羊场管理各环节的技术规范。

b. 负责各群羊的饲养管理，根据后备羊的生长发育状况及成年母羊的产羔情况，依照营养标准，参考季节、胎次，合理、及时地调整饲养方案。

c. 负责各群羊的饲料配给，发放饲料供应单，随时掌握每群羊的采食情况并记录在案。

d. 负责羊群周转工作，记录羊场所有生产及技术资料。

e. 负责各种饲料的质量检测与控制。

f. 掌握羊只的体况评定方法，负责组织选种选配工作。

g. 熟悉羊场所有设备操作规程，并指导和监督操作人员正确使用。

h. 熟悉各类疾病的预防知识，根据情况进行疾病的预防。

④ 兽医职责规范（仅供参考）

a. 负责羊群卫生保健、疾病监控与治疗、贯彻执行防疫制度、制订药械购置计划、填写病例和有关报表。

b. 合理安排不同季节、时期的工作重点，及时做好工作总结。

c. 每次上槽仔细巡视羊群，发现问题及时处理。

d. 认真细致地进行疾病诊治，充分利用化验室提供的科学数据，遇到疑难病例，组织会诊，特殊病例要单独建病历；认真做好发病、处方记录。

e. 及时向领导反馈场内存在的问题，提出合理化建议，配合畜牧技术人员，共同搞好饲养管理，贯彻落实"以防为主，防重于治"的方针。

f. 努力学习、钻研技术知识，不断提高技术水平，普及羊卫生保健知识，提高职工素质，掌握科技信息，开展科研工作，推广应用成熟的先进技术。

⑤ 饲养员职责规范（仅供参考）

a. 保证奶羊充足的饮水供应，经常刷试饮水槽，保持饮水清洁。

b. 熟悉本岗位肉羊饲养规范，饲喂保证喂足技术员安排的饲料给量，应先粗后精、以精带粗，勤填少给、不堆槽、不空槽，不浪费饲料，正常班次之外补饲粗饲料，饲喂时注意拣出饲料中的异物，不喂发霉变质、冰冻饲料。

c. 羊粪、杂物要及时清理干净，保持羊舍、运动场干燥、清洁卫生，夏不存水、冬不结冰，上下槽不急赶。

d. 熟悉每头羊的基本情况，注意观察羊群采食、反刍、粪便等情况，发现异常及时向技术人员报告。

e. 配合技术人员做好检疫、医疗、配种、测定、消毒等工作。

⑥ 羔羊饲养员岗位职责（仅供参考）

a. 注意观察羔羊的发病情况，发现病羊及时找兽医治疗，并且做好记录。

b. 喂奶羔羊在羔羊栏内应挂牌饲养，牌上记明羔羊出生日期、母亲编号等信息，避免造成混乱。

c. 保证新生羔羊在1小时内必须吃上初乳。

d. 羔羊喂奶要做到定时、定量、定温。

e. 及时清理羔羊栏内粪便，羔羊出栏后及时清扫干净并撒生石灰消毒，舍内保持卫生，定期消毒。

f. 喂奶瓶每班刷洗，饮水桶每天清洗，保证各种容器干净、卫生。

g. 协助资料员完成每月的称重工作。

⑦ 成年母羊岗位职责（仅供参考）

a. 根据羊只的不同阶段特点，按照饲养规范进行饲养，同时要灵活掌握，防止个别羊只过肥或瘦弱。

b. 爱护羊只，熟悉所管理羊群的具体情况。

c. 按照固定的饲料次序饲喂。饲料品种有改变时，应逐渐增加给量，一般在1周内达到正常给量，不可突然大量改变饲料品种。

d. 舍饲母羊产羔要遵守专门的管理制度，协助技术人员进行母羊产后监控。

⑧ 饲料工岗位职责（仅供参考）

a. 严格按照饲料配方配合精饲料，饲料原料、成品料要按照不同品种分别摆放整齐，便于搬运和清点。

b. 严格按照操作规程操作各类饲料机械，确保安全生产。

c. 每天按照技术员的发料单，给各个班组运送饲料，要有完整的领料、发料记录，并有当事人签字。

d. 运送或加工饲料时，注意拣出异物和发霉变质的饲料。

e. 每月汇总各类饲料进出库情况，配合财务人员清点库存。

⑨ 配种员职责（仅供参考）

a. 每年年末制订下一年的每月配种繁殖计划，参与制订选种选配计划。

b. 负责发情鉴定、人工授精、胚胎移植、妊娠诊断、生殖道疾病诊断及治疗。

c. 及时填写发情记录、配种记录、妊娠检查记录、流产记录、产羔记录、生殖道疾病记录、繁殖卡片等。

d. 按时整理分析各种繁殖技术资料并及时如实上报。

e. 普及羊繁殖知识，掌握科技信息，推广先进技术和经验。

f. 经常注意液氮存量，做好精液的保管和采购工作。

（3）物资管理制度 物资管理制度主要为饲料、兽药以及工具的采购、保管和使用管理。

① 饲料、兽药采购、保管、使用制度（仅供参考）

a. 饲料、添加剂、兽药等投入品采购应实施质量安全评估，选优汰劣，建立质量可靠、信誉度好、比较稳定的供货渠道，定期做好采购计划。

b. 采购的饲料产品应具有有效的证、号，不得采购无生产许可批准的产品。

c. 采购的兽药必须来自具有"兽药生产许可证"和产品批准文号的生产企业，或者具有"进口兽药许可证"的供应商，所用兽药的标签应符合《兽药管理条例》的规定。

d. 进货入库的饲料、添加剂和兽药应认真核对，数量、含量、品名、规格、生产日期、供货单位、生产单位、包装、标签等与供货协议一致，原料包装完全无损，无受潮、虫蛀，并详细登记。

e. 兽药、饲料、添加剂应分库存放。所有投入品根据产品要求保管，定期检查疫苗冷藏设备，确保冷藏性能完好。

f. 饲料添加剂、预混合饲料和浓缩饲料的使用根据标签用法、用量、使用说明和推荐配方科学使用，铜、锌、硒等微量元素应按国家规定使用，减少对环境的污染。

g. 严格执行《中华人民共和国兽药规范》《药物饲料添加剂使用规范》规定的使用对象、用量、休药期、注意事项，饲料中不直接添加兽药，使用药物饲料添加剂应严格执行休药期制度，严格执行兽医处方用药，不擅自改变用法、用量。

h. 禁止使用国家规定禁止使用的违禁药物和对人体、动物有害的化学物质，慎重使用经农业部批准的拟肾上腺素药、平喘药、抗（拟）胆碱药、肾上腺皮质激素类药和解热镇痛药，禁止使用未经农业部批准或已经淘汰的兽药。

i. 禁止使用过期失效、变质和有质量问题的饲料和兽药、疫苗。

j. 建立饲料添加剂、药物的配料和使用记录，保存期 2 年。

② 生产工具管理制度

a. 应爱护使用，在使用过程中，发现工具不良或损坏，以旧（坏）换新形式换取新工具，并及时填写工具返修单或工具报废单，以旧（坏）换新领用前，由班组长鉴定工具的好坏并说明原因，如仍

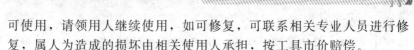

可使用，请领用人继续使用，如可修复，可联系相关专业人员进行修复，属人为造成的损坏由相关使用人承担，按工具市价赔偿。

b. 工具经确认需要报废的，填写工具报废单，经班组长同意报场长，经场长批准后，方可报废，同时在"生产工具台账"注明报废销账。

c. 原工具丢失或损坏，按市价赔偿后方可重新领用，如属于工具质量问题，应追究卖场及购货人的责任。

d. 人员离职或工作调动，应将所使用、保管工具按照生产工具台账所登记的如数退还交接，办理保管移交手续，缺少或损坏的工具按市价赔偿，否则不予办理离职或工作调动手续。

e. 对生产以外部门，如需使用生产工具，可办理临时借用手续，使用完毕应及时归还，借用期间生产工具保管人负责跟踪直至归还。

f. 生产工具借用必须填写"生产工具借用单"，说明借用时间、归还时间、用途、保管责任人等，经部门负责人签字后，方可借用。

（4）操作规程管理 操作规程是羊场生产中按照科学原理制定的日常作业的技术规范。羊群管理中的各项技术措施和操作等均通过技术操作规程加以贯彻。做到三明确：分工明确、岗位明确、职责明确。使饲养员知道什么时间应该在什么岗位，以及干什么和达到什么标准。要根据不同饲养阶段的羊群按其生产周期制定不同的技术操作规程。明确不同饲养阶段羊群的特点及饲养管理要点，按不同的操作内容提出切实可行的要求，如母羊饲养操作规程、羔羊饲养技术操作规程、育成羊饲养操作规程、育肥羊饲养操作规程等，对饲养任务提出生产指标，使饲养人员有明确的目标，做到人人有事干，事事有人干，人人头上有指标。

饲养管理的日常操作规程（仅供参考）如下。

① 每天饲喂 3 次，上午、下午、晚上各 1 次。

② 每天驱赶种羊运动 2 次，上午、下午各 1 次。

③ 羊粪及时清运到粪场，清扫羊床，清洗羊床，夏季上午、下午各 1 次，冬季上午 1 次。

④ 下班前清扫料道、粪道，保持清洁整齐。

⑤ 工具每天下班应清洗干净，集中到工具间堆放整齐，清粪、喂料工具应严格分开，定期消毒。

⑥ 羊舍周围应保持整洁，定期清扫，清除野杂草。

⑦ 夏季做好防暑降温工作，冬季做好防寒保暖工作。

2. 制定生产指标，实行绩效管理

世界著名管理大师德鲁克教授认为，并不是有了工作就有了目标，而是有了目标才能确定每个人的工作。"目标管理到部门，绩效管理到个人，过程控制保结果"，这句话清晰地勾勒出了企业目标落实到工作岗位的过程。目标管理体系是企业最根本的管理体系，绩效管理体系包含在目标管理体系之中，目标管理最终通过绩效管理落实到岗位。

（1）劳动定额管理 制定劳动定额时应根据工人的劳动强度和有利于工作完成来确定其劳动量。通常按照中等劳力确定劳动量，按中等技术人员水平确定技术难易度，规模化养羊场实行流水作业，各岗位有专人负责，实行专门化管理。

羊场对羊应该实行分群、分舍、分组管理，做到"定群、定舍、定员"。分群是按羊的年龄和饲养管理特点，分为成年母羊群、育成羊群和羔羊群等；分舍是根据羊舍种类，分舍饲养；分组是根据羊群头数和羊舍空间栏位，分成若干组。然后根据人均饲养定额配备人员，其他人员则根据全年任务、工作需要和定额配备人员。

羊场人员组成由工人、管理人员、技术人员、后勤及服务人员等组成。具体工种有饲养人员、饲料加工人员、锅炉工、夜班工、司机、维修工、技术人员（畜牧技术员、兽医、人工授精员和资料员）、管理人员（场长、会计、出纳等）和服务人员（卫生员、炊事员等）。

① 饲养工 饲养工负责羊群的饲养管理工作，按羊只不同生产阶段进行专门管理。主要工作是根据不同羊的饲养标准，合理搭配日粮，按规定饲喂精料、全价饲料或粗饲料；按照规定的工作日程，进行羊舍的卫生打扫、消毒，羊只的配种、运动，分娩母羊接产等护理工作；经常观察羊只的食欲、反刍、粪尿、发情、生长发育、疫病等情况。养羊场的饲养定额，一般是每人负责成年母羊 100～200 只、羔羊 50～100 只、育成羊 400～500 只，要求 6 月龄绵羊活体重不低于 40 千克，山羊不低于 25 千克。

② 饲料工 每人每日送草 5000 千克或者粉碎精料 1000 千克，或者全价颗粒饲料 2000～3000 千克。送料、送草过程中应清除饲料

中的杂质，保证饲料清洁、卫生。

③ 产房工　负责围产期母羊的饲养管理，当好兽医人员的助手，每日饲养羊只 50～100 只。要求管理精心到位，不发生人为事故。

④ 配种员　每 1000 只羊配备 1 名授精员和一名兽医，负责母羊保健、配种和孕检。要求农区肉羊场成活率达 95％或繁殖成活率 90％以上，牧区肉羊场成活率达 90％或繁殖成活率达 85％以上。

⑤ 技术员　技术员包括畜牧和兽医技术人员，每 300～500 只羊配备畜牧、兽医技术人员各 1 人，主要任务是落实饲养管理规程和疾病的防治工作。

⑥ 场长　组织协调各部门工作，监督落实羊场各项规章制度，搞好羊场的经营发展工作，制订年度计划。

⑦ 销售员　负责产品销售，及时向主管领导汇报市场信息，协助监督产品质量。销售员根据销售路线的远近，决定销售量，负责将产品按时送给用户。

在劳动管理上，要充分调动和保持职工的积极性，贯彻执行"按劳分配"的原则，使劳动报酬与职工完成的劳动数量和质量相结合，实行目标管理。对销售人员制定销售量、职业规范，对育成羊、羔羊饲养工制定工作量，并提出成活率、生长发育等有关指标和饲养规程；对妊娠母羊、泌乳羊、育肥羊饲养工及送料工，应规定工作量和操作规程；对配种员规定工作量和繁殖成活指标；对技术员、场长应分别规定其职责。各岗位工作人员明白其任务和职责，各司其职。对完成饲料供应、母羊受胎率、羔羊成活率、育肥羊增重、羊病防治等有功人员，以及遵守操作规程人员，应予以奖励。

(2) 饲料消耗定额和成本定额管理

① 饲料消耗定额　羊群维持和生产产品需要从饲料中摄取营养物质。羊群种类不同，同种羊的年龄、性别不同，生长发育阶段不同及生产用途不同，其饲料的种类和需要量也不同。因此制定不同羊群的饲料消费定额，首先应该查找其饲养标准中对各种营养成分的需要量，参照不同饲料的营养价值确定日粮的配给量；再以给定日粮配给为基础，计算不同饲料在日粮中的占有量；最后再根据占有量和家畜的年饲养日即可计算出年饲料的消耗定额。计算定额时应加上饲喂过程中的损耗量。饲料消耗定额是生产单位产量的产品所规定的饲料消

费标准，是确定饲料需要量，合理利用饲料，节约饲料和实行经济核算的重要依据。以成年母羊为例，如成年母羊每天每只平均需要0.5千克优质干草，青贮玉米5千克；育成羊每天每只平均需干草1千克，玉米青贮3千克，成年母羊按每天每只0.25千克精料。

② 成本定额 成本定额是羊场财务定额的组成部分，羊场成本分为两大块，即产品总成本和产品单位成本。成本定额通常指的是成本控制指标，主要是生产某种产品或进行某种作业所消耗的生产资料和所付劳动报酬的总和。成本项目包括工资和福利费、饲料费、燃料费和动力费、医药费、固定资产折旧费、固定资产修理费、低值易耗品费、其他直接费用和企业管理费等。

③ 定额的修订 修订定额是搞好计划的一项重要内容。定额是在一定条件下制定的，反映了一定时期的技术水平和管理水平。生产的客观条件不断发生变化，因此定额也应及时修订。在编制计划前，必须对定额进行一次全面的调查、整理、分析，对不符合新情况、新条件的定额进行修订，并补充齐全的定额和制定新的定额标准，使计划的编制有理有据。

3. 实行数字化管理

精细化管理要求羊场实行数字化管理。首先是记明白账，要求羊场将肉羊养殖生产过程中的各项数据及时、准确、完整地记录归档。然后对这些记录进行汇总、统计和分析，提供即时的羊场运行动态，更好地监督羊场的生产运行状况，及时发现生产上存在的问题，做好生产计划和工作安排。

要求各舍及时做好各项生产记录，并准确、如实地填写报表，交到上一级主管，经主管查对核实后，及时送到场办并及时输入计算机。羊场报表有生产报表、养殖生产记录表、防疫检测记录表、免疫记录表、疫病预防和治疗记录表、消毒记录表、饲料及饲料添加剂购入记录表、饲料及饲料添加剂出库记录表等。还有饲料进销存报表、饲料需求计划报表、药物需求计划报表、生产工具等物资需求计划报表等，这些报表可根据羊场的规模大小实行日报、周报或月报的形式。

其次是利用计算机系统对羊场实行数字化管理。随着信息技术的不断发展，肉羊养殖信息化已取得了相当大的进步，如今利用计算机上安装的专业管理软件对规模化养羊场进行生产管理，技术已经非常成熟，应用效果也非常好，已经从简单的报表管理发展到互联网和云养殖等。

如某规模羊场信息管理系统，系统功能分为三个层次，一是基础数据管理部分，包括能繁母羊信息、种公羊信息、后备羊信息、产羔记录、配种记录、死淘记录、上耳标记录、药品出入库记录、消毒免疫记录、财务记录、羊只销售记录；二是数据统计部分，包括当前各类羊只存栏数的实时统计、每月实时羊只购入出售死亡出生转群等情况的报表、每日工作安排（上耳标、返情观察、产羔提醒）、每月或每日生产日报（配种情况、产羔情况、羔羊存活情况、羊只死淘、财务收支）、药品出入库月报；三是数据决策部分，包括后备母羊公羊选配、空怀待配、后备羊选留、待选可淘汰羊、母羊选淘、公羊配种、产羔及返情情况分析、产前优饲。

使用规模羊场信息管理系统，能够帮助养羊场实现养殖环节的信息化管理，从而能及时采取措施以避免造成严重的灾害和损失。在行业中、公众面前树立良好的品牌形象，显著提高产品竞争力，并可通过管理手段提升对基地农户的管理控制水平，实现双赢和可持续发展。

4. 注重生产细节，及时解决养羊生产过程中的问题

细节，就是那些看似普普通通，却十分重要的事情，一件事的成败，往往都是受一些小的事情影响产生的结果。细小的事情常常发挥着重大的作用，一个细节，可以使你走向你的目的地，也可以使你饱受失败的痛苦。1%的差错可能导致100%的失败。

养羊生产中的细节很多，肉羊养殖是一个精细活，任何一点做不到位都可能在一定程度上造成牧场的经济损失。如羊的日常饲养管理上，要做到定时、定量、定质、顺序、做好调剂、精心和分群饲喂，具体执行这些原则时，应每天一丝不苟地做好。如定时饲喂，就要固定饲料饲喂时间，不盲目饲喂，一般在24小时内喂饲3~4次，每次饲喂时间固定，每次间隔的时间尽可能相等，这样有利于羊形成良好的条件反射、规律性采食、反刍和休息，一般为早上6~7时、上午11~12时、下午4~5时、晚上9~10时，具体时间应因地因季进行安排；定量饲喂就要保持在一定时间内相对稳定的饲料饲喂量，不可

时多时少，在满足羊足够的营养需要的情况下，避免造成不必要的浪费和损失；定质饲喂就要给羊喂新鲜、清洁、保证质量、营养成分的饲料，不喂腐烂、霉变的饲料和饲草；调剂饲喂要将不同的原料洗净、切碎、煮熟、调匀、晒干后再进行必要的加工调剂，然后再饲喂，以提高羊的食欲，促进消化，进而达到提高适口性和增强体质的目的；而精心饲喂要经常观察羊的采食情况，粪便形状和气味、颜色以及羊的精神状态，通过细心观察，精心饲喂，搞好防病治病等工作，并根据不同情况及时调整饲喂方式，以获得养羊的效益；顺序饲喂是先喂草料后喂精料，即按粗饲料—青饲料—精饲料—多汁饲料的顺序饲喂，在饲喂过程中做到少喂勤添，让羊一次吃饱即可，最好是将草料全混合后饲喂，省时、省事又安全；分群饲喂是将羊分为普通羊群、杂交羊群、公羊群、母羊群、公羔群、母羔群、青年公羊群、青年母羊群、健康羊群，母羊群还应分为配种期和围产期，在饲养过程中，按照不同年龄、性别、生理时期的需要饲喂相应的饲料，可以大大提高饲料的利用率，迅速提高增重的速度和肉羊的屠宰率；合理搭配饲喂是按羊的采食性、消化特点和饲料的品种、特性等选用多种多样的原料以加强营养互补，防止偏食和营养缺失。

只有时刻注意这些平时司空见惯的细节，才能发现不足，并及时纠正或改进，做到了这些，就会使我们养羊的效益最大化。

二、合理利用羊的采食特点饲喂羊

羊只具有独特的采食特点，主要有以下几个方面。

一是羊嘴尖齿利，唇薄灵活，上下颌有力，门齿向外有一定的倾斜度，有利于啃食地面低矮的牧草和灌木枝叶，对草籽的咀嚼也很充分。羊啃食能力强，采食的植物种类广泛，天然牧草、灌木和树叶、藤蔓、农副产品都可以作为羊的饲料。山羊采食范围比绵羊广泛，除采食各种杂草外，还喜欢灌木枝叶和树果、树皮。

二是因为羊只善于啃食很短的牧草，故可以进行牛羊混牧，或不能放牧马、牛的短草牧场也可放羊。据试验，在半荒漠草场上，有66%的植物种类为牛所不能利用，而绵羊、山羊则仅38%。在对600多种植物的采食试验中，山羊能食用其中的88%，绵羊为80%，而牛、马、猪则分别为73%、64%和46%，说明羊的食谱较广，也表

明羊对过分单调饲草料最易感到厌腻。

三是绵羊和山羊的采食特点有明显不同，山羊后肢能站立，有助于采食高处的灌木或乔木的嫩幼枝叶，而绵羊只能采食地面上或低处的杂草与枝叶；绵羊与山羊合群放牧时，山羊总是走在前面抢食，而绵羊则慢慢跟随后边低头啃食；山羊舌上苦味感受器发达，对各种苦味植物较乐意采食。粗毛羊和细毛羊比较，爱吃"走草"即爱挑草尖和草叶，边走边吃，移动较勤，游走较快，能扒雪吃草，对当地毒草有较高的识别能力；而细毛羊及其杂种，则吃的是"盘草"（站立吃草），游走较慢，常落在后面，扒雪吃草和识别毒草的能力也较差。

四是羊喜欢采食含蛋白质多、粗纤维少的豆科牧草，能够依据牧草的外表和气味，识别不同的植物，如牧草青嫩，则采食时间长、反刍时间短，若是粗纤维含量高的青草或干草，则采食时间短、反刍时间长。

五是羊喜爱清洁，对有异味的草料及受粪尿污染的水源拒食。羊采食前先用鼻子闻，然后再吃，带有异味、粘有粪便或腐败变质的饲草、饲料，或经践踏过的牧草羊都不会采食。补饲牧草、精料时要在饲槽中进行，并且要经常打扫饲槽，更换饮水，保证水、草、用具清洁。

三、衡量一个肉羊场管理好坏的标准是肉羊应激最小

应激是动物机体对一切胁迫性刺激表现出的适应反应。任何对羊有害的影响都是应激原，这些影响包括被其他肉羊欺侮、长途运输、气候过热或过冷、拥挤、去角、去势、断尾、打耳标、饲喂不足、追捕、分群、转群、称重、胚胎移植、打针、灌药等等。适当的应激对肉羊生长并没有太大的影响，而过度的应激对肉羊的害处却非常大，在整个应激过程中，羊不仅表现出一系列临床病理反应，还会引起羊对环境因素反应的敏感性减弱和免疫力降低。如对各种刺激和环境反应表现冷漠，出现胃肠黏膜出血、糜烂乃至溃疡，肌肉色泽变淡，羊肉质量下降。肉羊应激在肉羊疾病的发生中起重要作用，应激强度大，肉羊就容易患或易感染各种疾病，而且使常见病菌致病率上升，严重的甚至引起肉羊死亡。可见，避免肉羊应激可以减少疾病的发生，提高肉羊的养殖效益。为了尽量避免和减少羊的应激，养羊场要

做好以下几方面的工作。

1. 选择适宜品种

不同的绵羊、山羊品种对气候的适应性不同，如细毛羊喜欢温暖、干旱、半干旱的气候，而肉用羊和肉毛兼用羊则喜欢温暖、湿润、全年温差较小的气候。根据羊对于湿度的适应性，一般相对湿度高于85％时为高湿环境，低于50％时为低湿环境。我国北方很多地区相对湿度平均在40％～60％（仅冬、春两季有时可高达75％，其他时间都在40％～60％），故适于养羊特别是养细毛羊；而在南方的高湿高热地区，则较适于养山羊和肉用羊。

2. 调整日粮组成

减少饲料中的粗纤维含量，将其控制在10％左右。在高温环境条件下，采食高粗纤维饲料的羊直肠温度、呼吸次数、心率都高于采食低粗纤维饲料的羊，应在配合饲料中添加缓冲剂（如0.5％～2.0％的碳酸氢钠）。夏季高温期间，羊的采食量和消化率下降，因此，舍饲的应通过增加饲喂次数、提高饲料的适口性来增加采食量。放牧养羊应早出、晚归，中间注意防晒和保证中午太阳照射最强的时候休息，从而提高其生产性能。

3. 加强饲养管理

有些应激因素是可以避免的，在养殖过程中应尽量避免，如环境噪声、拥挤、饲喂不足、饮水缺乏等，重视羊的行为习性和生理需求，创造更为合理的饲养管理环境。适宜的环境温度，可使羔羊的生长速度提高12％，饲料转化率提高15％，如加设防暑降温或防寒供暖设施，并在圈舍周围种植阔叶树，在运动场搭建凉棚和安装圈舍隔热层都是行之有效的防暑设施。饲养环境和条件改变不应当是突然的、剧烈的，而应在变化前给予适当的锻炼，以扩大其适应范围，逐渐提高其适应性，如在可预见的应激发生前，采用药物预防或治疗，在更换饲料时，要有过渡期，逐渐过渡。根据羊的年龄、性别、体重大小分别组成合适的羊群。

4. 将免疫反应降到最低程度

免疫接种引起的应激无法避免，但应到最低程度。要求进行免疫接种的操作人员，对技术精益求精，做到准、快、轻，尽量减少应激的刺激量。在羊进行免疫前，尤其是在接种免疫反应较重的疫苗前，应选择少量羊进行小范围安全性试验，经约 1 周观察，确认该疫苗安全无误后方可进行大群防疫接种。患病、体质瘦弱或怀孕羊及 4 月龄前的羔羊可暂不接种，待病羊康复、母羊产后或羔羊断乳后，再予以补充接种，另外，对免疫应激反应较重的疫苗进行肌内注射时，应进行深部肌内注射。

5. 做好新引进羊的安全过渡

新引进羊换了新环境易出现应激反应，是羊场预防羊应激的重点工作。由于各地流行病原不同、饲喂方式不同、气候环境不同，以及羊的个体差异等因素，机体为了适应这些变化，往往会产生一系列反应，主要表现感冒、咳嗽、流鼻涕、流眼泪、烂嘴、拉稀等症状。应激反应如果处理不当，羊就会无法快速适应环境，轻则影响生长发育，严重的甚至引起羊只死亡，经济效益严重受损。为此，刚引进的羊，第一口水要以含高锰酸钾的温水为宜，所有羊喝完后，连续 3 天的水最好饮豆粕水，豆粕以每只羊每天 25 克为宜，并添加电解多维跟抗病毒的黄芪多糖，电解多维有抗应激的作用。到家后羊最好自由采食干草或半干草，不要吃带露水的草或雨水草，1 天后就可以采食其他草类了，否则羊易拉稀。在草料里加入健胃消食之类的药物添加剂或益生菌，调理瘤胃内的菌群平衡，修复肠道健康，效果会更好。3 天内最好不喂精料，以饲喂麸皮为最好，每天每只羊 250～500 克，3 天后可以按正常量饲喂，麸皮有泻火的作用，含有丰富的蛋白质跟维生素。还要做好羊舍及运动场的消毒，羊到家要进行彻底消毒，可用百毒杀水淋浴，羊舍用生石灰消毒。用青霉素针对羊只肌内注射，防止感冒、流感等。

只有平时注意观察，预防为主，做好应激处理，为羊适应新的环境提供一切有利条件，才能保证羊健康安全地度过应激。

四、羊放牧过程中出现紧急情况的处理

在放牧过程中，不可避免地会出现如打雷下雨、羊只中暑、中毒、骨折、瘤胃胀气、野外产羔、毒蛇咬伤和烧伤等紧急情况，需要放牧者及时妥善处理，尽量减少因处置不当造成的损失。

1. 打雷下雨的处理

这种情况会经常遇到，也特别需要注意。有新闻报道，牡丹江光明村一男子在山上放牧时遭遇降雨，因赶100多只羊下山困难，遂打电话向家人求助。不料雷电击中该男子头部，并直接从其脚部穿透致其死亡，有40只羊也同时遭遇雷击而亡。如果遇到打雷下雨，可以将羊群尽量赶到地势较高的高岗处，使羊群聚集在一起，用自带的大块塑料布或彩条布，用木杆支起简易遮雨棚。并注意看好羊群，稳住头羊，特别是应看好小羊。打雷时勿打手机，选择塑料雨具，遇打雷闪电停止行走双脚并拢蹲下。

2. 发生中暑的处理

夏季天气炎热，在外放羊时，如发现羊中暑，应立即把羊赶到通风阴凉处，用浸凉水的布片贴在羊的头额部，以减轻羊脑部的血压。严重时，可将羊的耳朵边缘刺破见血，或静脉放血，羊一般放血量为100～150毫升。

3. 中毒的处理

在野外放牧时，比较常见的是个别的羊在采食时，误食或接触某些异物和异味时，产生过敏反应，羊往往会有一些反常表现：打喷嚏、精神失常、走步蹒跚、有时转圈行走或发出嘶嘶叫声。此时应立即将牲畜赶离现场，离开过敏区。

有些羊误食了毒草毒物，就会有中毒的表现，如口吐白沫，行走不安，口、鼻发紫，呼吸急促。这时可先用刀刺破羊耳朵的边缘流血，也可给羊的口腔内含根木棍，借唾液排出毒液，减轻中毒症状。然后迅速把羊赶回场，先灌鸡蛋清8个，皮下注射硫酸阿托品2～5毫克，或溶于葡萄糖内慢慢静脉注射。

4. 骨折的处理

放牧羊有时候会发生骨折，一般四肢容易发生骨折，当认定是四肢骨折时，先视其是否是优良种畜，否则建议采取屠宰处理，因为四肢骨折，治疗效果不好，一般就没有了再饲养的价值。

如果只是脱臼，就找准部位，按正常方位，采用用力推、拉、压的整复法，一次整复还原，即可手到病除。

5. 瘤胃胀气的处理

由于羊食青草过量、吃露水草、霜草、雪草、冰草等，吃后急性发酵，产生大量气体伴发反刍和气障，使瘤胃迅速扩张，这样就会使羊得急性瘤胃胀气。瘤胃胀气的处理办法是找一根木棒含在羊口内，压在它的舌头上，两端用绳（鞭绳或裤腰带）绑在左右两耳根上，再赶着牲畜做上坡运动，让牲畜张口排气，同时在腰部进行按摩，可减轻或解除胀气，争取回场治疗的时间。

6. 野外产羔的处理

在羊群中，总会有几只怀孕或是将产的母羊，如果在外放羊时突然出现流产和子宫脱出，千万不要手忙脚乱，如果发现羊产羔，立即就地施行接产，以保护母子安全。如果羊胎儿未娩出母体，可顺势助产。胎儿娩出后，留5厘米断好脐带，放在母体身边。胎衣尚未娩出时，要在胎衣上系上重物，防止收缩到腹腔内，排出困难。待胎衣全部排出后，护理好羊母子回场。如遇有子宫脱出，认为无法整复时，务必保护好子宫体脱出的外部，回到场后再作处理。

7. 毒蛇咬伤的处理

如果羊在野外被毒蛇咬伤，先找准被咬伤的部位，用绳子将伤口上部扎住，阻止毒液扩散，或扩大创面，采取挤压的方法排出毒液，争取快速回场治疗。

8. 烧伤的处理

如果羊被烧伤了，轻度烧伤，可回场后再作治疗，而重度烧伤，就要保护好受伤的创面，不要使其烧伤处破裂和再感染，回场后立即处理。

五、正确选择羊的配种方法

羊的配种方式有两种：一种是自然交配，另一种是人工授精。自然交配是让公羊和母羊自行直接交配的方式，这种配种方式又称为本交。根据生产计划和选配的需要，自然交配又分为自由交配和人工辅助交配。

1. 自由交配

自由交配是按一定公母比例，将公羊和母羊同群放牧饲养，一般公母比为 1：（15～20），最多 1：30。母羊发情时便与同群的公羊自由进行交配。这种方法又叫群体本交，其优点是省工省事，也可以减少发情母羊的失配率。这种方法对居住分散的家庭小型养羊场很适合，若公母羊比例适当，可获得较高的受胎率。但也有不足之处：一是公母羊混群放牧饲养，配种发情季节，性欲旺盛的公羊经常追逐母羊，无限交配，不安心采食，耗费精力，影响采食和抓膘；二是公羊需求量相对较大，一只公羊负担 15～30 只母羊，种公羊利用率低，不能充分发挥优秀种公羊的作用，特别是在母羊发情集中季节，无法控制交配次数，公羊体力消耗很大，将降低配种质量，也会缩短公羊的利用年限；三是由于公母混杂，无法进行有计划地选种选配，后代血缘关系不清，并易造成近亲交配和早配，从而影响羊群质量，甚至引起退化；四是无法控制产羔时间，不能记录确切的配种日期，也无法推算分娩时间，给产羔管理造成困难，易造成意外伤害和怀孕母羊流产；五是由生殖器官接触传播的传染病不易预防控制。

为克服以上缺点，在非配种季节公母羊要分群放牧管理，配种期内如果是自由交配，可按 1：25 的比例将公羊放入母羊群，配种结束将公羊隔出来。每年群与群之间要有计划地进行公羊调换，交换血统。

还有一种公羊间歇跟群竞争本交的方法。该方法是到了繁殖季节，将几只体质健壮、精力充沛和精液品质良好，并且体格大小与母羊相当的种公羊同时投入繁殖母羊群中，公、母羊比例由 1：（30～40）提高到 1：（80～100），让公母羊自由交配。注意每天必须将公羊从母羊群中分隔出来休息半天。实践证明，这种方法效果十分理想，在使用人工授精技术比较困难的牧区应用，使配种季节自由交配的公、母羊比例由 1：（30～40）提高到 1：（80～100），每只参加配种的公羊按比例平均可获得断奶羔羊 70 只以上，加速了牧区（300 只以上大羊群）绵羊、山羊良种化的进程。此方法是 20 世纪 80 年代赵有璋教授在无锡总结的经验，值得借鉴。

2. 人工辅助交配

人工辅助交配是平时将公母羊分群隔离放牧饲养，经发情鉴定，把发情的母羊从羊群中选出来和选定的公羊交配。交配时间，一般是早晨发情的母羊傍晚配种，下午或傍晚发情的母羊于次日早晨配种。为确保受胎，最好在第 1 次交配后间隔 12 小时左右再重复交配 1 次。这种方法克服了自由交配的一些缺点，可防止近亲交配和早配，也减少了公羊的体力消耗，有利于母羊群采食抓膘，能记录配种时间，做到有计划地安排分娩和产羔管理等。不仅可以提高种公羊的利用率，增加利用年限，而且能够有计划地选配，提高后代质量。

我国农村一些养羊专业户以"羊亲家"的管理形式开展配种工作，就是典型的人工辅助交配方式。所谓"羊亲家"就是母羊发情配种季节，由一家专门养公羊，然后按人工辅助交配形式与养母羊的农家羊群配种。

该方法的缺点是人工辅助交配需要对母羊进行发情鉴定、试情和牵引公羊等，花费的人力、物力较多，在牧区不易采用；安静发情或发情征状不明显的母羊易造成漏配。

3. 人工授精技术

人工授精是用器械采取公羊的精液，经过品质检查、稀释等处理后，再将经过处理的精液输入发情母羊生殖道内的一种人工繁殖技术。人工授精可提高优秀种公羊的利用率，还可节省种公羊饲养管理费用，加速羊群遗传进展，防止疾病传播。人工授精成本较低，技术难度相对较小，是规模化养羊场应该具备的繁殖技术之一。

六、舍饲养羊不能忽视种羊的运动

舍饲养羊有很多优点，在科学的饲养管理下也能给我们带来一定的收获。但是因为舍饲养羊把羊圈在固定的羊圈里不能大范围走动，这样就大大减少了羊的活动量，因长期的站立或趴卧而缺乏运动，导致羊的体质变弱、免疫力降低，缺乏抵御疾病的能力，而且生产能力也大大下降。比如羊不爱吃、没精神，母羊乏情，发情经多次配种难以怀孕，分娩无力，早产、难产、弱胎（羔羊产后养不活，其表现为不会站立、不会吮吸，呼吸、脉搏、体温均低于正常水平）、死胎等现象；种公羊过肥或过瘦，导致性欲降低、爬跨难或不爬跨、射精量减少、精液淡薄、精子活力差等。特别是在冬季产羔的母羊，临产前半个月左右，常发生后肢跛行或起卧困难，甚至卧地不起的现象。由于妊娠母羊长时间的侧卧，造成被压迫侧胎儿发育不良，致使产多胎的羔羊体质虚弱，难以成活。

另外舍饲养羊通常饲料单一，尤其是缺乏青绿多汁饲料的冬春季节，人们不留意补饲含多种维生素的青绿多汁饲料，而使羊只产生严峻的营养缺乏症，正常的生理性能受到影响。

所以舍饲养羊要根据实际情况，为种羊在羊舍外建一个运动场，每天定时间定路程进行驱赶运动。只有增加运动，才能解决以上舍饲养羊所出现的问题。

七、提高羔羊成活率

1. 正确掌握接羔技术

羔羊出生后立即用毛巾擦净鼻周围和嘴部黏液，防止黏液或羊水呛入气管造成窒息死亡。羔羊脐带可自行挣断或人工撕断，断端用碘酊消毒，防止感染。若脐带出血，可用消毒过的丝线结扎止血。

如遇到羔羊假死时，要立即用清洁白布擦去其口腔及鼻孔污物，如羔羊吸入黏液出现呼吸困难，可握住其后肢将它吊挂并拍打其胸部，使它吐出黏液，如无效，可将橡皮导管放入其喉部，吸出黏液，进行人工呼吸，使羔羊复苏。

2. 做好羔羊的防寒保暖

羔羊乍离母体，体温调节中枢尚未发育完善，体温调节功能差，抗寒能力弱，因此，要加强产羔舍保温防寒，羔舍应建在背风向阳的地方，舍内要勤出粪尿、勤换垫干土并打扫干净。羔羊栖息处多铺垫干草干土，雪雨天寒冷时，羔舍门窗要加盖厚草帘，并生火取暖，舍内温度保持在 8℃以上，为羔羊营造一个清洁温暖的生活环境。放牧中在野外所产羔羊，应采取必要的保温措施，放牧员可将新生羔羊装入随身携带的毛皮兜内，露出口鼻，保证呼吸顺畅，防止窒息死亡，归牧时带回产羔舍。寒冷天气，羔羊冻僵不起时，在生火取暖的同时，迅速用 38℃的温水浸浴，逐渐将热水兑成 40～42℃，浸泡 20～30 分钟，再将它拉出迅速擦干放到生火的暖和处。舍外气温在−5℃以上时，应将毛干的羔羊随母羊赶出舍外，在背风向阳处进行抗寒锻炼，逐渐增强羔羊抵御寒冷的能力。还要防止雨水淋湿羔羊，白天让

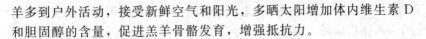

羊多到户外活动，接受新鲜空气和阳光，多晒太阳增加体内维生素 D 和胆固醇的含量，促进羔羊骨骼发育，增强抵抗力。

3. 羔羊及时哺乳

羔羊出生后，要让它早吃初乳，以获得较高的母源抗体。母羊产后 1 周内分泌的乳汁叫初乳，是新生羔羊非常理想的天然食物。初乳浓度大，养分含量高，含有大量的抗体球蛋白和丰富的矿物质元素，可增加羔羊的抗病力，促使羔羊健康生长。羔羊生后 15～30 分钟体表被覆的黏液已被母羊舔干，应在 2～3 小时内让其哺足初乳。哺乳前要剪去母羊乳房周围的污毛，挤出几滴初乳后再让羔羊吮乳。体弱的羔羊要人工辅助哺乳。个别初产母羊对羔羊吮乳刺激表现紧张、躲避，拒绝羔羊吮乳，这种情况下要人工保定，强迫母羊哺乳，经反复几次后，母羊即可对羔羊正常哺乳。若遇母羊乳房疾病或泌乳不足，可对羔羊进行寄养或人工哺喂。人工哺喂羔羊可用羊奶、牛奶或奶粉，乳温要接近羊的体温，每日哺喂 4～6 次。

4. 加强初产母羊管理

提高哺乳母羊营养。母羊的哺乳期为 2～3 个月，在哺乳前期应加强补饲，精料量应比妊娠后期稍有增加，粗饲料以优质干草、青贮饲料和多汁饲料为主。管理上要保证饮水充足，圈舍干燥、清洁，冬季要有保暖措施。另外，在产前 10 天左右可多喂一些多汁料和精料，以促进乳腺分泌，产后 3～5 天内不应补饲精料，以防消化不良或发生乳腺炎，建议使用种羊预混料配制精补料。

初产母羊由于没有生产经验，第 1 次生产时难免出现不适应的现象，或者由于自身生长发育问题经过生产实践才能暴露出来。因此，对初产母羊的饲养管理要格外重视。实践证明，初产母羊的羔羊死亡率比经产母羊的羔羊死亡率高 23.3%。由此可见，加强初产母羊的管理及哺乳也是提高初生羔羊成活率的一个很重要的技术环节。

个别初产母羊母性差，不恋羔，对这类无情母羊可采取反复播放悲哀委婉的乐曲的办法，使初产母羊动之以情，产生母爱。再配合用胎衣擦拭羔羊，撒麦麸或玉米面，让母羊舔食闻到羔羊的味道，以培养母子感情，达到母子亲和的效果。

　　有的初产母羊由于乳房肿胀疼痛，拒绝羔羊哺乳，以致顶撞或蹴踢羔羊。此时应先把母羊固定好，用毛巾蘸 38~40℃温水热敷乳房，也可将塑料小瓶捏扁排出小瓶内的空气，使之形成负压，瓶口扣在乳头上，吸出残存积奶，而后让羔羊哺乳，这样可减轻疼痛感。羔羊哺乳完毕，应将其放在母羊前面让母羊闻一闻，经过一段时间就可克服拒哺问题。

　　有的初产母羊往往乳腺不发达，腺泡发育不完全，暂时性放乳困难。对此问题，一方面要对羔羊进行人工哺乳，另一方面要对母羊加强饲养管理，给一些易消化、营养丰富的精料和多汁饲料，每天按时按摩乳房，使其尽早放乳。实践证明，给暂时性放乳困难的母羊饮饲豆浆也是一种行之有效的措施。

5. 羔羊寄养

　　母羊一胎多产羔羊（或母羊产后意外死亡），可将一窝产羔数多的羔羊分一部分给产羔数少的母羊寄养。

　　羊的嗅觉比视觉和听觉灵敏，靠嗅觉识别羔羊，羔羊出生后与母羊接触几分钟，母羊就能通过嗅觉鉴别出自己的羔羊。羔羊吮乳时，母羊总要先嗅一嗅其臀尾部，以辨别是不是自己的羔羊，利用这一特点可在生产中寄养羔羊，即在被寄养的孤羔和多胎羔身上涂抹寄养母羊的奶汁、羊水、尿液或者来苏水、酒精等药液，寄养多会成功。

　　采用羔羊寄养时，为确保寄养成功，一般要求两只母羊的分娩日期比较接近，相差时间应在 3~5 天之内，最长不宜超过 7 天。两窝羔羊的个体体重大小不宜差距过大。另外，母羊的嗅觉较为灵敏（特别是本地母羊），为避免母羊嗅辨出寄养羔羊的气味而拒绝哺乳，一般羔羊寄养提倡在夜间进行，寄养前将两窝羔羊同时喷洒上来苏水或酒精等气味相同的药物，或用受寄养母羊的奶汁、尿液、分娩时的羊水等涂抹寄养羔羊，再将两窝羔羊一起放到母羊身边喂养 30~60 分钟，使受寄养母羊嗅辨不出真假，从而达到寄养的目的。注意最好找一个小的空间把母羊和羔羊在一起关几天，防止过寄的大一点的羔羊吃饱奶就跑，不跟母羊卧一起母羊又不认了，如果出现这种母羊不认寄养羔羊的情况，可由饲养员将寄养的羔羊强制拉到母羊身边看着吃几天奶后就又认了。

6. 尽早开始补料

羔羊出生 3～4 周，母羊泌乳量达到高峰，以后则逐渐下降。这时羔羊生长速度很快，需要营养较多，仅靠母奶已满足不了羔羊生长发育的营养需要，所以要尽早补料。羔羊出生后两周即有衔草行为，羔羊出生后 15 日龄补喂草料，以优质新鲜牧草为主，将新鲜干青草吊在空中或让它自由采食。从 20 日龄起训练其吃一些营养丰富、品质良好、易消化的饲料。推荐羔羊精补料配方：膨化玉米 55%，麸皮 11%，膨化豆粕 22.5%，酵母粉 2%，乳清粉 5%，小苏打 0.5%，羔羊预混料 4%。给羔羊补料时，可以通过羔羊粪便来观察补料是否合理。在羔羊形成正常粪便后，当营养适中时，羔羊粪为大小适中的羊粪蛋，外面有一层细粪膜；当营养过剩、蛋白质饲料过高时，羊粪则形不成粪蛋状，而是像猪粪那样形成一堆粪便，严重时还会出现拉稀粪便；当营养不良时，羊粪蛋大小不均匀，粪蛋外面的细粪膜较薄、易碎。

注意，传统的补料方法是用炒黄（黑）的豆面拌湿了喂羊。这种方法由于蛋白质饲料不容易被羔羊消化吸收而易导致羔羊营养性腹泻。

7. 注意疾病防治

羔羊疾病常引起仔畜大量死亡，直接影响羔羊的成活率，对畜牧业的发展危害很大，其发病原因可分为两个方面：一是外因，如气候寒冷、饥饿、管理不善；二是内因，机体抵抗力低下及病原微生物的侵袭。机体的抵抗力又与饲养管理有着密切的关系，也就是说，外因通过内因而起作用。因此，母羊产前半个月的时候，最好注射羊四防疫苗，预防羔羊因为母羊本身原因所造成的拉稀。做好环境消毒，羔羊饲草应清洁、柔软、营养丰富，避免饲喂粗纤维含量高的秸秆饲草。为了防止异食癖的发生，应在羔羊饲料中增喂添加剂，也可初饲胡萝卜、茶水、食用油等以增加营养。应经常观察羔羊，如有异常应及时诊断，对症治疗。根据其临床症状，鉴别腹泻、痢疾、肺炎、臌气等，采取对症药物，以进行止泻、抑菌、消炎、制酵。如有病羔，要隔离饲养，加强护理，及时清除粪便，消毒用具，防止传染。粪便及垫草应堆积发酵或焚烧处理。如有羔羊痢疾流行要进行药物预防。

同时对于缺硒地区，母羊配种和产羔前 7 天要分别补硒（分别肌内注射 0.2％亚硒酸钠维生素 E 针剂），或每年所生的新羔，在出生 3 天后，注射 0.2％亚硒酸钠维生素 E 注射液 1 毫升，皮下或肌内注射，间隔 6 天后再注射 1.5 毫升。

八、科学确定配种季节

母羊大量正常发情的季节，称为羊的繁殖季节。由于羊的发情表现受光照长短变化的影响，而光照长短变化是有季节性的，所以羊的繁殖也是有季节性规律的。绵羊的发情表现受光照的制约，绵羊通常属于季节性繁殖配种的家畜。绵羊季节性发情开始于秋分，结束于春分。其繁殖季节一般是 7 月至翌年的 1 月，而发情最多最集中在 8～10 月。生长在热带、亚热带地区或经过人工培育选择的绵羊，繁殖季节较长，甚至没有明显的季节性表现，我国的湖羊和小尾寒羊就可以常年发情配种；山羊的发情表现对光照的影响反应没有绵羊明显，所以山羊的繁殖季节多为常年性的，一般没有限定的发情配种季节。但生长在热带、亚热带地区的山羊，5～6 月因为高温的影响也表现发情较少。生活在高寒山区，未经人工选育的原始品种藏山羊的发情配种也多集中在秋季，呈明显的季节性；不管是山羊还是绵羊，公羊都没有明显的繁殖季节，常年都能配种。但公羊的性欲表现，特别是精液品质，也有季节性变化的特点，一般还是秋季最好。

确定肉羊的配种季节，首先要考虑肉羊繁殖的季节性特点，还要考虑产品的上市时间。公羊没有明显配种季节，但秋季性活动最高、冬季最低，最佳时间是在秋季和春季。母羊有较严格的配种季节，年产一胎的母羊，有冬羔和春羔之分，产冬羔的母羊要在 8～9 月配种，在 1～2 月产羔，产春羔母羊应在 11～12 月配种，在 4～5 月产羔。两年三产的母羊，一般是第 1 年 5 月配种，在 10 月产羔；第 2 年 1 月配种 6 月产羔；9 月配种，第 3 年 2 月产羔。一年两产的母羊，可安排 4 月初配种，当年 9 月产羔；第二胎要在 10 月配种，翌年 3 月产羔。

九、利用好"互联网＋"养羊

"互联网＋"是利用信息通信技术以及互联网平台，让互联网与

传统行业进行深度融合，创造新的发展生态。它代表一种新的社会形态，即充分发挥互联网在社会资源配置中的优化和集成作用，将互联网的创新成果深度融合于经济、社会各领域之中，提升全社会的创新力和生产力，形成更广泛的以互联网为基础设施和实现工具的经济发展新形态。

"互联网＋农业"就是依托互联网的信息技术和通信平台，使农业摆脱传统行业中，消息闭塞、流通受限制，农民分散经营，服务体系滞后等弊端，使现代农业坐上互联网的快车，实现中国农业集体经济规模经营。

2016年中央一号文件指出，"大力推进'互联网＋'现代农业，应用物联网、云计算、大数据、移动互联等现代信息技术，推动农业全产业链改造升级"。"互联网＋"代表着现代农业发展的新方向、新趋势，也为转变农业发展方式提供了新路径、新方法。"互联网＋农业"是一种生产方式、产业模式与经营手段的创新，通过便利化、实时化、物联化、智能化等手段，对农业的生产、经营、管理、服务等农业产业链环节产生了深远影响，为农业现代化发展提供了新动力。以"互联网＋农业"为驱动，有助于发展智慧农业、精细农业、高效农业、绿色农业，提高农业经济效益和竞争力，实现由传统农业向现代农业转型。

下面我们看一个这方面的事例。介绍的是内蒙古自治区苏尼特左旗实施基于物联网的新型草原自动化养殖监管技术，包括监控终端平台、气象单元、圈舍单元、补饲棚单元、体征监测单元以及GPS移动定位系统、无线网络系统等功能设备。每只羊都有一张与耳标编号一致的数字身份证，配有相应的照片，从接羔到出栏，羊的生长全程都可进行溯源查询。棚圈周围，羊圈及牧场状况可以利用视频进行实时监控，系统还可以对牧场温度、湿度、氨气和水质等指标进行监测预警，利用总平台可以控制圈舍光照系统、饮水槽开关、棚圈自动门、羊群GPS定位以及草场周边环境监控。

养羊的牧民通过手机微信安装的电子围栏放牧系统，即可观察和了解羊群的实时位置、当日行走距离、羊群运动轨迹等实时信息。到了羊群回圈的时间，根据电子地图上的羊群位置信息，牧民跨上摩托车直奔羊群所在的位置，很快就能找到羊群。每天早上放羊出圈，晚上再赶回羊群，自从用上羊群卫星定位跟踪系统，节省了大把时间。以往，牧民裴某家每年雇用长期羊倌的费用是 5 万元左右，现在有了这套系统，大大节省了人力。不用雇人，省下的支出全部转换成纯收入，这是过去想都不敢想的。

该系统的另一个优势是实现羊肉生产的可追溯性，实现羊肉的优质优价，从而增加牧民收入。只需要在头羊的脖子上套上定位器，定位系统提供羊群的活动轨迹，羊群在草场上活动，位置一目了然，可提供羊在自然条件下放牧生长的充分证据。2015 年，溯源羊肉的价格每千克要高出市场价 2～3 元，牧民裴某家出栏 400 多只羊，收入增加了约 1 万元。

规模化养羊就要积极学习新技术、采用新技术，适应牧业发展新变化，充分利用好"互联网＋"这个平台，实现科学的饲养管理，努力降低生产成本，提高养殖效益。

第七章

科学防治肉羊疾病

肉羊疾病的预防和控制是肉羊养殖的重点，也是难点。肉羊养殖场必须坚持"防治结合、防重于治"的方针，抓住肉羊疫病防控的重点，实行严格的生物安全制度，做好羊场的卫生管理，制定科学的免疫制度，采用科学的防治方法和诊疗技术，有效地防范肉羊疾病，降低肉羊患病所带来的危害和经济损失。

一、抓住肉羊疫病防控的重点

唯物辩证法认为，在复杂事物自身包含的多种矛盾中，每种矛盾所处的地位、对事物发展所起的作用是不同的，总有主次、重要、非重要之分，其中必有一种矛盾与其他各种矛盾相比较而言，处于支配地位，对事物发展起决定作用，这种矛盾就叫做主要矛盾。正是由于矛盾有主次之分，我们在想问题办事情的方法论上也应当相应地有重点与非重点之分，要善于抓重点，集中力量解决主要矛盾。

当前我国羊病的发生特点和流行趋势为传染病逐渐增多。羊病的种类越来越多，旧病继续发生，新病不断出现。如口蹄疫、羊衣原体病、布鲁氏菌病、羊支原体肺炎、羊痘、羊传染性脓疮等疾病近年来发病率逐渐升高。与此同时，又有新的传染病暴发，如小反刍兽疫，这种重大传染病也正在威胁养羊业的发展；人畜共患病不断发生，如布鲁氏菌病、结核病、炭疽病等。近几年，不但线虫病、绦虫病时有发生，而且原虫病（弓形虫病、焦虫、血吸虫）、疥螨病发生普遍；某些细菌性疾病和寄生虫病的危害日趋严重。随着规模化养羊场的增加和规模不断扩大，环境污染也越来越严重，细菌性疾病和寄生虫病明显增多，如大肠杆菌、链球菌、支原体、棘球蚴、疥螨病等，其中不少病的病原广泛存在于养羊环境中，可通过多种途径传播。这些环境性病原微生物，已成为养羊场的常在菌和常发病；混感或继发感染的病例增多。在生产实践中，随着疫病的增多，养殖密度的加大，环境消毒不严，预防措施不力，饲养模式陈旧和养殖技术不规范导致疫病复杂化；营养代谢病和中毒性疾病增多，其中最多的是矿物质、微量元素、维生素缺乏，饲料中黄曲霉及药物中毒等。

因此，这些疫病就是羊场防控的重点。羊场要根据本场受这些疫病威胁的程度，采取加强检疫、隔离、消毒、疫苗接种和药物预防等办法进行科学的防控。

一是禁止到疫区购羊。从非疫区购来的羊也应先隔离饲养 1 个月以上，单独饲养，专人管理，经检验无病后方可进入羊群混养。

二是提高防疫水平，搞好免疫接种工作。防疫工作是当前控制羊群疾病最为切实可行的措施，养羊场应全面贯彻综合性的防疫措施，不断提高防疫人员预防操作技能，严格防疫操作规程。根据本地或本场疫病流行情况和规律、羊群的病史、品种、日龄、母源抗体水平和饲养管理条件以及疫苗的种类、性质等因素制定出合理的科学的免疫程序，不能靠经验或照搬别人的免疫程序，而应根据具体情况适当地调整免疫日龄，科学地计算接种剂量等，把防疫工作认认真真落到实处。选择国家定点生产厂家生产的优质疫苗，免疫接种前对使用的疫苗逐瓶检查，注意瓶子有无破损，封口是否严密，瓶内是否真空和有效期，有一项不合格就不能使用。疫苗接种操作方法正确与否直接关系到疫苗免疫效果的好坏，应当严格按照疫苗使用说明书使用。

三是定期驱虫。在山羊放牧和肉羊舍饲喂食青草期间，易感染寄生虫病，要求每个季节驱虫一次。

四是加强环境卫生、消毒工作。环境污染是引起疫病流行传播的重要因素之一。随着养羊业的发展，养羊场饲养生态环境污染日益严重，强调环境因素的重要性在羊病防治中更具有现实意义。搞好环境卫生、消毒是控制羊病的重要措施，建立健全严格的消毒制度是控制羊病的关键。因此建议养羊场应树立消毒观念，定期对羊舍进行消毒，羊舍门口应设消毒池，进出羊舍的人员要更衣，鞋底要消毒。

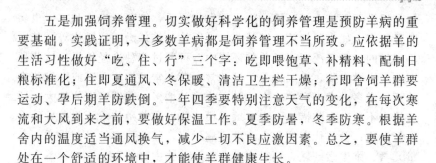

五是加强饲养管理。切实做好科学化的饲养管理是预防羊病的重要基础。实践证明，大多数羊病都是饲养管理不当所致。应依据羊的生活习性做好"吃、住、行"三个字：吃即喂饱草、补精料、配制日粮标准化；住即夏通风、冬保暖、清洁卫生栏干燥；行即舍饲羊群要运动、孕后期羊防跌倒。一年四季要特别注意天气的变化，在每次寒流和大风到来之前，要做好保温工作。夏季防暑，冬季防寒。根据羊舍内的温度适当通风换气，减少一切不良应激因素。总之，要使羊群处在一个舒适的环境中，才能使羊群健康生长。

六是加强营养。要喂给羊群优质全价饲料。不喂给羊群发霉变质的饲料，更不能喂给被农药、化肥或化工废弃物等污染的饲料。使羊群处在一个健康的状态，这样才能保证羊群健康。

七是做好发病后的控制。羊群发病后，要全群隔离，全场消毒，避免交叉感染，以控制死亡率。早期诊断是关键，合理用药是根本，饲料内增加多种维生素，提高羊群抗病力，快速控制疫情，使经济损失降到最低。对于患传染性疫病死亡的羊尸体及排泄物要进行无害处理，对患人畜共患病羊群进行消毒的工作人员应施行疫苗接种。

二、实行严格的生物安全制度

生物安全是近年来国外提出的有关集约化生产过程中保护和提高畜禽群体健康状况的新理论。生物安全的中心思想是隔离、消毒和防疫。关键控制点是对人和环境的控制，最后达到建立防止病原体入侵的多层屏障的目的。因此，每个羊场和饲养人员都必须认识到，做好生物安全是避免疾病发生的最佳方法。一个好的生物安全体系将发现并控制疾病侵入养殖场的各种最可能途径。

生物安全包括控制疫病在羊场中的传播、减少和消除疫病发生。因此，对一个羊场而言，生物安全包括两个方面：一是外部生物安全，防止病原菌水平传入，将场外病原微生物带入场内的可能性降至最低；二是内部生物安全，防止病原菌水平传播，降低病原微生物在羊场内从病羊向易感羊传播的可能性。

养羊场生物安全要特别注重生物安全体系的建立和细节的落实到位，具体包括引种、加强消毒净化环境、饲料管理、疫苗接种和抗体检测、紧急接种、建立和完善畜禽标识制度、病死羊无害化处理等。

1. 重视引进羊只的检验检疫

坚持自繁自养的原则，不从有痒病或牛海绵状脑病及高风险的国家和地区引进羊只、胚胎/卵。必须引进羊只时，应从非疫区引进，羊只必须有动物检疫合格证明。羊只在装运及运输过程中没有接触过其他偶蹄动物，运输车辆应做过彻底清洗消毒。羊只引入后至少隔离饲养 30 天，在此期间进行观察、检疫，确认为健康者方可合群饲养。

2. 严格执行动物检疫申报制度

本场饲养的羊出售或运输离开饲养地时，按照规定提前 3 天到防疫区域内的报检点或电话联系村防疫员申报产地检疫，经临栏检疫合格取得"动物检疫合格证明"后，才能允许离开圈舍出售或运输。

引进种用公、母羊之前须向区动物卫生监督所申报备案并办理种用动物引进审批手续，经依法批准后方可引入。引入后须按规定进行隔离观察、二次免疫，经检疫合格才能入圈合群。

跨省引进饲养羊要严格按照农业部关于活羊跨省调动的文件要求，严格履行调动手续。

3. 加强饲料安全管理

饲料和饲料原料应符合无公害食品肉羊饲养饲料使用准则（NY 5150）的规定。饲料原料和添加剂的感官应符合要求，即具有该饲料应有的色泽、嗅、味及组织形态特征，质地均匀，无发霉、变质、结块、虫蛀及异味、异嗅、异物。饲料和饲料添加剂应是安全、有效、不污染环境的产品。符合单一饲料、饲料添加剂、配合饲料、浓缩饲料和添加剂预混合产品的饲料质量标准规定。所有饲料和饲料添加剂的卫生指标应符合饲料卫生标准 GB 13078—2001 和 GB 13078.2—2006 的规定。

饲料和饲料添加剂应在稳定的条件下取得或保存，确保饲料和饲料添加剂在生产加工、储存和运输过程中免受害虫、微生物或其他不期望物质的污染。

在肉羊的不同生长时期和生理阶段，根据营养需求，配制不同的全配合日粮。不应在羊体内埋植或者在饲料中添加镇静剂、激素类等违禁药物。不使用变质、霉败、生虫或被污染的饲料。不应使用未经无害化处理的泔水、其他畜禽副产品。商品羊使用含有抗生素的添加剂时，应按照《饲料和饲料添加剂管理条例》执行休药期。

4. 执行严格的消毒制度

羊舍周围环境定期用2％火碱或撒生石灰消毒。羊场周围及场内污染池、排粪坑、下水道出口，每月用漂白粉消毒1次。在羊场、羊舍入口设消毒池并定期更换消毒液。工作人员进入生产区净道和羊舍，要更换工作服、工作鞋，并经紫外线照射5分钟进行消毒。外来人员必须进入生产区时，应更换场区工作服、工作鞋，经紫外线照射5分钟进行消毒，并遵守场内防疫制度，按指定路线行走。每批羊只出栏后，要彻底清扫羊舍，采用喷雾、火焰、熏蒸等方式对羊舍进行消毒，定期对分娩栏、补料槽、饲料车、料桶等饲养用具进行消毒，定期进行带羊消毒，减少环境中的病原微生物。

用规定浓度的次氯酸盐、有机碘混合物、过氧乙酸、新洁尔灭、煤酚等，进行羊舍消毒、带羊环境消毒，对羊场道路和周围以及进入场区的车辆进行喷雾消毒。用规定浓度的新洁尔灭、有机碘混合物或煤酚的水溶液洗手、洗工作服或对胶靴进行浸液消毒。人员入口处设紫外线灯，对进入场区的人员进行紫外线消毒，照射至少5分钟。在羊舍周围、入口、产房和羊床下面撒生石灰或火碱液进行消毒。用喷灯对羊只经常出入的地方、产房、培育舍，每年进行1～2次火焰瞬间喷射消毒。用甲醛等对饲喂用具和器械在密闭的室内或容器内进行熏蒸消毒。

5. 执行科学的免疫制度

根据《中华人民共和国动物防疫法》及其配套法规要求，重点对国家规定的一类、二类、三类羊病进行监控，主要有口蹄疫、蓝舌病、绵羊痘、山羊痘、山羊关节炎、脑炎、梅迪-维斯纳病、传染性脓疱皮炎、传染性眼炎、肠毒血症等。此外，破伤风、传染性胸膜肺炎、各型魏氏梭菌病亦应列入重点免疫范围。根据实际情况和周边地区疫情，在当地动物疫病预防控制中心的指导下，根据本场实际制定科学合理的免疫程序并严格遵守。

严格按免疫程序做好免疫接种工作。遵守国家关于生物安全方面的规定，使用来自于合法渠道的合法疫苗产品，不使用实验产品或中试产品。遵守操作规程，按免疫程序接种疫苗并严格消毒，防止带毒或交叉感染。严格按照要求储存疫苗确保疫苗的有效性。废弃疫苗按照国家规定进行无害化处理，不乱丢乱弃疫苗及疫苗包装物。疫苗接种及应激反应处置由取得合法资质的兽医进行或在其指导下进行。强制免疫疫苗接种后按规定佩戴二维码耳标并详细记入免疫档案。免疫接种人员按国家规定做好个人防护。定期对主要病种进行免疫效价监测，及时改进和完善免疫计划，使本场的免疫工作更科学更实效。

6. 严格执行用药制度

使用兽药必须遵守国家相关法律法规规定，不得使用非法产品。树立合理科学用药观念不乱用药。必须遵守国家关于兽药休药期的规定，未满休药期的羊只不得出售、屠宰，不得用于食品消费。不擅自改变给药途径、投药方法及使用时间等。

做好用药记录，包括品种、年龄、性别、用药时间、药品名称、生产厂家、批号、剂量、用药原因、疗程、反应及休药期。按照畜牧部门要求规范使用兽药软件平台，及时记录上传兽药使用信息，做好添加剂、药物等材料的采购和保管记录。购买兽药要向商家索要收据，并保留收据1年以上。

7. 做好疫病控制和扑灭

肉羊饲养场发生以下疫病时，应依据《中华人民共和国动物防疫法》及时采取以下措施：立即封锁现场，驻场兽医应及时进行诊断，并尽快向当地动物防疫监督机构报告疫情。报告内容包括发病的时间和地点、发病羊数量、同群羊数量、免疫情况、死亡数量、临床症状、病理变化、诊断情况、已采取的控制措施、疫情报告的单位、负责人、报告人及联系方式等。

将可疑传染病病羊隔离，派人专管和看护。对病羊停留过的地方和污染的环境、用具进行消毒。病羊死亡时应将其尸体完整地保存下来，不得随意急宰病羊，更不能随意丢弃死羊。发生可疑的传染病需要封锁时禁止羊进出养殖场，限制人员流动。

确诊发生口蹄疫、小反刍兽疫时，肉羊饲养场应配合当地动物防疫监督机构，对羊群实施严格的隔离、扑灭措施。发生痒病时，除了对羊群实施严格的隔离、扑杀措施外，还需追踪调查病羊的亲代和子代。发生蓝舌病时，应扑杀病羊，如只是血清学反应呈现抗体阳性，

并不表现临床症状时，需采取清群和净化措施。发生炭疽时，应焚毁病羊，并对可能的污染点彻底消毒。发生羊痘、布鲁氏菌病、梅迪-维斯纳病、山羊关节炎或脑炎等疫病时，应对羊群实施清群和净化措施。全场进行彻底的清洗消毒，病死或淘汰羊的尸体按 GB 16548 进行无害化处理。

8. 建立和完善畜禽标识制度

畜禽标识制度是建立畜禽及畜禽产品可追溯制度，有效防控重大动物疫病，保障畜禽产品质量安全的重要措施，养羊场应积极主动建立和完善畜禽标识制度。

新出生羔羊在出生后 30 天内加施畜禽标识，30 天内离开饲养地的在离开饲养地前加施畜禽标识。在羊左耳中部加施畜禽标识，从外地引进的羊需要在右耳中部再次加施畜禽标识。羊的标识严重磨损、破损、脱落后应当及时加施新的标识并在养殖档案中记录新标识编码。做到没有加施畜禽标识的不得运出养殖场，畜禽标识不得重复使用等。

9. 做好疫病监测

当地畜牧兽医行政管理部门必须依照《中华人民共和国动物防疫法》及其配套法规的要求，结合当地实际情况，制定疫病监测方案，由当地动物防疫监督机构实施，肉羊饲养场应积极配合。

肉羊饲养场常规监测的疾病至少应包括口蹄疫、羊痘、蓝舌病、炭疽、布鲁氏菌病。同时需注意监测外来病的传入，如痒病、小反刍兽疫、梅迪-维斯纳病、山羊关节炎或脑炎等。除上述疫病外，还应根据当地实际情况，选择其他一些必要的疫病进行监测。

根据实际情况由当地动物防疫监督机构定期或不定期对肉羊饲养场进行必要的疫病监督抽查，并将抽查结果报告当地畜牧兽医行政管理部门，必要时还应反馈给肉羊饲养场。

10. 病死羊无害化处理

病死羊无害化处理是指用物理、化学等方法处理病死动物尸体及相关动物产品，消灭其所携带的病原体，消除动物尸体危害的过程。无害化处理方法包括焚烧法、化制法、掩埋法和发酵法。注意，因重大动物疫病及人畜共患病死亡的动物尸体和相关动物产品不得使用发酵法进行处理。

当养殖场的羊发生传染病时一律不允许交易、贩运，就地进行隔离观察和采取防治措施。养殖场必须根据养殖规模在场内下风口修建一个无害化处理场所。当养殖场的羊发生疫病死亡时必须坚持"四不准一处理"原则，即不准宰杀、不准食用、不准出售、不准转运，同时进行彻底的无害化处理。对病死羊及其粪便、垫料等进行深埋或集中焚烧处理。无害化处理过程必须在驻场兽医和当地动物卫生监督机构的监督下进行，并认真对无害化处理的羊数量、死因、体重及处理方法、时间等进行详细记录、记载。无害化处理完后必须彻底对其圈舍、用具、场内道路等进行消毒，防止病原传播。在无害化处理过程中及疫病流行期间要注意个人防护，防止人畜共患病传染给人。当养殖场发生重大动物疫情时除对病死羊进行无害化处理外，还应根据畜牧部门的决定对同群或染疫的羊进行扑杀和无害化处理。同时对废弃的药品、生物制品包装物也必须进行无害化处理。

三、建立科学的防疫制度

免疫是指机体免疫系统识别自身与异己物质，并通过免疫应答排除抗原性异物，以维持机体生理平衡的功能。免疫作为控制传染病流行的主要手段之一，是在平时为了预防某些传染病的发生和流行，有组织有计划地按免疫程序给健康畜群进行的免疫接种，能有效避免和减少各类动物疫病的发生。做好动物免疫工作，使动物机体获得可靠的免疫效果，就能为有效地控制传染病的发生奠定良好基础。

制定科学、合理的免疫程序，是做好免疫工作的前提，对保证肉羊的健康起到关键的作用，养羊场必须根据国家规定的强制免疫疾病的种类和农业部疫病免疫推荐方案的要求，并结合本地疫病实际流行情况，科学地制定和设计一个适合于本场的免疫程序。

1. 农业部 2013 年国家动物疫病强制免疫计划

根据《2013 年国家动物疫病强制免疫计划》规定，口蹄疫和小反刍兽疫实行强制免疫。

（1）有关羊免疫的部分免疫方案　对所有牛、羊、骆驼、鹿进行 O 型和亚洲 I 型口蹄疫强制免疫；对所有奶牛和种公牛进行 A 型口蹄疫强制免疫；对广西、云南、西藏、新疆和新疆生产建设兵团边境

地区的牛、羊进行 A 型口蹄疫强制免疫。

规模养殖场按下述推荐免疫程序进行免疫，散养家畜在春秋两季各实施 1 次集中免疫，新补栏的家畜要及时免疫。

① 规模养殖家畜和种畜免疫　羔羊在 28～35 日龄时进行初免。所有新生家畜初免后，间隔 1 个月后进行 1 次加强免疫，以后每隔 4～6 个月免疫 1 次。

② 散养家畜免疫　春秋两季对所有易感家畜进行 1 次集中免疫，每月定期补免。有条件的地方可参照规模养殖家畜和种畜的免疫程序进行免疫。

③ 紧急免疫　发生疫情时，对疫区、受威胁区域的全部易感家畜进行 1 次加强免疫。边境地区受到境外疫情威胁时，要对距边境线 30 公里以内的所有易感家畜进行 1 次加强免疫。最近 1 个月内已免疫的家畜可以不进行加强免疫。

④ 使用疫苗种类　牛、羊、骆驼和鹿：口蹄疫 O 型-亚洲 I 型二价灭活疫苗、口蹄疫 O 型-A 型二价灭活疫苗和口蹄疫 A 型灭活疫苗、口蹄疫 O 型-A 型-亚洲 I 型三价灭活疫苗。

空衣壳复合型疫苗在批准范围内使用。

⑤ 免疫方法　各种疫苗免疫接种方法及剂量按相关产品说明书规定操作。

⑥ 免疫效果监测　猪免疫 28 天后，其他畜 21 天后，进行免疫效果监测。

(2) 有关小反刍兽疫的免疫方案　根据风险评估结果，对西藏、新疆、新疆生产建设兵团等受威胁地区羊进行小反刍兽疫强制免疫。

① 免疫程序　新生羔羊 1 月龄以后免疫 1 次，对本年未免疫羊和超过 3 年免疫保护期的羊进行免疫。

② 紧急免疫　发生疫情时对疫区和受威胁地区所有健康羊进行 1 次加强免疫。最近 1 个月内已免疫的羊可以不进行加强免疫。

③ 使用疫苗种类　小反刍兽疫活疫苗。

④ 免疫方法　疫苗免疫接种方法及剂量按相关产品说明书规定操作。

2. 农业部疫病免疫推荐方案

根据农业部《常见动物疫病免疫推荐方案（试行）》规定，肉羊应该免疫的病种有布鲁氏菌病和炭疽。免疫推荐方案如下。

（1）布鲁氏菌病

① 区域划分　一类地区是指北京、天津、河北、内蒙古、山西、黑龙江、吉林、辽宁、山东、河南、陕西、新疆、宁夏、青海、甘肃等 15 个省、市、自治区和新疆生产建设兵团。以县为单位，连续 3 年对牛羊实行全面免疫。牛羊种公畜禁止免疫，奶畜原则上不免疫，个体病原阳性率超过 2% 的县，由县级兽医主管部门提出申请，报省级兽医主管部门批准后实施免疫。免疫前监测淘汰病原阳性畜。已达到或提前达到控制、稳定控制和净化标准的县，由县级兽医主管部门提出申请，报省级兽医主管部门批准后可不实施免疫。

连续免疫 3 年后，以县为单位，由省级兽医主管部门组织评估考核达到控制标准的，可停止免疫。

二类地区是指江苏、上海、浙江、江西、福建、安徽、湖南、湖北、广东、广西、四川、重庆、贵州、云南、西藏等 15 个省、市、自治区，原则上不实施免疫。未达到控制标准的县，需要免疫的由县级兽医主管部门提出申请，经省级兽医主管部门批准后实施免疫，报农业部备案。

净化区是指海南省，禁止免疫。

② 免疫程序　经批准对布鲁氏菌病实施免疫的区域，按疫苗使用说明书推荐程序和方法，对易感家畜先行检测，对阴性家畜方可进行免疫。

使用疫苗：布鲁氏菌活疫苗（M5 株或 M5-90 株）用于预防牛、羊布鲁氏菌病；布鲁氏菌活疫苗（S2 株）用于预防山羊、绵羊、猪和牛的布鲁氏菌病；布鲁氏菌活疫苗（A19 株或 S19 株）用于预防牛的布鲁氏菌病。

（2）绵羊痘和山羊痘　对疫病流行地区的羊进行免疫。60 日龄左右进行初免，以后每隔 12 个月加强免疫 1 次。

使用疫苗：山羊痘活疫苗。

（3）棘球蚴病（包虫病）　对内蒙古、四川、西藏、甘肃、青海、宁夏、新疆等省、自治区和新疆生产建设兵团流行地区的羊实行免疫。

每年对当年新生存栏羊进行疫苗接种，此后对免疫羊每年进行 1

次强化免疫。

使用疫苗：羊棘球蚴（包虫）病基因工程亚单位疫苗。

(4) 炭疽　对近 3 年曾发生过疫情的乡镇易感家畜进行免疫。

每年进行 1 次免疫。发生疫情时，要对疫区、受威胁区所有易感家畜进行 1 次紧急免疫。

使用疫苗：无荚膜炭疽芽孢疫苗或Ⅱ号炭疽芽孢疫苗。

3. 当地疫病流行情况的确定

当前对我国养羊业危害最为严重的传染病有羊支原体肺炎（传染性胸膜肺炎）、羊痘、羊传染性脓疱（羊口疮）、羊地方性流产（衣原体性流产）、链球菌病、羔羊痢疾和羊肠毒血症等梭菌病等。这些病近年来发病率逐年升高，且均引起不同程度的死亡，造成的损失增大，危害加重。口蹄疫、小反刍兽疫、蓝舌病等属于羊的重大传染病，口蹄疫在我国虽然流行严重，存在 O 型、A 型和亚洲型口蹄疫，但由于政府重视，投入资金、人力较大，防治技术较为完善，羊的典型发病疫情并不多，但羊的持续带毒较为严重，通常是隐藏的传染源。小反刍兽疫是 2007 年由境外传入我国西藏的一种新病，国家采取了果断积极的防疫措施，但流行病学监测发现，部分地区有可能发生感染，防疫工作不能松懈。蓝舌病属于虫媒性重大疫病，毒型复杂，目前在我国的流行域分布情况不是很清楚，需要调查。

确定当地疫病流行的种类和轻重程度时，要主动咨询羊场所在地畜牧兽医主管部门、当地农业院校和科研院所，及时准确地掌握本地羊疫病种类和疫情发生发展情况，为本场制订免疫计划提供可靠的依据。

4. 进行免疫监测

利用血清学方法，对某些疫苗免疫动物在免疫接种前后的抗体跟踪监测，以确定接种时间和免疫效果，如口蹄疫、羊痘、蓝舌病、炭疽、布鲁氏菌病。同时需注意监测外来病的传入，如痒病、小反刍兽疫、梅迪-维斯纳病、山羊关节炎或脑炎等。除上述疫病外，还应根据当地实际情况，选择其他一些必要的疫病进行监测。在免疫前，监测有无相应抗体及其水平，以便掌握合理的免疫时机，避免重复和失误；在免疫后，监测是为了了解免疫效果，如不理想可查找原因，进行重免；有时还可及时发现疫情，尽快采取扑灭措施。如定期开展羊口蹄疫等疫病的免疫抗体监测，及时修正免疫程序，提高疫苗保护率。可见，免疫检测是最直接、最可靠的疫病状况监测方法，规模化养羊场要对本场的羊进行免疫检测。

5.紧急接种

紧急接种是指在发生传染病时，为了迅速控制和扑灭疫病，而对疫区和受威胁区尚未发病的动物进行的应急性免疫接种。紧急接种使用免疫血清较为安全有效，当羊群受到某些传染病威胁时，应及时采用有国家正规批准文号的生物制品如羊疫四季青、羊用免疫球蛋白、羊用复合血清、口蹄疫复合血清等进行紧急接种，以治疗病羊及防止疫病进一步扩散。但因其用量大、价格高、免疫期短且大批羊只接种时通常供不应求，在实践中使用这些免疫血清受到一定的限制。多年来的实践证明，在疫区内使用某些疫（菌）苗进行紧急接种是切实可行的。应用疫苗进行紧急接种时，必须先对动物群逐只地进行详细的临床检查，只能对无任何临床症状的动物进行紧急接种，对患病动物和处于潜伏期的动物，不能接种疫苗，应立即隔离治疗或扑杀。

但应注意，在临床检查无症状而貌似健康的动物中，必然混有一部分潜伏期的动物，在接种疫苗后不仅得不到保护，反而促进其发病，造成一定的损失，这是一种正常的不可避免的现象。但由于这些急性传染病潜伏期短，而疫苗接种后又能很快产生免疫力，因而发病数不久即可下降，疫情会得到控制，多数动物得到保护。

6.肉羊常用疫苗的特性与用法

肉羊常用疫苗的特性与用法见表7-1。

表7-1　肉羊常用疫苗的特性与用法

名称	用途	免疫时间	接种方法	免疫期	注意事项
羔羊痢疾氢氧化铝菌苗	预防羔羊痢疾	怀孕母羊分娩前20～30天和10～20天时各注射1次，疫苗用量分别为每只2毫升和3毫升	两后腿内侧皮下注射	注射后10天产生免疫力。羔羊通过吃奶获得被动免疫，免疫期5个月	

名称	用途	免疫时间	接种方法	免疫期	注意事项
羊四联苗	快疫、猝疽、肠毒血症、羔羊痢疾苗	每年于2月底3月初和9月下旬分2次接种。如重点预防快疫和肠毒血症,应在其历年发病前1个月预防注射;如以预防羔羊痢疾为主时,应在每羊配种前1~2个月或配种后1个月左右预防注射。1年之内无论何时注射,对猝疽都有免疫作用	接种时不论羊只大小,每只皮下或肌内注射5毫升	注射疫苗14天后产生免疫力。免疫期:对肠毒血症暂定半年;对快疫、羔羊痢疾和猝疽为1年	①在严寒季节注意防冻,因菌苗中含氢氧化铝胶液,经冻结后,性质改变,影响效力。②半岁以下小羔羊注射量可为2~3毫升
羊五联苗	快疫、猝疽、肠毒血症、羔羊痢疾、黑疫苗	每年于2月底3月初和9月下旬分2次接种	接种时不论羊只大小,每只皮下或肌内注射5毫升	注射疫苗14天后产生免疫力	
山羊痘活疫苗	预防山羊痘及绵羊痘	每年3~4月接种	尾根内侧或股内侧皮内注射。接种时不论羊只大小,每只皮下注射疫苗0.5毫升	接种后4~5日产生免疫力,免疫期为12个月	①可用于不同品系和不同年龄的山羊及绵羊,也可用于孕羊,但给怀孕羊注射时,应避免机械性流产。②在有羊痘流行的羊群中,可对未发痘的健康羊进行紧急接种。③本疫苗必须采用皮内注射,因皮下接种效果不确切。④对于纯种羊应慎重使用,在大量免疫接种前应做小范围试验

续表

名称	用途	免疫时间	接种方法	免疫期	注意事项
破伤风类毒素	预防破伤风	怀孕母羊产前1个月、羔羊育肥阉割前1个月或羊只受伤时	每只羊颈部皮下注射0.5毫升	1个月后产生免疫力,免疫期1年	
第Ⅱ号炭疽菌苗	预防山羊炭疽病	每年9月中旬注射一次	不论羊只大小,每只皮下注射1毫升	14天后产生免疫力	
羊大肠杆菌病灭活疫苗	预防羊的大肠杆菌病和羔羊黄、白痢疾病	本品一年四季均可预防	皮下或肌内注射。对于3~8月龄高发病的羊只,无论大小每只羊均注射1只份	免疫期为5个月	
羊流产衣原体油佐剂卵黄灭活苗	预防山羊感染衣原体而流产	羊怀孕前或怀孕后1个月内	皮下注射,每只3毫升	免疫期1年	首次使用本疫苗的地区,应选择一定数量羊(约30只),进行小范围试验,无不良反应后,方可扩大免疫群,注射后,应对动物加强饲养管理,并加强观察
羊传染性脓疱皮炎活疫苗(羊口疮)	用于预防绵羊、山羊传染性脓疱皮炎(羊口疮)		口腔下唇黏膜划痕接种,剂量均为0.2毫升。颈部或股内皮下注射,不论羊只大小,每头份均为0.5毫升	接种后4~5日产生免疫力,免疫期为3个月	①可用于孕羊。但应注意保定和动作轻柔,以免造成机械性流产。②首次使用本疫苗的地区,应选择一定数量羊(约30只)进行小范围试验,无不良反应后,方可扩大免疫群。③在有羊口疮流行的羊群中,可对未发病的健康羊进行紧急接种。但免疫接种应先从安全区到受威胁区,最后到疫区

续表

名称	用途	免疫时间	接种方法	免疫期	注意事项
山羊传染性胸膜肺炎氢氧化铝菌苗	预防山羊传染性胸膜肺炎		6月龄以下每只3毫升,6月龄以上每只5毫升,皮下或肌内注射	注射后14～21天可产生免疫力。免疫期1年	①若在疫区使用,必须用测体温的方法将体温超过40.5℃即已发病的羊只剔出,不予注射,其余体温正常的羊只均可注射。但注射后,处在潜伏期内的羊或注射后尚未产生免疫力而感染的羊只仍可发病。②应注射于颈部离肩胛较远处,否则会引起羊只腿拐。注射菌苗须一次用完。③瘦弱、有慢性病的山羊最好不用
羊链球菌氢氧化铝菌苗	预防绵羊及山羊链球菌病	每年3月和9月	羊背部皮下注射。6月龄以下的羊接种量为每只3毫升,6月龄以上的每只5毫升	成年羊注射21天后产生免疫力,免疫期半年	①被注射的羊只一定要健康,体质瘦弱、患病或体温不正常的羊及怀孕后期的母羊都不能注射。②成团或有摇不散颗粒的菌苗,不能使用。③寒冷地区使用应注意防止冻结,否则可使药效降低或失效。冻结过的菌苗不能使用
口蹄疫O型、亚洲Ⅰ型二价灭活疫苗(OJMS株+JSL株)	用于预防牛、羊O型、亚洲Ⅰ型口蹄疫		肌内注射,羊每只1毫升	免疫期为4～6个月	①仅接种健康牛、羊。病畜、瘦弱、怀孕后期母畜及断奶前幼畜慎用。②疫苗对安全区、受威胁区、疫区牛羊均可使用。疫苗应从安全区至受威胁区,最后再注射疫区内受威胁畜群。大量使用前,应先小试,在确认安全后,再逐渐扩大使用范围。③在非疫区,注苗后21日方可移动或调运。④在紧急防疫中,除用本品紧急接种外,还应同时采用其他综合防制措施

续表

名称	用途	免疫时间	接种方法	免疫期	注意事项
布氏菌病活疫苗（S2株）	用于预防羊布鲁氏菌病		口服免疫,亦可肌内注射。口服免疫山羊和绵羊不论年龄大小,一律口服活菌100亿；皮下或肌内注射均可,山羊注射25亿、绵羊50亿	免疫期为36个月	①怀孕母畜口服后不受影响,畜群每年接种1次,长期使用,不会导致血清学的持续阳性反应。②注射法不能用于孕畜、牛和小尾寒羊。③拌水饮服或灌服时,应注意用凉水。若拌入饲料中,应避免使用含有添加抗生素的饲料、发酵饲料或热饲料。动物在接种前、后3日,应停止使用含有抗生素添加剂饲料和发酵饲料。④本品对人有一定的致病力,使用时,应注意个人防护
伪狂犬病活疫苗（Bartha-K61株）	预防猪、牛和绵羊伪狂犬病		肌内注射。绵羊4月龄以上者,接种1毫升	注苗6日后产生免疫力,免疫期为一年	用于疫区及受到疫病威胁的地区,在疫区、疫点内,除了已发病的家畜外,对无临床表现的家畜亦可进行紧急预防注射

7. 参考免疫程序

羔羊参考免疫程序见表 7-2、妊娠母羊参考免疫程序见表 7-3、成年公羊参考免疫程序见表 7-4。

表 7-2　羔羊参考免疫程序

接种时间	疫苗	接种方式	免疫期
7 日龄	羊传染性脓疱皮炎灭活苗	口唇黏膜注射	1 年
15 日龄	山羊传染性胸膜肺炎灭活苗	皮下注射	1 年
2 月龄	山羊痘灭活苗	尾根皮内注射	1 年

续表

接种时间	疫苗	接种方式	免疫期
2.5月龄	羊O型口蹄疫灭活苗	肌内注射	6个月
3月龄	羊梭菌病三联四防灭活苗	皮下或肌内注射(第1次)	6个月
	气肿疽灭活苗	皮下注射(第1次)	7个月
3.5月龄	羊梭菌病三联四防灭活苗 Ⅱ号炭疽芽孢菌	皮下或肌内注射(第2次)	6个月
	气肿疽灭活苗	皮下注射(第2次)	7个月
4月龄	羊链球菌灭活苗	皮下注射	6个月
5月龄	布鲁氏菌病活苗	肌内注射或口服	3年
7月龄	羊O型口蹄疫灭活苗	肌内注射	6个月

表7-3　妊娠母羊参考免疫程序

接种时间	疫苗	接种方式	免疫期
产羔前6~8周	羊梭菌病三联四防灭活苗 破伤风类毒素	皮下注射或肌内注射	6个月
产羔前2~4周	羊梭菌病三联四防灭活苗 破伤风类毒素	皮下注射(第2次)	6个月
产后1个月	羊O型口蹄疫灭活苗	皮下注射	6个月
	羊梭菌病三联四防灭活苗	皮下或肌内注射	6个月
	Ⅱ号炭疽芽孢菌	皮下注射	6个月
产后1.5个月	羊链球菌灭活苗	皮下注射	6个月
	山羊传染性脑膜肺炎灭活苗	皮下注射	1年
	山羊痘灭活苗	尾根皮内注射	1年
	布鲁氏菌病灭活苗	肌内注射或口服	3年

表7-4　成年公羊参考免疫程序

接种时间	疫苗	接种方式	免疫期
配种前2周	羊O型口蹄疫灭活苗	肌内注射	6个月
	羊梭菌病三联四防灭活苗	皮下或肌内注射	6个月

接种时间	疫苗	接种方式	免疫期
配种前 1 周	羊链球菌灭活苗	皮下注射	6 个月
	Ⅱ号炭疽芽孢苗	皮下注射	6 个月

四、保持良好的卫生管理

羊场的卫生管理包括羊场的环境和设施、羊体卫生、肉羊引进要求、饲料及饲料添加剂卫生、日常环境管理、工作人员的健康和卫生等方面。

1. 环境与设施的卫生管理

羊场应建立在平坦、干燥、水质良好、水源充足、无有害污染源的地方，并且远离学校、公共场所、居民区、生活饮用水源保护区及国家、地方法律法规规定需要特殊保护的区域。

场内应分设管理区、生产区，并处在上风向。兽医室、病羊隔离房、粪污处理区应处在下风向。生产区净道和污道应分开，污道在下风向。场区内的道路应坚硬、平坦、无积水。羊舍、运动场、道路以外地带应绿化。场区羊舍应坐北朝南，坚固耐用，宽敞明亮，排水通畅，通风良好，能有效地排除潮湿和污浊的空气，夏季有防暑降温的措施，地面和墙壁应选用便于清洗消毒的材料。生产区门口地面设有长、宽、深分别不低于 3.8 米、3.0 米、0.1 米的消毒池，人员进入生产区应通过消毒通道，消毒通道应有地面消毒与紫外线消毒设施。

场区内应设有羊粪尿处理设施，处理后应符合《粪便无害化卫生标准》(GB 7959) 的规定，排放出厂的污水必须符合《污水综合排放标准》(GB 8978) 的有关规定。场区内必须设有更衣室、厕所、淋浴室、休息室，更衣室内应按人数配备衣柜，厕所内应有冲水装置、非手动开关的洗手设施和洗手用的清洗剂。场内设有与生产能力相适应的微生物和产品质量检验室，并配备工作所需的仪器设备和经培训后由动物防疫监督机构考核认证的检验人员。

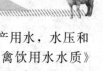

场区的供、排水系统要求。场区内应有足够的生产用水，水压和水温均应满足生产需求，水质应符合《无公害食品 畜禽饮用水水质》（NY 5027）规定。饮水池应定期清洗、换水。若配备贮水设施的应有防污染措施，并定期清洗、消毒；场区内应具有良好的排水系统，并不得污染供水系统。

2. 羊体卫生管理

经常刷拭羊体，保持羊体清洁、干净。用对羊无毒害的高效消毒药液给羊体消毒，清除羊体表的污物和寄生虫。

3. 羊引进的卫生管理

应引进经法定检疫合格，并取得动物检疫合格证明的肉羊，并在引进前和到达后向当地动物防疫监督机构报告。引进的肉羊应隔离饲养 30 天，经观察无病后方可进入生产区。

4. 饲料及饲料添加剂的卫生管理

饲料和饲料添加剂的使用应符合《无公害食品 畜禽饲料和饲料添加剂使用准则》（NY 5032）规定的要求，禁止饲喂反刍动物源性肉骨，严禁从疫区调运饲料。有条件的，应对饲草进行无公害化消毒。各种饲料应干净、无杂质，饲喂前饲草应铡短，扬弃泥土，清除异物，防止污染；块根、块茎类饲料需清洗、切碎，冬季防冷冻。按饲养规范饲喂，不堆槽、不空槽，不喂发霉变质和冰冻饲草饲料。

5. 环境卫生管理

羊场每天应清洗羊舍槽道、地面、墙壁，除去褥草、污物、粪便。清洗工作结束后应及时将粪便及污物运送到贮粪场。运动场羊粪安排专人每天清扫，集中到贮粪场。

场区内应定期灭蚊、灭蝇、灭鼠，清除杂草。每年应结合当地寄生虫病流行情况进行寄生虫病的检查和驱虫。

6. 工作人员的卫生管理

场内工作人员每年进行健康检查，取得健康合格证后方可上岗工作。场内有关部门应建立职工健康档案。对患有痢疾、伤寒、弯杆菌病、病毒性肝炎等消化道传染病（包括病原携带者）、活动性肺结核、布鲁氏菌病、化脓性或渗出性皮肤病、其他有碍食品卫生、人畜共患的疾病等病症之一者不得从事饲草、饲料收购、加工、饲养、挤奶和防治工作。

　　饲养人员的工作帽、工作服、工作鞋（靴）应经常清洗、消毒；更衣室、淋浴室、休息室、厕所等公共场所要经常清扫、清洗、消毒。

五、做好肉羊体内外寄生虫病的防控

　　肉羊寄生虫病是一种常见的慢性、消耗性疾病。寄生虫对羊的危害表现为夺取营养、吸食血液、机械损伤、毒素作用和带入其他病原等。羊消化道内的许多寄生虫往往以宿主消化好的食糜作为自己的营养，结果导致羊只营养缺乏、消瘦、生长发育受阻。如一条莫尼茨绦虫一天可生长 8 厘米，其消耗的营养物质就可想而知了。有些寄生虫以吸食羊的血液为生，如捻转血矛线虫、蜱、血虱等。有资料表明，羊真胃中寄生 2000 条捻转血矛线虫一天可吸血 30 毫升，大量寄生时，常引起羊只贫血、拉稀、恶病质乃至死亡；有的寄生虫以羊的组织为食，如仰口线虫等，可以损伤肠黏膜；有的寄生虫在幼虫发育阶段在动物体内有移行蜕变过程，如蛔虫、肝片吸虫等，可以造成组织和血管的损伤；有的寄生虫在腔管中大量寄生，可造成肠道、胆道、支气管、淋巴管、胰管等堵塞，而继发组织器官的质变。许多寄生虫的代谢产物或其本身的内含物对羊均有毒害作用，引起体温升高、黄疸、血尿等症状。一些寄生虫是原虫（细菌和病毒亦是）的携带者，如体外寄生虫蜱，往往可以传播巴贝斯虫，泰勒氏焦虫和边虫等血液原虫病。寄生虫病威胁着养羊业的发展，严重影响着肉羊养殖的经济效益。

　　羊的寄生虫病在我国十分普遍，其中危害较为严重的寄生虫病有钩端螺旋体、吸虫病、疥螨、焦虫病、肠道寄生虫病、绦虫、螨虫、肺线虫等。据调查，南方高温高湿地区和北方自然草场放牧地区羊寄生虫的感染率达 100％。由于规模化养羊寄生虫感染的强度增大，又多出现交叉感染、混合感染现象，所以较散养比，寄生虫病已经成为危害养羊业的主要疾病。因此要发展规模化养羊，必须有效控制寄生虫病对羊的危害。

1. 肉羊主要寄生虫病

肉羊的寄生虫病主要包括肉羊的体外寄生虫病和体内寄生虫病及原虫病。肉羊的体外寄生虫的病原主要是疥螨、蜱、羊鼻蝇蛆等。肉羊的体内寄生虫病主要包括片形吸虫病、前后盘吸虫病、莫尼茨绦虫病、东毕吸虫病、棘球蚴病、类圆线虫病、血矛线虫病、食道口线虫病、羊网尾线虫病、其他圆线虫病、球虫病等。原虫寄生于血液中，如羊梨形虫、弓形虫等。

2. 寄生虫的生活史

寄生虫的生长、发育和繁殖的全部过程称为生活史。体内的各种寄生虫，常常是通过羊的血液、粪便、尿液及其他的分泌物和排泄物，将寄生虫生活史的某一个阶段（如虫体、虫卵或幼虫）带到外界环境中，再经过一定的途径侵入到另一个宿主体内寄生，并不断地循环下去，经口、皮肤、接触及卵内等感染。

3. 寄生虫病的主要传播途径

同其他传染病一样，寄生虫传播也需要传染源、传播途径和易感动物三个方面的条件，缺一不可，同时还受自然等因素的影响和制约。羊感染寄生虫的途径主要有经口感染、经皮肤感染、经呼吸道感染、经胎盘感染、昆虫媒介传播等。

4. 诊断要点

临床症状上一般表现消瘦、贫血、黄疸、水肿、营养不良、发育受阻和消化障碍等慢性、消耗性疾病的症状，虽然不具有特异性，但可作为发现寄生虫病的参考。

通过病死羊尸体剖检，观察其病理变化，寻找病原体，分析致病和死亡原因，有助于正确诊断。

根据发生和流行条件诊断，包括传染源（带虫者、保虫宿主、延续宿主等）、易感动物以及相应的外界环境条件（温度、湿度、光线、土壤、植被、饲料、饮水、卫生条件、饲养管理，宿主的体质、年龄，中间宿主及保虫宿主存在等）。

5. 防控措施

养羊场对羊群驱虫要改变过去传统的防治方法，使单一寄生虫防治改为主要寄生虫整体的有序防治，使零星间断的治疗改为有组织、连片的预防措施，使羊群中的寄生虫得到全面驱治和预防，达到综合防治效果。

防治寄生虫病的基本原则：外界环境杀虫，消灭外界环境中的寄生虫病原，防止感染羊群；消灭传播者蜱和其他中间宿主，切断寄生虫传播途径；对病羊及时进行治疗，消灭体内外病原，做好隔离工作，防止感染周围健康羊；对健康羊进行化学药品预防。根据寄生虫普遍存在的特点，每年定期驱虫。

预防措施有以下五点。

一是避免应激减少疾病的发生。

应激在疾病的发生中起重要作用，应激强度大羊只就容易患病。著名生物学家认为任何对动物的有害影响都是应激原。这些影响包括被其他羊欺侮、长途运输、气候过热或过冷、拥挤、去角、去势、断尾、打耳标、饲喂不足、追捕、分群、转群、称重、胚胎移植等。这些应激原对动物的共同生理学作用是引起肾上腺髓质释放肾上腺激素和肾上腺皮质释放皮质类固醇激素，大量激素进入血液导致羊的防御机能降低，使羊对传染病更加敏感。

二是定期消毒，保持环境清洁。

羊群生活环境的清洁程度在一定程度上决定了羊寄生虫病在羊群中的蔓延速度。因此，保持羊舍的清洁是整个预防工作的基础。对于羊只使用的饲养用具、居住场所要定期用百毒杀、烧碱水等进行消毒。羊舍要经常通风并保持环境干燥，以免病菌的滋生蔓延。羊的粪便要经常清理，处理患病羊只的粪便时要尤为小心，不可随便堆放，而是要在药物处理后集中收集起来并选择在指定的地点进行堆积发酵，以杀死寄生虫卵及幼虫等。除此之外，对羊群的活动场所和经常放牧的草场也要定期用生石灰消毒杀菌。

三是从饮水卫生抓起。

水源是生命之源，同时也是大多数病源的开始。如肝片吸虫病的发生与饮水卫生就有着千丝万缕的关系。很多中间宿主都在水中生存，当羊群饮用含有这类中间宿主的水时，就会引发疾病。因此，保持良好的饮水卫生对羊寄生虫病的防治十分必要。要尽量避免羊群在不流动的坑洼、池塘或者沼泽等地饮水。自来水、井水、流动的河水等是最安全的水源。

四是加强对羔羊的管理。

羔羊是弱小群体的代表，其体质较为脆弱，对寄生虫的抵抗力也非常低，因此需要特别的照料。羔羊寄生虫病的防治工作非常棘手，却十分重要。要将羔羊与成年羊尽早分群饲养，降低寄生虫在羔羊间传染的概率。怀孕期间的母羊也要做好驱虫工作，防止其在生产后感染羔羊。断奶的羔羊与母羊也应进行预防性驱虫。

五是加强饲养管理是关键。

为了提高羊只的抵抗能力、增强体质，需要加强对羊群的饲养管理。充足而富含营养的饲料是羊群提高抵抗力的基础与关键。要注意季节气候等变化对羊群的影响，在秋冬气候环境恶劣、草料不足的情形下，应适时补料，保持羊群饲料充足的同时做到粗精搭配，适时添加微量的矿物元素和维生素等优化草料结构，以提高羊只抵抗疾病的能力。

六、做好发病肉羊的护理

羊患疾病治疗期间需要对病羊进行精心护理，护理既是治疗羊病的延续，也是治疗病羊的关键环节。护理好坏直接影响治疗的效果，只有在对症治疗的同时，针对不同疾病投入更多的精力，精心做好患病羊的护理，才能促进病羊尽快治愈，尽可能地减少因病对养羊场造成的损失。

1. 改善饲养环境

羊患病绝大多数与养羊场的饲养管理不良有关，如寒冷、闷热、潮湿、拥挤、通风不良、疲劳运输、饲料突变、营养缺乏、饥饿等因素使机体抵抗力降低，病菌就会乘虚侵入体内，导致羊发生疾病。同时，对于已经患传染性疾病的病羊，因其排泄物、分泌物不断排出有毒力的病菌，这些排泄物和分泌物如果处理不及时、不科学，将直接污染饲料、饮水、用具和外界环境，然后主要经消化道感染，其次通过飞沫经呼吸道感染健康家畜，亦有经皮肤伤口或蚊蝇叮咬而感染其他羊的。可见，改善饲养环境条件，是养羊场要做好的头等大事。

加强护理的措施也是围绕如何改善不良的饲养环境，使病羊生活在舒适的环境中。主要做到保持羊舍干燥、清洁、卫生，通风保暖。病羊要避免烈日、风吹、雨淋，给易消化的饲料。对患病羊实行单独管理，避免拥挤和相互拥挤踩踏。粪便及时清除。定期用高效消毒剂对全场及用具进行消毒。环境温度过高或过低，都对病羊不利。环境温度过低时，要及时做好羊舍的保温和增温，夏季羊舍温度过高时，可打开羊舍前后门窗通风，加速空气对流，有利于畜体散发热量。天太热的中午和下午3时前，可开机通风，以加大气流和通风量，有利于降低羊体温。

2. 精心饲喂

要给病羊供应清洁、温度适宜的饮水，冬季要给水加温，切忌不能给羊饮冰水。在饲料供给上，保证精、粗饲料的比例以及钙、磷比例，要保证饲料的质量，供给病羊新鲜的精饲料、青饲料和优质干草，满足病羊的营养需要。

同时，还有根据病羊的患病种类进行饲喂管理。如对患有瘤胃酸中毒的羊，在最初18~24小时要限制饮水量。在恢复阶段，应喂以品质良好的干草而不应投食谷物和配合精饲料，以后再逐渐加入谷物和配合饲料。

对有发烧症状的羊，在病羊发烧后，因羊体营养物质消耗多，口干舌燥，食欲降低，以致厌食。所以，应满足水的供应，否则将加剧病情。要多饮水，以补充体液，促使肠道毒素排出，在饮水中加入适量的糖、盐更好。

病羊高烧减食后，要多喂适口、易消化、有营养和有咸味的好饲料，再多喂些青饲料，以满足病畜的营养需要，增强抗病能力。必要时饲喂调理肠胃的药物，以增强食欲。一旦病羊吃料量有所增加，说明病情大有好转。

对患有食管阻塞的病羊，要做到定时饲喂，防止饥饿后抢食。并合理加工调制饲料，特别是块根、块茎及粗硬饲料要切碎或泡软后喂饲。

奶羊冬春枯草时期磷、钙代谢不平衡易引起骨质疏松症。对奶羊重点纠正饲料搭配不合理的问题，增加含磷、钙多的饲料，如豆饼和麸皮。患食毛症的羊要供给多样化饲草，补饲豆饼、鱼粉、硫酸铜等。

3. 精心护理

病羊要做到时刻有专人看护，细心观察病羊的食欲、精神和粪便。特别是对待患有重症的病羊，绝不能治疗后无人管护。外伤的羊，耐心处置创口，促进羊早日康复。羊舍应保持安静的良好环境，让病羊休息好。病羊睡眠时不要打扰，较好的睡眠，可明显增强羊体的免疫力，提高抵抗力。每天早晨和午后测2次体温，以掌握病羊的体温的变化，并做好病历记录。

还要根据所患病的不同，采取不同的护理方法。如羔羊患脐孔炎时羔羊会因局部痛痒而啃咬脐部，为了防止啃咬可用绷带包扎，饲养员要经常观察包扎的绷带是否脱落。患佝偻病的羔羊，应每天让羔羊多在阳光下活动。患肾炎的羊，应限制采食和饮水，进行饥饿疗法，以减轻肾脏负担。患破伤风的病羊应饲养在清洁、干燥、僻静、较黑暗的房舍，给予易消化的饲料和充足的饮水。对便秘、臌气的病羊，须用镇静药物及时处理，可用温水灌肠或投服盐类泻剂。患日射病与热射病的羊忌用自来水浇于羊全身。

七、肉羊常见普通病的预防和治疗

1. 羊胃肠炎的防治

羊胃肠炎是指羊胃肠壁表层黏膜及其深层组织出血性或坏死性炎症。由于羊肠胃生理机能类似，胃和肠的解剖结构和生理机能紧密相关，胃或肠的器质性损伤和机能紊乱容易相互影响。因此，临床上胃和肠的炎症多同时发生或相继发生，故合称为胃肠炎。羊胃肠炎是一种危害严重的羊常见多发病，对羊生长发育造成极大危害。

（1）病因　羊胃肠炎按病因分为原发性胃肠炎和继发性胃肠炎；按炎症性质分为黏液性、出血性、化脓性和纤维素性胃肠炎。引起羊患胃肠炎的主要因素有饲养管理不当、饲料品质不良、过食、突然更换饲料、采食有毒植物、圈舍潮湿等。营养不良、长途运输等因素能降低羊的抵抗力，使胃肠屏障功能减弱，平时腐生于胃肠道并不致病的微生物（如大肠杆菌、坏死杆菌等），往往由于毒力增强而呈现致病作用；用药不当，给羊滥用抗生素，一方面可使细菌产生耐药性，另一方面在用药过程中造成肠道菌群失调而引起二重感染，也是致发因素。继发性胃肠炎，多见于某些传染病和寄生虫病。

（2）临床症状　临床表现是精神沉郁，食欲减退或废绝；舌苔厚，口臭；粪便呈粥样或水样，腥臭，混有黏液、血液和脱落的黏膜组织，有的混有脓液；腹痛，肌肉震颤，肚腹蜷缩。病的初期，肠音增强，随后逐渐减弱甚至消失；当炎症波及直肠时，排粪呈里急后重；病至后期，肛门松弛，排粪失禁，体温升高，心率增快，呼吸增数，眼结膜潮红或发绀，眼窝凹陷，皮肤弹性减退，尿量减少。随着病情恶化，体温降至正常温度以下，四肢冷凉，体表静脉萎陷，精神高度沉郁甚至昏睡或昏迷。慢性胃肠炎表现为食欲不定，时好时坏，或食量持续减少，常有异食癖表现。

（3）病理变化　剖检病死羊可见，肠内容物恶臭并混有血液，胃和小肠黏膜呈现出血或坏死，布满凝乳块，黏膜下层水肿，内布满黄绿色液状物，含有泡沫和未消化的小凝乳块，肠壁变薄、透明、扩大、弹性下降，肠系膜血管充血、肿胀、剥离坏死组织后遗留下溃烂或溃疡。

（4）诊断　根据临床表现解剖检病变，及病羊严重的胃肠功能障碍和不同程度的自体中毒等做出诊断。

（5）防治措施　由于羊胃肠炎多由饲养管理不当等因素引起，因此，预防上要做好羊的日常饲养管理工作。羊胃肠炎的治疗原则是消除炎症，清理胃肠，预防脱水，维护心脏功能，解除中毒，增强机体抵抗力。

抗菌消炎，可口服磺胺脒（SG）4～8克，小苏打3～5克。或口服药用碳7克，萨罗尔2～4克，次硝酸铋3克，加水一次灌服。也可内服诺氟沙星，每千克体重10毫克；或肌内注射庆大霉素，每千克体重1500～3000单位（1微克纯庆大霉素为1单位），还可选用青霉素40万～80万单位（1微克纯青霉素为1单位），链霉素50万单位（1微克纯链霉素为1单位），一次肌内注射，连用5天。

脱水严重者要补液，可用5%葡萄糖150～300毫升，10%樟脑磺酸钠4毫升、维生素C 100毫克混合，静脉注射，每日1～2次。

哺乳羔羊应根据下列处方治疗：单宁蛋白1.5克、水杨酸1克、磺胺脒1克，压成粉状，混合均匀，分4份，1日服完，以上服药时

间均须分配在每两次哺乳之间,不可距离哺乳时间太近,以免影响药效。

2. 羊瘤胃积食的防治

瘤胃积食(Ruminal Impaction)又称急性瘤胃扩张,是反刍动物贪食大量粗纤维饲料或容易臌胀的饲料引起瘤胃扩张,瘤胃容积增大,内容物停滞和阻塞以及整个前胃机能障碍,形成脱水和毒血症的一种严重疾病。临床上以瘤胃体积增大且较坚硬、呻吟、不吃为特征。

瘤胃积食有原发性瘤胃积食和继发性瘤胃积食。

原发性瘤胃积食:主要是由于贪食大量粗纤维饲料或容易臌胀的饲料如小麦秸秆、山芋、豆藤、老苜蓿、花生蔓、紫云英、谷草、稻草、麦秸、甘薯蔓等再加之缺乏饮水,难以消化所致;过食精料如小麦、玉米、黄豆、麸皮、棉籽饼、酒糟、豆渣等;因误食大量塑料薄膜而造成积食;突然改变饲养方式以及饲料突变、饥饱无常、饱食后立即使役或使役后立即饲喂等因素引起本病的发生;各种应激因素的影响如过度紧张、运动不足、过于肥胖等引起本病的发生。

继发性瘤胃积食:本病也常常继发于前胃弛缓、创伤性网胃腹膜炎、瓣胃阻塞、皱胃阻塞、胎衣不下、药呛肺等疾病过程中。

(1)临床症状 瘤胃积食常在饱食后数小时或1~2天内发病。食欲废绝、反刍停止、空嚼、磨牙。腹部膨胀,左肷部充满,触诊瘤胃,内容物坚实或坚硬,有的病畜触诊敏感,有的不敏感,有的坚实,拳压留痕,有的病例呈粥状;瘤胃蠕动音减弱或消失。有的病畜不安,目光凝视,拱背站立,回顾腹部或后肢踢腹,间或不断地起卧。病情严重时常有呻吟、流涎、嗳气,有时作呕或呕吐。病羊发生腹泻,少数有便秘症状。

内容物检查:内容物一般由中性逐渐趋向弱酸性;后期,纤毛虫数量显著减少。瘤胃内容物呈粥状,恶臭时,表明继发中毒性瘤胃炎。

重症后期,瘤胃积液,呼吸急促,脉率增快,黏膜发绀,眼窝凹陷,呈现脱水及心力衰竭症状。病畜衰弱,卧地不起,陷于昏迷状态。

发病羊可见胃极度扩张，其内含有气体和大量腐败内容物，胃黏膜潮红，有散在性出血斑点；瓣胃叶片坏死；各实质器官瘀血。

（2）诊断要点　依据有过食饲料特别是易臌胀的食物或精料。食欲废绝，反刍停止，瘤胃蠕动音减弱或消失，触诊瘤胃内容物坚实或有波动感。体温正常，呼吸、心跳加快；有酸中毒导致的蹄叶炎使病畜卧地不起的现象。

（3）预防措施　加强饲养管理，防止突然变换饲料或脱缰过食；奶山羊和肉羊按日粮标准饲喂；避免外界各种不良因素的影响和刺激。

（4）治疗方法　治疗原则是加强护理，增强瘤胃蠕动机能，排出瘤胃内容物，制止发酵，对抗组织胺和酸中毒，对症治疗。

注意实施治疗措施时一定要将过食精料的病例和其他病历区别对待。过食精料的病例必须在1～2天实施瘤胃切开术或反复洗胃除去大量的精料之后才可以与其他病例采用相同的治疗措施。

① 消导下泻，用石蜡油100毫升、人工盐50克或硫酸镁50克、芳香氨醑10毫升，加水500毫升，一次灌服。

② 解除酸中毒，用5%碳酸氢钠100毫升灌入输液瓶，另加5%葡萄糖200毫升，静脉一次注射；或用11.2%乳酸钠30毫升，静脉注射。为防止酸中毒继续恶化，可用2%石灰水洗胃。

③ 心脏衰弱时，可用10%樟脑磺酸钠4毫升，静脉或肌内注射。呼吸系统和血液循环系统衰竭时，可用尼可刹米注射液2毫升，肌内注射。

④ 也可试用中药大承气汤：大黄12克、芒硝30克、枳壳9克、厚朴12克、玉片1.5克、香附子9克、陈皮6克、千金子9克、青香3克、二丑12克，水煎，一次灌服。对种羊若推断药物治疗效果较差，宜迅速进行瘤胃切开手术抢救。

⑤ 手术治疗。对危重病例和洗胃不成功的病例，当认为使用药物治疗效果不佳时，或怀疑为食入塑料薄膜而造成的顽固病例或严重过食病例，且病畜体况尚好时，应及早施行瘤胃切开术，取出瘤胃内容物，填满优质的草，用1%温食盐水冲洗，并接种健畜瘤胃液。

3. 羊瘤胃臌胀的防治

瘤胃臌气（Ruminal Tympany）又称瘤胃臌胀，主要是因采食了大量容易发酵的饲料，在瘤胃内微生物的作用下异常发酵，迅速产生大量气体，致使瘤胃急剧膨胀，膈与胸腔脏器受到压迫，呼吸与血液循环障碍，发生窒息现象的一种疾病。临床上以呼吸极度困难、反刍、嗳气障碍、腹围急剧增大等症状为特征。按病因分为原发性臌胀和继发性臌胀；按病的性质分为泡沫性臌胀和非泡沫性臌胀。

非泡沫性臌胀：主要是因采食大量的水分含量较高的容易发酵的饲草、饲料，如幼嫩多汁的青草或者经雨、露、霜、雪侵蚀的饲草、饲料而引起；采食了霉败饲草和饲料，如品质不良的青贮饲料、发霉饲草和饲料引起；饲喂后立即使役或使役后马上喂饮；突然更换饲草和饲料或者改变饲养方式，特别是舍饲转为放牧时或由一牧场转移到另一牧场，更容易导致急性瘤胃臌胀的发生。

泡沫性臌胀：是由于采食了大量含蛋白质、皂甙、果胶等物质的豆科牧草，如新鲜的豌豆蔓叶、苜蓿、草木樨、红三叶、紫云英、豆面等，或者喂饲多量的谷物性饲料，如玉米粉、小麦粉等也能引起泡沫性臌气。

继发性瘤胃臌胀，常继发于食管阻塞、前胃弛缓、创伤性网胃炎、瓣胃与真胃阻塞、发烧性疾病等疾病。

（1）临床症状

① 急性瘤胃臌胀　通常在采食易发酵饲料后不久发病，甚至在采食中发病。表现不安或呆立，食欲废绝，口吐白沫，回顾腹部；腹部迅速膨大，左肷窝明显突起，严重者高过背中线；腹壁紧张而有弹性，叩诊呈鼓音；瘤胃蠕动音初期增强，常伴发金属音，后期减弱或消失；因腹压急剧增高，病畜呼吸困难，严重时伸颈张口呼吸，呼吸数增至 60 次/分钟以上；心跳加快，可达 100 次/分钟以上；病的后期，心力衰竭，静脉怒张，呼吸困难，黏膜发绀；目光恐惧，全身出汗，站立不稳，步态蹒跚，最后倒地抽搐，终因窒息和心脏麻痹而死亡。

② 慢性瘤胃臌胀　瘤胃中度膨胀，时胀时消，常为间歇性反复发作，呈慢性消化不良症状，病畜逐渐消瘦。

（2）诊断要点　一是采食大量易发酵产气饲料；二是腹部迅速膨大，左肷窝明显突起，严重者高过背中线，腹壁紧张而有弹性，叩诊呈鼓音，病畜呼吸困难，严重时伸颈张口呼吸。

瘤胃穿刺检查可见，泡沫性臌胀只能断断续续地从套管针内排出少量气体，针孔常被堵塞而排气困难；非泡沫性臌胀则排气顺畅，臌胀明显减轻。

胃管检查：非泡沫性臌胀时，从胃管内排出大量酸臭的气体，臌胀明显减轻；而泡沫性臌胀时，胃管检查仅排出少量带泡沫气体，而不能解除臌胀。

（3）预防措施　加强饲养管理。禁止饲喂霉败饲料，尽量少喂堆积发酵或被雨露浸湿的青草。在饲喂易发酵的青绿饲料时，应先饲喂干草，然后再饲喂青绿饲料。由舍饲转为放牧时，最初几天要先喂一些干草后再出牧，并且还应限制放牧时间及采食量。不让牛、羊进入苜子地、苜蓿地暴食幼嫩多汁的豆科植物。舍饲育肥动物，全价日粮中至少应该含有 10%～15% 的粗料。

（4）治疗方法　治疗原则是加强护理，排除气体，止酵消沫，恢复瘤胃蠕动和对症治疗。根据病情的缓急、轻重以及病性的不同，采取相应有效的措施进行排气减压。

①排气减压

a. 口衔木棒法　对较轻的病例，可使病畜保持前高后低的体位，将小木棒涂上鱼石脂（对疫畜也可涂煤油）后衔于病畜口内，同时按摩瘤胃或踩压瘤胃，促进气体排出。

b. 胃管排气法　严重病例，当有窒息危险时，应实行胃管排气法，操作方法同送胃管的方法。

c. 瘤胃穿刺排气法　严重病例，当有窒息危险且不便实施或不能实施胃管排气法时应采取瘤胃穿刺排气法，操作方法是用套管针、一个或数个 20 号针头插入瘤胃内放气即可。以上这些方法仅对非泡沫性臌胀有效。

d. 手术疗法　当药物治疗效果不显著时，特别是严重的泡沫性臌胀，应立即施行瘤胃切开术，排气与取出其内容物。病势危急时可用尖刀在左肷部插入瘤胃，放气后再设法缝合切口。

②止酵消沫

a. 泡沫性臌胀可用二甲基硅油 3～5 克，加水 500 克，一次灌服；滑石粉 500 克、丁香 30 克（研细）温水调服有卓效；植物油或石蜡油 100 毫升，一次灌服，如加食醋 500 毫升，大蒜头 250 克（捣烂）效果更好。

b. 止酵　甲醛 3～10 毫升，加常温水 3000 毫升灌服；鱼石脂 3～5 克，一次灌服；松节油 5 毫升，一次灌服；95％酒精 30 毫升，一次灌服或瘤胃内注入；松节油 3～10 毫升，临用时加 3～4 倍植物油稀释灌服；陈皮酊或姜酊 20 毫升，一次灌服。有人也提出可使用来苏尔等防腐剂来止酵。

注：煤油、汽油、甲醛、松节油、来苏尔虽能消胀，但因有怪味，一旦病畜死亡，其内脏、肉均不能食用，故一般少用。

③ 排除胃内容物　增强瘤胃蠕动，促进反刍和嗳气，可使用瘤胃兴奋药、拟胆碱药等进行治疗。此外，调节瘤胃内容物 pH 值可用 3％碳酸氢钠溶液洗涤瘤胃。注意全身机能状态，及时强心补液，进行对症治疗。

④ 慢性瘤胃臌胀多为继发性瘤胃臌胀。除应用急性瘤胃臌胀的疗法，缓解臌胀症状外，还必须彻底治疗原发病。

4. 羔羊白肌病的防治

白肌病（Selenium Deficiency）是由于硒或维生素 E 缺乏引起的幼畜以骨骼肌、心肌纤维以及肝脏发生变性、坏死为特征的疾病。病变特征是肌肉色淡、苍白。本病易发生于羔羊、犊牛。多发于冬春气候骤变、缺乏青绿饲料之时。发病率高，死亡率也高，往往呈地方性流行。

原发性硒缺乏主要是饲料含硒不足，动物对硒的要求是 0.1～0.2 毫克/千克饲料，低于 0.05 毫克/千克，就可出现硒缺乏症。而土壤硒低于 0.5 毫克/千克时，该土壤上种植的植物含硒量便不能满足机体的要求。

此外土壤硒能否有效被植物利用还与土壤酸碱性有关，酸性土壤硒不易溶解吸收，碱性土壤硒易被植物吸收；也与其他颉颃元素有关，如硫能制约硒的吸收。饲料中的硒能否被充分利用，也受铜、锌等元素的制约。维生素 E 不足也易诱发硒缺乏症的发生。

饲料中缺乏维生素 E，如长期给予不良干草、干稻草、块根食物，而缺乏富含维生素 E 的饲料，如油料种子、植物油及麦胚等，因此维生素 E 含量少；缺乏维生素 E 的另一因素是饲料中不饱和脂肪酸、矿物质等可促进维生素 E 的氧化。

（1）临床症状　白肌病根据病程经过可分为急性、亚急性及慢性等类型。

① 急性型　多见于羔羊。病羊往往不表现症状突然死亡，剖检主要是心肌营养不良。如出现症状，主要表现兴奋不安，心动过速，呼吸困难，有泡沫血样鼻液流出，在 10～30 分钟死亡。

② 亚急性型　具有机体衰弱，心衰，运动障碍，呼吸困难，消化不良等特点。

③ 慢性型　生长发育停滞，心功能不全，运动障碍，并发顽固性腹泻。

羔羊以 14～28 日龄发病为多，死亡率高，全身衰弱，行走困难，共济失调，可视黏膜苍白、黄染，有结膜炎，角膜浑浊，心跳达 200 次/分钟以上，呼吸达 80～100 次/分钟，腹泻。

本病诊断可结合缺硒历史，临床特征，饲料、组织硒含量分析，病理剖检，血液有关酶学和及时应用硒制剂取得良好效果做出诊断。

（2）预防措施

① 冬春注射 0.1%亚硒酸钠液 4～6 毫升。同时应注意整体营养水平，特别是对草食性动物应补充适当的精料。冬春气候骤变，寒冷应激，加上营养不良，易诱发某些缺乏症的发生。母羊产前给 75 毫克/天，羔羊给 25 毫克/天。

② 定期给硒盐供羊舔食　将 20～30 毫克硒加到 1 千克食盐中，定期供羊舔食。注意一定要混合均匀。

③ 瘤胃硒丸　对于放牧动物，可采取瘤胃硒丸的办法补硒。硒丸分别重 10 克，以定期注射硒作对照，根据免疫学指标及血清酶学指标，有效期可维持 1 年左右。元素硒毒性低，应用起来安全可靠。

④ 施肥与喷洒　对于高产牧场或专门从事牧草生产的草地，可用施硒肥的办法解决补硒问题。或在牧草收割前进行硒盐喷洒，同样可增加牧草含硒量。

⑤ 饮水补硒　可定期在人工饮水条件下，将所给的硒盐加入水中。

（3）治疗方法　可用 0.1%亚硒酸钠，皮下或肌内注射，羔羊 2～

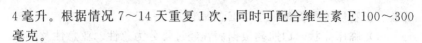

4毫升。根据情况7～14天重复1次，同时可配合维生素E 100～300毫克。

5. 羊感冒的防治

感冒是因受寒冷的刺激而引起的以上呼吸道炎症为主的急性热性全身性疾病。临床上以咳嗽，流鼻液，羞明流泪，前胃弛缓为特征。

本病无传染性，各种动物均可发生，但以幼弱动物多发，一年四季都可发生，但以早春和晚秋、气候多变季节多发。

本病的根本原因是各种因素导致的机体抵抗力下降。最常见的导致机体抵抗力下降的原因：一是寒冷因素的作用如厩舍条件差，贼风侵袭，家畜突然在寒冷的条件下露宿，采食霜冻冰冷的食物或饮水；二是使役家畜出汗后在毛孔开放的情况下被雨淋、风吹等；三是过劳或长途运输等；四是营养不良、体质衰弱或长期封闭式饲养缺乏耐寒冷训练；五是维生素、矿物质、微量元素的缺乏。

健康羊的上呼吸道，常寄生着一些能引起感冒的病毒和细菌，当羊遭受寒冷因素刺激时，则呼吸道防御机能降低，上呼吸道黏膜的血管收缩，分泌减少，气管黏膜上皮纤毛运动减弱，致使寄生于呼吸道黏膜上的常在微生物大量繁殖而发病。幼龄动物、营养不良、过劳等因素，引起机体抵抗力下降时，更易促进本病的发生。

由于呼吸道常在细菌和病毒的大量繁殖，引起呼吸道黏膜发炎肿胀，大量渗出等变化，于是出现呼吸不畅、咳嗽、喷鼻、流鼻液等临床症状。

（1）临床症状　在呼吸道内产生的细菌毒素及炎性产物被机体吸收后，作用于体温调节中枢，引起发热。从而出现一系列与体温升高相关的症状，如精神沉郁、食欲减退、心跳及呼吸加快、胃肠蠕动减弱、粪便干燥、尿量减少等。

体温升高，一方面能促进白细胞的活动并加强其吞噬机能，增强机体的抗病能力；另一方面高温会使糖耗增加，使脂肪和蛋白质加速分解，中间代谢产物如乳酸、酮体和氨等在体内蓄积，导致酸中毒，引起实质器官如脑、肾、心、肝的变性。

羊患感冒时发病较急，患畜精神沉郁，食欲减退或废绝，呈现前胃弛缓症状。有的体温升高，皮温不均，多数患畜耳尖、鼻端发凉。结膜潮红或轻度肿胀，羞明流泪，咳嗽，鼻塞，病初流浆性鼻液，随后转为黏液或黏液脓性。呼吸加快，肺泡呼吸音粗粝，若并发支气管炎，则出现干性或湿性啰音，心跳加快。本病病程较短，一般经3～5天，全身症状逐渐好转，多数良性经过。治疗不及时特别是幼畜易继发支气管肺炎或其他疾病。

（2）诊断要点 根据受寒病史、皮温不均、流鼻液、流泪、咳嗽等主要症状，可以诊断。还需要辨别感冒的具体类型。

① 流行性感冒 体温突然升高达40～41℃，全身症状较重，传播迅速，有明显的流行性，往往大批发生，依此可与感冒相区别。

② 风热感冒 体温升高达39～40℃。呼吸加快，呼气粗，有热感，肺泡呼吸音粗粝，有的可以听到干啰音。心跳加快，脉搏浮数。咽喉肿胀，口干舌红，咳嗽不爽，喉头触之敏感。耳鼻有热感。怕热喜凉，尿少色黄红甚至有尿痛感。肠音不整或减弱，粪便干燥。

③ 风寒感冒 体温正常或微有升高。呼吸不快，呼出气有凉感。心跳不快，脉搏浮紧。舌色青黄或青白。被毛逆立，拱腰怕冷，皮温不均，鼻寒耳凉，鼻流清涕，尿清长自利。

（3）预防措施 做好羊舍的防风、防寒、保温。患畜应充分休息，多给饮水，营养不良家畜应适当增加精料，加强机体耐寒性锻炼，防止家畜突然受寒。

（4）治疗方法 治疗原则是解热镇痛，抗菌消炎，调整胃肠机能。

① 解热镇痛 用30%安乃近注射液，5～10毫升，肌内注射，1～2次/天；或者用复方氨基比林注射液，5～10毫升，肌内注射，1～2次/天；或用柴胡注射液，5～10毫升。

② 抗生素或磺胺类药物 用10%磺胺嘧啶钠100～150毫升，加于5%～10%葡萄糖液中，静脉注射，1～2次/天；或用青霉素，每千克体重用20000万～30000万国际单位，肌内注射，1日2～3次，连用2～3天；或用"水乌钙"疗法。

③ 还可以采用中兽医疗法，如风热感冒用银翘散、桑菊饮；风寒感冒用荆防败毒散或杏苏散；半表半里型用小柴胡汤合平胃散等治疗。

6. 结膜炎的防治

结膜炎是指眼睑结膜和眼球结膜受外界刺激和感染而引起的炎

症，是最常见的一种眼病，结膜炎的共同症状是羞明、流泪、结膜充血、结膜浮肿、眼睑痉挛、渗出物及白细胞浸润。有卡他性、化脓性、滤泡性、伪膜性及水泡性结膜炎等类型。

结膜对各种刺激敏感，常由于外来或内在的轻微刺激而引起炎症，主要由于各种不良刺激造成，如风沙、灰尘、芒刺、谷壳、草棒、花粉以及化学药品、烟雾、毒气等，进入结膜囊，以及日光强射、机械性损伤、压迫、摩擦等。另外流感、恶性卡他热、羊吸吮线虫病及其他高热性疾病也可继发本病。衣原体可引起绵羊滤泡性结膜炎。

（1）临床症状

① 卡他性结膜炎是临床上最常见的病型，结膜潮红、肿胀、充血、流浆液、黏液或黏脓性分泌物。卡他性结膜炎可分为急性和慢性两型。

a. 急性型　轻者结膜及穹窿部稍肿胀，呈鲜红色，分泌物较少，初似水，继则变为黏液性。重度时，眼睑肿胀、带热痛、羞明、充血明显，甚至见出血斑。炎症可波及球结膜，有时角膜面也见轻微的浑浊。若炎症侵及结膜下时，则结膜高度肿胀，疼痛剧烈。羊的急性卡他性结膜炎可波及球结膜，此时结膜潮红、水肿明显，表面凹凸不平，并突出外翻，甚至遮住整个眼球。

b. 慢性型　常由急性转来，症状往往不明显，羞明很轻或见不到。充血轻微，结膜呈暗赤色、黄红色或黄色。经久病例，结膜变厚呈丝绒状，有少量分泌物。

② 化脓性结膜炎　因感染化脓菌或在某种传染病经过中发生，也可以是卡他性结膜炎的并发症。一般症状较重，常由眼内流出多量纯脓性分泌物，上、下眼睑常被粘在一起。化脓性结膜炎常波及角膜而形成溃疡，且常带有传染性。

（2）预防措施　注意畜舍清洁卫生，避免眼部受外界刺激。发病后，最好将病畜放在光线较暗的畜舍中，并加强饲养管理及护理工作。

（3）治疗方法　原则是避免强光刺激，除去病因，消炎止痛，清洗患眼，减少分泌。

① 除去病因　应设法将病因除去，若是症候性结膜炎，则应以治疗原发病为主。

② 遮断光线 应将患畜放在暗厩内或装眼绷带，但分泌物量多时，不宜装眼绷带。

③ 清洗患眼 用3%硼酸溶液或5%盐水（加庆大霉素和地塞米松更好）。

④ 对症疗法

a. 急性卡他性结膜炎 初期可应用冷敷，每日3次，每次20分钟，分泌物变为黏液时，则改为温敷，再用0.5%～1%硝酸银溶液点眼（每日1～2次），10分钟后用生理盐水冲洗。分泌物已见减少或趋于吸收过程时，用0.5%～2%硫酸锌溶液（每日2～3次）等收敛药。此外，还可用2%～5%蛋白银溶液、0.5%～1%明矾溶液或2%黄降汞眼膏。疼痛显著时，可用下述配方点眼：硫酸锌0.05%～0.1%、盐酸普鲁卡因0.05克、硼酸0.3克、0.1%肾上腺素2滴、蒸馏水10毫升。也可用10%～30%板蓝根溶液点眼。

球结膜下注射青霉素和氢化可的松（并发角膜溃疡时，不可用皮质固醇类药物）。用0.5%盐酸普鲁卡因液2～3毫升溶解青霉素5～10万国际单位，再加入氢化可的松2毫升（10毫克），作球结膜下注射，1日或隔日1次。或以0.5%盐酸普鲁卡因液2～4毫升溶解氨苄青霉素10万国际单位再加入地塞米松5毫克，作眼睑皮下注射，上下眼睑皮下各注射0.5～1毫升。用上述药物加入自家血2毫升眼睑皮下注射，效果更好。

b. 慢性结膜炎 以刺激温敷为主。可用0.5%～1%硝酸银溶液点眼，或用硫酸铜棒涂擦眼结膜表面，然后立即用生理盐水冲洗，每日1次，不要将硝酸银触及角膜，有假膜形成时忌用，再施行温敷。对于比较顽固的结膜炎，可用组织疗法或自家血液疗法，具有一定的疗效。

c. 化脓性结膜炎 可用碘仿0.3克，研成细末，吹入眼内；或用甘汞0.3克、蔗糖0.5克，研匀，吹入眼内，每日1次。病毒性结膜炎时，可用5%乙酰磺胺钠眼膏涂布眼内。

八、肉羊常见传染病防治技术

1. 羊口蹄疫防治

口蹄疫（Foot and Mouth Disease，FMD）俗名"口疮""蹄癀"，

是由口蹄疫病毒引起的以偶蹄动物为主的急性、热性、高度传染性疫病,往往造成大流行,不易控制和消灭,世界动物卫生组织(OIE)将其列为必须报告的动物传染病,我国规定为一类动物疫病。

口蹄疫病毒可侵害多种动物,但主要为偶蹄兽。家畜以牛易感(奶牛、牦牛、犏牛最易感,水牛次之),其次是猪,再次是绵羊、山羊和骆驼。仔猪和犊牛不但易感而且死亡率也高。野生动物也可感染发病。隐性带毒者主要为牛、羊及野生偶蹄动物,猪不能长期带毒。

该病主要侵害偶蹄兽,如牛、羊、猪、鹿、骆驼等,其中以猪、牛最为易感,其次是绵羊、山羊和骆驼等,人也可感染此病。病畜和带毒动物是该病的主要传染源,痊愈家畜可带毒4~12个月。病毒在带毒畜体内可产生抗原变异,产生新的亚型,传播力快,发病率高,成年动物死亡率低,幼畜常突然死亡且死亡率高。

(1)临床症状 羊感染口蹄疫病毒后一般经过1~7天的潜伏期出现症状。病羊体温升高,初期体温可达40~41℃,精神沉郁,食欲减退或拒食,脉搏和呼吸加快。口腔、蹄、乳房等部位出现水疱、溃疡和糜烂。严重病例可在咽喉、气管、前胃等黏膜上发生圆形烂斑和溃疡,上盖黑棕色痂块。绵羊蹄部症状明显,严重者蹄壳脱落,恢复期可见瘢痕、新生蹄甲,口黏膜变化较轻。山羊症状多见于口腔,呈弥漫性口黏膜炎,水疱见于硬腭和舌面,蹄部病变较轻。病羊水疱破溃后,体温即明显下降,症状逐渐好转。

传染源主要为潜伏期感染及临床发病动物。感染动物呼出物、唾液、粪便、尿液、乳、精液及肉和副产品均可带毒。畜产品、饲料、草场、饮水、水源、交通运输工具、饲养管理用具,一旦被病毒污染,均可成为传染源。康复期动物可带毒。

易感动物可通过呼吸道、消化道、生殖道和伤口感染病毒,通常以直接或间接接触(飞沫等)方式传播,或通过人或犬、蝇、蜱、鸟等动物媒介,或经车辆、器具等被污染物传播。如果环境气候适宜,病毒可随风远距离传播。

本病传播虽无明显的季节性,但冬、春两季较易发生大流行,夏季减缓或平息。

(2)预防措施 因为本病具有流行快、传播广、发病急、危害大等流行特点,疫区发病率可达50%~100%,羔羊死亡率较高,所以必须高度重视本病的防治工作。由于目前还没有口蹄疫患畜的有效治疗药物，世界动物卫生组织和各国都不主张，也不鼓励对口蹄疫患畜进行治疗，重在预防。

① 发生疫情处理措施　发生口蹄疫后，应迅速报告疫情，划定疫点、疫区，按照"早、快、严、小"的原则，及时严格封锁，病畜及同群畜应隔离急宰，同时对病畜舍及污染的场所和用具等彻底消毒。对疫区和受威胁区内的健康易感畜进行紧急接种，所用疫苗必须与当地流行口蹄疫的病毒型、亚型相同。还应在受威胁区的周围建立免疫带以防疫情扩散。在最后一头病畜痊愈或屠宰后14天内，未再出现新的病例，经大消毒后可解除封锁。

② 坚持做好消毒　该病毒对外界环境的抵抗力很强，含病毒组织或被病毒污染的饲料、皮毛及土壤等可保持传染性数周至数月。在冰冻情况下，血液及粪便中的病毒可存活120～170天。病毒对日光、热、酸、碱敏感。故2%～4%氢氧化钠、3%～5%福尔马林、0.2%～0.5%过氧乙酸、5%氨水、5%次氯酸钠都是该病毒的良好消毒剂。饲养场必须建立严格的消毒制度，生产区门口要设置宽同大门，长为机动车轮一周半的消毒池，池内的消毒药为2%～3%的氢氧化钠，消毒池内消毒药定期更换，保持有效浓度。畜舍地面，选择高效低毒次氯酸钠消毒药每周1次，周围环境每2周进行1次。发生疫情时可选用2%～3%的氢氧化钠消毒，早晚各1次。

③ 严格执行卫生防疫制度　不从病区引购羊只，不把病羊引进入场。为防止疫病传播，严禁牛、猪、羊、犬混养。保持羊舍的清洁、卫生；粪便及时清除；定期用2%氢氧化钠对全场及用具进行消毒。

④ 做好免疫

a. 疫苗的选择　免疫所用疫苗必须经农业部批准，由省级动物防疫部门统一供应，疫苗要在2～8℃下避光保存和运输，严防冻结，并要求包装完好，防止瓶体破裂，途中避免日光直射和高温，尽量减少途中的停留时间。

b. 免疫接种　免疫接种要求由兽医技术人员具体操作（包括饲养场的兽医）。接种前要了解被接种动物的品种、健康状况、病史及免疫史，并登记在册。免疫接种所使用的注射器、针头要进行灭菌处

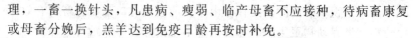

理，一畜一换针头，凡患病、瘦弱、临产母畜不应接种，待病畜康复或母畜分娩后，羔羊达到免疫日龄再按时补免。

c. 免疫程序　散养畜每年采取 2 次集中免疫（5 月，11 月），坚持月月补针，免疫率必须达到 100%。外购易感动物，48 小时内必须免疫（20～30 天后加强免疫）。

2. 羊痘防治

绵羊痘（Sheep Pox）是各种家畜痘病中危害最为严重的一种热性接触性传染病，其特征是在皮肤和黏膜上发生特殊的痘疹，可见到典型的斑疹、丘疹、水疱、脓疱和结痂等病理过程。它被世界动物卫生组织（OIE）列为 A 类重大传染病，我国将其列为一类动物疾病。据不同毒株的毒力差异，易感羊群的致死率可达 10%～58% 或 75%～100% 不等，羔羊致死率高达 100%，妊娠母羊极易流产，受感染的羊群生产力大大降低，皮毛品质也极大下降，造成巨大经济损失，严重影响国际贸易和养羊业的发展。

本病主要经呼吸道感染，也可通过损伤的皮肤或黏膜感染。饲养管理人员、护理用具、皮毛、饲料、垫草和外寄生虫等都可成为传播的媒介。不同品种、性别、年龄的绵羊都有易感性，以细毛羊最为易感，羔羊比成年羊易感。妊娠母羊易引起流产。本病多发生于冬末春初。

（1）临床症状　本病的潜伏期平均为 6～8 天，病羊体温升高达 41～42℃，食欲减少，精神不振，结膜潮红，有浆液、黏液或脓性分泌物从鼻孔流出。呼吸和脉搏增速，经 1～4 天发痘。

痘疹多发生于皮肤无毛或少毛部分，如眼周围、唇、鼻、乳房、外生殖器、四肢和尾内侧。开始为红斑，1～2 天后形成丘疹，突出皮肤表面，随后丘疹逐渐扩大，变成灰白色或淡红色半球状的隆起结节。结节在几天内变成水疱，水疱内容物初期像淋巴液，后变成脓性，如无继发感染则在几天内干燥成棕色痂块，痂块脱落遗留一个红斑，后颜色逐渐变淡。

非典型病例，仅出现体温升高和黏膜卡他性炎症，不出现或出现少量痘疹，或痘疹出现硬结状，在几天内干燥后脱落，不形成水疱和脓疱，此称为"石痘"。有的病例痘疱内出血，呈黑色痘。有的病例痘疱发生化脓和坏疽，形成相当深的溃疡，发出恶臭，多呈恶性经过，病死率 25%～50%。

除皮肤病变外，在前胃或真胃黏膜上，往往有大小不等的圆形或半球形坚实的结节，单个或融合存在，有的病例还形成糜烂或溃疡。咽、食道和支气管黏膜亦常有痘疹。在肺见有干酪样结节和卡他性肺炎区。

（2）预防措施

① 平时加强饲养管理，冬季注意防寒补饲。圈舍要经常打扫，保持干燥清洁，抓好秋膘。冬春季节要适当补饲做好防寒过冬工作。

② 由于痘病毒对热抵抗力不强，55℃时 20 分钟或 37℃时 24 小时，均可使病毒灭活。但对寒冷和干燥抵抗力较强，在干燥的痂块中可以存活 6～8 个月。可是该病毒在 0.5%福尔马林、0.01%碘溶液等中可在数分钟死亡。根据以上特点，养羊场要建立严格的卫生（消毒）管理制度。羊舍、羊场环境、用具、饮水等应定期进行严格消毒，饲养场出入口处应设置消毒池，内置有效消毒剂。

③ 在绵羊痘常发地区的羊群，每年定期用绵羊痘鸡胚化弱毒疫苗预防接种，不论大小羊，一律在尾部或股内侧皮内注射 0.5 毫升，注射后 4～6 天产生免疫力，免疫期可持续 1 年。

④ 在已发病的羊群立即隔离病羊，划定疫区进行封锁，对尚未发病的羊只或邻近已受威胁的羊群均可用羊痘鸡胚化弱毒疫苗进行紧急接种，病死羊的尸体应深埋。对圈舍及其用具可用 1%福尔马林、2%氢氧化钠溶液等进行消毒。

（3）治疗方法　本病尚无特效药，可采取对症治疗等综合性措施。痘疹局部可用 0.1%高锰酸钾溶液洗涤，晾干后涂抹龙胆紫或碘甘油。用康复血清治疗，大羊为 10～20 毫升，小羊为 5～10 毫升，皮下注射，预防量减半，若进入脓疱期则要加大剂量。对细毛羊、羔羊，为防止继发感染，可以肌内注射青霉素 80 万～160 万国际单位，每日 1～2 次，或用 10%磺胺嘧啶钠注射液 10～20 毫升，肌内注射，每日 1～3 次。

3. 羊布氏杆菌病防治

布鲁氏菌病（Brucellosis，也称布氏杆菌病，简称布病）是由布鲁氏菌属细菌引起的一种人兽共患的常见传染病。我国将其列为二类动物疫病。临床特征为胎膜发炎、流产、睾丸炎、腱鞘炎和关节炎，

多呈慢性经过。病理学特征为全身弥漫性网状内皮细胞增生和肉芽肿结节形成。

本病的易感动物范围很广，牛、羊、猪最易感。人类的易感性很高。牛布鲁氏菌主要感染牛、马、犬，也能感染水牛、羊和鹿；羊布鲁氏菌主要感染绵羊、山羊，也能感染牛、猪、鹿、骆驼等；人的感染以羊布鲁氏菌最多见，猪布鲁氏菌次之，牛布鲁氏菌最少。母畜较公畜易感，成年家畜较幼畜易感。

病畜和带菌动物是本病的传染源，特别是受感染的妊娠母畜，在其流产或分娩时随胎儿、胎水和胎衣排出大量的布鲁氏菌，流产母畜的阴道分泌物、乳汁、粪、尿及感染公畜的精液内都有布鲁氏菌存在。主要经消化道感染，其次可经皮肤、黏膜、交配感染。吸血昆虫可传播本病。本病呈地方性流行。

（1）临床症状　潜伏期一般为14～180天。最显著症状是怀孕母羊发生流产，流产后可能发生胎衣滞留和子宫内膜炎，从阴道流出污秽不洁、恶臭的分泌物。新发病的羊群流产较多；老疫区畜群发生流产的较少，但发生子宫内膜炎、乳腺炎、关节炎、胎衣滞留、久配不孕的较多。公羊往往发生睾丸炎、附睾炎或关节炎。

根据流产及流产后的子宫、胎儿和胎膜病变，公畜睾丸炎及附睾炎，同群家畜发生关节炎及腱鞘炎，可怀疑为本病。确诊本病可通过细菌学、血清学、变态反应等实验室手段。血清凝集试验是牛羊布病检疫的标准方法，补体结合试验的敏感性和特异性均高于凝集实验，可检出急性或慢性病畜，广泛用于牛羊布病的诊断。皮内变态反应适应于绵羊和山羊布病的检疫。羊应注意与绵羊地方性流产（衣原体）、弓形虫病、弯杆菌病、沙门氏菌性流产等区别。

（2）预防措施　非疫区以监测为主；稳定控制区以监测净化为主；控制区和疫区实行监测、扑杀和免疫相结合的综合防治措施。

① 防止本病传入的最好办法是自繁自养，必须引进种畜或补充畜群时，需经过隔离饲养2个月，并进行2次检疫均为阴性，方可混群。

② 做好养羊场的日常消毒工作。布鲁氏菌在污染的土壤、水、粪尿及羊毛上可生存一至数月。对热敏感，70℃时10分钟即可死亡；阳光直射0.5～4小时死亡；在腐败病料中迅速失去活力；常用消毒

药如 1% 来苏尔、2% 福尔马林、1% 生石灰乳 15 分钟将其杀死。因此，日常消毒可采取金属设施、设备可采取火焰、熏蒸等方式消毒；圈舍、场地、车辆等，可选用 2% 烧碱等有效消毒药消毒；饲料和垫料等，可采取深埋发酵处理或焚烧处理；粪便消毒采取堆积密封发酵方式。皮毛消毒用环氧乙烷、福尔马林熏蒸等。

③ 定期检疫　至少每年检疫 1 次，一经发现，即应淘汰。

④ 免疫接种　疫情呈地方性流行的区域，应采取免疫接种的方法。疫苗根据当地检测结果选择布病疫苗 S2 株（简称 S2 疫苗）、M5 株（简称 M5 疫苗）、S19 株（简称 S19 疫苗）以及经农业部批准生产的其他疫苗。

目前主要使用猪布鲁氏菌 2 号弱毒菌苗（简称 S2 苗）和马耳他布鲁氏菌 5 号弱毒菌苗（简称 M5 苗）。S2 苗适应于牛、山羊、绵羊和猪，断乳后任何年龄的动物，不管怀孕与否均可应用。气雾、肌注、皮下注射、口服均可，最适宜口服，免疫期牛 2 年、羊 3 年。M5 苗适应于山羊、绵羊、牛和鹿。气雾、肌注、皮下注射、口服均可，免疫期 2~3 年，特别适应于羊的气雾免疫，在配种前 1~2 个月免疫，2 年后可再免疫 1 次。使用上述菌苗时，均应做好工作人员的自身防护。

⑤ 发现疫情的处理方法

a. 疫情报告　任何单位和个人发现疑似疫情，应当及时向当地动物防疫监督机构报告。动物防疫监督机构接到疫情报告并确认后，按《动物疫情报告管理办法》及有关规定及时上报。

b. 疫情处理　发现疑似疫情，畜主应限制动物移动；对疑似患病动物应立即隔离。动物防疫监督机构要及时派员到现场进行调查核实，开展实验室诊断。确诊后，当地人民政府组织有关部门按下列要求处理。

ⅰ. 扑杀　将患病动物全部扑杀。

ⅱ. 隔离　对受威胁的畜群（病畜的同群畜）实施隔离，可采用圈养和固定草场放牧两种方式隔离。隔离饲养用草场，不要靠近交通要道、居民点或人畜密集的地区。场地周围最好有自然屏障或人工栅栏。

ⅲ. 无害化处理　患病动物及其流产胎儿、胎衣、排泄物、乳、乳制品等按照《病害动物及病害动物产品安全处理规程》（GB 16548—2006）进行无害化处理。

ⅳ. 流行病学调查及检测　开展流行病学调查和疫源追踪；对同群动物进行检测。

⑥ 发病畜群　要贯彻以畜间免疫、检疫、淘汰病畜和培育健康畜群为主导的综合性预防措施。只有控制和消灭畜间布鲁氏菌病，才能防止人间本病的发生，最终达到控制和消灭本病的目的。

4. 羊快疫和羊猝狙病的防治

羊快疫（Braxy）是由腐败梭菌引起的一种急性传染病，以真胃出血性炎症为特征。羊猝狙病（Struck）是由 C 型魏氏梭菌引起的一种急性传染病，以溃疡性肠炎和腹膜炎为特征。两者可发生混合感染，特征是突然发病，病程极短，死亡迅速；胃肠道呈出血性、溃疡性炎症变化，肠内容物混有气泡；肝肿大、质脆、色多变淡，常伴有腹膜炎。

羊快疫病绵羊最易感，山羊较少发病。以 6～18 月龄之间、营养膘度多在中等以上的绵羊发病较多。腐败梭菌广泛分布于低洼草地、熟耕地和沼泽地带，因此本病在这些地方常发生。病菌随污染的饲料、饮水进入消化道。一般呈地方性流行，多见于秋、冬和早春，此时气候变化大，当羊只受寒感冒或采食冰冻带霜的草料及体内寄生虫危害时，能促使本病发生。

羊猝狙病发生于成年绵羊，以 1～2 岁绵羊发病较多。常见于低洼、沼泽地区，呈地方性流行。病菌随污染的饲料、饮水进入消化道。多发生于冬春季节。

（1）临床症状　羊快疫病发病突然，短期死亡。由于病程常取闪电型经过，故称为"快疫"。死亡慢的病例，间有表现衰竭、磨牙、呼吸困难和昏迷；有的出现疝痛、臌气；有的表现食欲废绝，口流带血色的泡沫。排粪困难，粪团变大，色黑而软，杂有黏液或脱落的黏膜；也有的排黑色稀粪，间或带血丝；或排蛋清样恶臭稀粪。病羊头、喉及舌肿大，体温一般不高，通常数分钟至数小时内死亡，延至 1 天以上的很少见。

新鲜尸体的主要损害为真胃出血性炎症变化显著。黏膜，尤其是胃底部及幽门附近的黏膜，常有大小不等的出血斑块，其表面发生坏死，出血坏死区低于周围的正常黏膜；黏膜下组织常水肿。胸腔、腹腔、心包有大量积液，暴露于空气易于凝固。心内膜下（特别是左心室）和心外膜下有多数点状出血。肠道和肺脏的浆膜下也可见到出血。胆囊多肿胀。如病羊死后未及时剖检，则尸体因迅速腐败而出现其他死后变化。

羊猝狙病病程短促，常未及见到症状即突然死亡。有时发现病羊掉群、卧地，表现不安、衰弱、痉挛、眼球突出，在数小时内死亡。死亡是由于毒素侵害与生命活动有关的神经元发生休克所致。

病变主要见于消化道和循环系统。十二指肠和空肠黏膜严重充血、糜烂，有的区段可见大小不等的溃疡。胸腔、腹腔和心包大量积液，后者暴露于空气后，可形成纤维素絮块。浆膜上有小点出血。病羊刚死时骨骼肌表现正常，但在死后 8 小时内，细菌在骨骼肌里增殖，使肌间隔积聚血样液体，肌肉出血，有气性裂孔，骨骼肌的这种变化与黑腿病的病变十分相似。

根据在我国的观察所见，羊快疫及羊猝狙混合感染有最急性型和急性型两种临床表现。

① 最急性型　一般见于流行初期。病羊突然停止采食，精神不振。四肢分开，弓腰，头向上。行走时后躯摇摆。喜伏卧，头颈向后弯曲。磨牙，不安，有腹痛表现。眼羞明流泪，结膜潮红，呼吸促迫。从口鼻流出泡沫，有时带有血色。随后呼吸愈加困难，痉挛倒地，四肢作游泳状，迅速死亡。从出现症状到死亡通常为 2～6 小时。

② 急性型　一般见于流行后期。病羊食欲减退，步态不稳，排粪困难，有里急后重表现。喜卧地，牙关紧闭，易惊厥。粪团变大，色黑而软，其中杂有黏稠的炎症产物或脱落的黏膜；或排黯黑色或深绿色的稀粪，有时带有血丝；有的排蛋清样稀粪，带有难闻的臭味。心跳加速。一般体温不升高，但临死前呼吸极度困难时，体温可上升至 40℃ 以上，维持时间不久即死亡。从出现症状到死亡通常为 1 天左右，也有少数病例延长到数天的。发病率 6%～25%，个别羊群高达 97%，山羊发病率一般比绵羊低。发病羊几乎 100% 归于死亡。

混合感染死亡的羊，营养多在中等以上。尸体迅速腐败，腹围迅速胀大，可视黏膜充血，血液凝固不良，口鼻等处常见有白色或血色泡沫。最急性的病例，胃黏膜皱襞水肿，增厚数倍，黏膜上有紫红斑，十二指肠充血、出血。急性病例前三胃的黏膜有自溶脱落现象，第四胃黏膜坏死脱落，黏膜水肿，有大小不一的紫红斑，甚至形成溃疡。小肠黏膜水肿、充血，尤以前段黏膜为甚，黏膜面常附有糠皮样坏死物，肠壁增厚，结肠和直肠有条状溃疡，并有条、点状出血斑点，小肠内容物呈糊状，其中混有许多气泡，并常混有血液。肝脏多呈水煮色，浑浊，肿大，质脆，被膜下常见有大小不一的出血斑，切开后流出含气泡的血液，肝小叶结构模糊，多呈土黄色，有出血，胆囊胀大，胆汁浓稠呈深绿色，少数病例肝面有绿豆至核桃大的淡黄色坏死灶，在黄色坏死灶之间，有出血斑块，因而呈大理石样外观。肾脏在病程短促或死后不久的病例，多无肉眼可见变化，病程稍长或死后时间较久的，可见有软化现象，肾盂常储积白色尿液。大多数病例出现腹水，带血色，脾多正常，少数瘀血，膀胱积尿，量多少不等，呈乳白色。部分病例胸腔有淡红色浑浊液体，心包内充满透明或血染液体，心脏扩大，心外膜有出血斑点，肺呈深红色或紫红色，弹性较差，气管内常有血色泡沫。全身淋巴结水肿，颌下、肩前淋巴结充血、出血及浆液浸润。肌肉出血，肌肉结缔组织积聚血样液体和气泡。肩前、股前、尾底部等处皮下有红黄色胶样浸润，在淋巴结及其附近尤其明显。

由于羊快疫和羊猝疽病病程急速，生前诊断比较困难。如果羊突然发病死亡，死后又发现第四胃及十二指肠等处有急性炎症，肠内容物中有许多小气泡，肝肿胀而色淡，胸腔、腹腔、心包有积水等变化时，应怀疑可能是这一类疾病。确诊需进行微生物学和毒素检查。

由于羊快疫、羊猝疽与羊肠毒血症、黑疫、巴氏杆菌病、炭疽容易混淆，诊断时应注意区别。

（2）预防措施

① 本病的病程短促，往往来不及治疗，因此，必须加强平时的防疫措施。

② 在本病常发地区，每年可定期注射1～2次羊快疫、猝疽二联菌苗或快疫、猝疽、肠毒血症三联苗。近年来，我国又研制成功厌气

菌七联干粉苗（羊快疫、羊猝狙、羔羊痢疾、肠毒血症、黑疫、肉毒中毒、破伤风七联菌苗），这种菌苗可以随需配合。由于吃奶羔羊产生主动免疫力较差，故在羔羊经常发病的羊场，应对怀孕母羊在产前进行两次免疫，第 1 次在产前 1～1.5 个月，第 2 次在产前 15～30天，母羊获得的免疫抗体，可经由初乳授给羔羊。但在发病季节，羔羊也应接种菌苗。

（3）治疗方法　发生本病时，将病羊隔离，对病程较长的病例实行对症治疗。可灌服 0.1%高锰酸钾溶液 100 毫升，每日 2 次或 10%石灰水 100 毫升；静注甲硝唑葡萄糖液 250 毫升（含甲硝唑 0.5 克），也可静滴丁胺卡那 0.5～1 克或白霉素 180 万国际单位。当本病发生严重时，转移牧地，可收到减少和停止发病的效果。因此，应将所有未发病羊只，转移到高燥地区放牧，加强饲养管理，防止受寒感冒，避免羊只采食冰冻饲料，早晨出牧不要太早。同时用菌苗进行紧急接种。

5. 羊肠毒血症防治

羊肠毒血症（Enterotoxaemia），又名软肾病，主要是绵羊的一种急性毒血症，是由 D 型魏氏梭菌在羊肠道中大量繁殖产生毒素所引起的。其临床特征为腹泻、惊厥、麻痹和突然死亡。病变特征是肾脏软化如泥。

绵羊和山羊均可感染，但绵羊更为敏感。以 4～12 周龄哺乳羔羊多发，2 岁以上的绵羊很少发病。

本病呈地方性流行或散发，具有明显的季节性和条件性，多在春末夏初或秋末冬初发生。

（1）临床症状　本病病程急速，发病突然，有时见到病羊向上跳跃，跌倒于地，发生痉挛于数分钟内死亡。病程缓慢的可见兴奋不安，空嚼，咬牙，嗜食泥土或其他异物，头向后倾或斜向一侧，做转圈运动；也有头下垂抵靠栅栏、树木、墙壁等物；有的病羊呈现步行蹒跚，侧身卧地，角弓反张，口吐白沫，腿蹄乱蹬，全身肌肉战栗等症状。一般体温不高，但常有绿色糊状腹泻，在昏迷中死亡。急性病例尿中含糖量增高，达 2%～6%，具有一定诊断意义。

突然倒毙的病羊无可见特征性病变，通常尸体营养良好，死后迅速发生腐败。最特征性病变为肾表面充血，略肿，质脆软如泥。真胃和十二指肠黏膜常呈急性出血性炎，故有"血肠子病"之称。腹膜、膈膜和腹肌有大的魔点状出血。心内外膜小点出血。肝肿大，质脆，胆囊肿大，胆汁黏稠。全身淋巴结肿大充血，胸腹腔有大量渗出液，心包液增加，常凝固。

根据病史、体况、病程短促和死后剖检的特征性病变，可作出初步诊断。确诊有赖于细菌的分离和毒素的鉴定。

（2）预防措施

① 本病发病一般与下列因素有关：在牧区由缺草或枯草的草场转至青草丰盛的草场，羊只采食过量；在农区，则常常发生在收菜季节，羊只吃了多量的菜根、菜叶，或收庄稼后羊群抢茬吃了大量谷类时发病；肥育羊和奶羊喂高蛋白精料过多，降低胃的酸度，导致病原体的生长繁殖增快，小肠的渗透性增高及吸收 D 型产气荚膜梭菌的毒素致死剂量等；多雨季节、气候骤变、地势低洼等，都易诱发本病。因此，应针对病因加强饲养管理，放牧养羊春夏之际少抢青、抢茬、秋季避免吃过量结籽饲草。防止过食，做到精料、粗料、青料搭配，合理运动等。

② 疫区应在每年发病季节前，注射羊肠毒血症菌苗或羊肠毒血症、快疫、猝疽三联菌苗（6 月龄以下的羊一次皮下注射 5～8 毫升，6 月龄以上 8～10 毫升）或羊厌氧五联菌苗（羊肠毒血症、快疫、猝疽、羔羊痢疾、黑疫）一律 5 毫升。

（3）治疗方法　当疫情发生时，应注意尸体处理，更换污染草场和用 5% 来苏尔消毒。对疫群中尚未发病的羊只，可用三联菌苗作紧急预防注射。

急性病例常无法医治，病程缓慢的（即病程延长到 12 小时以上）可试用免疫血清（D 型产气荚膜梭菌抗毒素），参考羊快疫及羊猝疽的疗法。

6. 羔羊痢疾防治

羔羊痢疾（Lamb Dysentery）是初生羔羊的一种急性传染病。以剧烈腹泻和小肠发生溃疡为特征。一类是厌气性羔羊痢疾，病原体为产气荚膜梭菌；另一类是非厌气性羔羊痢疾，病原体为大肠杆菌。常引起羔羊大批死亡，给养羊业带来重大损失。

引起羔羊痢疾的病原微生物主要是大肠杆菌、沙门氏菌、魏氏梭菌、肠球菌等。这些病原微生物可混合感染或单独感染而使羔羊发病。病羊及带菌母羊为重要传染源。经消化道、脐带或伤口感染，也有子宫内感染的可能。呈地方性流行。

该病主要发生于7日龄内的羔羊，其中又以2~3日龄的发病最多。纯种羊和杂交羊均较土种羊易于患病；杂交代数越多，越接近纯种，则发病率与死亡率越高。一般在产羔初期零星散发，产羔盛期发病多。

（1）临床症状　本病潜伏期1~2天，有的可缩短为几小时。病初病羔精神沉郁，头垂背弓，停止吮乳，不久发生腹泻，粪便呈粥状或水样，色黄白、黄绿或灰白，恶臭。体温、心跳、呼吸无显著变化。后期大便带血，肛门失禁，眼窝下陷，卧地不起，最后衰竭而死。

剖检发现，真胃黏膜及黏膜下层出血和水肿，黏膜面有小的坏死灶。小肠出血性炎症比大肠严重，黏膜发红，集合淋巴滤泡肿胀或坏死及出血，病久可形成溃疡，突出于黏膜表面，豆大，形不规则，周围有出血炎性带。大肠病变与小肠相同，但轻微。结肠、直肠充血或出血。肠系膜淋巴结充血肿胀或出血。实质脏器肿大变性，有一般败血症病变。

诊断时注意本病与沙门氏菌、大肠杆菌和肠球菌引起的羔羊下痢相区别。

（2）预防措施

①加强饲养管理　孕羊营养不良、羔羊体弱、脐带消毒不严、羊舍潮湿、气候寒冷等，都是发病的诱因。所以对母羊（特别是孕羊）加强饲养管理，做好夏秋抓膘和冬春保膘工作，保证所产羔羊健壮，乳充足，以增强羔羊抗病力。

②为避免产羔时过于寒冷，可将产羔季节提前或推迟，避开最寒冷的时间产羔。

③产羔前后和接产过程中，应做好一切消毒和防护工作，保证母羊体躯、乳房、产地及用具的清洁卫生。对羔羊脐带严格消毒，保证羔羊吃足初乳。

④预防接种　每年秋季可给母羊接种单一或羊厌氧菌病五联菌

苗（羊快疫、猝疽、肠毒血症、羔羊痢疾、黑疫），产前 2～3 周再接种 1 次。羊六联菌苗（羊快疫、猝疽、肠毒血症、羔羊痢疾、黑疫和大肠杆菌病）对由大肠杆菌引起的羔羊痢疾也有预防作用。

⑤ 常发本病地区，在羔羊出生后 12 小时内，可口服土霉素 0.15～0.2 克，每日 1 次，连续灌服 3 天，或用其他抗菌药物等有一定的预防效果。

⑥ 对病羔要做到早发现，立即隔离，认真护理，积极治疗。粪便、垫草应焚烧，污染的环境、土壤、用具等用 3%～5% 来苏尔喷雾消毒。

（3）治疗方法 病羔隔离治疗，药物治疗应与护理相结合。治疗需按年龄、体质和临床症状进行。一般发病较慢，排稀粪的病羔，可灌服 6% 硫酸镁（内含 0.5% 福尔马林液）30～60 毫升，6～8 小时后再灌服 1% 高锰酸钾 10～20 毫升，必要时可再服高锰酸钾 2～3 次。此外。可用磺胺脒 0.5 克、鞣酸蛋白 0.2 克、次硝酸铋 0.2 克，水调灌服，每日 3 次。另用土霉素 0.2～0.3 克，或再加等量胃蛋白酶，水调灌服，每日 2 次，病初可用青霉素、链霉素各 20 万国际单位注射或口服，及其他对症治疗。或用异烟肼 3 片（0.3 克），每日灌 1 次，连用 1～3 天，有效率可达 85% 左右，脱水时，用 10% 葡萄糖酸钙 3 毫升，庆大霉素 8 万国际单位，地塞米松 2 毫克，10% 葡萄糖 30 毫升混合一次静脉注射，如加维生素 B_6 或维生素 C 则疗效更好。有条件时，可用抗羔羊痢疾高免血清 0.5～1 毫升肌内注射，使羔羊对产气荚膜梭菌引起的羔羊痢疾获得保护，以 3～10 毫升血清治疗已表现明显症状的病羊，除呈现神经中毒症状的垂危病羔难以挽救外，治愈率可达 90% 以上。

7. 羊传染性胸膜肺炎

羊传染性胸膜肺炎又称羊支原体肺炎，是由支原体所引起的一种高度接触性传染病。其临床特征为高热，咳嗽，胸和胸膜发生浆液性和纤维素性炎症，取急性和慢性经过，病死率很高。

不同品种、年龄、性别均会感染。在自然条件下，丝状支原体山羊亚种只感染山羊，3 岁以下的山羊最易感染，而绵羊肺炎支原体可感染山羊和绵羊。

本病一年四季都可发生和流行，但在早春、秋末冬初最常见。常呈地方流行性，冬季流行期平均为 15 天，夏季可维持 60 天以上。

本病接触传染性很强，发病后在羊群中传播迅速，20 天左右可波及全群。病羊是主要的传染源，肺组织和胸腔渗出液中含有大量病原体，主要通过空气、飞沫经呼吸道传染。

易感羊群发病率可达 80%～100%，病死率达 40% 以上，体质弱者高达 90%。

本病潜伏期短者 5～6 天，长者 21～28 天。

（1）临床症状

① 最急性型可见如下临床症状：发病急骤，体温高达 41～42℃，精神极度委顿，食欲废绝，呼吸急促而有痛苦呻吟；数小时后出现肺炎症状，呼吸困难，咳嗽，流浆液带血鼻液，肺部叩诊呈浊音，听诊肺泡呼吸音减弱、消失或呈捻发音；病羊卧地不起，四肢伸直，呼吸极度困难，随着呼吸全身颤动；黏膜高度充血，发绀；病程一般不超过 4～5 天，有的仅 12～24 小时，有的在没有任何征兆情况下突然倒地死亡；病死羊鼻孔中流出带血泡沫或血水，耳、颈下、腹部皮肤大片紫绀。

② 急性型可见如下临床症状：患羊体温升高，精神沉郁，采食量逐渐减少；继之出现咳嗽，伴有浆液性鼻液，4～5 天后，咳嗽变干而痛苦，鼻液转为黏液——脓性并呈铁锈色，黏附于鼻孔和上唇，结成干涸的棕色痂垢；眼睑肿胀，流泪，眼有黏液——脓性分泌物；口半开张，流泡沫状唾液；头颈伸直，腰背拱起，腹肋紧缩，怀孕母羊大批发生流产；有的发生臌胀和腹泻；唇、乳房等部皮肤出现丘疹；濒死前体温降至常温以下。

③ 慢性型患羊全身症状轻微，体温变化不明显，间歇性咳嗽和腹泻，鼻腔内流出黏液性鼻液，采食量减少，生长发育迟缓，身体衰弱，被毛粗乱无光，部分患羊有轻度瘤胃臌气、慢性眼结膜炎等症状。病程长者，可持续数月之久。

（2）预防措施

① 加强饲养管理，增强羊群的抵抗力 保持舍内温度适宜，通风良好，清洁卫生，供给优质饲料，增强机体抵抗力。同时，应完善各项消毒措施，从而达到有效切断传播途径，消除传染源的目的。

② 严格羊群检疫　养羊场最好建立基础母羊群，自繁自养。对购入的羊只要加强检疫，严防引入病羊或带菌羊，如需引进应隔离检疫1个月以上，确认健康后方可混群。

③ 隔离、封锁和消毒　发现疫情及时上报，对发病羊群按《无公害食品 肉羊饲养兽医防疫准则》的规定进行隔离、封锁，并做好消毒工作。对病死、剖检羊尸体进行无害化处理。

④ 免疫接种　根据病原体分离结果选用适当的疫苗，按《无公害食品 肉羊饲养兽医防疫准则》的规定进行免疫接种。

a. 平时预防接种　健康羊群每年春季或秋季预防接种1次。山羊传染性胸膜肺炎氢氧化铝灭活疫苗，预防由丝状支原体山羊亚种引起的山羊传染性胸膜肺炎，6月龄以下山羊颈侧皮下注射3毫升，6月龄以上山羊5毫升，注射14天后产生免疫力，免疫期为1年。羊肺炎支原体氢氧化铝灭活疫苗，预防绵羊、山羊由绵羊肺炎支原体引起的传染性胸膜肺炎，成年羊颈侧皮下注射3毫升，半岁以下幼羊2毫升，免疫期可达1年半以上。身体瘦弱、体温升高或有慢性疾病的羊，不宜注射。怀孕母羊、新生羔羊和从异地引进的羊应及时补注。

b. 紧急免疫接种　一旦发病，立即对未出现症状、体温低于40℃的假定健康羊全部注射山羊传染性胸膜肺炎氢氧化铝菌苗或羊肺炎支原体氢氧化铝灭活疫苗，疫区内或疫区周围的羊也应进行疫苗注射。待发病羊和可疑羊病情稳定后，再紧急注射疫苗。

（3）治疗方法

① 主要采取抗菌消炎的治疗办法。可采用下列药物进行治疗。

大环内酯类：乳糖酸红霉素注射剂3～5毫克/千克体重，静脉注射，每天2次，连用2～3天。泰乐菌素注射液5～13毫克/千克体重，肌内注射，每天2次，连用5～7天。

广谱抗菌药类：长效土霉素注射液10～20毫克/千克体重，肌内注射，每天1次，连用5天。土霉素片剂10～25毫克/千克体重，内服，每天1次，连用2～3天。

喹诺酮类：恩诺沙星注射液2.5毫克/千克体重，肌内或静脉注射，每天2次，连用5～7天。

氟苯尼考：20毫克/千克体重，肌内注射，每天1次。

新砷凡纳明（914）：12毫克/千克体重，以无菌生理盐水或葡萄糖生理盐水稀释为5％溶液（现配现用），一次性缓慢静脉注射，3～5天后对逐渐康复羊再注射1次，剂量减半，注意防止砷中毒。

卡那霉素、阿米卡星、林可霉素、先锋霉素、磺胺制剂，用法及用量应符合《中华人民共和国兽药典》的规定。

支原体易产生耐药性，治疗时要注意药物交替使用和较长时间用药。

② 制止渗出用5％～10％氯化钙或葡萄糖酸钙注射液50～100毫升、维生素C 2～4克，静脉注射。

③ 止咳平喘用氯化铵片1～5克、氨茶碱片0.2～0.4克或复方甘草合剂10～20毫升，内服。

④ 对症治疗　减轻炎症反应和缓解中毒，可静脉或肌内注射地塞米松，每次4～12毫克。

增强心脏活动，可静脉注射10％安钠咖0.5～2克或樟脑磺酸钠0.2～1克，每天2次，连用2天。

体温升高者肌内注射安乃近注射液1～2克。

⑤ 建立并保存治疗记录，并应在清群后继续保存2年。

九、母羊常见病的防治

1. 流产的防治

流产是指胚胎或胎儿与母体之间的正常生理关系被破坏，致使母畜妊娠中断，胚胎在子宫内被吸收；排出不足月的胎儿或死亡未经变化的胎儿。流产不是一种独立的疾病，而是由于各种不良因素作用于机体所产生的临床表现。它可以发生在妊娠的各个阶段，但以妊娠早期较为多见，可以排出死亡的胎体，也可以排出存活但不能独立生存的胎儿。

流产所造成的损失是严重的，它不仅能使胎儿夭折或发育受到影响，而且还能危害母畜的健康，使产奶量减少，母畜的繁殖效率也常因并发生殖器官疾病造成不孕而受到严重影响，使畜群的繁殖计划不能完成，因此必须特别重视对流产的防治。如果母畜在怀孕期满前排出成活的成熟胎儿，可称为早产；如果在分娩时排出死亡的胎儿，则称为死产。

（1）病因　流产的原因极为复杂，根据引起流产的原因不同，可分为非传染性流产、传染性流产和寄生虫性流产。

① 非传染性流产

a. 饲养性流产　饲料数量严重不足和矿物质、维生素（维生素A等）及微量元素（维生素E）含量不足均可引起流产；饲料品质不良或饲喂方法不当，如喂给发霉、腐败变质的饲料，或饲喂大量饼渣、含有亚硝酸盐、农药以及有毒植物的饲料，均可使孕畜中毒而流产；饲喂方式的改变，如孕畜由舍饲突然转为放牧，饥饿后喂以大量可口饲料，可引起消化扰乱或疝痛而发生流产。

b. 损伤性及管理性流产　这是造成散发性流产的一个最重要因素，主要由于管理及使役不当，使子宫和胎儿受到直接或间接的机械性损伤，或孕畜遭受各种逆境的剧烈危害，引起子宫反射性收缩而流产。如饲喂霉变饲草、饮冰碴水、气候骤变、公母羊混群饲养、对腹壁的碰撞、抵压和蹴踢，母畜在泥泞、结冰、光滑或高低不平的地方跌倒摔伤以及出入圈门时过度拥挤均可造成流产；剧烈迅速地运动、跳越障碍及沟渠、上下陡坡等，都会使胎儿受到振动而流产。此外，粗暴地鞭打头部和腹部，或打冷鞭、惊群，可使母畜精神紧张，肾上腺素分泌增多，反射性地引起子宫收缩导致流产。

c. 医疗错误性流产　全身麻醉，大量放血，手术，服入过量泻剂、驱虫剂、利尿剂，注射某些可以引起子宫收缩的药物（如氨甲酰胆碱、毛果芸香碱、槟榔碱或麦角制剂），误给大量堕胎药（如雌激素制剂、前列腺素等）和孕畜忌用的其他药物，注射疫苗，以及对某些穴位长期针灸刺激，粗鲁的直肠、阴道检查等均有可能引起流产。

d. 习惯性流产　多因内分泌失调所致，如孕酮在妊娠早期胚胎的着床和发育中起重要作用，当分泌不足或产生不协调时，均可引起胚胎死亡和流产。

e. 疾病性流产　常继发于子宫内膜炎、阴道炎、胃肠炎、疝痛病、热性病及胎儿发育异常等病过程中。

② 传染性流产和寄生虫性流产　很多病原微生物和寄生虫都能引起羊流产，且危害比较严重。这些传染病往往侵害胎盘及胎儿引起自发性流产，或以流产作为一种症状，而发生症状性流产，如羊布氏

杆菌病、沙门氏杆菌病、羊支原体性肺炎、羊痘、羊链球菌、羊弯曲菌、衣原体病和蓝舌病等均可造成羊的流产。

（2）诊断要点　引起流产的原因很多，症状也有所不同。除了个别病例的流产在刚一出现症状可以试行抑制以外，大多流产一旦有所表现，往往无法阻止。尤其是群牧羊只，流产常常是成批的，损失严重。因此，在发生流产时，除了采用适当治疗，以保证母羊及其生殖道的健康，还应对整个羊群的情况进行详细调查分析，观察排出的胎儿及胎膜，必要时采样进行实验室检查，尽量做出确切的诊断，然后提出有效的预防措施。

调查材料应包括饲养放牧条件及制度（确定是否为饲养性流产）；管理及市场情况，是否受过伤害、惊吓，流产发生的季节及天气变化（损伤性及管理性流产）；母羊是否发生过普通病、羊群中是否出现过传染性及寄生虫性疾病；以及治疗情况，流产时的妊娠月份，母羊的流产是否带有习惯性等。

对排出的胎儿及胎膜，要进行仔细观察，注意有无病理变化及发育异常。在普通流产中，自发性流产表现在胎膜上的反常及胎儿畸形；霉菌中毒可使羊膜发生水肿、皮革样坏死，胎盘水肿、坏死并增大。由于饲养管理不当、损伤及母羊疾病、医疗事故引起的流产，一般都看不到明显变化。有时正常出生的胎儿，胎膜上出现有钙化斑等异常变化。

传染性及寄生虫引起的流产，胎膜及（或）胎儿常有病理变化。例如，因布氏杆菌病引起流产的胎膜及胎盘上常有棕黄色脓性分泌物，胎盘坏死、出血，羊膜水肿并有皮革样的坏死区；胎儿水肿，胸腹腔内有浅红色的浆液等，上述流产常伴有胎衣不下。具有这些病理变化时，应将胎儿（不要打开，以免污染）、胎膜以及子宫或阴道分泌物送实验室诊断检验，有条件时应对母羊进行血清学检查。症状性流产，则胎膜及胎儿没有明显的病理变化。对于传染性的自发性流产，应将母羊的后驱及被污染的区域彻底消毒，隔离母羊。

（3）预防措施　由于引起流产的因素较复杂，流产后又无典型的病理特征，特别是散发性，这就给诊断、防制带来了困难，加上养羊场条件所限，化验检测手段的欠缺，致使真正流产原因不明，为了使母羊流产尽量减少，应采取如下预防措施。

① 加强饲养管理，增强母羊体质

a. 日粮供应要合理，冬春季抓好补饲，秋季抓好膘肥。饲料中足量添加胡萝卜和草粉配合饲料，适当添加精饲料和含硒微量元素添加剂，以增强孕羊体质，提高抗病能力。特别要注意饲料中矿物质、维生素和微量元素的供给，以防营养缺乏症的发生。饲料品质要好，严禁饲喂发霉、变质饲料。禁止饲喂霉败变质饲草和饮用冰碴水，实行公母分群饲养及怀孕后期母羊单独喂养。

b. 加强责任心，提高管理技术水平。兽医、配种员要严格遵守操作规程，防止技术事故的发生。保证栏舍清洁卫生和通风良好。

c. 对临床病羊要做出正确诊断，并及时采取有效治疗方法，尽早促进其康复，防止因治疗失误或拖延病程而引起继发感染。

② 加强卫生防疫，保证羊群健康、无疫病。及时消除栏舍粪便和杂草，并经常消毒。场地、草场及用具等定期消毒，发生疾病时及时做好隔离和消毒工作，对流产的羊只立即隔离处理。

③ 加强对流产母羊及胎儿的检查。流产后，流产母羊应单独隔离，全身检查，胎衣及产道分泌物应严格处理，确定无疫病后，再回群混养。

对流产胎儿及胎膜，应注意有无出血、坏死、水肿和畸形等，详细观察、记录。为了解确切病因与病性，可采取流产母羊的血液（血清）、阴道分泌物及胎儿的真胃、肝、脾、肾、肺等器官，进行微生物学和血清学检查，从而真正了解其流产的原因，并采取有效方法，予以防制。

（4）治疗方法　首先应确定属于何种流产以及妊娠能否继续进行，在此基础上根据症状再确定治疗方法。

① 先兆流产　临床上见到孕畜腹痛不安，时时排尿、努责，并有呼吸、脉搏加快等现象时，可能要引起流产，但阴道检查，子宫颈口紧闭，子宫颈塞尚未流出；直检胎儿还活着，治以安胎为主，使用抑制子宫收缩药或用中药保胎。

a. 西药疗法　肌注黄体酮 10～30 毫克，每日 1 次，连用 4 次（为预防习惯性流产，可在流产前 1 个月，定期注射本品）。

给以镇静剂，如静脉注射安溴注射液 100～150 毫升，或肌内注射盐酸氯丙嗪 300 毫克或 2% 静松灵 1～2 毫升。

b. 中药疗法　以补气、养血、固肾、安胎为主。可用党参 25克、白术 30克、炙甘草 20克、当归 25克、川芎 25克、白芍 30克、熟地 25克、紫苏 25克、黄芩 25克、砂仁 25克、阿胶珠 25克、陈皮 25克、生姜 25克，研末服。

如果先兆流产经上述处理，病情仍未稳定下来，阴道排出物继续增多，孕畜起卧不安加剧；阴道检查，子宫颈口已开张，胎囊已进入阴道或已破水，流产已难避免，则应尽快促进胎儿排出，以免胎儿死亡腐败引起子宫内膜炎，影响以后受孕。

② 胎儿浸溶　先皮下注射或肌内注射己烯雌酚 0.02～0.03 克，以促进子宫颈口开张，然后逐块取净胎骨（操作过程中术者须防自己受到感染），完后用 10%氯化钠溶液冲洗子宫，排出冲洗液后，在子宫内放入抗生素（如红霉素、四环素等加入高渗盐水或凉开水内应用）；肌内注射 0.25%比赛可灵 10 毫升等子宫收缩药品，以促进子宫内容物的排出，并根据全身情况的好坏，进行强心补液、抗炎疗法。

③ 胎儿腐败分解　先向子宫内灌入 0.1%雷佛奴尔或高锰酸钾溶液，再灌入石蜡油作滑润剂，然后拉出胎儿（如胎儿气肿严重，可在胎儿皮肤上作几道深长切口，以缩小体积，然后取出；如子宫颈口开张不全时，可连续肌内注射己烯雌酚或雌二醇 10～30 毫克；静脉滴注地塞米松 20 毫克后平均 35 小时宫口开张，或于子宫颈口涂以颠茄酊或颠茄流浸膏，也可用 2%盐酸普鲁卡因 80～100 毫升，分四点注射于子宫颈周围，后用手指逐步扩大子宫颈口，并向子宫内灌入温开水，等待数小时）。如拉出有困难，可施行截胎术。拉出胎儿后，子宫腔冲洗、放药及全身处理同上。

④ 胎儿干尸化　如子宫颈口已开张，可向子宫内灌入润滑剂（如石蜡油、温肥皂水）后拉出胎儿，有困难时可进行截胎后拉出胎儿；如子宫颈口尚未开张，可肌内注射己烯雌酚或雌二醇 10～30 毫克，每日 1 次，经 2～3 天后，可自动排出胎儿。如无效，可在注射乙烯雌酚 2 小时后再肌内注射催产素 50 万单位，或用 5%盐水 2500毫升，灌入子宫，每日 1 次，连用 3 次有良效。

2. 羊生产瘫痪的防治

生产瘫痪又称乳热病（Milk Fever）或低钙血症（Hypocalcemia），

是急性而严重的神经疾病。其特征为咽、舌、肠道和四肢发生瘫痪，失去知觉。山羊和绵羊均可患病，但以山羊比较多见。尤其在2~4胎的某些高产奶山羊，几乎每次分娩以后都重复发病。

此病主要见于成年母羊，发生于产前或产后数日内，偶尔见于怀孕的其他时期。此病的性质与乳牛的乳热病非常类似。

舍饲、产乳量高以及妊娠后期营养良好的羊只，如果饲料营养过于丰富，或者产羔后由于血糖和血钙降低，以致调节过程不能适应，而变为低钙状态，都可能诱发此病。

（1）临床症状　最初症状通常出现于分娩之后，少数的病例，见于妊娠末期和分娩过程。由于钙的作用是维持肌肉的紧张性，故在低钙血情况下病羊总的表现为衰弱无力。病初全身抑郁，食欲减退，反刍停止，后肢软弱，步态不稳，甚至摇摆。有的绵羊弯背低头，蹒跚走动。由于发生战栗和不能安静休息，呼吸常见加快。这些初期症状维持的时间通常很短，管理人员往往注意不到。此后羊站立不稳，在企图走动时跌倒。有的羊倒后起立很困难，有的不能起立，头向前直伸，不吃，停止排粪和排尿。皮肤对针刺的反应很弱。

少数羊完全丧失知觉，发生极明显的麻痹症状。舌头从半开的口中垂出，咽喉麻痹。针刺皮肤无反应。脉搏先慢而弱，以后变快，勉强可以摸到。呼吸深而慢。病的后期常常用嘴呼吸，唾液随着呼气吹出，或从鼻孔流出食物。病羊常呈侧卧姿势，四肢伸直，头弯于胸部，体温逐渐下降，有时降至36℃。皮肤、耳朵和角根冰冷，很像将死状态。

有些病羊往往死于没有明显症状的情况下。例如有的绵羊在晚上完全健康，而次晨却见死亡。

尸体剖检时，看不到任何特殊病变，唯一精确的诊断方法是分析血液样品。但由于病程很短，必须根据临床症状的观察进行诊断。乳房通风及注射钙剂效果显著，亦可作为本病的诊断依据。

（2）预防措施　饲喂富含钙质和维生素D的饲料。产前保持适当运动，但不可运动过度，因为过度疲劳反而容易引起发病。对于习惯发病的羊，于分娩之后，及早应用下列药物进行预防注射：5%氯化钙40~60毫升，25%葡萄糖80~100毫升，10%安钠咖5毫升混合，一次性静脉注射。

（3）治疗方法

① 静脉或肌内注射 10％葡萄糖酸钙 50～100 毫升，或者应用下列处方：5％氯化钙 60～80 毫升，10％葡萄糖 120～140 毫升，10％安钠咖 5 毫升混合，一次性静脉注射。

② 采用乳房送风法，疗效很好。为此可以利用乳房送风器送风。没有乳房送风器时，可以用自行车的打气筒代替。送风操作步骤如下。

a. 使羊稍呈仰卧姿势，挤出少量乳汁。

b. 用酒精棉球擦净乳头，尤其是乳头孔。然后将煮沸消毒过的导管插入乳头中，通过导管打入空气，直到乳房中充满空气为止。用手指叩击乳房皮肤时有鼓响音，为充满空气的标志。在乳房的两叶中都要注入空气。

c. 为了避免送入的空气外逸，在取出导管时，应用手指捏紧乳头，并用纱布绷带轻轻地扎住每一个乳头的基部。经过 25～30 分钟将绷带取掉。

d. 将空气注入乳房各叶以后，小心按摩乳房数分钟。然后使羊四肢蜷曲伏卧，并用草束摩擦臀部、腰部和胸部，最后盖上麻袋或布块保温。

e. 注入空气以后，可根据情况考虑注射 50％葡萄糖溶液 100 毫升。

f. 如果注入空气后 6 小时情况并不改善，应重复做乳房送风。

3. 羊子宫内膜炎的防治

母羊子宫内膜炎为子宫黏膜发炎，是常见的母羊生殖器官疾病，也是导致母羊不孕的重要因素之一。

发病原因是母羊分娩过程中病原微生物通过产道侵入子宫，或由于配种、人工授精及接产过程中消毒不严，尤其是在发生难产时不正确的助产、胎衣不下、子宫脱出、阴道脱出、胎儿死于腹中等，均易导致感染而引起子宫内膜炎。

（1）临床症状　此病有急性子宫内膜炎和慢性子宫内膜炎两种类型。

① 急性子宫内膜炎　多发生在母羊产后 5～6 天，母羊食欲减退，泌乳量减少，精神不振，体温升高，反刍紊乱，弓背，努责，阴

户内排出大量带有腥味的恶露，颜色呈暗红色或棕色，卧下时排出的量较多，常见于尾巴上黏附大量脓性分泌物。

② 慢性子宫内膜炎　往往是经多次使用药物治疗无效，由急性转变而来，病情较轻，常无明显的全身症状，主要表现为从阴户不定期排出透明或浑浊或脓性絮状物，母羊可多次发情或不发情，但是屡配不孕，如不及时治疗，可发展为子宫坏死，进而继发其他器官感染，造成全身症状加剧，引起败血症或脓毒性败血症。

（2）预防措施

① 加强饲养管理，做好传染病的防制工作。防止发生流产、难产、胎衣不下和子宫脱垂等疾病。预防和扑灭引起流产的传染性疾病。在临产前和产后，对产房，产畜的阴门及其周围都应进行消毒，以保持清洁卫生。配种、人工授精及阴道检查时，除应注意器械、术者手臂和外生殖器的消毒外，操作要轻，不能硬顶、硬插。

② 加强产羔季节接产、助产过程的卫生消毒工作，对正常分娩或难产时的助产以及胎衣不下的治疗，要及时、正确，以防损伤和感染。分娩时要严格消毒，对原发病要及时治疗。

③ 积极进行预防。对患慢性子宫内膜炎的病羊，在母羊发情配种前 7 小时左右，向子宫内灌注青霉素 G 20 万国际单位，可提高受胎率，减少隐性流产；在母羊产后马上注射缩宫素 5～20 国际单位，可让子宫内的恶露尽快排出，有效降低该病的发生率，同时还具有促进母羊乳汁分泌的作用。

为了改善全身状况，增强心脏活动，促进子宫收缩和复原，排出子宫腔内的渗出物，可以补钙，用 10%葡萄糖酸钙注射液静脉注射，每次用 50～150 毫升。也可用 5%氯化钙注射液静脉注射，每次用 20～100 毫升，但心脏极度衰弱的病羊不宜补钙。

（3）治疗方法　治疗原则是改善饲养条件，提高机体抵抗力，应用抗菌消炎药物，防止感染扩散，及时清理子宫渗出物，改善子宫腔的内环境。在治疗的同时结合精心护理，改善饲养条件，可以提高病羊的抗病能力。具体治疗步骤如下。

① 促进病羊子宫颈口开张　肌内注射雌二醇 1～3 毫克，使病羊子宫颈口松弛，便于冲洗子宫，利于子宫内污物的及时排出。

② 冲洗子宫　为了减少冲洗病羊子宫的次数，及时排出子宫内

的恶露，有效杀灭厌氧菌，待子宫颈口充分松弛后，可向子宫内灌注1％的过氧化氢溶液 300 毫升，稍后用虹吸法将子宫内的消毒液排出，再向子宫内注入碘甘油 3 毫升，每天 1 次，直至母羊阴道分泌物排干净。

需要注意，对伴有严重全身症状的病例，为了避免感染扩散，使病情加重，禁止冲洗子宫疗法，只要把抗生素或消炎药放入子宫内即可，同时要全身应用抗菌药物。

③ 配合抗菌药物进行治疗　使用恩诺沙星注射液按羊每千克体重 2.5 毫克肌内注射，每天 1 次，连续注射 3～5 天。

④ 对自身中毒的治疗　可应用 10％的葡萄糖溶液 100 毫升，复方氯化钠溶液 100 毫升，5％的碳酸氢钠溶液 50 毫升，一次性静脉注射。

⑤ 用中药治疗　取马齿苋 12 克，生甘草 8 克，水煎后一次内服或者将鲜桃树叶 250 克，水煎后去渣，隔日冲洗子宫 1 次。

第八章

科学经营管理

经营是养羊场进行市场活动的行为，涉及市场、顾客、行业、环境、投资的问题；而管理是羊场理顺工作流程、发现问题的行为，涉及制度、人才、激励的问题；经营追求的是效益，要资源，要赚钱；管理追求的是效率，要节流，要控制成本；经营要扩张性的，要积极进取，要抓住机会；管理是收敛的，要谨慎稳妥，要评估和控制风险；经营是龙头，管理是基础，管理必须为经营服务。经营和管理是密不可分的，管理始终贯穿于整个经营的过程，没有管理，就谈不上经营，管理的结果最终在经营上体现出来，经营结果代表管理水平。

肉羊养殖的过程也是一个经营管理的过程，而养羊场的经营管理是对羊场整个生产经营活动进行决策、计划、组织、控制、协调，并对羊场员工进行激励，以实现其任务和目标的一系列工作。

一、经营管理者要不断地学习新技术

一个人的学习能力往往决定一个人竞争力的高低，也正因为如此，无论对于个人还是对于组织，未来唯一持久的优势就是有能力比你的竞争对手学习得更多更快。一个企业如果想要在激烈的竞争中立于不败之地，它就必须不断地有所创新，而创新则来自于知识，知识则来源于人的不断学习。通过不断的学习，专业能力得到不断提升。所以管理大师德鲁克说："真正持久的优势就是怎样去学习，就是怎样使得自己的企业能够学习得比对手更快"。

作为一个合格的养羊场经营管理者，即使养羊场的每一项工作不需要你亲力亲为，但是你要懂得怎么做。因此，必须掌握相关的养殖知识，不能当门外汉，说外行话，办外行事，要成为养肉羊的明白人，甚至是养肉羊专家。只有这样，才能管好养羊场。

很多养羊场的经营管理者都不是学习畜牧专业的，对养肉羊技术了解得不多，多数都是一知半解。而如今的养肉羊已经不是粗放式养羊时代了，规模化、标准化养肉羊，从品种选择、羊舍建设、养羊设备、饲料营养、疾病防治、饲养管理、营销等各个方面工作都需要相应的技术，而且这些技术还在不断地发展和进步。

同时，发展肉羊产业在资源环境方面的约束将趋紧。一方面，在禁牧、休牧、轮牧和草畜平衡制度下，草原畜牧业产出难以保持以往的高速增长。另一方面，养殖场和饲草基地建设"选址难、用地难"问题突出，需要经营管理者去解决。还有羊疾病防治、饲料配制、繁殖等方方面面的知识要掌握。

做好养羊场的工作安排和各项计划也离不开专业技术知识。羊场的日常工作繁杂，要求经营管理者要有较高的专业素质，才能科学合理地安排好羊场的各项管理工作。可见，学习对羊场经营管理者的重要性不言而喻。那么，学习就要掌握正确的学习方法，羊场的经营管理者如何学习呢？

一是看书学习。看书是最基本的，也是最重要的学习方法。各大书店都有养羊方面的书籍出售，有教你如何投资办养羊场的书籍，如《投资养肉羊你准备好了吗》；有介绍养殖技术的书籍如《高效健康养羊关键技术》；有介绍养殖经验的书籍，如《养肉羊高手谈经验》；有羊病治疗方面的书籍等。养羊方面的书籍种类很多，要根据自己对养羊知识掌握的程度有针对性地挑选书籍。作为非专业人员，选择书籍的内容要简单易懂，贴近实践。没有养羊基础的，要先选择入门书籍，等掌握一定养羊知识以后再购买专业性强的书籍。

二是向明白人请教。这是直观学习的好方法。各农业院校、科研所、农科院、各级兽医防疫部门都有权威的专家，可以同他们建立联系，遇到问题可以及时通过电话、电子邮件、登门等方式向专家求教。如今各大饲料公司和兽药企业都有负责售后技术服务的人员，这些人员中有很多人的养殖技术比较全面，特别是疾病的治疗技术较好，遇到弄不懂或不明白的问题可以及时向这些人请教，必要的时候可以请他们来现场指导，请他们做示范，同时给全场的养殖人员上课，传授饲养管理方面的知识。

三是上互联网学习和交流。这也是学习的好方法。互联网的普及极大地方便了人们获取信息和知识，人们可以通过网络方便地进行学习和交流，及时掌握养羊动态，互联网上涉及养羊内容的网站很多，养羊方面的新闻发布得也比较及时。但涉及养殖知识的原创内容不是很多，多数都是摘录或转载报纸和刊物的内容，内容重复率很高，学习时可以选择中国畜牧学会、中国畜牧兽医学会等权威机构或学会的网站。

四是多参加有关的知识讲座和有关会议。扩大视野，交流养殖心得，掌握前沿的养殖方法和经营管理理念。

二、把握好养羊的发展趋势

农业部印发的《全国草食畜牧业发展规划（2016～2020年）》中提出，我国肉羊产业的布局是：巩固发展中原产区和中东部农牧交错区，优化发展西部产区，积极发展南方产区，保护发展北方牧区。积极推进标准化规模养殖，不断提升肉羊养殖良种化水平，提升肉羊个体生产能力，大力发展舍饲半舍饲养殖方式，加强棚圈等饲养设施建设，做大做强肉羊屠宰加工龙头企业，提升肉品冷链物流配送能力，实现产加销对接，提高羊肉供应保障能力和质量安全水平。

中原产区和中东部农牧交错区要加大地方肉羊品种杂交改良利用，推行适度规模舍饲养殖，采取"龙头企业＋合作社"的经营模式，加强屠宰加工和冷链配送能力建设。推广人工授精、青贮饲料生产、农作物副产物综合利用、规模化育肥与优质肥羔生产技术；西部产区要加强地方优良肉羊品种保护和改良利用，提高肉羊繁殖率和成活率，推进配合饲料的商品化供给，提高综合生产能力和市场竞争力。推广区域内"自繁自育"养殖模式和舍饲半舍饲、人工草地建植等技术；南方产区要保护开发当地肉羊良种资源，加快建设肉羊品种改良体系，推进南方草山草坡改良利用。推广牧草和经济作物副产物青贮加工利用、山羊适度规模高床舍饲配套等技术；北方牧区要加强地方优良肉羊品种保护利用，坚持生态优先，因地制宜推行草原禁牧、划区轮牧、草畜平衡等制度。推广标准化暖棚建设、藏羊标准化养殖、标准化屠宰、人工草地建植、天然草地改良等技术。

"十三五"期间，随着草食畜牧业生产方式的加快转变，以及多种形式新型经营主体的进一步发展，到 2020 年我国肉羊年出栏 100只以上规模养殖比重将达到 45％以上。同时，我国将深入推进农业供给侧改革，大力发展草食畜牧业，形成粮草兼顾、农牧结合、循环发展的新型种养结构，羊肉科技支撑力度不断加大，产量有望稳步增长，预计 2020 年羊肉产量较 2015 年增长 15.6％。同时，消费继续增加，品质需求提升。"十三五"期间，随着居民收入水平提高、城镇化步伐加快、精准扶贫力度的加大以及羊肉营养价值认可度的不断提升等，羊肉消费呈刚性增加，预计 2020 年羊肉消费量为 535 万吨，较 2015 年增长 15.6％，年均增长率为 2.9％。除了对羊肉数量需求增加以外，居民对羊肉品质的要求也越来越高，消费者更加倾向于选择有质量认证标志和品牌的羊肉产品。

可见，未来我国羊肉需求将持续增加、肉羊养殖以国内为主、以提升养殖能力来提高效益的三大趋势不会变。

以上就是我国肉羊养殖未来发展的趋势。当然，养羊也和其他养殖项目一样，受品种是否优良、存栏数量多少、疫病防控的难度、饲养条件和环境保护，以及经济发展快慢等多种因素的影响，但社会发展大环境的影响最大。通常人口增长，经济发展快，羊肉的消费量增加也快，而此时羊的数量少，不能满足消费需求，羊的价格就高，养羊的效益也好。相反，则羊的价格就低，养羊的效益也不好。

作为养殖管理者既要熟悉肉羊生长的规律和饲养常识，又要了解当前及今后一段时间肉羊养殖的形势，更要掌握肉羊养殖的发展趋势。结合自身特点，做好养羊场的经营管理。

为了更好地掌握肉羊养殖的趋势，羊场的经营管理者要多学习、多思考、多总结、多走动。多学习就是既要多学习养殖方面的常识，还要学习羊肉价格变动的规律；多思考就是能够透过现象看本质，比

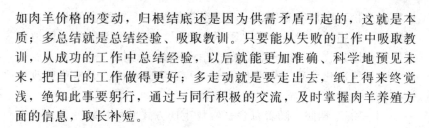

如肉羊价格的变动，归根结底还是因为供需矛盾引起的，这就是本质；多总结就是总结经验、吸取教训。只要能从失败的工作中吸取教训，从成功的工作中总结经验，以后就能更加准确、科学地预见未来，把自己的工作做得更好；多走动就是要走出去，纸上得来终觉浅，绝知此事要躬行，通过与同行积极的交流，及时掌握肉羊养殖方面的信息，取长补短。

三、养羊要做好准备再行动

一些养羊的成功者，发了"羊"财的人，都是按照要掌握养羊技术、充分利用当地饲草资源、实行生态循环、肯吃苦、精心管理的方式去做的。

请看一个养羊新手的心得。我是通过一个大伯的朋友接触到养羊这个行业的，他家里养了 100 多只波尔山羊，2017 年 8 月 26 日，我到他那边买了 1 公 8 母波尔山羊（公羊是成年 3 岁左右，体重 130 斤左右，有点瘦，母羊也都在 6～7 月龄以上），统一按照每斤 18.5 元，花费了 8600 元左右，距离我家有 15 公里左右，用三轮车就拉回来了，呵呵，省了运费。

羊到家一直到现在都没有问题，中间偶尔感冒，但 2 天就自己好了，不用管的。现在有一只母羊就快生小羊了（估计是买的时候就带孕），另外有 5 只母羊已经发情怀孕，因为买羊的时候天气热，羊都比较瘦，买回来后，我买了一些麦麸和玉米，还搞了点香油渣，每天傍晚补料 1 次，现在羊群每天都增重很多。

养羊时间很短，但我还是想在这里劝诫一下正打算养羊的朋友注意以下几点。

一是没有养羊经验，不要一下子投入很多钱，买很多羊，想一下子就搞得很大，这种想法不现实（一口吃不成胖子，结果只能是噎死）。举个例子：我们这附近一个村，就有一个人，打工回来想养羊，结果什么都没有准备，也没有养羊的经验，就贸然地从山东买了 31 只波尔山羊，结果回来没 2 天就出现了应激反应，几乎每只都发烧、咳嗽等，兽医治疗也不见好转，后来出现死亡。过了 1 周一家人都心力交瘁，羊也死了十来只，也遭受到当头棒喝，现在已经打消了养羊的念头，把羊一起转卖给别人了。31 只羊包含运费共花费 35000 元，但结果转卖时就卖了 10000 多元。

二是养羊前要把羊舍建造好；现在有的人心急发财，被一些养殖场一忽悠就热血上头，立马买羊很怕发财晚了，呵呵，也不考虑羊买回家放哪儿，总觉得羊还不是很好养嘛。我在这里就想说一句"羊买回来，不能和人一起过吧"。

三是养羊开头最好先少量地养一些，这样可以先熟悉一下羊的习性，积累一些养殖经验，这样即使有损失，也可以在能承受的范围。

以上只是一个新手的一点感受，纯属个人观点。但是对决定要养羊的人来说具有很好的借鉴意义。此人养羊开局很好，初步成功，主要是他买到了合适的羊，货真价实，没有上当。很多失败者就是在没有经验、不懂得行情的情况下，被卖羊的欺骗了，在引进种羊的时候就吃了大亏。

因此，对于看到这几年养羊的行情很好，想进入养羊业的人来说，如果凭一时冲动，只看得别人挣到了钱，而自己却没有掌握一些基本的知识和经验，就盲目上马，因为没有充分的准备，仓促进入，结果损失惨重。有的对羊业失去信心，有的上当受骗，懊悔不已。

决定要养羊，入行前要做好充分的准备工作，主要是做好市场调查，一是考察消费市场，了解当地羊肉消费习惯，当地市场什么羊肉好卖，不要盲目跟风上波尔山羊、杜泊羊，找适合当地养殖和销售的品种最好。例如福建人喜欢黄淮白山羊；广东、广西、山西人喜欢黑山羊；南方人不喜欢绵羊，嫌肉肥，北方人不喜欢南方山羊；江苏苏中地区最喜欢山羊肉……不同地区的销售习惯决定了市场。饲养前一定要考察好市场需要。其实当地羊的品种应该是入门的首选，待技术水平成熟后再上所谓的"优良"品种。二是充分考察当地饲料资源，兵马未动，粮草先行。有了粮、草，特别是草料一定要有充足的来源，否则一旦上规模则手忙脚乱。养羊对饲料的要求不高，但要知道有哪些原料和秸秆可以用来养羊，更要知道当地的草料资源是否能够满足养羊场的需要，要立足于在当地解决草料问题，因为草料是养羊的主要原料，长途运输会增加养羊成本，也不利于草料的稳定供应。目前年生产量最大的是干麦秸、干玉米秆和干稻草，但这三种秸秆营养含量非常低，在养羊饲草中的添加量最好不超过 10%。而花生秧、红薯秧、豆秧才是养羊必备的优质秸秆，若本地区有大量的这几种优质秸秆，价格在 0.16 元/千克以下，那么可以筹建规模养羊场。三是了解当地兽医水平，养羊虽然是传统产业，但规模化饲养对技术的要求更高，如果自己没有畜牧兽医的基础，一定要找到相应的技术支撑。还有，当地能否购买到常规的羊用疫苗也很重要，如常用的羊痘苗、羊三联四防苗（魏氏梭菌多联苗）、羊传染性胸膜性肺炎苗、口蹄疫疫苗、母羊还要防布氏杆菌病苗等，养羊常用的疫苗要保证有稳定的供应渠道。

四、实行适度养殖规模化

养羊作为节粮型畜牧业养殖项目，一直以来受到国家的大力支持，老百姓养殖的积极性也非常高。适合养殖的肉羊品种也越来越多，效益也越来越好。作为投资者投资养殖肉羊，并不是规模越大越好，要根据投资者个人的条件量力而行，适度规模为好。

农业部在 2011～2020 年的《全国节粮型畜牧业发展规划》中提出要"大力推进适度规模科学养殖"。农业部印发的《2012 年畜禽养殖标准化示范创建活动工作方案》的通知中，指出规模化肉羊养殖场的规模大小：农区存栏能繁母羊 250 只以上，或年出栏肉羊 500 只以上；牧区存栏能繁母羊 400 只以上，或年出栏肉羊 1000 只以上。

农业部提出的规模数量，是经过大量实地调研，从多方面考虑得出的，是科学合理的养殖规模。投资者可以参照农业部的规模，同时也要以自身的条件来确定养殖的规模大小。这里所要求的投资者自身条件包括管理能力和饲养条件两个大的方面。

先说管理能力，管理能力主要是投资者对养羊场经营管理的驾驭能力，全场人员掌握养殖技术程度、技术员和饲养员的工作能力和责任心等。很多人对于养羊还停留在以前的想法，买回一群羊，找个老实听招呼的人，天天把羊赶出去一放，晚上再把羊赶回来就完事，等长大了整群卖掉，就地数钱。要知道，现在养羊不是前些年那样了，尽管羊的品种和生产性能比以前优秀，但是羊的疾病多了，可供放牧的草地少了，饲养员不好找了，很多人由于没有转变过来这个观念，导致投资失败。要知道凡是涉及繁殖这方面的养殖，都不是简单的事情，比如按照现在的肉羊繁殖羔羊数量，一只母羊两年可以三产，管理好的一年可以两产，而且是多胎，一般都是每胎产两只以上。这样算下来，如果饲养 300 只能繁母羊一年至少也要产 800 只左右，可是实际养羊的人却很少有这个成绩。因为，养羊是个细致的工作，要细心，多观察，早发现，早治疗。养殖过程中不确定的事情太多，比如疾病原因、羊受伤、观察不细致错过配种时机没有配上种、人工授精技术差、营养不良不发情、管理跟不上导致流产、还有产羔时候以及产羔以后憋死的、压死的、弱羔等，这个因素影响一点儿，那个因素再影响一点儿，最后可能连一只母羊一年一胎都达不到。这些问题涉及养羊饲养管理的各个方面，有羊的原因，而更多是人的原因，投资经营者、技术人员、饲养员都有责任。

现在养羊需要很多专业知识和专业技术，如饲料配制、配种、防疫、羊病治疗等都需要技术，大多数养殖户刚上马时自己不懂技术或似懂非懂，涉入实际后，没办法对羊只进行科学管理和保健，疫病多发、难以控制。所以，投资者自己要懂得这些技术，规模大的还要聘请专业技术人员。作为管理者要善于管理，科学管理，善于调动技术员和饲养员的养殖积极性。技术员和饲养员要各司其职，兢兢业业地对待工作。否则，多大的规模都不适合你。

再说说饲养条件。饲养条件主要是场地、养殖设备和资金状况，养羊对场地条件要求较多，选址、环境保护措施、畜禽饮用水、大气环境和兽医防疫要求等都必须符合有关规定。既有羊圈舍需要的场地，也有放牧场地。由于羊是食草性动物，这个特点最适合放牧，还可以节省开支，增加收入，规模养羊需要的场地面积大，舍饲肉羊场地相对于舍饲加放牧的场地较容易找到，由于林地都承包给了个人，草场沙化严重，过度放牧，无论是圈舍场地还是放牧场地适合的都少，放牧场地面积要根据自然载畜量决定，否则，就搞不下去。如某山场的自然载畜量只有 50 只左右，而某些养殖户租赁后在那里建起 100 只以上规模的羊场，导致过度放牧，不到半年荒山就成了秃山，人工种草又没跟上，羊群失去了生存的资源；有些羊场未考虑实际情况，只要有山场就行，可是山地周围都是庄稼地，羊场建在庄稼地中间，一旦出牧，就会糟蹋农作物，每天有扯不完的皮，最终养主不得

不予以赔偿，今天赔 100 元，明天赔 200 元……一年下来仅赔偿费就是几千元，最终将自己赔了进去。

养羊需要养殖的设备，比如饮水的设备、喂料的设备、人工授精设备等，根据这些设备的先进程度，决定规模的大小，比如饮水采用自动饮水设备、喂料使用机械，设备好的养羊场 1 个人可以管理 200 只羊，可以让饲养员腾出更多的时间观察羊群，及时发现羊群出现的各种问题。如果全部采用人工加水和填料，一个人 100 只，养殖人员整天取料、运料、添料、清粪、加水等，忙得没个闲的时候，哪有时间观察羊群。

而目前大多数农区规模养羊户所用的劳力都是自己家里人，还有不少老或小，或雇用老、弱、小的劳动力，靠他们担负起体力重、管理要求高、技术性强的饲养活动，根本不能胜任养羊工作。雇用员工还要支付每月不少于 800 元的工资，到头来，即使赚了钱，把工资、费用一开，所剩无几，白忙活一场，不如不干。可见，要实现规模养殖就要尽可能地多采用先进的养殖设备，可以提高饲养效率，也能提高养羊的效益。

投资养羊需要很多钱，如果资金不雄厚，就难以维系正常的生产开支，养羊场生存艰难。最基本的投资要有建设羊舍的钱、引进种羊的钱和买饲料的钱，从开始养羊到挣钱，至少需要七八个月的时间，根据养殖者的经验，通常收回投资成本的时间要在 3 年左右，这就要保证既要有投资的钱，还要有后续的日常开支的钱。许多规模养殖户开始筹集了几万元钱，但他们没有考虑后续的开支，认为羊就是吃草的，费用少，一开始就把资金大部分用于建羊舍、购种羊上，等到羊场办起来了手上却没了资金，接下来的饲料费、防疫消毒费、医药费、人工工资、饲草的储备等全无，只有靠东借西赁或卖几只羊来维系，一年下来羊也卖完了，还欠下了"一屁股债"。像这样养羊，资金链一断，恶性循环，养羊就难成。

从以上的介绍我们可以看到，投资者养羊要根据自身的实际条件适度规模养羊，在能力允许的情况下，规模可以适当大一些。至于投入多少钱，因为各地的适合养殖什么品种的肉羊，以及肉羊的价格、圈舍建设成本、养羊设备价格和场地租金等差别很大，需要投资者根据当地的准确价格才能做出整体投资的预算。

五、选择适合自身的饲养方式

目前，我国肉羊的饲养方式分为放牧养羊、舍饲养羊和放牧＋舍饲三类，是伴随肉羊养殖业发展形成的，放牧养羊作为传统的养羊方法，一直是我国主要的肉羊养殖方法，是我国养羊业发展壮大的基础，起到了非常大的作用。尤其是在牧区，放牧养羊有着得天独厚的优势。但是，放牧养羊管理粗放、养殖周期长、出栏率低。由于不重视草地的保护，过度开发、过度放牧，很多地方已经出现植被破坏、草场沙化严重，很多地方已经无草可供放牧，因此，如果不解决好草场的维护，实行禁牧、休牧、人工种草和轮牧轮放等综合治理，放牧养羊越来越难，如果解决好草场的可持续放牧问题，根据自己的饲草供应量确定载畜量，做到草畜平衡，逐步建立可持续发展的生态农业模式，加上科学管理，实行轮牧轮放，放牧养羊还是非常好的养羊方法。

舍饲养羊可彻底解决目前存在的草牧及农牧矛盾，也能使养羊场（户）养羊数量形成较大规模，便于科学技术成果在羊生产中推广应用，可使养羊业由传统的小规模分散饲养这种低科技附加值的低效生产向高科技附加值的规模化高效生产模式转变，特别适合规模化。但是，舍饲养羊随着饲养规模的扩大，饲草料稳定供应问题和羊病防控是重点。特别是规模养羊的羊病防控难度不断增加，需要做好这方面的工作。

放牧＋舍饲实行半舍饲、半放牧、采青与补料相结合的办法育肥，是比较理想的养殖方法。充分考虑羊的生物学习性和行为需求，结合吸收自然放牧优点，使饲养环境、饲喂方式、管理模式向大自然靠拢，既可以使肉羊回归在自然界状态下自由采食牧草，增加羊的活动量，又可以通过舍内补饲精料和牧草强化育肥，但是需要同时具备好的羊舍和合适的放牧场地。

从肉羊的品种来看，山羊适合放牧，绵羊适合圈养舍饲。舍饲符合绵羊的生活习性，绵羊不像山羊那样活泼好动、喜游走、行动敏捷、善于攀登。绵羊胆小怕惊，性情懦弱，喜欢安静环境。所以，绵羊更适合舍饲。在舍饲条件下，受其他外界环境因素的影响小，绵羊不易受惊，能安静地采食和反刍，有利于消化液分泌，可提高饲料消化率，容易上膘。

　　有大量荒山草地可供放牧的地区一定要尽量放牧，如果周围全是种植区的，那就只好圈养了。

　　就地区来说，南方地区阴雨天气比较多，所以圈养舍饲的时间多。北方相对降雨少，放牧的时间就多一些，除了大雪覆盖植被以后，没有可供放牧肉羊采食的牧草，只好转到舍饲，南方主要防因潮湿高温引起的病症，北方则是防因天气剧烈变化引起的病症。

六、杜绝隐性浪费

　　通常我们说的浪费，主要是指看得见、摸得着的浪费。但是，更大的浪费是看不见的，因为看不见、摸不着，常常被人们忽视，以致给我们带来极大的损失。这种浪费，我们姑且称为"隐性浪费"。与看得见的物质浪费相比，一些隐性浪费更值得关注，因为隐性浪费在不知不觉中消耗着大量的养殖资源，却没有创造出任何价值，反而提高了饲养成本，危害不容小觑。

　　养羊场常见的隐性浪费有粗饲料饲喂不合理、不重视羊群寄生虫病、母羊管理差、不按照肉羊生长规律出栏等，需引起养殖管理者重视。

1. 粗饲料饲喂不合理

　　农作物秸秆如果不经过铡短、微贮等处理，会大大降低其利用率，羊只能吃其中的叶片，而茎秆多数被浪费掉。在饲喂时，如果一次添加过多，吃不了的草料就会被羊踩踏，而经过踩踏的草料，羊又不愿意吃，只好扔掉。

　　在饲喂上，做到定时、定量、定质。秸秆饲料要经过粉碎、铡短、揉搓、微贮、制粒和压块等处理，秸秆经粉碎、铡短处理后，体积变小，便于动物采食和咀嚼，增加与瘤胃微生物的接触面，可提高过瘤胃速度，增加采食量。铡短是秸秆处理中常用的一种方法，过长过短都不好，喂羊以 2～3 厘米为宜。揉搓处理比铡短处理秸秆又提高了一步，经揉搓的玉米秸秆呈柔软的丝条状，提高了适口性。颗粒料质地硬脆，大小适中，便于咀嚼和改善适口性，从而提高采食量和生产性能，更有利于减少秸秆浪费。秸秆和精补料按一定的比例制成颗粒，效果更佳。秸秆微贮饲料就是在秸秆中加入微生物高效活性菌，放入密封的容器（如水泥池、发酵罐、发酵袋）中储藏，经过一定的发酵过程，使秸秆具有酸、香味，是草食动物喜食的饲料之一。

2. 不重视羊群寄生虫病

由于寄生虫常以一种极为隐蔽的方式对羊进行慢性消耗，患病的羊多瘦弱或零星死亡，一般不会引起集中大批死亡，常不会被人发现和引起重视。但是，患寄生虫病的羊体质明显降低，导致抵抗力下降，还会被其他病原微生物继发或并发感染，发生传染病，是其他传染病发生的诱因和前提，不但给寄生虫病的诊断和治疗增加了难度，也给养羊业带来了不应有的损失。羊的各种寄生虫不但严重危害着羊的健康，影响羊产品的数量、质量和经济效益的提高，一些人畜共患的寄生虫病对人类的健康也造成很大的威胁，所以，羊的寄生虫病的防治工作应当引起高度重视。

由于母羊在养羊场的饲养时间长，感染寄生虫病的机会多，母羊一旦感染寄生虫病对母羊本身及羊场的危害更大。养羊场如果忽视对母羊寄生虫病的防控，后果将十分严重。而一些养羊场由于对寄生虫病危害认识不足，重视不够，不能坚持做好寄生虫病的防控工作，往往是出现严重症状了就治一治，不严重就不管不问。这样的养羊场非常危险，必须重视寄生虫病的防控。

由于寄生虫病和外界环境的联系十分密切，大大增加了防治工作的复杂性，防治工作必须从流行病学入手，实施综合性的防治措施，才能收到较好的成效。首先应对羊寄生虫的危害有较高的认识水平，其次是对当地羊的寄生虫流行情况有全面的了解，再次是掌握当地主要寄生虫的流行病学，在此基础上，制定本场的寄生虫病防治制度，确定适合本场的防治办法，落实养殖人员防控责任制，采取适时驱虫、改善环境、改变养殖方式、提高机体的抵抗力等综合措施开展寄生虫防治工作。

3. 母羊管理差

母羊是羊场管理的主要对象，很多养羊场都会出现这样的问题，就是羊场的存栏繁殖母羊数量很多，按照设想每年应产出至少3倍于能繁母羊数量的羔羊，可是为什么每年却总是达不到呢？如果仔细分析，我们都能发现这样的情况，之所以产羔数量少，主要是由于母羊因疾病或配种问题，没有怀上的占一部分，怀上以后流产的占一部分，分娩时难产、产死胎的占一部分，而真正能正常生产的只占很小的部分。试想，这样的养羊场生产成绩能好吗？而问题就出在母羊的饲养管理上，大多数养羊场都存在母羊管理不到位，养殖人员不懂技术、不细心、缺乏耐心、粗放式管理的问题。即使有的养羊场的养殖人员一年到头也确实付出了很多辛苦，但由于没有掌握科学的母羊管理要领，也一样不能取得好成绩。

如果母羊管理跟不上，母羊就会出现因营养物质缺乏、生殖器官疾病、卵巢囊肿、子宫疾病、反复输精产生免疫而造成不孕等原因造成的不发情不怀孕。或者由于饲养员、技术员观察不细致，错过配种最佳时机，或者配种时公羊选择不当，公羊精液质量差，采用人工授精的，操作不当、消毒不严格等原因配不上。还有的在母羊妊娠期间粗放式管理，造成母羊因营养缺失、机械性、罹患传染病、不正确的饲养管理模式、滥用药物以及其他能引起子宫收缩的药物等引起流产。母羊分娩的时候无专人值守协助分娩，出现难产又不会处理等造成母羊或羔羊死亡等情况。

我们知道，出现以上情况以后，尽管生产成绩差，但养羊场一年的饲料、人工、水电等费用都是正常的支出，一点不会因为产出的减少而减少，这就是因母羊饲养管理不当造成的隐性浪费。

因此，一定要重视母羊的饲养管理，要掌握母羊的营养需要、饲料调制、发情鉴定、杂交技术、人工授精技术、疾病防治、妊娠管理、分娩接产等相关的技术。管理上还要做到细心、耐心、精心，任何一个生产细节也不能忽视，都要做好。

4. 不按照肉羊生长规律及时出栏

肉羊的生长规律是，羔羊出生后，在科学的饲养管理条件下，早期生长发育很快，特别是 4 月龄以前生长速度最快，其体重是初生重的 6～10 倍，以后明显减慢。因此，在生产上应在生长快的阶段给以充分营养，以发挥其增重快、饲料利用率高的特点。羔羊的育肥就是利用其早期生长快的特点来生产的。育肥至 5～6 月龄，在羔羊生长速度下降后及时出栏，即可降低饲养成本，缩短生产周期，加快羊群周转，提高出栏率，减少浪费。

可见，羔羊育肥具有生长周期短、成本低，饲料报酬高的特点，便于进行专业化、集约化经营；羔羊肉具有细嫩鲜美、膻味轻、易消化、瘦肉多、脂肪少等优点；当年羔羊当年出栏，可提高出栏率及商品率，既减轻了草料及草场的压力，又避免春季死亡或掉膘损失等弊端。

如果养羊场不按照肉羊生长规律及时出栏育肥羊，随意延迟育肥羔羊的出栏时间，浪费了饲料和人工费用，圈舍周转率下降，直接影响养羊场的经济效益。

七、创建自己的品牌

美国著名的营销学者、被誉为"现代营销学之父"的菲利普·科特勒（Philip Kotler）将品牌的定义表述为"品牌是一种名称、术语、标记、符号或设计，或是它们的组合运用，其目的是借以辨认某个销售者或某群销售者的产品或服务，并使之同竞争对手的产品和服务区别开来"。奥美的创始人大卫奥格威先生认为：品牌是一种错综复杂的象征，它是品牌属性、名称、包装、价格、历史、声誉、广告方式的无形总和。品牌同时也是消费者使用产品的印象。可见，品牌是消费者所经历的、体验的总和。

品牌是一个企业存在与发展的灵魂。品牌代表着企业的竞争力，品牌意味着高附加值、高利润、高市场占有率。品牌意味着高质量、高品位，是消费的首选。好的品牌可以为企业带来较高的销售额，可以花费很少的成本让自己的产品或服务更有竞争力。品牌意味着客户群，对于广大企业来说，品牌意味着客户忠诚，意味着稳定的客户群，意味着同一品牌覆盖之下的持久、恒定的利益。品牌是一种重要的无形资产，有其价值。

品牌对于一个养羊企业来说同样重要，在目前肉羊产品同质化严重的大环境下，只有创建自己的羊肉品牌，利用差异化、产业化营销策略，才能给企业带来丰厚的回报。在品牌建设这方面已经有很多企业走在了前面，像"盐池滩羊肉""青青草原""美羊羊"等品牌羊肉，就是最好的证明。因此，养羊场要重视品牌的创建。

品牌的创建包括规划阶段、创建品牌、全面建设品牌三个阶段。这三个阶段，都不是靠投机和侥幸获得的，也不能够一蹴而就。

1. 规划阶段

一个好的品牌规划，等于完成了一半品牌建设；一个坏的品牌规划，可以毁掉一个事业。创建品牌简单地说，首先要确定品牌的定位，根据定位高端还是中低端，到底走什么风格，卖给什么样的人群，大概价位是多少等来确定肉羊及肉羊产品的定位。然后根据你的定位，确定你的品牌风格和品牌价格及销售的渠道。最后根据品牌定位制订实现目标的措施。对于一个已经发展很多年的企业，还要先对这个企业的品牌进行诊断，找出品牌建设中的问题，总结出优势和缺陷。这是品牌建设的前期阶段，也是品牌建设的第一步。

因为养羊不同于工业产品，大多受到养殖地域和品种的限制，在制订品牌定位时，更多地考虑养殖地域和品种的特点来确定品牌规划。如在利用生长环境方面，以好山好水好空气、好草好料好营养、饮泉水、吃无污染草、呼吸高浓度的负氧离子空气、吃中草药、生长在高山上、无环境污染等作为定位和卖点。如盐池滩羊肉这个品牌，就是利用盐池境内地域广阔，物草丰美，有天然草原835万亩，生长着甘草、苦豆子、画眉草等175种优质牧草。独特的自然气候条件和优质的牧草资源造就了"盐池滩羊"这一优质绵羊品种，2010年荣获中国驰名商标，2015年"盐池滩羊"以68.9亿元的品牌价值居农产品（畜牧水产类）地理标志产品区域品牌第四位，盐池滩羊美名享誉国内外；在利用羊品种自身特点上，以羊特有的肉质作为品牌的定位。如正宗湖羊肉，其"精而不油，酥而不腻，香而不膻，色泽红亮，鲜美无穷"。盐池滩羊肉绿色安全、肉质细嫩、营养丰富、低胆固醇、无膻味。经专业检测机构检测：每100克盐池滩羊肉（风干样）所含蛋白质总量为93.02%，微量元素硒的含量达到0.073毫克/千克，具有极强的保健功能。可能有的地方没有盐池滩羊这样的地域优势，也没有湖羊、滩羊等肉质特殊的肉羊品种，但同样有出路，毕竟消费者的需求是多方面的。如以生产绿色无公害食品作为品牌定位，这是绝大多数地方都能做到的。消费者最关心的是食品安全问题，只要养羊场严格按照《无公害食品 肉羊饲养管理准则》规定的要求去组织生产，在保证食品安全的基础上，每种羊肉都有其销售市场，同样可以在消费者心中树立良好的品牌形象。

2. 全面建设品牌阶段

品牌是一种长时间的积淀，从品牌身上你可以看出企业或产品的文化、传统、氛围或者精神和理念。品牌定位和品牌文化一旦确立，便必须持之以恒地执行下去。因此，在养羊场养殖经营过程中，也应充分考虑消费者的品牌感知，在用户体验当中将品牌力渗透到羊场经营的具体细节里，让消费者在享受美味产品的同时，更享受到品牌给消费者带来的自身价值体现，从而提高品牌的认知度和忠诚度。这个阶段很重要，其中最重要的一点就是确立品牌的价值观，确立什么样的价值观，决定企业能够走多远，有相当多的企业根本没有明确、清晰而又积极的品牌价值观取向；更有一些企业，在品牌价值观取向上急功近利、唯利是图，抛弃企业对人类的关怀和对社会的责任。制订品牌价值观取向应非常明晰，首先是为消费者创造价值，其次才是为企业创造利益。

养羊场要严格按照确定的品牌定位一步一步扎实工作，并在实施过程中不断完善。要狠抓标准体系、质量追溯、品牌保护、市场营销、羊保险、品种保护、饲草料储备等关键环节。制订详细可行的营销计划、阶段性的目标。通过制订详细的企业形象、产品宣传计划，配合营销工作扩大企业的影响力。

始终保持产品的理念和风格的一致性，不能偏离轨道。在企业经营过程中，在销售现场、服务态度、售后服务、企业公关等任何一个环节都要传递出一致性，保持和维护品牌的完整，这就是品牌管理工作的重要使命和意义。

3. 形成品牌影响力的阶段

企业要根据市场和企业自身发展的变化，对品牌进行不断地自我维护和提升，使之达到一个新的高度，从而产生品牌影响力，直到能够进行品牌授权，真正形成一种资产。

需要注意的是在品牌已经具有一定影响力的时候，最容易出现问题。如饲养条件变化了，不能完全按照品牌宣传的那样去生产，此时养羊场不能因为饲养条件改变而随意降低饲养标准。如以饮泉水作为品牌定位的，在泉水枯竭时，以山间水、河水等代替。以绿色无污染生产作为品牌定位的，饲养地区环境或饲料受到污染，也不告知消费者。或者生产的数量不能满足市场需求时，就到其他地方收购，然后以自己的品牌和渠道去销售，欺骗消费者，像以前个别人销售阳澄湖大闸蟹那样，到别的地方收购以后在阳澄湖里养殖几天就宣称是正宗的阳澄湖大闸蟹，给正宗阳澄湖大闸蟹带来极大的负面影响。这些行为对品牌建设的损害最大。

八、肉羊场养殖经营风险控制

风险就是事物发展的未来结果与人们事先的期望结果产生差异的可能性，或者说是人们对某事物发展的未来结果的一种不确定性。风险无处不在，规避风险，获得最大利润是每个企业的最终目的。

风险控制是指风险管理者采取各种措施和方法，消灭或减少风险事件发生的各种可能性，或风险控制者减少风险事件发生时造成的损失。因为，总会有些事情是不能控制的，风险总是存在的。作为管理者应采取各种措施减小风险事件发生的可能性，或者把可能的损失控制在一定的范围内，以避免在风险事件发生时带来难以承担的损失。

养羊场在养殖经营过程中同样面临各种风险，如养殖技术风险、饲养管理风险、疫病风险、饲料供应风险、安全风险、资金风险和市场风险等。养羊场要针对这些风险采取切实可行的措施加以防范。

1. 养殖技术风险

科学养羊需要很多技术，特别是规模化舍饲养羊，不同于放牧饲养，需要相应的养羊技术，在品种选择、繁殖、饲料营养、疫病防控、饲养管理等各个方面都要具备相应的技术。我们经常遇到同样是养羊，为什么有的赚钱有的却赔钱的问题。其中最主要的就是是否掌握科学的养羊技术。如在肉羊品种选择上，不会选择肉羊品种，把不适应本地的品种引进来；不会挑选种羊，把不适合作为种羊的羊当种羊来使用；不懂得繁殖技术，乱交乱配、不会同期发情和人工授精技术；在饲料使用上，不懂得营养需要，不会调配饲料，有什么就喂什么，饲草发霉变质了也喂羊，在冬季枯草季节不补充维生素和矿物质；在疫病防控上，总认为羊不容易得病，不坚持接种疫苗，不坚持驱除寄生虫；在饲养管理上，不懂得温度、湿度、密度问题的重要性，圈舍夏天温度过高、冬天温度又过低、圈舍潮湿、羊群拥挤等。这些问题如果养羊场具有其中的任意一条，就能影响养羊场的效益，如果同时具有多条，那么这个养羊场必定难以维持下去。可见，养羊技术对养羊场的重要性。关于养羊技术可以参照本书第四章的内容。

2. 饲养管理风险

饲养管理风险主要是养殖人员管理及生产细节管理。养殖人员是养羊场经营管理的绝对重要的因素，如果没有懂技术、善管理的养殖人员，那么养羊场具有再好的条件也不会取得好效益。常见的问题是找不到合适的养殖人员，特别是繁殖、疫病防治等生产关键环节上，更是缺乏合适人选。表现为人员流动性大，责任心不强，管理混乱，致使养羊场的生产计划和各项管理制度得不到很好的落实。

由于人员责任心不强，饲养管理制度得不到很好落实，致使饲养管理不到位，就更谈不上饲养管理的细节了。如饲料浪费严重，草料不采取少添勤添的办法，而是图省事一次大量添加，羊吃不完也不及时清出去，这样剩余的草料羊不愿意继续吃，只能扔掉；对羊的发情观察不及时，造成漏配，妊娠母羊管理不好，造成流产，母羊分娩无人看护，造成母羊难产、胎死腹中；羔羊初生时不能及时吃上初乳，造成羔羊体质弱，容易得病。不重视寄生虫病的防治，寄生虫病绵延不绝，严重影响羊群生产等。

一是选好人、用好人，为人才创造好生活和工作环境；二是制定科学合理的饲养管理制度，落实责任制，实行绩效工资。

3. 疫病风险

规模养羊场，羊群数量多，饲养密度增大，羊患病的机会增加，疫病对羊群的威胁增大。特别是羊传染病性疾病，对规模化养羊危害更大，快则可导致全群覆没，慢则影响生长繁育性能发挥。加强疫病防治，科学合理用药成为规模养羊最关键的工作之一。

因此，养羊场要加强羊痘、羔羊痢疾、羊大肠杆菌病、羊肠毒血症、羊炭疽、羊口蹄疫、羊传染性胸膜肺炎等疾病的预防。疫苗

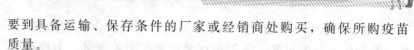

要到具备运输、保存条件的厂家或经销商处购买，确保所购疫苗质量。

同时还要加强寄生虫病的防治。寄生虫病的预防对于规模养羊场也非常关键，首先使用左旋咪唑与阿维菌素（或伊维菌素）联合驱虫，可以把体内外 80% 的寄生虫驱除干净，其次肝片吸虫、焦虫、脑头蚴等特殊寄生虫要专门驱除。

除传染病和寄生虫病以外，普通的发烧、拉稀、关节病、神经系统疾病等疾病要加强治疗。同时从加强生产管理入手，羊群管理做到"四心"，即精心、细心、耐心和有爱心。

4. 饲料供应风险

养羊日常最主要的支出就是饲草料，舍饲养羊如果饲草料计划不周，保障不及时，就会严重影响养羊场的正常生产。为此，饲草料要立足于当地解决为主的原则，充分利用好当地的饲草料资源。

饲料供应要做到稳定、优质、低价，无季节性短缺。为此，养羊场要做好青贮饲料、秸秆饲料氨化、微贮等储备，按照养羊场的羊群数量，计算好全年及各月份的饲草消耗量和储备量，特别是做好冬季雨雪等极端恶劣天气的饲料供应。同时，养羊场要搭建饲草料棚，做好饲草料的保管，保证饲草料的储存安全，防止饲草料被污染、发生霉烂变质和发生火灾等。

5. 安全风险

暴雪袭击、罕见高温、持续干旱、洪水灾害等自然灾害的风险尽管不经常遇到，但常言道：水火无情，一场大火或大水会让一个养羊场多年的积累瞬间消失。

养羊场在用电、用火、防盗上也容易出现问题，我们经常可以看到或听到养羊场发生用电或用火不慎造成火灾的事例，还有羊场的羊只一夜之间全被盗光的新闻。养羊场在安全这方面同样也不可忽视。

养羊场在选址上要选择地势高燥、水源充足的地方，建设结构合理、坚固的羊舍。防火上，养羊场要请专业电工对全场用电线路进行合理架设，平时不准私拉乱接电线和违规使用电气设备。按照防火要求做好羊舍、饲草料棚、人员生活住房等布局及建设。夜间羊舍要安排专人值班，落实防盗责任制。

6. 资金风险

养羊场的经营过程离不开资金，建场需要资金，购买种羊需要资金，雇用养殖人员需要资金，购买饲料需要资金，购买兽药疫苗需要资金，特别是在建场到有可供出售羊只这段时间，需要持续不断地投入。在平时的经营过程中，可能遇到饲料价格暴涨、肉羊价格暴跌、疫病爆发、肉羊销路不畅等问题，遇到这些问题以后，也需要羊场利用自有资金或筹措资金维持羊场的正常运行，如果资金储备不足，又不能筹措到资金，羊场的经营就要出现问题。因此，羊场要准备充足的资金来保障正常运营。

7. 市场风险

从2010年以来，羊肉价格一直处于上升态势，养羊利润逐年增加，然而，从2014年4月下旬开始羊价震荡下跌，此后急转直下，羊价持续低迷，养羊利润下降，已严重影响到农牧民的生产积极性。业内人士分析认为，羊价下跌是多方面因素共同作用的结果。一是在供给方面，生产恢复较快，存出栏量迅速增加；二是在需求方面，消费市场疲软，替代作用增强，三是比价优势明显，羊肉进口保持高位；四是产销脱节，生产源头受到压制。

长期以来，我国肉羊的养殖方式总体上属于一家一户的家庭经营模式，管理粗放和原始，生产效率不高，抵御风险能力不足；由于养殖户多是单打独斗，产业功能缺位，产销难以衔接，使上游生产者始终处于弱势地位，导致产销价格严重倒挂；加之产品仍以活体销售和初加工为主，附加值不高，副产品也没有得到很好的开发和利用，影响了养羊效益的整体提升。

养羊业要避免市场风险，必须走深加工道路，只有抓住养殖、加工等关键环节，建立与完善产业链条，加快推进产业升级，不断提升集约化、规模化养殖比重，通过科技手段，降低饲养成本；提高良种繁育改良、饲料加工供应、疫病防控等环节的生产能力和技术水平，特别是针对肉羊养殖特点，开发当地闲置资源，发展生态循环种养业，降低饲料成本，才能提高市场竞争力，增强抵御风险的能力。

九、实现种养结合

种植业和养殖业是农业的主要组成部分，也是人类赖以生存和发展的物质基础。种养结合就是种植业为养殖业提供食料，养殖业为种植业提供肥源。两者紧密相连，循环利用。

农业部为贯彻落实中央1号文件而下发的农发〔2015〕1号文件，即《农业部关于扎实做好2015年农业农村经济工作的意见》指出：大力发展草食畜牧业。构建粮饲兼顾、农牧结合、循环发展的新型种养结构，加快推进规模化、集约化、标准化养殖。加快建设现代饲草料产业体系，进一步挖掘秸秆饲料化潜力，实施振兴奶业苜蓿发展行动，扩大饲用玉米、青贮玉米和优质牧草种植，开展种养结合型循环农业试点，促进粮食、经济作物、饲草料三元种植结构协调发展。

种养结合的优点很多，实行种养结合的循环农业生产方式，用畜禽粪便生产有机肥替代化肥，不使用或减少化肥使用量，降低种植成本；养羊场可以利用自家的耕地（林地、草地）低成本地解决饲草饲料问题，在饲草饲料不断涨价的情况下，降低畜禽养殖成本；养羊场实行种植业与养殖业一体化经营，能够利用肉蛋奶价格上涨机遇，使种植业通过养殖业获得综合收益。实行种养结合，畜禽粪便变废为宝得到资源化利用，实现低成本环保治污。以生态化方式实现低成本防疫灭病。还可以获得绿色有机农产品，提升了农畜产品附加价值。可见，实行种养结合，具有循环、绿色、降低成本和增收等优点，是今后的发展方向，值得大力提倡。

对于养羊场来说，种养结合就是要根据羊场的生产规模，确定需要的饲料数量和饲料种类，然后结合本地区气候特点，选择适合的种植饲草料品种和亩产数量，最后确定种植饲草料需要的土地面积，如果自己的土地不够用，还可以通过与种粮户签订收购协议解决饲料来源，或通过土地流转的方式租用土地扩大种植饲草料的土地面积。在畜禽粪便作为肥料使用前，要通过高温堆肥发酵或者生产沼气等方式对畜禽粪便进行科学处理，然后才能作为有机肥使用。

牧草品种可以选择紫花苜蓿、冬牧70黑麦、串叶松香草、三叶草、聚合草、鲁梅克斯等高产优质适应性强的牧草品种。

一般情况下，1亩饲草可供15～20只成年羊全年饲用。羊的繁殖速度较慢，年增长率只有年初母羊数的3倍左右，所以牧草的种植面积要视种羊基数和发展速度而定，做到既满足供应又不致浪费。

注意牧草茬口衔接，做到既能提高单位面积牧草产量，又能保证南方养羊一年四季都能吃到鲜青饲草。如采取紫花苜蓿与冬牧70黑麦合理搭配种植，可保证羊一年四季青饲料的均衡供应。或者采取鲁梅克斯K-1杂交酸模田套种多花黑麦草或冬牧70黑麦的种植模式。

种养结合成功的例子很多，如阿右旗巴丹吉林镇巴彦高勒苏木牧民石某两兄弟创立的祥惠农牧业科技有限公司，舍饲养羊走生态循环的路子，节约成本增加收入的例子。2009年，石某两兄弟在政府扶持下，建起占地面积60亩的舍饲养羊基地，拥有标准化棚圈22座、青贮窖8座，种羊场存栏基础母羊1600余只。后来，他们又承包了苏木1800亩土地作为饲草料基地，以种养结合的模式舍饲养羊。育肥羊的羊粪用来搞饲草料和农业种植，既节约了成本又增加了收入。

如20世纪90年代初，恩施市崔家坝镇曾成为我国南方最大的山羊交易市场，"崔坝山羊"也成为一块金字招牌，享誉大江南北，后因经营不当导致衰落。2014年该镇利用当地山大且水草丰盛，山羊肉嫩味美，深受食客喜爱的优势，开始实施恢复性发展山羊产业，擦亮"崔坝山羊"的金字招牌。在当年推广的"1235"（即建一栋标准羊舍、养20只能繁母羊、种3亩牧草、年出栏50只商品羊）养殖模式基础上开始尝试种草养羊。2015年，该镇开展调整种植结构和种养结合的农牧业发展新模式，在斑竹园村羊角水建立"粮改饲"示范小区，探索出"草当粮种、羊当猪养"之路，取得良好效果。目前，示范区内共发展养殖户12户，"粮改饲"科技示范户10户，种草120余亩。据了解，该镇在利用好现有300亩草场的基础上，扩大种植面积1000亩，计划出栏山羊20000只，羊肉市场年成交额达1500万元。

再比如薛某从渔民转型为农场主，从小规模的种养结合起步，慢慢扩大、渐入佳境，找到了适合自己的创业路的例子。

薛某是连云港人，1994 年来到启东，在圆陀角当渔民。几年下来，她发现打鱼挣不了钱，便寻思着转做别的。后来，女儿嫁到了海复镇季明村，薛某也跟了过去。因为在老家的老本行就是种田，她动起了重操旧业的念头。这一次，薛某不想守着一亩三分地，她想把种田当成一项事业，扩大种植规模。虽是外地人，但季明村的乡亲都很热心，听说薛某有流转土地的打算，许多人根据实际情况将土地使用权转让给了她。

2001 年，薛某开始搞规模种植，主要种植棉花和油菜。当时，农业经济连着几年不景气，但薛某没想过放弃，既然选择了这一行，就要用自己的方法改变不利的局面。那几年，薛某潜心研究市场规律，及时调整农作物种植品种，同时开始探索种养结合的发展模式。

薛某开始利用自家田种黑麦草喂羊，养羊 4 年，从来不喂饲料，用她的话说：一来节省成本，二来吃草长大的羊肉质香，是吃饲料长大的羊不能比的。在 2015 年，因为内蒙古的绵羊流入启东市场，导致羊肉价格每斤下跌 4～5 元，薛某依靠积累的一些知道她的羊肉质量好的长期客户，没有恶意压低价格，实现了盈利。

如今，薛某的家庭农场已经扩展到 300 多亩，其中 260 亩种植小麦，50 亩种植紫玉米，小麦收割后下茬种黄豆，羊圈里养着 120 只羊。今年，薛某准备再扩大养羊规模，把母羊留下来繁殖。

十、要学会成本核算

养羊场的成本核算是指将在一定时期内养羊场生产经营过程中所发生的费用，按其性质和发生地点，分类归集、汇总、核算，计算出该时期内生产经营费用发生总额和分别计算出每种产品的实际成本和单位成本的管理活动。其基本任务是正确、及时地核算产品实际总成本和单位成本，提供正确的成本数据，为企业经营决策提供科学依据，并借以考核成本计划执行情况，综合反映企业的生产经营管理水平。

养羊场成本核算是养羊场成本管理工作的重要组成部分，成本核算的准确与否，将直接影响养羊场的成本预测、计划、分析、考核等控制工作，同时也对养羊场的成本决策和经营决策产生重大影响。

通过成本核算，可以计算出产品实际成本，可以作为生产耗费的补偿尺度，是确定羊场盈利的依据，便于养羊场依据成本核算结果制订产品价格和企业编制财务成本报表。还可以将产品成本核算计算出的产品实际成本资料与产品的计划成本、定额成本或标准成本等指标进行对比，除可对产品成本升降的原因进行分析外，还可据此对产品的计划成本、定额成本或标准成本进行适当的修改，使其更加接近实际。

通过产品成本核算，可以反映和监督养羊场各项消耗定额及成本计划的执行情况，可以控制生产过程中人力、物力和财力的耗费，从而做到增产节约、增收节支。同时，利用成本核算资料，开展对比分析，还可以查明养羊场生产经营的成绩和缺点，从而采取针对性的措施，改善养羊场的经营管理，促使羊场进一步降低产品成本。

通过产品成本的核算，还可以反映和监督产品占用资金的增减变动和结存情况，为加强产品资金的管理、提高资金周转速度和节约有效地使用资金提供资料。

可见做好养羊场的成本核算，具有非常重要的意义，是规模化养羊场必须做好的一项重要工作。

1. 成本核算的主要原则

（1）合法性原则　指计入成本的费用都必须符合法律、法规、制度等的规定。不合规定的费用不能计入成本。

（2）可靠性原则　包括真实性和可核实性。真实性就是所提供的成本信息与客观的经济事项相一致，不应掺假，或人为地提高、降低成本。可核实性指成本核算资料按一定的原则由不同的会计人员加以核算，都能得到相同的结果。真实性和可核实性是为了保证成本核算信息的正确可靠。

（3）有用性和及时性原则　有用性是指成本核算要为羊场经营管理者提供有用的信息，为成本管理、预测、决策服务。及时性是强调信息取得的时间性。及时的信息反馈，可及时地采取措施，改进工作。而过时的信息往往成为徒劳无用的资料。

（4）分期核算原则　企业为了取得一定期间所生产产品的成本，必须将川流不息的生产活动按一定阶段（如月、季、年）划分为各个时期，分别计算各期产品的成本。成本核算的分期，必须与会计年度的分月、分季、分年相一致，这样可以便于利润的计算。

（5）权责发生制原则　应由本期成本负担的费用，不论是否已经支付，都要计入本期成本；不应由本期成本负担的费用（即已计入以前各期的成本，或应由以后各期成本负担的费用），虽然在本期支付，也不应计入本期成本，以便正确提供各项的成本信息。

（6）实际成本计价原则　生产所耗用的原材料、燃料、动力要按实际耗用数量的实际单位成本计算、完工产品成本的计算要按实际发生的成本计算。原材料、燃料、产成品的账户可按计划成本（或定额成本、标准成本）加、减成本差异，以调整到实际成本。

（7）一致性原则　成本核算所采用的方法，前后各期必须一致，以使各期的成本资料有统一的口径，前后连贯，互相可比。

2. 核算对象

养羊业生物资产核算的对象主要指羊的种类（奶羊和肉羊）和群别。养羊业生产成本核算的对象主要指承担发生各项生产成本的母羊、育成羊、羔羊等。为便于管理和核算，要划分养羊业的群别。

基本羊群：包括产母羊和种公羊。

羔羊群：指出生后到 6 个月断乳的羊群，又称"6 月以内羔羊"。

育成羊群：指 6 个月以上断乳的羊群，又称"6 月以上育成羊"，包括育肥羊等。

划分养羊业的群别，要根据生产管理的需要，也可以按生产周期、批次划分养羊业的群别。

3. 科目设置

为了核算养羊业生物资产有关业务，应设置主要科目。主要科目名称和核算内容如下。

（1）"生产性生物资产"科目　本科目核算养羊企业持有的生产性生物资产的原价。即"基本羊群"，包括产母羊和种公羊，以及待产的成龄羊的原价。

本科目可按"未成熟生产性生物资产——待产的成龄母羊群"和"成熟生产性生物资产——产母羊和种公羊群"设置，按羊的生物资产的种类（奶羊和肉羊等）分别进行明细核算，也可以根据责任制管理的要求，按所属责任单位（人）等进行明细核算。

（2）"消耗性生物资产"科目　本科目核算养羊企业持有的消耗性生物资产的实际成本，即"育成群""羔羊群"的实际成本。

本科目可按羊的消耗性生物资产的种类（奶羊和肉羊等）和群别等进行明细核算，也可以根据责任制管理的要求，按所属责任单位（人）等进行明细核算。

（3）"养羊业生产成本"科目　本科目核算养羊企业进行养羊生产发生的各项生产成本，包括为生产"羊奶"的产母羊和种公羊、待产的成龄母羊的饲养费用，由"羊奶"承担的各项生产成本；为生产肉用"羔羊"的产母羊和种公羊、待产的成龄母羊的饲养费用，肉用"羔羊"承担的各项生产成本；"育成羊群"的饲养费用，"育成羊群"承担的各项生产成本。

本科目分别按羊奶、羔羊和育成羊群确定成本核算对象和成本项目，进行费用的归集和分配。

（4）其他相关科目　涉及以上主要科目的相关科目：产母羊和种公羊、待产的成龄母羊需要折旧摊销的，可以单独设置"生产性生物资产累计折旧"科目，比照"固定资产累计折旧"科目进行处理；生产性生物资产发生减值的，可以单独设置"生产性生物资产减值准备"科目，比照"固定资产减值准备"科目进行处理；消耗性生物资产发生减值的，可以单独设置"消耗性生物资产跌价准备"科目，比照"存货跌价准备"科目进行处理；制造费用（共同费用）和辅助生产成本的核算，这些要按企业生产管理情况确定，比照"制造费用"和"辅助生产成本"科目进行处理。上述涉及生物资产相关科目的核算，不再过多叙述。

4. 账务处理方法

以养母羊为例，讲解按生产流程发生的正常典型业务的账务处理，归纳为如下4大类16项业务事例，分别叙述。非典型特殊会计业务事例和副产品等业务事例，本讲解不再叙述。本讲解也不包括房屋和设备等建设工程业务的核算。

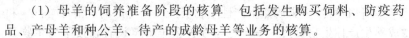

（1）母羊的饲养准备阶段的核算　包括发生购买饲料、防疫药品、产母羊和种公羊、待产的成龄母羊等业务的核算。

例1　银行和现金支付购入饲料款，包括饲料的购买价款、相关税费、运输费、装卸费、保险费以及其他可归属于饲料采购成本的费用。会计分录如下。

借：原材料——××饲料

贷：银行存款

贷：库存现金

例2　现金支付药品款，包括药品购买价款和其他可归属于药品采购成本的费用。会计分录如下。

借：原材料——××药品

贷：库存现金

例3　银行和部分现金支付购入羔羊款，按应计入消耗性生物资产成本的金额，包括购买价款、相关税费、运输费、保险费以及可直接归属于购买羔羊该项资产的其他支出。会计分录如下。

借：消耗性生物资产——羔羊群

贷：银行存款

贷：库存现金

例4　银行和部分现金支付购入产母羊和种公羊、待产的成龄母羊款，按应计入生产性生物资产成本的金额，包括购买价款、相关税费、运输费、保险费以及可直接归属于购买产母羊和种公羊、待产的成龄母羊该项资产的其他支出。会计分录如下。

借：生产性生物资产——基本羊群

贷：银行存款

贷：库存现金

（2）育成羊饲养的核算　包括直接使用的人工、直接消耗的饲料和直接消耗的药品等业务的核算。属于养羊共用的水、电、汽（由于只有一个表计量）和有关共同用人工以及其他共同开支，应在"养羊业生产成本——共同费用"科目核算，借记"养羊业生产成本——共同费用"科目，贷记"银行存款"等科目，而后分摊。属于公司管理方面的人工和有关费用，应在"管理费用"科目核算，借记"管理费用"科目，贷记"库存现金""银行存款"等科目。

例 5　养育成羊直接使用的人工，按工资表分配数额计算。会计分录如下。

借：养羊业生产成本——育成羊群

贷：应付职工薪酬

例 6　养育成羊直接消耗的饲料，按报表饲料投入数额或者按盘点饲料投入数额计算。会计分录如下。

借：养羊业生产成本——育成羊群

贷：原材料——××饲料

例 7　养育成羊直接消耗的药品，按报表药品投入数额或者按盘点药品投入数额计算。会计分录如下。

借：养羊业生产成本——育成羊群

贷：原材料——××药品

（3）羊的转群的核算　指羊群达到预定生产经营目的，进入又一正常生产期，包括"羔羊群"成本的结转、"羔羊群"转为"幼羊群"、"育成羊群"转为"基本羊群"、淘汰的"基本羊群"转为"育肥羊群"（"育成羊群"）的核算。

例 8　"育成羊群"转为基本羊群，先结转"育成羊群"的全部成本，包括"育成羊群"转前发生的通过"养羊业生产成本——育成羊群"科目核算的饲料费、人工费和应分摊的间接费用等必要支出。会计分录如下。

借：消耗性生物资产——育成羊群

贷：养羊业生产成本——育成羊群

例 9　"育成羊群"转为基本羊群，按"育成羊群"的账面价值结转，包括原全部购买价值和结转的饲养过程的全部成本。会计分录如下。

借：生产性生物资产——基本羊群

贷：消耗性生物资产——育成羊群

例 10　淘汰的产母羊（基本羊群）转为育肥羊，按淘汰的基本羊群的账面价值结转。会计分录如下。

借：消耗性生物资产——育成羊群（包括育肥羊）

贷：生产性生物资产——基本羊群

例 11　"羔羊群"转为"育成羊群"，先结转"羔羊群"的全部成本，包括"羔羊群"转前发生的通过"养羊业生产成本——基本羊群"科目核算的饲料费、人工费和应分摊的间接费用等必要支出。会计分录如下。

借：消耗性生物资产——羔羊群

贷：养羊业生产成本——基本羊群

例12　"羔羊群"转为"育成羊群"，按"羔羊群"的账面价值结转。会计分录如下。

借：消耗性生物资产——育成羊群

贷：消耗性生物资产——羔羊群

（4）羊（生物资产）出售的核算　包括羔羊和育成羊出售的核算和淘汰产母羊（基本羊群）出售的核算。育成羊出售前在账上作为消耗性生物资产，淘汰产母羊（基本羊群）出售前在账上作为生产性生物资产，这两种因出售交易而可视同产成品出售对待。

例13　育成羊和育肥羊出售的核算，按银行实际收到的金额结算。会计分录如下。

借：银行存款

贷：主营业务收入——育成羊（育肥羊）

例14　同时，按育成羊（育肥羊）账面价值结转成本。会计分录如下。

借：主营业务成本——育成羊（育肥羊）

贷：消耗性生物资产——育成羊（育肥羊）

例15　淘汰产母羊（基本羊群）正常出售的核算，按银行实际收到的金额结算。会计分录如下。

借：银行存款

贷：主营业务收入——产母羊（基本羊群）

例16　同时，按产母羊（基本羊群）账面价值结转成本。会计分录如下。

借：主营业务成本——产母羊（基本羊群）

贷：生产性生物资产——基本羊群

5. 考核利润指标

（1）产值利润及产值利润率　产值利润是产品产值减去可变成本和固定成本后的余额。产值利润率是一定时期内总利润额与产品产值之比。

产值利润率＝利润总额/产品产值×100%

（2）销售利润及销售利润率

销售利润＝销售收入－生产成本－销售费用－税金

销售利润率＝产品销售利润/产品销售收入×100%

（3）营业利润及营业利润率

营业利润＝销售利润－推销费用－推销管理费

企业的推销费用包括接待费、推销人员工资及差旅费、广告宣传费等。

营业利润率＝营业利润/产品销售收入×100%

利润反映了生产与流通合计所得的利润。

（4）经营利润及经营利润率

经营利润＝营业利润＋全营业外损益

营业外损益指与企业的生产活动没有直接联系的各种收入或支出。如罚金、由于汇率变化影响到的收入或支出、企业内事故损失、积压物资削价损失、呆账损失等。

经营利润率＝经营利润/产品销售收入×100%

（5）衡量一个企业的赢利能力　养羊生产是以流动资金购入饲料、种羊、医药、燃料等，在人的劳动作用下转化成肉羊产品，通过销售又回收了资金，这个过程叫资金周转一次。

利润就是资金周转一次或使用一次的结果。资金在周转中获得利润，周转越快、次数越多，企业获利就越多。资金周转的衡量指标是一定时期内流动资金周转率。

资金周转率（年）＝年销售总额/年流动资金总额×100%

企业的销售利润和资金周转共同影响资金利润高低。

资金利润率＝资金周转率×销售利润率

企业赢利的最终指标应以资金利润率作为主要指标。

附　录

一、标准化养殖场　肉羊

代号：NY/T 2665—2014

发布日期：2014-10-17　实施日期：2015-01-01

中华人民共和国农业部发布

前言

本标准按照 GB/T 1.1—2009 给出的规则起草。

本标准由农业部畜牧业司提出。

本标准由全国畜牧业标准化技术委员会（SAC/TC 274）归口。

本标准起草单位：中国农业科学院北京畜牧兽医研究所、重庆市畜牧科学院、塔里木大学、河南科技大学。

本标准主要起草人：魏彩虹、杜立新、赵福平、任航行、曾维斌、张莉、王玉琴、路国彬。

标准化养殖场　肉羊

1　范围

本标准规定了肉羊标准化肥育场的基本要求、选址与布局、生产设施与设备、管理与防疫、废弃物处理和生产水平等。

本标准适用于肉羊规模养殖场的标准化生产。

2　规范性引用文件

下列文件对于本文件的应用是必不可少的。凡是注日期的引用文件，仅注日期的版本适用于本文件。凡是不注日期的引用文件，其最新版本（包括所有的修改单）适用于本文件。

GB 16548 病害动物和病害动物产品生物安全处理规程

HJ/T 81 畜禽养殖业污染防治技术规范

NY/T 1168 畜禽粪便无害化处理技术规范

NY 5027 无公害食品 畜禽饮用水水质标准

NY 5030 无公害食品 畜禽饲养兽药使用准则

NY 5032 无公害食品 畜禽饲料和饲料添加剂使用准则

中华人民共和国主席令 2005 年第 45 号 中华人民共和国畜牧法

中华人民共和国主席令 2007 年第 71 号 中华人民共和国动物防疫法

中华人民共和国农业部令 2006 年第 67 号 畜禽标识和养殖档案管理办法

中华人民共和国农业部公告第 1773 号 饲料原料目录

3　术语和定义

下列术语和定义适用于本文件。

3.1　繁殖成活率（Survival Rate of Reproduction）

出生活羔羊与能繁母羊的百分比，用百分数表示。

3.2　羔羊成活率（Survival Rate of Lamb）

断乳时活羔羊数与初生活羔羊数的百分比，用百分数表示。

4　基本要求

4.1　场址不应位于中华人民共和国主席令 2005 年第 45 号规定的禁止区域，并符合相关法律法规及土地利用规划。

4.2　具有动物防疫条件合格证。

4.3　在县级人民政府畜牧兽医行政主管部门备案，取得畜禽标识代码。

4.4　农区存栏能繁母羊 100 只以上或年出栏肉羊 500 只以上的养殖场；牧区存栏能繁母羊 250 只以上或年出栏肉羊 1000 只以上的养殖场。

5　选址与布局

5.1　选址

5.1.1　距离生活饮用水源地、居民区、主要交通干线、畜禽屠宰加工和畜禽交易场所 500 米以上，其他畜禽养殖场 1000 米以上。

5.1.2　场址选择应地势高燥，排水、通风良好。

5.1.3　水源稳定，水质应符合 NY 5027 的要求。电力供应充

足，交通和通信便利。

5.2 布局

5.2.1 肉羊场场区边界应设隔离设施。

5.2.2 肉羊场应合理分区，农区场区应划分为生活区、生产区及粪污处理区，各区相距 50 米以上；牧区场区中生活建筑、草料储存场所、圈舍和粪污堆积区宜有固定设施分离。

5.2.3 母羊舍、公羊舍、羔羊舍、育成羊舍、育肥羊舍布局合理，保持适当距离。

5.2.4 肉羊场净道、污道应分开。

6 生产设施与设备

6.1 羊舍根据本地具体情况可建成封闭式、半封闭式、开放式羊舍。

6.2 羊舍建筑应满足防寒、防暑、通风和采光的要求。

6.3 羊舍应设运动场，地面平坦、不起尘土、排水良好。夏季炎热地区有遮阳设施，四周设围栏。

6.4 潮湿多雨地区采用高床漏缝地板。

6.5 各类羊只所需面积应符合附表 1-1 的规定。

附表 1-1 各类羊只所需面积 单位：平方米/只

类别		羊舍面积	运动场面积
种公羊	单栏	4.0~6.0	运动场面积为羊舍面积的 2~4 倍
	群饲	2.0~2.5	
种母羊(含妊娠母羊)		1.0~2.0	
育成公羊		0.7~1.0	
育成母羊		0.7~0.8	
断奶羔羊		0.4~0.5	
育肥羊		0.6~0.8	

6.6 场区门口、生产区入口应设有消毒设施，生产区入口同时设有更衣消毒室。宜有专用药浴设施。

6.7 应有青贮窖池、干草棚、精料库等饲料加工与储存设施；设有粉碎机、搅拌机等相应的加工设备。

6.8　供水、供电设施设备齐全，满足生产需要。

6.9　具有饲喂、饮水及清粪设施设备。

6.10　运动场应有专用补饲设施。

7　管理与防疫

7.1　饲养管理

7.1.1　饲料及添加剂的使用应符合 NY 5032 的要求，饲料原料应符合中华人民共和国农业部公告第 1773 号的规定。

7.1.2　有饲料采购和供应计划，日粮组成和配方记录。

7.2　疫病防制

7.2.1　疫病防控

7.2.1.1　购入的种羊和育肥羊应检疫合格，并在隔离区隔离、观察、处理。

7.2.1.2　根据中华人民共和国主席令 2007 年第 71 号的要求，制定疫病监测方案。

7.2.2　常见病防治

7.2.2.1　有预防、治疗常见病的规程。

7.2.2.2　坚持定期消毒。

7.2.3　兽药使用

7.2.3.1　符合 NY 5030 的规定。

7.2.3.2　有完整兽药使用记录，包括药品来源、使用对象、使用时间和用量。

7.3　档案管理

按照中华人民共和国农业部令 2006 年第 67 号的规定，对日常生产、活动等进行记录和档案管理。

7.4　从业人员管理

有 1 名以上畜牧兽医专业技术人员，或有专业技术人员提供的技术服务。

8　废弃物处理

8.1　肉羊场要有固定的羊粪储存、堆放设施和场所，储存场所要有防雨、防溢流措施。对粪污进行无害化处理，处理过程和结果应符合 NY/T 1168 的要求。

8.2　病死羊采取深埋或焚烧等方式处理，非传染性病死羊尸体、胎盘、死胎等的处理与处置应符合 HJ/T 81 的规定。传染性病死羊尸体及器官组织等处理按 GB 16548 的规定执行。每次病死羊的处理都要有完整的记录。

8.3　场区整洁，垃圾合理收集、及时清理。

9　生产水平

农区肉羊场羔羊成活率 95％以上；牧区肉羊场羔羊成活率 90％或繁殖成活率 85％以上。6～8 月龄绵羊活体重不低于 40 千克，山羊不低于 25 千克。

二、无公害食品　肉羊饲养兽医防疫准则

无公害食品　肉羊饲养兽医防疫准则

代号：NY 5149—2002

发布部门：中华人民共和国农业部

发布时间：2002 年 07 月 25 日　　实施日期：2002 年 09 月 01 日

前言

本标准由中华人民共和国农业部提出。

本标准起草单位：农业部动物及动物产品卫生质量监督检验检测中心、农业部动物检疫所。

本标准主要起草人：郑增忍、张衍海、孙淑芳、闫立良、王娟、刘俊辉、郭福生。

无公害食品　肉羊饲养兽医防疫准则

1　范围

本标准规定了生产无公害食品的肉羊饲养场在疫病的预防、监测、控制和扑灭方面的兽医防疫准则。

本标准适用于生产无公害食品的肉羊饲养场的兽医防疫。

2　规范性引用文件

下列文件中的条款通过本标准的引用而成为本标准的条款。凡是注日期的引用文件，其随后所有的修改单（不包括勘误的内容）或修订版均不适用于本标准，然而，鼓励根据本标准达成协议的各方研究是否可使用这些文件的最新版本。凡是不注日期的引用文件，其最新版本适用于本标准。

GB 16548 畜禽病害肉尸及其产品无害化处理规程

GB 16549 畜禽产地检疫规范

NY/T 388 畜禽场环境质量标准

NY 5027 无公害食品 畜禽饮用水水质

NY 5148 无公害食品 肉羊饲养兽药使用准则

NY 5150 无公害食品 肉羊饲养饲料使用准则

NY/T 5151 无公害食品 肉羊饲养管理准则

中华人民共和国动物防疫法

3　术语和定义

下列术语和定义适用于本标准。

3.1　动物疫病（Animal Epidemic Disease）

动物的传染病和寄生虫病。

3.2　病原体（Pathogen）

能引起疾病的生物体，包括寄生虫和致病微生物。

3.3　动物防疫（Animal Epidemic Prevention）

动物疫病的预防、控制，扑灭疫病的动物、动物产品的检疫。

4　疫病预防

4.1　环境卫生条件

4.1.1　肉羊饲养场的环境卫生质量应符合 NY/T 388 的要求，污水、污物处理应符合国家环保要求，防止污染环境。

4.1.2　肉羊饲养场的选址、建筑布局和设施设备应符合 NY/T 5151 的要求。

4.2　饲养管理

4.2.1　饲养管理按 NY/T 5151 的要求执行。

4.2.2　饲料使用按 NY 5150 的要求执行，禁止饲喂动物源性肉骨粉。

4.2.3　具有清洁、无污染的水源，水质应符合 NY 5027 规定的要求。

4.2.4　兽药使用按 NY 5148 的要求执行。

4.2.5　非生产人员不应进入生产区。特殊情况下，消毒、更换防护服后方可入场，并遵守场内的一切防疫制度。

4.3　日常消毒

定期对羊舍、器具及其周围环境进行消毒，消毒方法和消毒药物的使用等按 NY/T 5151 的规定执行。

4.4 引进羊只

4.4.1 坚持自繁自养的原则，不从有痒病或牛海绵状脑病及高风险的国家和地区引进羊只、胚胎/卵。

4.4.2 必须引进羊只时，应从非疫区引进，并有动物检疫合格证明。

4.4.3 羊只在装运及运输过程中没有接触过其他偶蹄动物，运输车辆应做过彻底清洗消毒。

4.4.4 羊只引入后至少隔离饲养 30 天，在此期间进行观察、检疫，确认为健康者方可合群饲养。

4.5 免疫接种

当地畜牧兽医行政管理部门应根据《中华人民共和国动物防疫法》及其配套法规的要求，结合当地实际情况，制定疫病的免疫规划。肉羊饲养场根据免疫规划制定本场的免疫程序，并认真实施，注意选择适宜的疫苗和免疫方法。

5 疫病控制和扑灭

肉羊饲养场发生以下疫病时，应依据《中华人民共和国动物防疫法》及时采取以下措施：

5.1 立即封锁现场，驻场兽医应及时进行诊断，并尽快向当地动物防疫监督机构报告疫情。

5.2 确诊发生口蹄疫、小反刍兽疫时，肉羊饲养场应配合当地动物防疫监督机构，对羊群实施严格的隔离、扑灭措施。

5.3 发生痒病时，除了对羊群实施严格的隔离、扑杀措施外，还需追踪调查病羊的亲代和子代。

5.4 发生蓝舌病时，应扑杀病羊；如果只是血清学反应呈现抗体阳性，并不表现临床症状时，需采取清群和净化措施。

5.5 发生炭疽时，应焚毁病羊，并对可能的污染点彻底消毒。

5.6 发生羊痘、布鲁氏菌病、梅迪-维斯纳病、山羊关节炎/脑炎等疫病时，应对羊群实施清群和净化措施。

5.7 全场进行彻底的清洗消毒，病死或淘汰羊的尸体按 GB 16548 进行无害化处理。

6 产地检疫

产地检疫按 GB 16549 和国家有关规定执行。

7 疫病监测

7.1 当地畜牧兽医行政管理部门必须依照《中华人民共和国动物防疫法》及其配套法规的要求，结合当地实际情况，制定疫病监测方案，由当地动物防疫监督机构实施，肉羊饲养场应积极予以配合。

7.2 肉羊饲养场常规监测的疾病至少应包括：口蹄疫、羊痘、蓝舌病、炭疽、布鲁氏菌病。同时需注意监测外来病的传入，如痒病、小反刍兽疫、梅迪-维斯纳病、山羊关节炎/脑炎等。除上述疫病外，还应根据当地实际情况，选择其他一些必要的疫病进行监测。

7.3 根据实际情况由当地动物防疫监督机构定期或不定期对肉羊饲养场进行必要的疫病监督抽查，并将抽查结果报告当地畜牧兽医行政管理部门，必要时还应反馈给肉羊饲养场。

8 记录

每群肉羊都应有相关的生产记录，其内容包括：羊只来源，饲料消耗情况，发病率、死亡率及发病死亡原因，无害化处理情况，实验室检查及其结果，用药及免疫接种情况，消毒情况，羊只发运目的地等。所有记录应妥善保存。

参 考 文 献

[1]　肖冠华 . 投资养肉羊你准备好了吗 . 北京：化学工业出版社，2014.

[2]　全国畜牧总站组 . 肉羊养殖技术百问百答 . 北京：中国农业出版社，2012.

[3]　权凯 . 肉羊标准化生产技术 . 北京：金盾出版社，2012.

[4]　肖冠华 . 养肉羊高手谈经验 . 北京：化学工业出版社，2015.

[5]　刁其玉 . 农作物秸秆养羊技术手册 . 北京：化工出版社出版，2013.

[6]　李福昌等 . 母羊高频繁殖产羔技术 . 黑龙江动物繁殖，2007，15（1）：32-33.

[7]　王秀清 . 肉羊早期断尾方法 . 河南畜牧兽医，2013（2）：48.

[8]　陈莉萍 . 一胎多产羔羊的喂养方法 . 农村科学实验，2007（9）：27.

[9]　孙振龙 . 牧草干草的加工调制方法 . 农业知识：科学养殖，2006（10）：31-32.

[10]　李谦 . 羊寄生虫病的危害及综合防治 . 养殖技术顾问，2012（10）：71-72.